U0145103

An Introduction to System Dynamics

系統動力學入門

直擊「五項修煉」，打開「世界模型」大門

陶在樸 著

五南圖書出版公司 印行

推薦序一

記得1972至1973年，我在美國麻省理工學院（MIT）作訪問學者時，對該校的福雷斯特（Jay W. Forrester）教授所發展出的系統動態模型甚感興趣，而且旁聽他的「系統動態分析」課。不過，我當時的主要興趣在計量經濟模型。系統動態分析是另一類反饋結構模型，對於預測長期需求很有幫助，而長期需求的限制條件就是它的供給。如果一種自然資源的供給爲一定，長期來講會有枯竭的結局；1973年冬天，石油危機爆發，很多原料也發生供不應求現象，於是發生了1973-1974年的第一次世界性能源危機。1972年「羅馬俱樂部」利用系統動力學研究全球問題並出版《增長的極限》（*The Limits to Growth*）一書，書中警告資源危機的可能發生，一時竟洛陽紙貴。系統動力學一舉成名，並成爲重要的研究工具，及至20世紀90年代，系統動力學又在企業管理中廣泛使用，遂有轟動一時的《第五項修煉》一書的問世。

陶在樸教授是我所知道的對系統動力學模型研究的最早且最有心得的一位，在本書中，陶教授對系統仿眞做了深入的探討，包括系統的概念、系統的模型化、系統的動態性、系統測試的各種函數、一階動態、二階振盪、高階複雜行爲等模型的建立與測試。陶教授將系統動態做了深入淺出的介紹，而且對各種應用做了示範，對初學者很有啓發作用。

在世界人口繼續大量增加，而自然資源不斷減少或不足的21世紀初葉，本書提供了科學分析的工具，使我們不但對社會現象增加了分析的工具，而且對自然資源的態度業增加了珍惜的意願與行動。

于宗先

中央研究院院士

推薦序二

乍聽之下，系統動力學這個名詞還滿嚇人的，尤其是對我這麼一個學哲學的人而言。

經過閱讀之後，我反而對於本書的內容產生一種親切感。這種感覺出現的主因，是因爲我在台大長期教授科學哲學的結果。科學哲學的內容中，有很重要的一部分在討論自然世界中的系統性，而這正好就是系統動力學中的核心概念。

當我們在討論科學本質的時候，必然會碰觸到自然結構的問題。這是科學形上學的關鍵問題，但也是哲學中最困難的問題。這個問題直接問「實在」，這種我們在哲學稱爲本體論的問題。我不想說得太複雜，但是本體作爲科學研究的對象，是所有科學家透過理論殫精竭慮，想要理解的自然秩序。想要做到這一點，但靠假設自然擁有秩序是不夠的；必須假設自然是有系統的。

系統動力學的核心概念，當然就是系統。在科學的領域中，系統是必要的假設，否則根本就無處著手，進行科學研究。本書最成功的一點，就是針對系統做了非常清楚的定義：許多個體在相互依賴與相互作用的關係下所形成的整體。這個定義讓我們可以從個體的掌握，看出整體的運作，也可以從整體的分析，掌握個體的功能。

在理解系統之後，能夠充分應用系統概念於眞實世界的方法，就是模型的建構。模型是本書中第二個核心概念，而且各式模型的介紹，成爲本書的主要部分。這就說明如下事實，模型是系統的投射，讓原來可能範圍極其廣袤的系統，因爲模型而出現了實質應用的價值。

模型並不代表眞實，但它也不是完全虛假的。然而，因爲模型與系統近似，擁有相似結構與目的，所以模型是檢驗系統的可靠依據。因此，在系統動力學中，模型發揮了實用的價值，讓我們可以透過模擬的方式，知道系統的目的與預期的目標。

在了解系統與模型的關係之後，本書接下來的重點在於強調物理與事理之間的關係。物理作爲科學的主要載體，本身就是系統理論的典型代表。但是，事理則完全不同。事理是牽涉與人行爲相關之大小事情所要說明的道理。從表面上來看，這些事情種類繁多、因人而異，再加上各地的文化風俗不同，使得事理之掌握幾乎成爲一件不可能的任務。

在這個情況中，系統動力學中的模型，發揮了最重要的功能。系統作爲理解事情的基礎，而模型讓事理的應用範圍與指涉種類出現限制的可能。換而言之，在限制的範圍中，我們可以知道事理的系統性，同時也可以掌握、預測，與應用它。

《系統動力學入門》這一本書很成功地將一個極其複雜的問題，透過幾個核心概念加以說明與應用，解釋成爲一個人人都可以看得懂的原則。我不會說這是一本很容易閱讀的書，但我會強調它是一本針對未來世界必須理解其道理的書。例如說，如果知道這整個生態系統有其成長上的限制與範圍的時候，那麼「永續發展」就不僅是生活上應有的態度，也是維持生態系統持續存在的關鍵因素。這樣的認知，不但有助於生態理念的培養，也根本就是一件必須要落實的事情。

本書作者陶在樸先生是我二十多年前在南華大學的同仁，也是我一直非常尊敬的前輩。陶老師比我年長二十多歲，但因理念相近，成爲我忘年之交，經常就人生各項議題，給我指導。

陶老師用功不懈，將畢生心血投注於系統動力學之研究，令我佩服不已。此次逢他再次發行本書，請我爲文推薦，我欣然從之。雖然這本書的題目看似專業，但它的確名符其實地是一本入門的書籍。我鄭重地向社會大眾推薦本書。

苑舉正
國立臺灣大學哲學系教授

作者自序　系統動力學與我

1978年我在西德的TU-Clausthal克勞斯達爾工業大學，克勞斯達爾是一個美麗的小城與柏林和漢堡兩個大都會組成巧妙的地理三角；那個時候柏林分成東西兩部分，西德的西柏林在東德境內，要去西柏林必先到東德。在這個美麗的小城我遇到兩個貴人，一個是Wilk教授，另一個是Pestel博士。在工作上我跟隨Wilk教授，他是採礦專家，我常隨他去西柏林，最後我也在西柏林技術大學落腳。在學術興趣上我爲Pestel（小佩斯特爾博士Robert Pestel）的書吸引，他是克勞斯達爾工業大學的外事局主任。他送給我一本書（見圖），書的封面耐人尋味，一隻腳壓扁了地球。這本書叫《成長的極限》（Die Grenzen des Wachstums），是“World Model”的德文通俗版。小佩斯特爾的父親是當時赫赫有名的下薩克森州科學部長、漢諾威大學校長佩斯特爾教授（Eduard Pestel）。佩斯特爾教授是系統動力學之父Forrester教授研究計劃「世界模型」的「財務大臣」，他是一位奇人，會六國語言還會背毛澤東語錄，上世紀的60年代末，中國的文化大革命像一陣風曾經刮到巴黎。這本《成長的極限》改變了我的學術生涯。以前我是學採礦的，以岩體力學爲方向。

80年代初我回到中國大陸，轉到經濟系並開始推廣系統動力學。據我回憶，當時上海機械學院的王其藩教授、北京航空學院的胡玉奎

教授和浙江大學的許慶瑞教授也都在開設系統動力學。其中王教授在MIT跟隨Forrester教授，胡教授是日本學派的系統動力學，我大概算德國學派的系統動力學。其實我也不知道有什麼區別，頂多教科書的寫法美、德、日各有特點吧。當時我在北京「中國未來研究會」，稍後在廣州中山大學和成都科技大學開設系統動力學的相關課程和舉辦各種系統動力學講座。但是我們幾位講課人少有聯絡，記得有一次上海交通大學的楊通誼教授請我去演講，楊老是中國的大名人，他是Forrester教授的學長，他談到東西南北的系統動力學要聯合起來，可惜楊老已經乘鶴西去。

90年代我從歐洲回到臺灣並來往於海峽兩岸，在兩邊都有斷斷續續的系統動力學課程。幾十年過去，坊間系統動力學的書籍已不謂少。書中陳列的模型林林總總，然而模型的數據有完整提供的並不多見，兩岸皆然。這本新版的系統動力學注意到這個問題，書中的模型，無論是引用的或者自己製作的，力求公式詳盡，不遺漏任何一個參數，當然一本書到處是公式總會有枯燥的感覺。

系統動力學的門檻其實並不算高，可是如果不去習作，本事也只是「空手道」。要學到眞功夫，宜多習作，勤於模仿和勤於設計，好像練書法要多利用拓本和字帖，通過這樣不耐其煩的「照貓畫虎」，日後的功力方有長進。

這本書只是引導讀者進入系統動力學的大門，要對系統動力學做更多的探索有待未來的新書。趁此出版的機會感謝所有的支持者，談到他們心裡響起一首歌「You raise me up」，是的，You raise me up ... to more than I can be。並由衷感謝兩位推薦序言者，于宗先教授和苑舉正教授，前者是我的老長官、臺灣中央研究院院士。後者是我過去的同事和忘年好友，著名的科學哲學家、臺灣大學哲學系前主任。我願以俄羅斯生物科學家巴甫洛夫的名言與讀者共勉：科學需要您整個生命，如果您有兩次生命，也不爲多。

目 錄

第10章 經濟及旅遊模型 303

第11章 管理及其他 347

第 12 章　世界模型　383

附圖部分

附表部分

第 1 章

系統概念

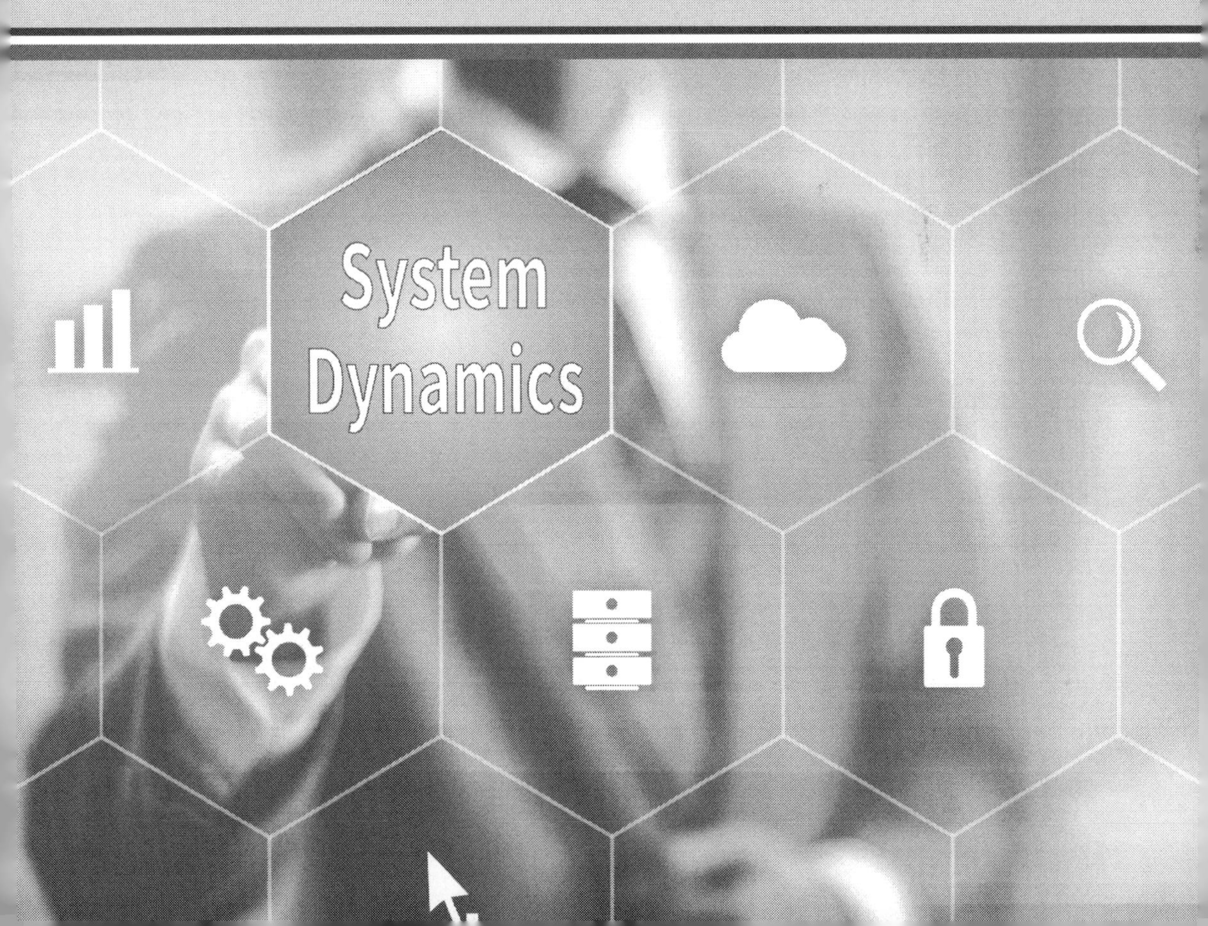

1.1 系統的基本概念

「系統」（System）作爲科學的術語或生活的用語，已被廣泛使用，可是究竟何謂系統，至今也沒有人給過令所有其他人滿意的定義。System這個詞源於希臘文sýstéma，譯爲拉丁語systēma，又轉譯爲英語system，最後經日本漢譯之後，成爲中文名詞。其涵義可追溯到柏拉圖、亞里士多德和歐基里德等。它的意思是「放在一起」、「總體」、「群體」或「聯盟」。

我們先來看西方主要辭典的傳統性解釋。

✧ 德文Duden辭典說：「由許多部分組成而又被分割的整體（Ganzes）稱爲系統。」

✧ 英文Webster大辭典的解釋是：「系統是相互關聯形成一個單位或有機整體的事物集合。」

以上兩種解釋被著名的美國系統學家戈登（Geoffrey Gordon, 1978）總結爲「所謂系統是指互相作用、互相依靠的所有事物，按照某些規律結合起來的總和。」

那波普德（Anatol Rapoport, 1911-2007）是另一位著名的系統科學家，他更是著名的生物數學家，他說：「一個系統是世界的一部分，被看成一個單位，儘管內外發生變化，但它仍能保持其獨立性。」

21世紀的「新字典」是維基百科，我們有必要看看是如何定義的。

中文維基百科的定義：https://zh.wikipedia.org/wiki/系統（2015/9/5登錄）

「系統泛指由一群有關聯的個體組成，根據某種規則運作，能完成個別元件不能單獨完成的工作的群體。」

英文維基百科的定義：https://en.wikipedia.org/wiki/System（2015/9/5登錄）

“A system is a set of interacting or interdependent components forming a complex (intricate) whole.”

「系統是相互作用、相互依賴的許多個體所組成的複雜性整體。」

奧地利生物學家貝塔郎非（Karl Ludwig von Bertalanffy, 1901-1972）是

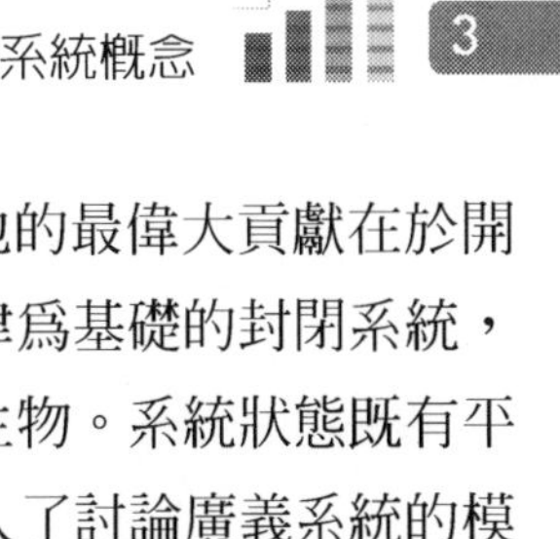

發展一般系統論（General System Theory）的先驅。他的最偉大貢獻在於開創了開放系統理論，即，系統不僅是以熱力學第二定律爲基礎的封閉系統，更是與環境有能量、物質交換關係的開放系統，例如生物。系統狀態既有平衡態更有非平衡的穩態（Steady State）。1945年他引入了討論廣義系統的模型和法則，而不糾纏於特定種類、性質、組成要素之間的關係或相互作用等細節。他的貢獻超越了生物學，及於控制論、哲學、心理學及社會學。很多科學家相信一般系統論能夠爲所有科學領域提供概念性架構。所謂一般系統無非是指人、事、物三大類別，人和部分物是活的生命，事則由人與物所組成，因此作者建議系統的一般定義如下：

「系統是人、事、物相互作用、相互依賴的許多個體所組成的複雜性整體。」

在東方，日本和中國大陸是討論系統概念和利用系統方法最早又最多的國家，但他們也沒有找到系統的更好定義。例如，日本工業標準（JISZ 8121）對系統的定義是：「許多組成部分保持有機的秩序，向同一目標行動，這就叫做系統。」

在中國大陸，從1970年代起，著名的錢學森教授便提出系統科學論，1978年起錢氏又組織大規模的研究。1981年他提出「系統學」的設計，他認爲系統科學具有工程技術（包含系統工程、自動化技術、信息技術）與技術科學（包含運籌學 、控制學、信息學）兩大層次。錢學森（1911-2009）是2008年諾貝爾化學獎得主華裔科學家孫永健的堂叔乃中國著名的「航天之父」。錢氏更是世界著名的空氣動力學家，系著名軍事家蔣百里的女婿。曾任美國麻省理工學院教授、加州理工學院教授，「工程控制論」創始人（1954年）。由美國回到中國後，曾任中國科學院院士和中國工程院院士。1989年獲美國「羅克韋爾（Rockwell, Jr.）獎章」。

國際學界對中國系統研究的結果仍給予很好的評價，乃因爲系統的整體觀原本是中國哲學的特徵，更何況世界上許多微分動力系統的研究均出自中國數學家，而鄧聚龍（1933-2013）教授的「灰色系統論」更具備中國人自己的特色。因此國際著名的「協同學」（Synergetics）創始人，德國的哈肯教授（Hermann Haken）說，中國是充分認識到系統科學巨大重要性的國家之一，並認爲「系統科學」的概念是由中國學者較早提出的。

1.2 物理與事理

所謂的物理是指有關宇宙萬物其形成、其作用的普遍問題，而事理是指涉與人有關的事件（Event），這更像是系統動力學要針對的問題。「事理學」最早見之於文獻的，是錢學森教授1996年致張錫純教授的一封信，其中寫道：

（系統）這一層次的學科（一概稱「學」，不稱「論」）除運籌學、控制學、信息學之外還應有事理學。事理學，那是專門研究系統內部各種運行條件和法律、法規，目的是使系統運行優化。

關於事理的學問，直到今天，仍在朦朧之中，爲什麼匯市牽動股市，股市牽動政事？爲什麼GDP增長率十年河東，十年河西？爲什麼今日張氏公司稱雄，明日李氏企業主霸？可以說事理的學問是最零碎的，沒有一家學說可以走南闖北，批發天下。什麼原因呢？因爲太複雜，無從產生標準答案。

物理與事理哪個更難？就時間的尺度來看，事理指涉人與社會的文明關係，而人類的歷史尤其文明史怎樣與自然史相比呢？自然宇宙已有多久，仍在爭論之中，有人主張100億年前宇宙形成；有人主張200億年，宇宙學家越來越贊成宇宙的歷史大概是137億年。

地球的年齡估計爲45億歲，地球上的生命大約起源於6至25億年之前，按照進化論的說法，人與猿的分道揚鑣大約已有1,500萬年的歷史，但人眞正成爲人的歷史有多長，大多由化石進行推論。考古學家估計大約一兆根骨頭，其中只有一根有可能形成化石。現代人每人有206根骨頭，如果今天活著的人將來有可能變成化石。中國大陸現有13億人，大概總共能留下250根骨頭的化石，美國現有2.7億人口，可以留下50個化石。臺灣2,300萬人，大約只能留下4或5個化石。由於化石的稀缺難找，智人的眞正歷史便難確定。2002年法國的一組考古隊在乍德乍臘沙漠發現了一塊距今700萬年的古人類化石，這大概是目前最新的化石記錄。至於人類文明史頂多是6、7千年計，由時間的尺度看自然史與文明史如何比較！然而就研究取得準確的結論而言，事理學因為有人的因素，遠比物理學困難得多。

20世紀以來，傳統思維典範受到相對論、控制論、系統論的挑戰，系統分析的典範逐漸取代笛卡爾式的分析典範，系統分析的典範包含以下基本假定：

- 任何事物由內在的層次（Hierarchy）而結構，系統的整體大於局部之和，因此不宜以要素於孤立狀態時的規律和性質來解釋系統的整體性質。一頭大象切開來不等於兩頭小象。手可以拿東西，腳可以走路，手和腳加起來，其功能大於「拿著東西走路」，而是「駕馭」，諸如駕車、開飛機。
- 要素之間存在著複雜的非線性關係，對整體的認知應著眼於要素之間的關係。
- 整體服從要素與外部環境之間的相互作用並自組織式地進行演化，演化的產生、發展乃至消亡是一個不可逆過程。
- 在價值取向上，以系統整體功能的優劣為標準。

就一般系統的意義上講，本書的目的企圖用系統理論的方法建構「事理學」的模型，好處是，第一，有一個明確的「事理」做符號，也許會激發解決問題的能力；第二，構造「事理」模型時物理學可以參照。

1.3　系統觀之一：個體與總體的統一

人類認知事與物向來使用兩套辦法：一套辦法是方法論中所謂的解析法（Analytic Approaches）；另一套辦法是所謂的整體綜合法（Holistic

Approaches）。解析法著眼於系統中的個體元素且著力於元素間之關係；整體法則著眼於系統的全部並著力於系統的結構。

上述兩種不同的方法所獲得的認知或感覺並非經常一致，例如《紅樓夢》第一回中說《石頭記》的緣起，詩云：

滿紙荒唐言，一把心酸淚；都云作者痴，誰解其中味？

以解析法看《石頭記》，句句荒唐；以整體法看《石頭記》，心酸悲痛。「荒唐言和心酸淚」幾乎是所有《紅樓夢》讀者的經驗寫眞，就故事的個體而言，紅樓夢何不荒唐，但讀完掩卷無不淚灑滿襟。

再如，韓愈有詩，云：

天街小雨潤如酥，草色遙看近卻無。

雨後遙望草坪，其所見爲總體；由遠而近看到的卻是許多草之個體，它們爲泥所染已無綠茵。

關於整體性經驗，可以說是人「生而有之」的直覺。一個呱呱墜地的嬰兒，不消幾個月的時間就可以從整體上認知其生母，無須具備眼、耳、鼻等等個別之知識。

解析法與整體法的差異性在哲學和其他學科中都能觀察到。例如中世紀哲學的本體論（Ontology）問題一直有兩派，一曰實在主義（Realism），他們用「整體」的方法看問題，因此他們主張萬物均是眞實的存在（Real Existence），例如人的存在。另一派曰唯名主義（Nominalism），他們用「解析」的方法看問題，因此他們主張只有每個個人的存在才是眞實的，籠統地說「人的存在」是沒有意義的。

在幾何學上更是如此。例如歐基里德幾何是整體論，它只需要從整體上區別幾何圖形是圓或三角形。到了笛卡兒時代，解析幾何產生，他們的興趣在於研究點在座標系統中是如何運動的，圖形的外觀已非重要。圖1.1中列有

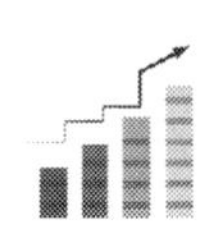

四幅小圖，各代表一種曲線。圖1.1a表示過原點的拋物線，圖1.1b表示懸鏈線，圖1.1c表示三次拋物線，圖1.1d表示雙曲線正弦線。

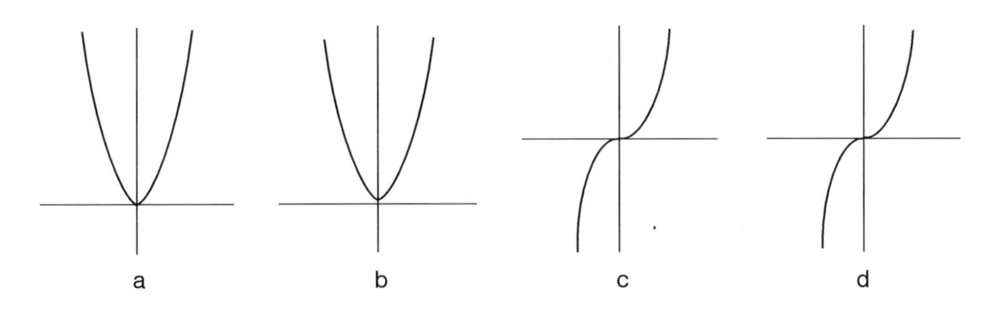

圖1.1　四條相似而不同的曲線

資料來源：A. Rapoprt, General System Theory, 1986

按照整體論的方法，必然把圖1.1a和圖1.1b以及圖1.1c和圖1.1d列爲互相相似的曲線；可是按照解析幾何的方式來判斷，圖1.1a和圖1.1c是眞正相似的，而圖1.1b和圖1.1d也是眞正相似的。

在生物學方面可以說受整體認知的方式影響很深，生物學作爲科學的第一步工作是所謂的分類學，而分類學正是直觀的生物體的總體性認知，例如把彼此最爲相似的生物體歸納在一起並稱之爲「種」（Species），種與種相似的歸納爲「屬」（Genera），屬與屬相似的歸納爲「科」（Families）等等。遺傳學的發展要晚得多，作爲解析論的方法，該學門興趣的中心在於揭示個體差異是如何形成的。基因和基因工程更是晚近的新發展，在某種意義上又帶有整體論的色彩，因爲人類想知道「究竟個別的基因重組在整體上將對生物和人類產生哪些作用和影響？」

心理學方面也一直存在兩派學說，一派是解析論行爲學派（Behaviorism），另一派是整體論的形成學派（Gestaltist），後者總是批評前者忽略知覺的總體印象，他們認爲任何省略的因素並非加上一種補充的考慮就可大功告成，總體就是總體。

在社會哲學方面也存在兩種觀點。例如17世紀的賀比士（T. Hobbes），他對國家、社會持有解析論的看法，他說戰爭是每個人反對每個人的戰爭，他主張社會的最基本單位是每個個人；相反19世紀的馬克斯（K. Marx），他對國家、社會持有整體論的看法。馬克斯形容社會是由不同的階級組成，而階級是由社會經濟地位相同的一群人組合的。

在人類學和一般社會學方面，同樣有兩個不同的學派，一派是所謂的實證派（Positivistic Schools），另一派是所謂的功能派（Functionalist Schools）。前者主張用解析方法找出各種因素，並且實證這些因素的適當組合而形成了面貌不同的社會和文化；後者相反，認爲個體因素、個體活動是受作爲整體的社會影響的。換句話說，解析方法所想說明的是「有什麼樣的居民，則有什麼樣的社會」；而整體方法正好相反，想說明的是「有什麼樣的社會，則有什麼樣的居民」。

在經濟學方面，解析論與整體論的差異同樣存在，經典經濟學理論側重個別觀，諸如消費者、投資者、買賣者、生產者；而政治經濟學側重總體觀，諸如政府的作用、稅收、地租等等。

以下乃針對上述各領域的比較列表表示（表1.1）。

表1.1　各個學科的兩種不同方法的比較

學科	解析法	整體法
中世紀的本體論	唯名論	實在論
數學	解析幾何	綜合幾何
生物學	生理學及遺傳學	分類學及生態學
心理學	行為主義及生理心理學派	發展心理學及形成心理學派
經濟學	經典經濟學	政治經濟學
社會哲學	賀比士模型	馬克斯模型
社會學	實證派	功能派

綜合以上敘述可以看出解析論和總體論兩種認知方法各有所長，所謂見仁見智，系統論的主張者希望兩種方法能夠統一和互相補償，可是這並非易

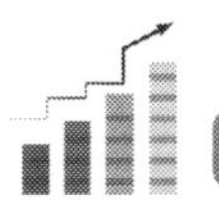

事。

平實而論，目前的狀況是許多研究忽視了總體論的一條重要原則——整體不等於局部之和。

這項重要的宣示是向傳統的歐基里德原理挑戰，歐氏原理說：整體等於每個部分之和。

如果用W代表整體，每個部分用P_i表示，整體並不等於各個部分相加，即：

$$W \neq \Sigma P_i \tag{1.1}$$

Σ是取和相加的符號，P_i表示第i個部分，i = 1,2,3,……等。

就人的視力而言，人的雙眼敏視度比單眼高6至10倍，並不符合1 + 1 = 2，而是1 + 1 = 6～10。

再如，你有一雙手可以拿東西，有一雙腳可以走路，而你的雙手加雙腳所構成的整體絕非等於「你可以拿著東西走路」，手腳的整體功能遠大於此。比方，你可手腳並用駕駛太空梭去到另一個星球，平常說「雙手萬能」就表示左手加右手的整體大於左、右手之和。

平常俗語中還有一句經常聽到的話「三個臭皮匠勝過一個諸葛亮」，也是整體之和大於局部之和的一種表現。也有整體之和小於局部之和的情況。比方俗語說：一個和尚挑水喝，兩個和尚抬水喝，三個和尚沒水喝。中國人也常有整體表現不良的自嘲自諷，這就是：一個人是龍，兩個人是蟲。

文學批評方面也不乏其例。一部大作，部分甲很好，部分乙也十分精采，但加在一起便不夠好。陳獨秀是中國歷史上對《紅樓夢》評論意見獨到者之一，1921年他在廣州的《紅樓夢新敘》中寫道：

《石頭記》雖然有許多瑣碎可厭的地方，這並非因爲作者沒有本領，而是因爲歷史與小說未曾分工的緣故……。

今後我們應當覺悟，我們應該領略《石頭記》善寫人情，而不應領略其之善寫故事。

陳氏認爲《石頭記》的整體效果小於「人情」和「故事」兩部分獨立之和。

之所以整體不等於局部之和，原因在於解析方法分肢瓦解之後的各個局部與局部之間不存在線性關係（Linearity），它們不具備可加性（Additivity），當然這種現象只針對非線性系統，而現實世界中的眞實系統大多是非線性，純粹的線性系統少之又少。

在後現代的社會學研究中，目前也出現困惑或瓶頸。就整體而言，教育水準很高，物質文明空前，但何以犯罪不斷？何以怪力亂神的迷信四起？社會究竟在進化或退化？凡此種種，整體論與解析論的不一致性一直在催化著新的系統方法誕生。

1.4 系統觀之二：描述性與規範性統一

除了個體與總體方法亟待統一之外，系統論研究問題的第二個向度就是「如何把描述方法和規範方法統一？」自古以來，人們回答問題不外兩種取向：如何（How）與爲何（What For）。「如何」的回答取向於過程，「爲何」的回答則取向於目的，前者是描述手法，後者是規範手法。

在技術系統中，我們多採取工具性態度處理問題。例如你的電腦是否好用，這是你自始至終所關心的。電腦要爲你服務是它存在的目的，因此維修服務的人員注重研究運作過程中每一種功能是如何實施的。對於不能用工具性態度處理的系統，其自始至終就是它自己，因此「如何維持它自己」就是系統本身的目的。故無論用何種方法研究系統，可以說尋求目標（Goal-Seeking）是系統共同的特點。

在中世紀，解釋「運動」是用規範性方法，因爲那時的哲學家認爲任何的運動都是爲了尋求目標。鳥爲什麼要飛？因爲牠要尋找樹上的窩巢，即便是非生命體的運動也被解釋爲尋求目標。石頭爲什麼落地而不升天？因爲石

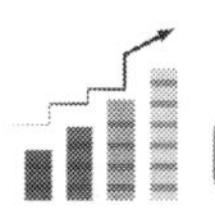

頭本屬於地球，它應該落到自己應有的位置。那麼煙爲什麼會升空呢？因爲煙來源於火，而火是另一個星球的事。

古代的動物分類也是按照目的規範的兩分法「能食用或不能食用」。對於農夫而言，昆蟲被兩分法分成「有害或有益」。

生命體爲什麼能活下來？在早期的解釋中，也是由蒼天規範的，這種看法一直到拉馬克（Lamarck）的進化論誕生。拉馬克用生物的適應性好壞代替了上天規定之宿命，在稍後的達爾文（Darwin）理論中，拉馬克的適應性又被自然選擇所替代，在達爾文看來，適應性頂多是自然選擇的副產品，他視其爲自然選擇並不存在內在的規範，並沒有什麼目標的指向。

早期的生理學偏向於「爲何如此」的規範研究，當時解釋器官和它的活動主要根據器官的功能，即它追求的目標。後來生理學轉向回答「如何這般」的問題，解釋器官和活動是根據生理化學過程。

在組織理論（Theory of Organizations）的發展中，描述和規範的二分法痕跡十分清楚。早期的經典組織論認爲目標是外部規定的，組織的任務是如何去實現，因此探討組織的最適化設計（Optimal Design），亦即討論結構的最適化問題，比如通訊網路、命令以及從屬性等等效率問題，而在軍事組織理論中，這些都是十分典型的研究領域。

隨著社會科學中實證手段之逐漸普及，描述性的組織理論開始形成，他們研究的興趣由「組織應該發揮功能」轉向爲「組織是如何在實作中發揮功能的」，組織的內部確定性遠比外部確定性重要。

決策論可以看成是組織理論的一個現代分支，決策論在描述性和規範性兩個方向上都得到了進展。規範性決策論主要界定在不同等級的決策條件下什麼是最適的決策？什麼又是最理性的決策？而描述性決策論的興趣集中在刻劃不同個體在不同條件下是如何決策的。

系統理論希望把這些分歧的、互相補充的方法揉合成一個統一的方法，儘管這須很大的力氣。系統理論相信數學手段、數學語言在這種整合中能發揮作用，雖然許多社會科學的領域並不許可數學工具長驅直入，在本書的所有章節中你可以看出這種努力以及嘗試，也許最後能贏得你的信心，系統論是強而有力的。

1.5 系統觀之三：同一性 vs 變化

從解析的方法來看系統，最常用的描述是系統狀態（State），系統狀態可以用數量來表達，例如經濟的GDP、人口的數目等。也可能是質性的表示，例如開與關、贊成與反對等等。研究系統的變化就是研究系統狀態的變化。

再從整體的方法看系統，無論它如何運動、怎樣變化，系統一直維持它本身。一隻貓怎樣變仍要叫貓，系統這種萬變不離其宗的性質稱爲系統的同一性（Identity）。

羅馬始終叫羅馬，儘管許多羅馬的古老建築已不復存在，羅馬的老居民也早已歸西。同理，年輕的王老五是王老五，年老的王老五還是王老五，因爲王老五就是王老五。可見系統保持同一性，不著眼於系統或系統成分在空間或時間上的運動，而著眼於系統組織的功效、性能的保持。

系統這種既變又不變的性質，用一個最簡單的數學模型來說明是十分恰當的，這個模型叫做彈簧的平衡系統。

彈簧的系統狀態變數是「彈簧被懸重物所墜下的長度」，系統方程如下：

$$\mathrm{L} = L_0 + kW \tag{1.2}$$

式中，L表示彈簧的長度，L_0是彈簧未受力時的原長，W是懸重物重量，k是表示彈簧彈性的一個常數，k愈大表示單位重力作用下彈簧愈容易變形而伸長。

公式中的L和W是變數，顧名思義，在彈簧這個系統中只有這兩個量是可以變化的。只要其他給定的條件不變，k和L_0是固定的常數，這種由給定條件而決定的常數稱爲參數（Parameters）。例如彈簧由鋼質組成，截長爲3公尺，這就是目前給定的條件。如果彈簧由銅質組成，截長爲5公尺，這就是給定條件改變，所以參數値變化。

由公式（1.2）可見，隨著W的加大，L也變大，可是彈簧的伸長度（ΔL = L − L_0）與懸重W的比値都是不變的常數，這個常數正是彈簧彈性係數k。這相當容易證明，只要把（1.2）式移項、相除，即可得到新式，如下：

$$\mathrm{L} - L_0 = kW \tag{1.3}$$

$$k = \frac{\Delta \mathrm{L}}{\mathrm{W}} \tag{1.4}$$

通常這個模型可以看出受力後的彈簧長度發生變化，可是彈簧的彈性係數並未改變，這就是彈簧萬變不離其宗；或是說彈簧系統的狀態變數儘管變化，但變化前後彈簧的本質未改，彈簧系統維持了它的同一性。

其實，這種變化中的不變性（Invariance）哲學，古人早已有之，那時稱爲「要素」（Essences）或「本質」。國家、種族的不同是因爲他們的「要素」不同；木或碳之所以燃燒，是因爲有一種「燃素」存在等等。儘管現代人視此爲無稽之談，然而現代的理論何嘗不是仍沿襲著古人的思想在尋找變化中的不變性眞諦？

對於自然科學，工程技術系統問題中的不變性、同一性問題比較容易解決，除了彈簧的彈性係數之外，電工學中的電阻係數、力學中的摩擦係數、萬有引力係數都是同一性、不變性的好例子。

可是對於人文學、社會學、政治學中的同一性與不變性研究，很難找到可以實際操作的變數或參數。例如我們討論一種制度的改革，請問用什麼指標來判斷制度改革前後是否具有系統的同一性呢？

1.6　系統觀之四：因果互變性

因果關係可以說普遍存在於一切事理（事與事的關係）和物理（物與物的關係）之中，也正因如此，因果關係的分析是人們討論問題的經常工具，可是因果關係的單方向性思考，使人們陷於不眠不休的爭論中。例如：討論軍備競賽問題，到底是互不信任引起軍費競爭；或是恰好相反，因爲有不平衡的軍費比例使得互相不信任？再如，人類學中所謂懶惰與收入的關係，究竟是懶惰使收入低下，還是因爲收入低而缺少勤勞的刺激？生理心理學中也可找到例子，是危險的意識刺激了腎上腺素（Adrenaline）的分泌，還是恰好相反？

實際上，對於一個動態系統而言，因果關係並非單方向的循環，在第一回合中，因引起果，而在第二回合中，果成了因。例如人口問題，當給定了出生率之後（比方一千個居民中平均每年新生一個嬰兒），出生量愈大，一年之內新增人口愈多，因此人口愈多。到了第二年，如果出生率不變，由於人口愈多，出生量才會愈大。在第一回合中，出生量是因，人口總量是果；在第二回合中，人口總量是因，出生率是果，正因爲這種因果不斷循環、不斷回饋（Feedback），才使人口愈來愈多。

當然，許多情況下，一種互爲影響的因素，何謂因，何謂果，並不難判斷，這取決於哪種因素是主動的？哪種因素又是被動的？例如銀行利率調高，投資者興趣下降，投資就會壓縮，在這種情況下，高利率是因，投資減少是果，而且這種因果方向不會改變，因爲利率是銀行的重要政策工具不會輕易變動。另外，如果投資減少比預期還要少，政府爲了刺激景氣，這時很可能通過政府干預，銀行必須調整利率，此時投資狀態是因，利率變化則爲果。

在社會學和政治學中，往往因爲因果關係的不同認定而形成不同的政策或不同的學派。例如討論社會秩序和亂象時，整體學派認爲政府的法令規定、罪犯懲治的嚴與鬆是決定社會有秩序之因，社會之所以混亂乃因政府法制不明或不嚴，加強法和加重打擊罪犯是這一派的政策主張。解析學派認爲人民的教育水準、道德觀決定了整個社會秩序，他們主張通過教育、宗教和其他的文化工具提高社會的有序度。許多人認爲對於東方的民族，整體論是正確的，凡懲罰嚴格的國家秩序皆好，例如新加坡、日本和改革開放前的中共社會。

當我們觀察因果關係而無從結論時，數學工具甚爲有用。爲什麼數學的手段比較高明？乃因數學公式保持同一性、可逆性。

以彈簧的簡單系統爲例，如果把重量當做自變數，則公式（1.2）表示了受重力影響之因變數（長度）的函數關係。如果公式（1.2）中的自變數改爲長度，則因變數爲力，此時方程如下：

$$W = (L - L_0)/k \qquad (1.5)$$

我們把彈簧受力的狀態解釋爲果，而把彈簧的位移及長度的變化解釋爲因。也就是說，如果彈簧位移愈多，它所受的力愈大。

在研究複雜的社會因果關係時，所用的數學手段比較高級，即各種統計迴歸法，運用數學手段以判定因果關係的過程被稱爲實證。

統計迴歸的實證方法只是系統研究中的一項工具而已，在以後的章節中，我們還會談到因果回饋環和結構變動分析，這一切都是爲了把握因果的互變性。

1.7 系統觀之五：目的——方向性與吸引子

一般系統之所以會運動、演化，乃因「凡系統都具有目的——方向性（Goal–directedness）」，這個道理並非容易解釋。第一，照語義上理解會產生困擾，非生命體無所意識，何有目的可言？第二，即使是有生命體也不一定是所有的活動都追求目的。可是如果我們把目的——「方向性」理解爲「最後的穩定狀態」就容易懂了，關於此點我們稍後再作詳細說明。

運動的目的論可追溯至亞里斯多德（Aristotle）的古老哲學，亞里斯多德把事物的原因分成直接有效的原因（Efficient Cause）和最後的原因（Final Causes），他認爲現在的事情是它以前發生事（或條件）的結果（所謂有效原因），而未來可能的事（或條件）取決於現在的事之目的（最終原因）。例如，一個蘋果突然從樹上落下，它之所以會落或因風吹或因有人搖動，這是蘋果落下這件事的直接有效原因，蘋果落到哪裡去將取決於目的（Goal），即蘋果下落的最後原因。

現代力學之所以「現代」，原因是拋棄了運動的目的論，因爲人們發現作用於物體的力才是物體運動的根本原因。蘋果所以落地並非它有目的回歸地心，而是因爲地心引力的作用；高爾夫球爲什麼會掉入洞底，而不是停在洞深的一半處？因爲只有在洞底這個位置它才最穩定。

一般而言，目的論在生命體的活動中曾有許多解釋，但也並非不存在爭議。例如拉馬克的進化論是一種生物適應環境而達到存活的目的論，最典型例子是「長頸鹿的頸子爲什麼會變長的解釋」。拉馬克說長頸鹿想吃樹葉，一代代下去，樹葉愈長愈高，長頸鹿的後代爲適應這種環境變化，頸子就一點點變長，這種連續不斷的遺傳特徵累積起來就成了叫做長頸鹿的這種動物。達爾文的進化論以自然選擇（Natural Selection）爲理論基礎，他認爲上述生物特徵的微小變化是偶然性的，生物特徵變化並不存在目的方向性，如果眞有所謂遺傳特徵適應性強的生物，那麼其他生物應該早就被它所取代。

動物或植物許多所謂的趨向性（Tropism）似乎解釋爲非目的機械論更爲恰當。例如飛蛾的趨光性，不能解釋爲飛蛾有自殺的目的性；植物的根朝地裡生長，莖向空中發展，前者的趨向性是爲了吸收土壤的營養，後者的趨向性是爲了得到光合作用（Photosynthesis）等等。

以前認爲脊椎動物受到有毒刺激後，肌肉的收縮是一種動物避免中毒的目的性反應，反射弧（Reflex Arc）的發現否定了這種錯誤的認識。原來有毒的刺激引起傳入神經通路的脈動（Impulse），脈動是一種電化學過程，通過神經元的突觸（Synapse），脈動沿輸出神經傳遞，當這種脈動傳到某種肌肉時，肌肉便收縮，這一切與目的並不相關。

還有許多有趣的例子讓人們爭論目的論和解析論的孰是孰非。例如一個人正坐在椅子上看書，突然電話響了，這個人馬上合起書去聽電話。爲什麼他會這樣做呢？你可以這樣去解釋，電話鈴是一種訊號，告知房子外的某人想與屋內的人講話，於是他（她）拿起聽筒說一聲「喂」，看看是哪一位找

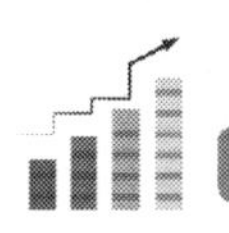

他（她）？這就是目的論的解釋，把目的和希望說得很明白，原則上可以按照這種目的論的方式解釋人的行爲。

很難想像解析論的因果法如何解釋人爲什麼會聽到電話鈴聲後就去接聽電話，可能有一種比喻，但很難使人接受，這就是俄國生理學家巴甫洛夫（Pavlov, Iwan Petrowitsch, 1849-1936, 1904年獲諾貝爾獎）的「條件反射」。一隻用鈴聲訓練過的狗，聽到鈴響便會垂涎；一個人，經過無數次有意識或無意識的電話鈴聲訓練後（比如，不懂事的小孩看見大人在電話鈴聲後會去拿聽筒），下意識的會去聽電話，然而這種解釋實在牽強附會。第一，人非狗，不可類比；第二，如果房間裡還有另一個人，他未必也會鈴響之後一定去接。但是巴甫洛夫的理論就是如此，所謂行爲是「學習」來的，而「學習」過程在神經系統中是建立許許多多的聯繫，「訊號」使無條件的刺激轉換爲有條件的刺激。

具有神經系統的動物如何行爲必定與某種類型的神經活動有關，有些肯定是天生的，這些天生的行爲模式經過大量的訓練、變化而發展成爲人的各種學習能力，但究竟天生的學習模式是什麼？至今尙在研究中。

如果是一位心理分析師，他的行爲解析論可能有一點不同。比如說，一個看起來不像出家的人突然上山做了和尙，心理分析師不僅要研究出家的目的，更要思考許多想出家的眞實背景，也就是亞里斯多德的「有效的直接原因」，心理分析師把「最後的原因」看成是表面的現象。很可能此出家人之出家目的並非看破紅塵而恰好是相反。

一般而言，解釋個人行爲目的論遠比解析論簡單而有效。某一天，一位朋友在拼命奔跑，我問道：「老兄，幹什麼？」他氣喘地上氣不接下氣：「趕火車」。我說：「有沒有搞錯，還有一個鐘頭呢！」，他停了下來，嘆一聲：「唉！搞錯了」。

接受一項與目的有關的新資訊、新知識而可立即調整行爲，這就是目的論行爲說的好例子。相反，如果你想用解析論的方法解釋，不知道你需要列出多少個神經和肌肉活動的方程式，最後還不一定說得通。

儘管「系統整體的目的性」是否爲一個可操作的概念（Operational

Definitions）仍有爭議，但系統學家都肯定此一說，至少認爲是可以逐漸做到的，當然主要仍靠數學手段。從控制論（Cybernetics）的角度看，無論是生物、工程乃至於社會，都極力維護一個原則——在變化的內外條件下實現和保持理想狀態。這種所謂的理想狀態就是目的。一部自動化的冷氣機，如果設定爲25～27℃啓動，小於這個目標值時，冷氣機都會自動關閉。冷氣機的控制原理十分簡單，室內溫度感應器（系統狀態量）與目標量（25～27℃）不斷比較，再把這個實際值與理想值（目的）的差值回饋到機器的操作系統中，當差值爲0命令機器停止，差值愈大則機器工作的時間愈長。

可是上述控制論思想用於社會學、政治學分析仍然遇到整體論與解析論的見仁見智爭執，其中的關鍵在於整體性目的的確認。例如19世紀的歐洲，在歷史上說成是野心勃勃的時代，德國要把他的勢力擴展到東南，俄國要延伸到達達尼爾海峽（Dardanelles），英國的野心是維持整個歐洲大陸的均勢。解析論反對這樣的結論，第一，不能把國家擬人化（Anthropomorphism, Personification），國家不等於人，所謂「國家意志」是虛構的概念。第二，所謂的系統行爲和組成該系統的個體行爲是兩回事，除非系統中的個體各個如此。第三，「國家野心」之類的判斷十分武斷，可能是根據報紙文章、政治家的演講、政府的某些活動等而下的結論，除非這個國家的每個人都有野心之念、野心之論，否則無所謂國家野心。

解析論者認爲思想意識之類的東西只能描述個體，而不能把它們加起來成爲一個種族、一個國家的目標性描述。可是許多思潮、言論、傾向、偏好以及生理、心理活動表面上看是意識問題，實則爲無意識或下意識。肌肉運動、言談、舉止這些學習過程均發生在中樞神經系統的無意識層級上，它們都十分吻合控制論中的目標回饋系統，即自動調節系統狀態與目標的差距而實現系統之目標。

就深度心理學（Depth-Psychology）的立場而言，很多活動過程是下意識的，個體在活動進行中並不知道他們所做的事正好是與目的相反。佛洛依德（S. Freud, 1856-1939）提過人類心智（Human Psyche）中的求死願望（Death Wish）問題，不論它是否眞實存在，但至少不要以神秘主義而全然漠視它，

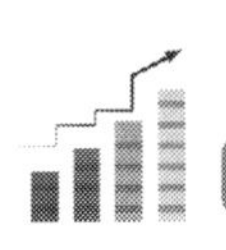

很可能在一定的範圍內可以有證據。

那波普德用一個火星人觀察地球上人類軍備競賽而求死的例子。地球上的國家或國家群，無論冷戰或後冷戰時期，一直把軍事技術的發展視爲國力、國家存在的前提，他們互相明地比、暗地比各自的毀滅性實力，推動這種競爭的目的是所謂愛好自由、和平的國家聯合起來制止戰爭。可是按照來自火星的馬丁先生觀察，第一，人類的武器系統已足夠毀滅人類自己。第二，人類整體中互相被分割出來的集團（無論是軍事或經濟）在整體中已是我中有你、你中有我，一但開火一定是全體毀滅。就人類這個大系統中各子系統的目的而言是求和平、求生存；就整個人類系統而言，它們合作起來共求死亡卻是再清楚不過的事，只是地球上的人「當局者謎」，而火星上的人「局外者清」，它們更能用系統的整體目的論認清事件的本質。

一個人舉槍自殺，他的「目的」是摧毀整個生命，包括他身上的每個肌肉和神經。在實施自殺的過程中有一系列的肌肉活動需要得到神經活動的內在協調；而對於每個具體的神經細胞來說，它們根本「不知道」它們的作用是幫兇、殺手，執行著毀滅包括自己在內的整個系統，一旦人學會開槍這個動作，一切神經和肌肉運動的程序便自動執行，這裡已不存在爲什麼的目的性問題，神經活動和生命目標的相互關係只能看成是「事後的事前」（Ex Post Facto）關係。可見就系統而言，個體活動和個體活動的整體效果完全可能「南轅北轍」無法類比。後現代的某些邪教，他們集體自殺這種系統行爲，至今仍是謎，很可能在個體層面上他們的宗教活動內容與自殺毫不相干，但最後他們是全部死亡。

1.8　相空間和吸引子

了解狀態變數如何隨時間變化，例如指數成長、週期振動，這使我們對系統演變的過程有一幅圖畫，好像電影的動態告知你主角如何出場，經過哪些喜怒哀樂，可是除了觀察這種過程外，我們還必須了解系統最後的結局。過程是所謂亞里斯多德的直接有效原因，而追蹤結局便是亞里斯多德的最後原因。當然我們也可以換另一種說法，系統結局服從了何種目的？如果動態系統的時間變數$t \rightarrow \infty$，狀態變數x_{∞}的值便是它的終極值或目的值。

狀態變數的終極態往往用相空間（Phase Space）表示，所謂相空間便是狀態變數的組合圖形。如果是一個二維系統，狀態變數有兩個，相空間便是一個平面圖；如果是三維，相空間便是一個三維的立體；如果是三維以上的複雜系統，相空間便是超歐氏幾何的拓撲空間，討論得最多的仍是二維及三維相空間問題。

我們先來討論一個最簡單的鐘擺運動的相空間圖形，如果研究的興趣集中在兩個變數：擺與垂直位置的水平距離X和擺在各點的運動速度V，這是二維系統，相空間是X和V組成的平面。請看圖1.2，它的左面表示擺的位置，中間表示相平面。

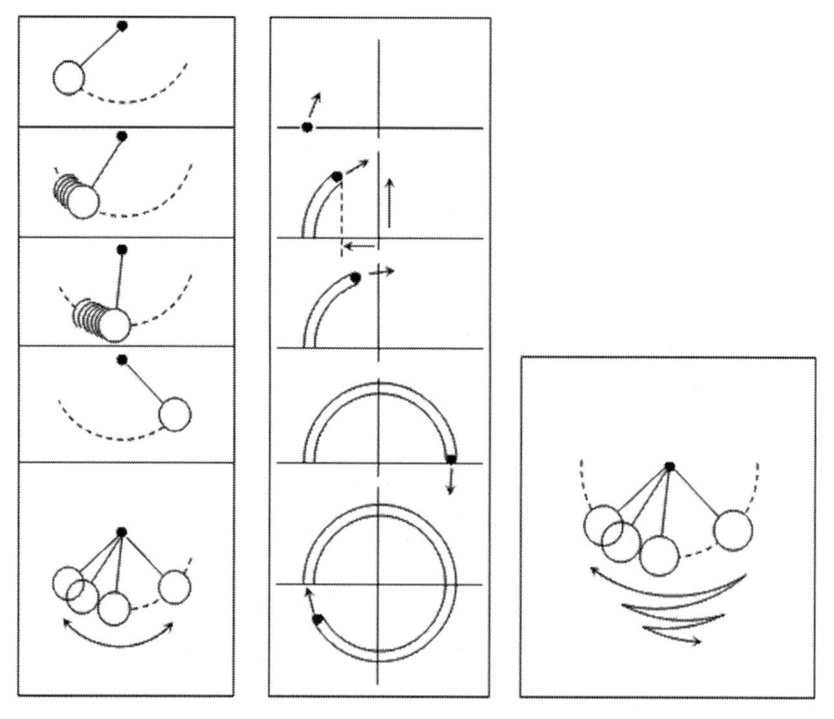

圖1.2　簡單鐘擺的相平面

資料來源：Gleick. J., Chaos, Penguin Books, 1987

由上圖左側可以看出，擺處於左方最高位置時速度爲0，由於此時擺之位勢最大，並驅使擺向右方擺動。圖1.2的中間是一個平面圖，橫座標表示擺與垂直位置的距離，垂直座標表示擺的速度。當擺的位置最高，距離垂直態最遠時，X值最大，但速度V卻爲0。圖1.2的第二幀，表示擺開始逐漸落下，隨著與垂直態的距離縮小，擺的速度愈來愈大；第三幀表示擺已垂直，由於此時速度最大，它不僅不會停下來，而且是開始向右側擺動；第四幀表示擺處於最高位置；第五幀表示開始另一個循環的擺動。

如果忽略摩擦、空氣阻力等現象，一個理想鐘擺最終態的相平面便是一個橢圓（圖1.3）。

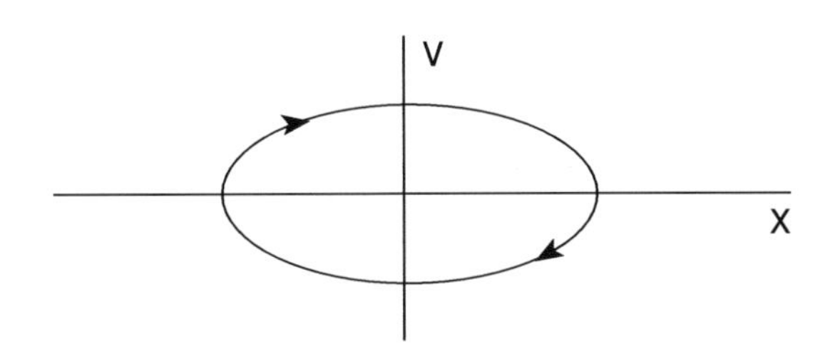

圖1.3　理想鐘擺的相平面

資料來源 : Davies. P., Prinzip Chaos, Goldmann Verlag, 1990

實際的擺動都存在摩擦和遇到空氣之阻力，如果沒有外力推動，擺因能量耗盡而停止擺動，實際擺動的相平面如圖1.4。

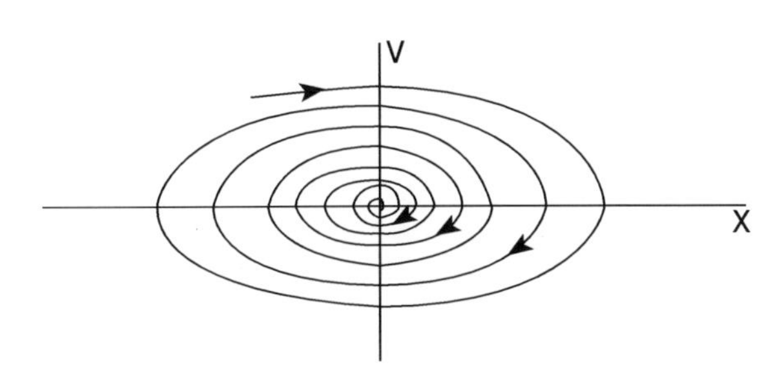

圖1.4　實際擺動的相平面

資料來源：Davies. P., Prinzip Chaos, Goldmann Verlag, 1990

圖中第三象限的箭頭表示系統的基始條件，例如你任意把鐘擺放到一個位置然後放手讓其自由運動，鐘擺開始運動後不斷克服磨擦，由於缺乏外力補充，擺動的能勢愈來愈少，相圖的圈子一點點收縮，最後能量消耗殆盡，擺就留在原點。

圖1.4明白的描述了一個自由擺動的直接有效原因和最終原因（見1.7節），它既描述了過程又描述了系統的目的（見1.8節）。動力系統長時間演化的極限狀態，即在t→∞時系統狀態的歸宿，稱爲吸引子（Attractor）。鐘擺的原點是實際擺動系統的吸引子。吸引子是一個十分有心理暗示作用的好名詞，這個詞究竟是法國賀堤科學院（Institut des Hautes Etudes Scientiques）的惠依（David Ruelle）或是荷蘭數學家塔肯斯（Floris Takens）先發明，據說甚有爭議。一個有摩擦的擺動爲什麼停下來？根據系統論的目的說，因爲這個系統存在一個原點吸引子。

如果是一個外力不斷補充的擺，例如有機械發條推動的鐘，它的最終態相圖又如何呢？請看圖1.5。

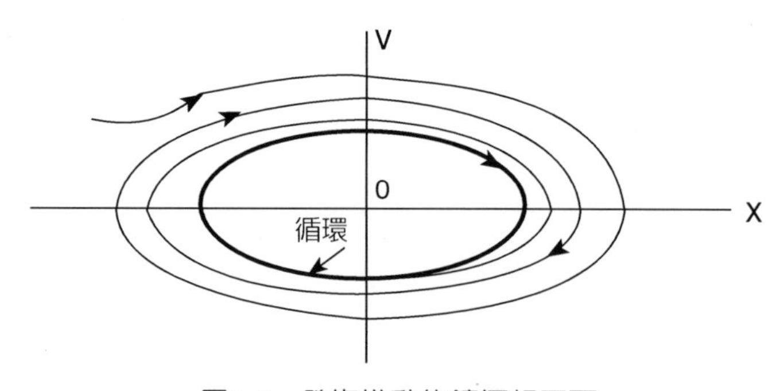

圖1.5　發條推動的鐘擺相平面

資料來源：Davies. P., Prinzip Chaos, Goldmann Verlag , 1990

我們可以看出，由基始條件進入相平衡圈後，經過幾個循環系統達到最終的極限環，圖中用較粗的線表示，它就是外力不斷補充下鐘擺的吸引子。系統進入吸引子的極限環之後，任何外力想把它拉出來已經不可能，同時還可以看出，一定系統的一定吸引子出現後，系統的基始條件已被遺忘，或者

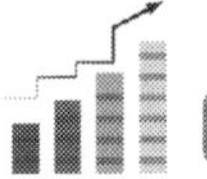

說一定的吸引子與基始條件無關，吸引子對基始條件失去記憶性。

凡具有時間週期性的現象大致上都可以用二維極限環吸引子來說明。例如生物學中，山貓與野兔的弱肉強食模型（以後還會詳細討論），並非強者把弱者趕盡殺絕，而是兩者形成的振盪，時而山貓數目增加，時而野兔數目增加，週而復始的循環。許多社會、人文現象似乎也都可以用二維極限環吸引子說明，例如歷史中的循環性、經濟危機的週期性、流行服裝的時髦與復古風格的交替性，以及佛教思想中的三世循環等等。儘管上述各種系統的元素並不同質，然而在動態上都表現出一種服從循環吸引子的最終過程，如果問上述系統變化有何目標，答案是被循環吸引子所引誘。

圖1.6是幾種主要的週期和非週期極限環。

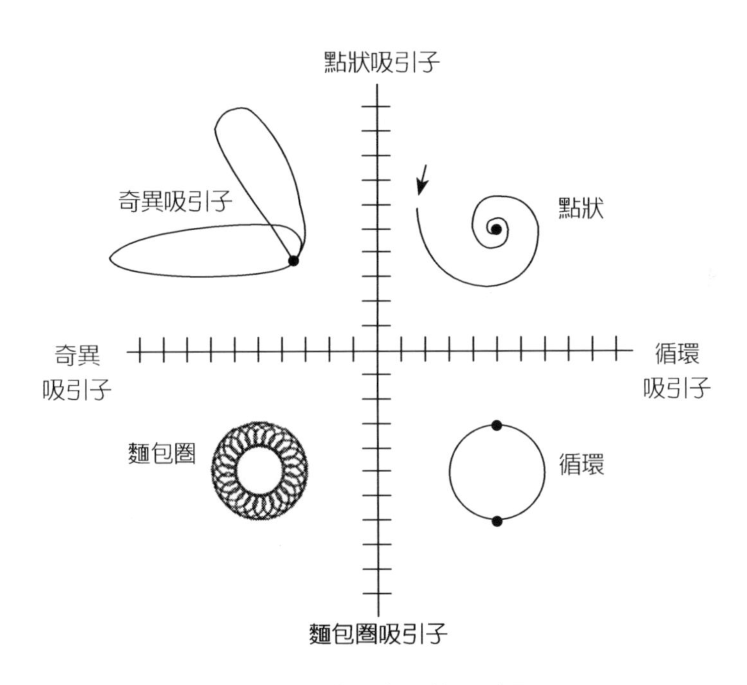

圖1.6　幾種主要的吸引子

關於三維及三維以上的吸引子問題是最近發展起來的混沌理論（Chaos Theory）和碎形理論（Fractal Theory）的專門問題，這超出了本書範圍。

第2章

系統分析的基本工具——反饋環

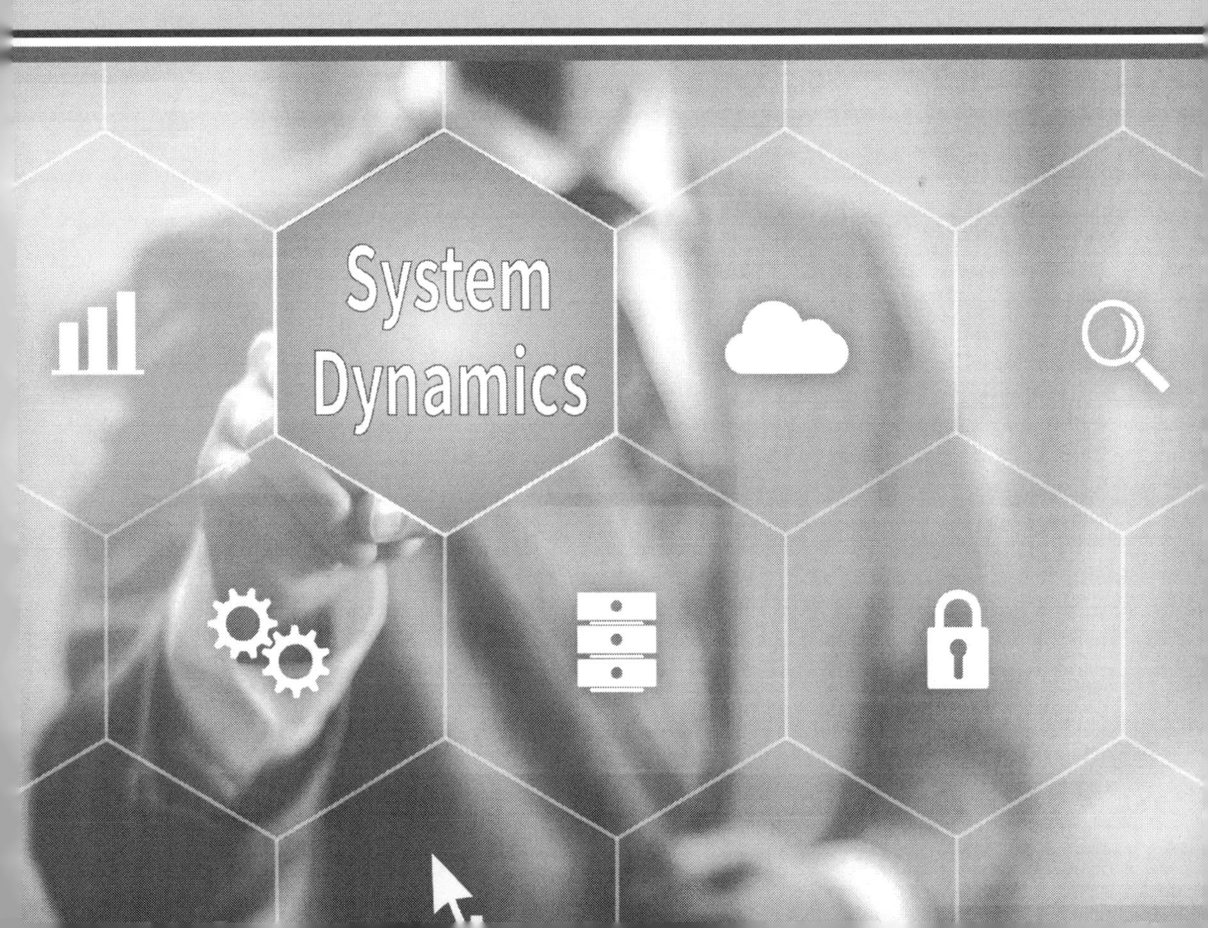

系統分析和系統思考要成爲研究人員的一種實踐技能，必須有可靠的工具，幾十年來的發展和探索，「反饋環分析」已逐漸取得系統分析工具的地位，利用它的簡單形態，研究人員可以建立定性的系統動力學模型；利用它的複雜形態，研究人員可以建立定量的系統動力學模擬模型。解決問題的本事，並非按照答案的簡單或複雜排列優劣順序，許多世界大問題，諸如城市塞車、海洋垃圾、計畫失敗也許通過簡單的反饋環分析可以迎刃而解無需大動干戈做一個巨無霸的定量系統動力學模型。

2.1 因果反饋環的基本概念

2.1.1 反饋

反饋（Feedback）一詞最早出現於控制論專家威納（Nobert Wiener）所著的《控制論》（Cybernetics）。威納在研究動物和機器的「溝通」過程中，發現一個重要的概念Feedback，在通常情況下，反饋是指訊息（Information）流動中的反響。足球場上的足球隊員，如果蒙其眼、塞其耳，對其他隊員的資訊毫無所知，因爲失去溝通能力使他失去一切行爲的反饋功能，無疑只有以失敗而告終。

一隻受過巴甫洛夫（Pavlov, 1849-1936）條件反射訓練的狗兒，當牠聽到搖鈴的訊號便會口沫橫溢，這也是反饋的表現。即使是機器的行爲控制，反饋也是最關鍵的因素，例如控制車輛不超速行駛，當速度錶的指針接近時速100km/h時，必須放鬆油門甚至適當地踩剎車，這些都是根據信息流而進行的反饋。

在日常生活中，反饋更是無處不在，當你不小心在擁擠的捷運站踩到別人的腳，對方露出不悅的表情，你馬上「反饋」出一句禮貌的道歉話，最後和平收場，如果你「反饋」爲粗暴的肢體語言，也許雙方開始大鬧一場。

經濟這部機器的良好運作，常常需要正確政策來反饋，例如經濟增長過熱時，通常由GDP的成長速度判斷，政府可能需要制定緊縮的財政政策以反

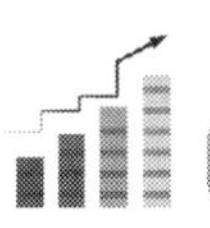

饋之，如提高銀行的利率以增加新投資的機會成本。

如果上面討論的足球隊員甲的動作叫做「因」，隊員乙的反饋叫做「果」，則因果關係的反饋可以表述爲：

若……，則……。

或

越大……，越大……。

用A表示因，用B表示果，並用弧線的箭頭表示因果之方向，則A、B的因果反饋圖如下：（見圖2.1）

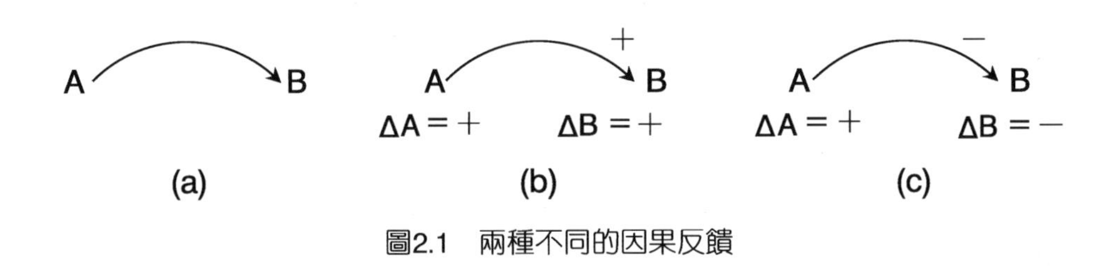

圖2.1　兩種不同的因果反饋

圖2.1共有三張小圖，圖a表示最一般的因（A）果（B）反饋關係，圖b表示正的因果反饋，例如物理學中的虎克定律（Hook's Law），若彈簧所施的拉力A（因）越大，則彈簧的位移B（果）越大，這稱爲正反饋，請注意正反饋的「＋」號通常畫在果變量B的一側。圖c表示負的因果反饋，例如人口學中死亡人口與人口總量的關係，圖中的A（因）表示死亡人口，圖中的B（果）表示人口總數，死亡人口越多，當其他條件不變時，人口總數越小，此稱爲負反饋，仍請注意負反饋的「－」號通常畫在結果變量的一側。

因變量A越大則果變量B也越大，用數學語言描述，A的增量ΔA若爲正，B的增量ΔB也爲正（圖2.1b）。相反，因變量A越大則果變量B越小，數學語言的描述爲A的增量ΔA爲正，而B的增量ΔB爲負（圖2.1c）。

如果把開放的因果反饋鏈首尾連接起來便構成所謂的因果關係反饋環

（Causal Feedback Loop），例如焦慮與憂鬱互爲因果關係環（圖2.2）。如果某個患者因焦慮而產生憂鬱，久而久之，憂鬱成了「因」，焦慮成了「果」，如此惡性循環不已。

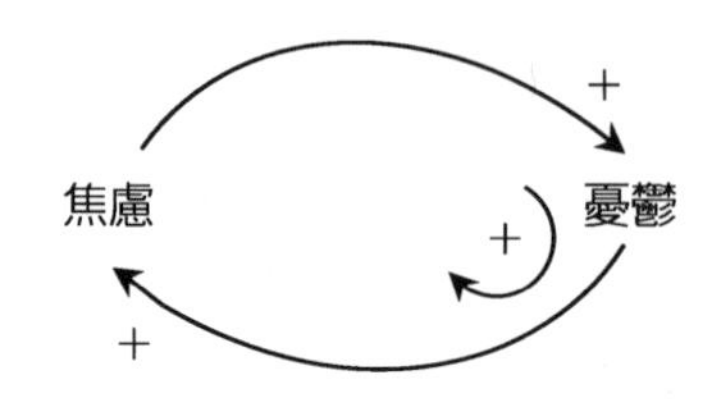

圖2.2　焦慮與憂鬱的因果反饋環

封閉的因果關係環能夠解釋事物發展的內因，這是系統思考的最有力工具。我們可以把環拆解爲不同的反饋鏈，例如把圖2.2的環分爲兩個鏈，一個鏈由焦慮（因）和憂鬱（果）的反饋關係組成，第二個鏈由憂鬱（因）和焦慮（果）的反饋關係組成。第一個鏈是正的關係，第二個鏈也是正的關係，所以整個環是正的反饋關係環，換言之，環路中的任何變量都是愈演愈烈的。

2.1.2　相關不等於因果

許多案例研究混淆了相關關係和因果關係的區別。相關性的解釋模式是：若變數A變化則變數B伴隨著變化，於是說「A和B是相關的」。因果性的解釋模式是：若變數A的變化引起了變數B的變化，於是說「A和B是有因果的」。

許多對應的事是相關的但並不是因果的，例如：

{太陽眼鏡　冰淇淋}夏天太陽大、天熱，因此戴太陽鏡的變多，吃冰淇淋的人也變多。但二者並無因果關係。

{挫敗　勇敢}二者有相關性，所謂「愈挫愈勇」，但並無因果性，因爲有的人遭受挫敗後失去勇氣「一蹶不振」。

{獎勵　績效}二者有相關性，所謂「重金出勇夫」，但並無因果性，因爲有的工作績效取決於設備而非工作人員本身，所謂「工欲善其事，必先利其器」。

{收入　血壓}美國統計學會有一個案例，100位男人的樣本資料顯示收入與血壓正相關，二者眞有因果關係嗎？如果通過一個中間變量年齡，你就發現收入與血壓正相關是一場誤會，因爲年齡既與收入有關也與血壓有關，是年齡把兩件有關聯的事變成了因果關係。

統計學上關於相關性和因果性激烈爭論的最有名案例是1958年統計學大師費雪與癌症專家康菲爾德對「癌症與抽菸」因果性的辯論，費雪否定二者的因果關係。經過兩年的大鳴大放，結果所有證據都壓倒性的支持康菲爾德「抽菸是肺癌當中的表皮樣本癌發生率急遽上升的主要原因」的結論。

模型製作者需要特別注意檢驗因果關係：

- **如果事件X發生，事件Y就會發生**，同時還滿足，
- **如果X沒有發生，那麼Y也不會發生**，或者
- **如果Y沒有發生，那麼X也沒有發生**。

對於重要的研究，爲了驗證變量間的因果關係必須使用統計學的Granger測試。

下面幾張圖告訴我們應該如何正確的表達因果關係。

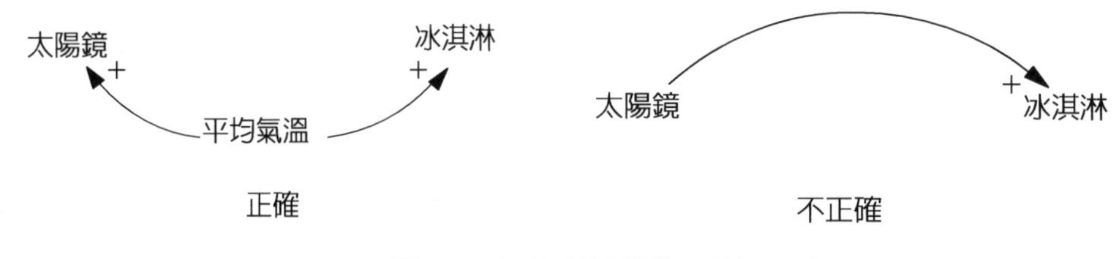

圖2.3　因果與相關的區別

圖2.3右是不正確的，因爲缺少中間變量「平均氣溫」的連接，圖2.3左才是正確的因果關係表達。

圖2.4右是不正確的，因爲缺少中間變量產品「銷量」的連接，圖2.4左才是正確的因果關係表達。

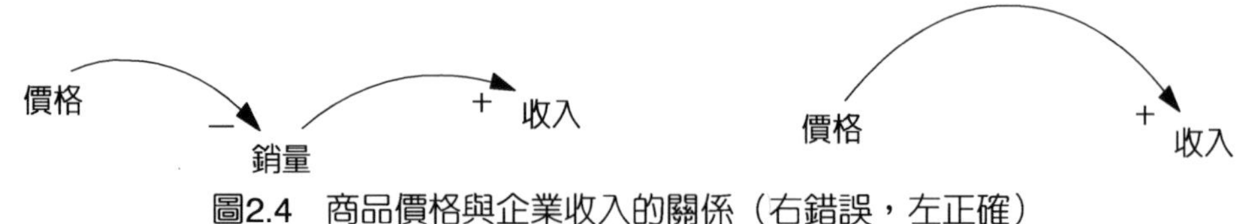

圖2.4　商品價格與企業收入的關係（右錯誤，左正確）

前面提到的獎勵與績效的關係十分複雜，在初級模型中寧願把獎勵作爲外生變量處理，有關的細節以後介紹。

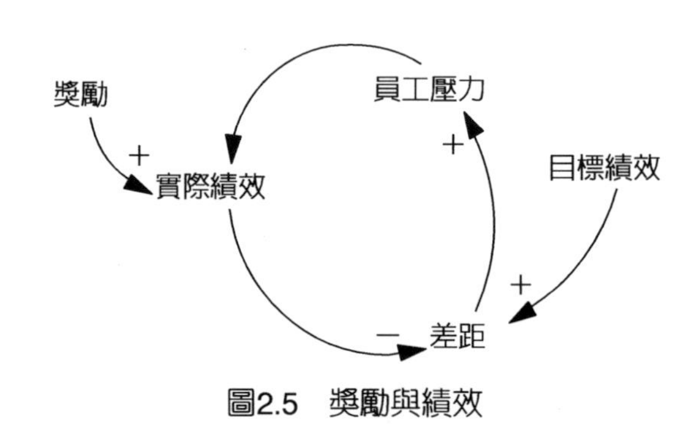

圖2.5　獎勵與績效

2.1.3　用名詞或名詞片語

因果關係的元素宜用名詞或名詞片語，例如討論成本和價格的因果關係時，很多人用「成本增加和價格提高」來描述二者的因果關係。可是系統動力學模型中變量名稱不宜用「成本增加」而宜用「成本」。下面的圖左側是不正確的，右側是正確的。

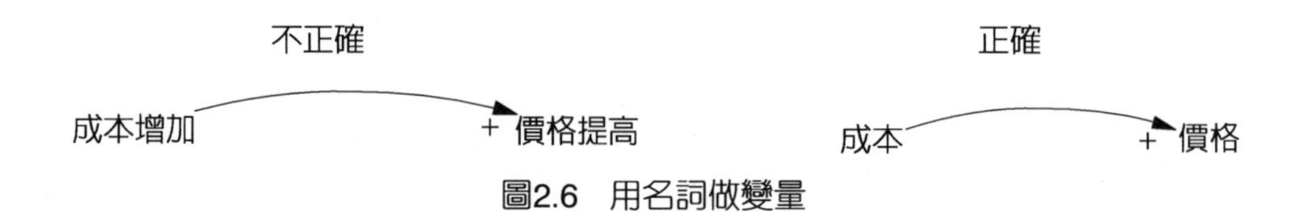

圖2.6　用名詞做變量

也不要使用含義模糊的名詞和帶否定的前置詞。

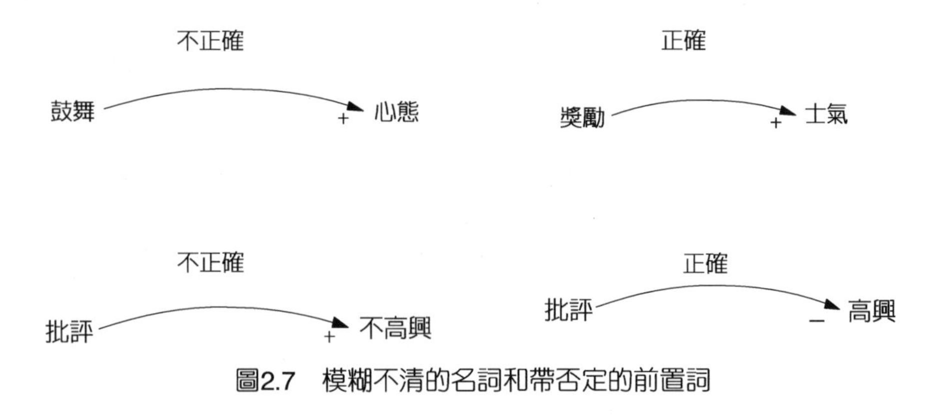

圖2.7　模糊不清的名詞和帶否定的前置詞

不過以上限制，對於定性的反饋分析可以適當鬆綁，例如2.4節，案例12使用「我要逃」，「你搶先」等片語。但對於定量的模擬模型，以上限制是成立的，因爲定量模型基本元素是「存量」、「流量」等，它們不能用動詞或名詞片語表示。

公司和機構經常討論改進計畫，圖2.8是兩種分析，左側是不正確的因果環，因爲產品質量不會因爲有了改進計畫而自發改善。右側是正確的反饋環設計，在左側設計的基礎上引進一個「預期之質量」的外生變量並增加一個觀察變量「質量差距」。這項舉措被視爲模型的「細節複雜性」（Detail Complextity），其實更重要的是因爲「質量差距」激活了系統。請注意引進「預期」性外生變量是系統動力學模型的重要技巧。

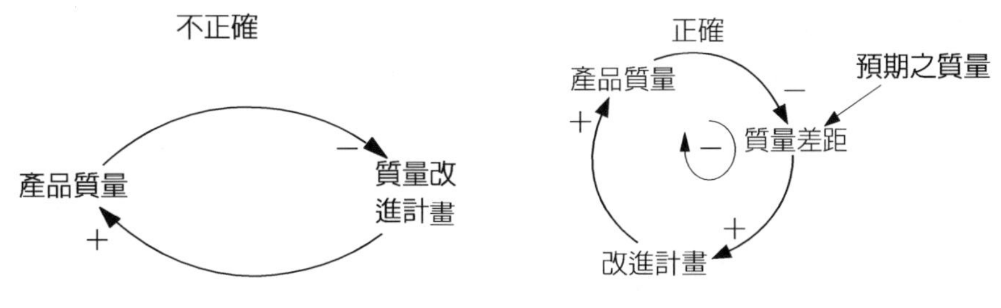

圖2.8　增加有關的預期變量

2.2 因果鏈的正負性和正負因果環

2.2.1 因果環的正負性

因果環由許多因果鏈組成，如果環內負因果鏈的總數是奇數，整個環是負的，如果環內負因果鏈的總數是偶數，整個環是正的。圖2.9的A環有三個負號，因此A環是負反饋環。圖2.9的B環有兩個負號，因此B環是正反饋環。

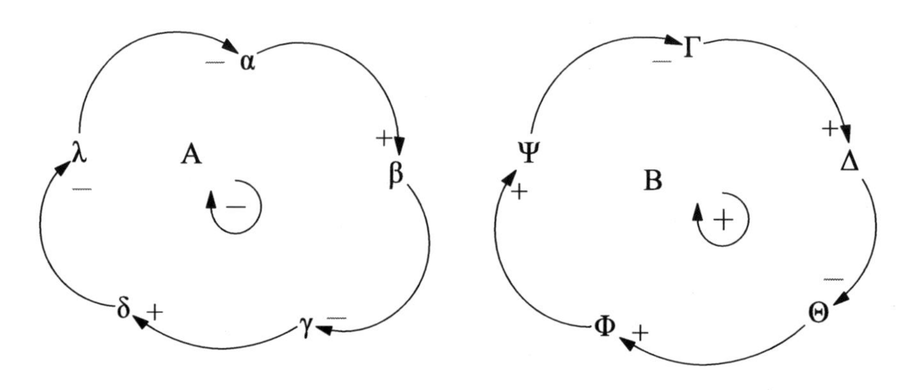

圖2.9 因果環的正負極性

正反饋環是一個不斷自我加強的過程，但初學者容易誤解，以爲正反饋就是「數值越變越大」的過程，這完全是誤會。正反饋也可能是「數值越變越小」的過程，請回顧圖2.1的解釋，兩個有因果關聯的變量A和B，如果A的數值下一刻變大，B的數值相對於自己的前一刻，也跟著變大，這是正反饋的一種情況；另一種情況是如果A的數值下一刻變小，B的數值相對於自己的前一刻，也跟著變小，這也是正反饋，正反饋正是這樣的自我加強的傳遞過程。

負反饋與正反饋相反，它是一個抑制和均衡過程，兩個有因果關聯的變量A和B，如果A的數值下一刻變大，B會抑制這種傳遞，B的數值相對於自己的前一刻，並不跟著變大相反是變小。相反，如果A的數值下一刻變小，B會反抗這種傳遞，B的數值相對於自己的前一刻，並不跟著變小相反是變大。

負反饋極力維持系統的均衡，是一個數值收斂的過程，而正反饋是一個系統自我強化的過程，是一個數值發散的過程。

爲避免對正反饋符號「＋」的誤會，反饋環路分析圖中可以不用「＋」號而用英文字母S（Same，相同）來代替，整個反饋環不再稱正反饋而用「增強反饋R」（Reinforcing Loop）替代；同時負反饋稱爲「均衡反饋B」（Balancing Loop）；並用英文字母O（Object，相反）來替代原來的「－」號。在以後的章節中就會出現這種圖解。

圖2.10列舉了兩種不同反饋環的行爲模式，圖左表示正反饋的指數成長和正反饋的負指數成長。圖右表示負反饋三種主要模式，第一飽和成長，第二衰退，第三圍繞平均值的振盪。這些典型模式常稱爲「參考模型」（Reference Model），模型製作者經常要把它們套用到自己的模型裡。

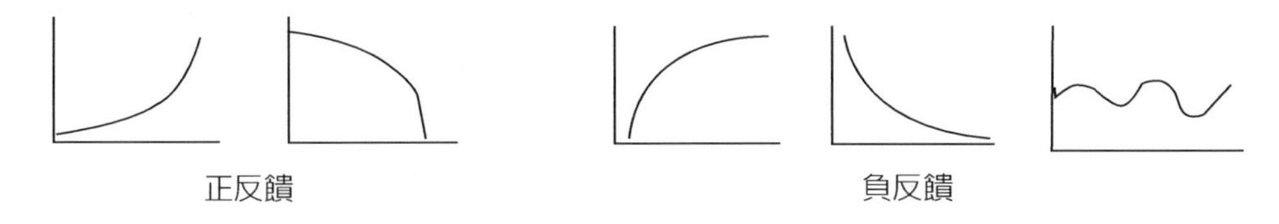

圖2.10　兩類基本參考模型

例如爆發戶的擴張過程，可以套用正反饋參考模型左；一夜破產輸得精光的過程可以套用正反饋參考模型右。美國次貸風暴過程中的前段「泡沫經濟」和後段「倒閉風潮」都可以套用正反饋參考模型。豬肉價格、颱風後的蔬菜價格都可以套用負反饋參考模型的衰減振盪模式。

必須再一次指出，上述正、負反饋的系統行爲並非涇渭分明，常常有交叉和重疊，因爲系統的軌跡最終取決於初始條件和參數，例如負反饋的振盪模式有三種可能：收斂、循環、發散；如果是發散的，和正反饋中的升級形態就很相似。再如，正反饋增長模式中，對稱式的正反饋和負反饋的振盪就很相似。

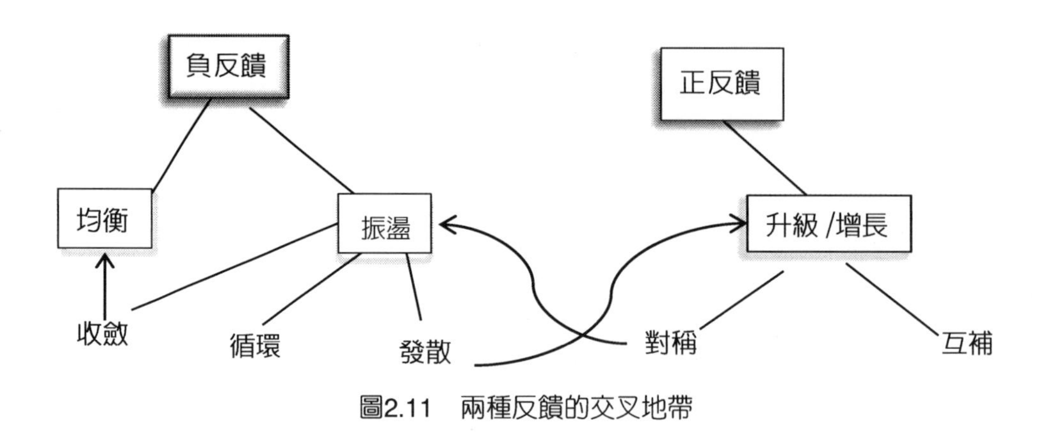

圖2.11　兩種反饋的交叉地帶

2.2.2　正反饋（增強反饋）的系統特徵

正反饋或稱增強反饋具有滾雪球效應，換言之，如以數字測量正反饋的過程是一個數值絕對值指數成長的過程，它既可以是良性的，也可以是惡性的。試以銀行的儲蓄爲例（圖2.12），如果一個存戶每年把銀行的利息所得再儲蓄，這便是一個最典型的正反饋（增強反饋）過程。

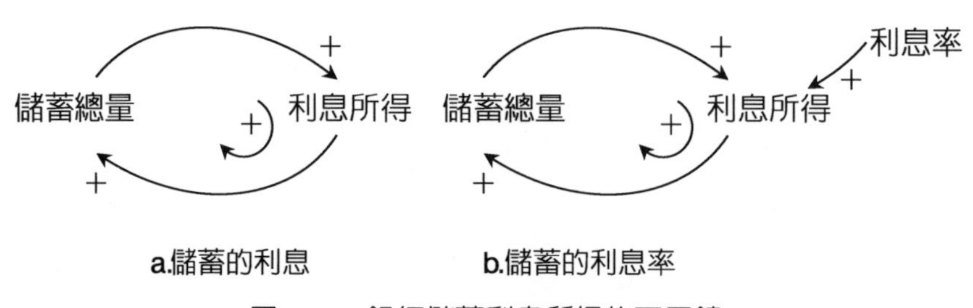

圖2.12　銀行儲蓄利息所得的正反饋

當銀行利率一定時，儲蓄的利息所得與儲蓄量之間增強反饋，如果利息率是變化的，則利息所得與利率變化同方向增強影響（圖2.12b）。

表2.1是一張虛擬的美元12年存款累計表，畫在圖紙上儲蓄總量是一條條指數曲線（圖2.13）。

表2.1　美元存款（單位US ＄）

年利率 %	儲蓄量	12年儲蓄所得
2	＄100.00	126.82
4	＄100.00	160.10
6	＄100.00	201.22
8	＄100.00	251.82
10	＄100.00	313.84

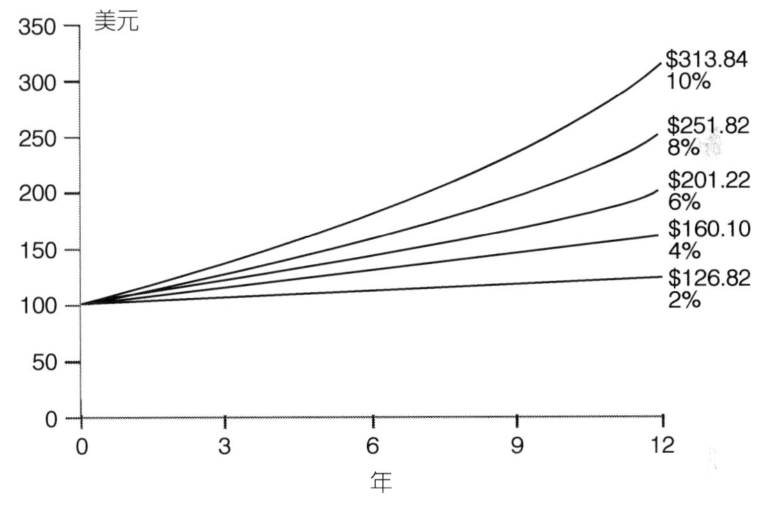

圖2.13　美元存款的指數曲線

如果把圖2.12b中的利息率改爲貸款利率，利息所得改爲貸款年付息量，而儲蓄總量改爲貸款負債總量，這些變量的因果反饋環在結構上毫無變化，仍然保持正反饋（增強反饋）的全部特徵（圖2.14）。

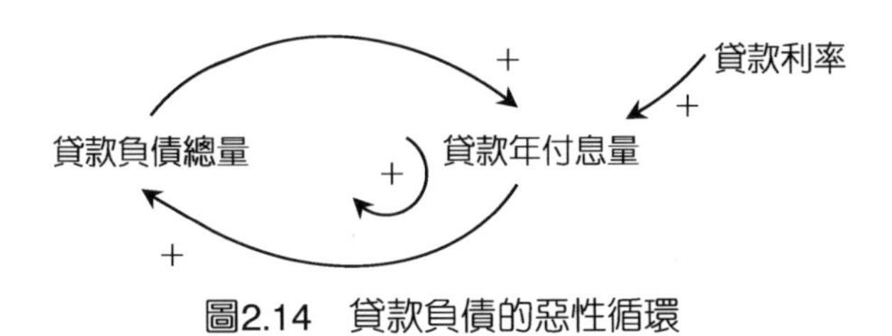

圖2.14　貸款負債的惡性循環

如果用會計帳戶的方法，貸款列爲債方應該用負的數值表示，則得到一條負數的指數成長曲線，它表達了惡性循環的數值過程（圖2.15）。

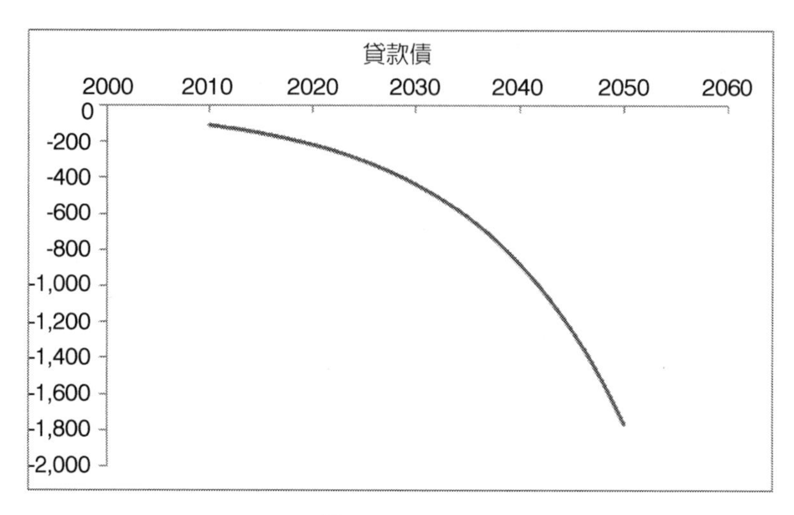

圖2.15　貸款負債的負指數成長

一個既代表良性循環（正面意義）也表示惡性循環（負面意義）的反饋環要叫它「正反饋」，這使發明這些術語的科學家很尷尬，後來找到「增強反饋環」來替代。

從理論上講，任何正反饋環的壽命都不可能無限長，因爲指數式成長，有如炸藥之爆炸，最後將耗盡一切能量。可是人類很奇怪，在經濟發展的追求上只有正反饋的指數成長才讓人開心，不僅如此，還對GDP成長率的多少，計較到小數點後至少一位數。住在同一個地球上的其他生物在偷笑，人不是自己找絕路嗎？因爲養活地球所有生物的資源不會跟著你的慾望而增長。

20世紀的80年代，亞洲「四小龍」，無論臺灣、新加坡、香港和韓國其GDP成長率維持在8%左右，大家喜氣洋洋，1997年的亞洲金融風暴阻止了他們的指數成長，豈止如此，2003年及2008年一次又一次的世界性金融風暴，阻斷了經濟復興的夢想，他們聽著一首悲人的歌，伊人在水中央，GDP的再

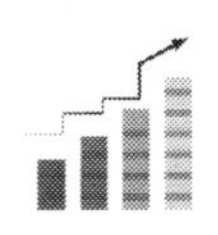

度高成長可望而不可及。爲什麼人喜歡指數增長而不樂意平均增長呢？原來指數增長可以一步登天。圖2.16是GDP平均成長率7%的線性成長和指數成長比較，從中看出指數成長的高速度。

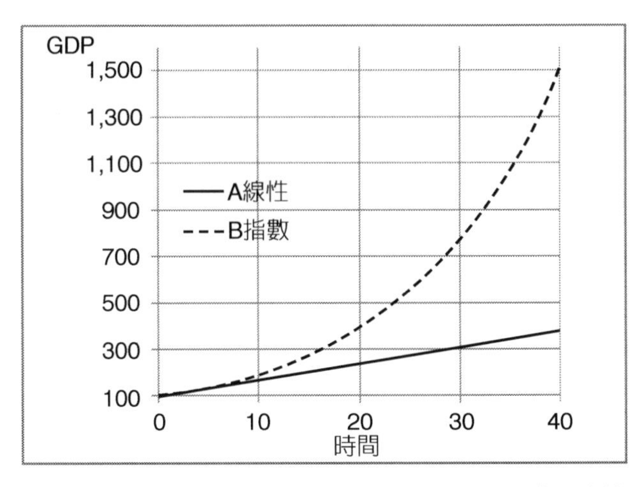

圖2.16 年平均成長率7%的指數成長與線性成長比較

圖中A表示線性成長，B表示指數成長，A的數値特徵是每單位時間保持相同的增長量，B的數値特徵是先慢後快。GDP平均成長率如果7%，指數成長時大約只需要10 年的時間便增加爲原來的一倍；而線性成長增加一倍所需要的時間大約14年。GDP增加到原來的三倍，線性成長需要大約28年，而指數成長只需要16年。用40年的時間打賭，線性成長只是原來的3.8倍，而指數成長是原來的15倍。

然而，指數成長使人類憂慮的例子很多。2001年2月9日，英國BBC在其「地平線」節目中播放了一段「殺人藻」的消息，描述「蕨藻苔」（Caulerpa Taxifolia）的超指數瘋狂成長。20世紀80年代蕨藻苔通常生養在海洋博物館用以裝飾水箱，想不到1984年這種不起眼的藻苔悄悄地從摩納哥海洋博物館中溜了出來，起初它只在博物館外的地中海占據極小的地盤，可是不到二十年的時間，這種藻苔由一種隔離觀賞的小生物變成了引發全球生態災難的龐然大物，誰也阻擋不了它的快速蔓延。

許多廣義的全球變遷（Global Change）現象，諸如CO_2排放量，氣溫上升、海嘯、SARS病毒乃至恐怖活動，都帶有指數成長特質，先慢後快最後爆炸，想到這些不堪的後果，人間不過噩夢一場，許多前衛的仁人志士一而再，再而三的警告「成長的極限」，可惜知音難覓。企業倒閉，長期經營不善，其過程也是正反饋的，只是因爲先慢後快的特性與人們的直覺經驗不符才喪失掉轉危爲安的寶貴時機。

2.2.3 負反饋（調節反饋）的系統特徵

負反饋是眞實世界中更經常觀察到的現象，我們不要因字面上的「負」字產生錯覺，其實它是向目標進行自調節的反饋，它的行爲是向目標逼近，有時是數量由大變小去逼近目標；有時相反數量由小變大去逼近目標。在數量既可變大也可變小這個特徵上正反饋和負反饋是相仿的，可是正反饋是沒有極限的行爲，變大可以到無限大，變小可以到無限小；負反饋卻不然，它的變化是有界的，是有極限的行爲。核爆炸是正反饋過程，而原子核衰變是負反饋過程，衰變是有界的，極限爲零，絕不可能爲負，後者不具物理學意義。

日常生活中的許多現象都受負反饋調節環控制，是自組織的表現。首先以水杯的倒水過程爲例，打開水龍頭讓水流入杯中，杯中的水位發生變化，如果水杯快滿就把水龍頭轉小，如果嫌慢就把水龍頭轉大，一旦水已滿杯，龍頭就關上。這是一個典型的負反饋（調節反饋）過程，其流程圖如下：

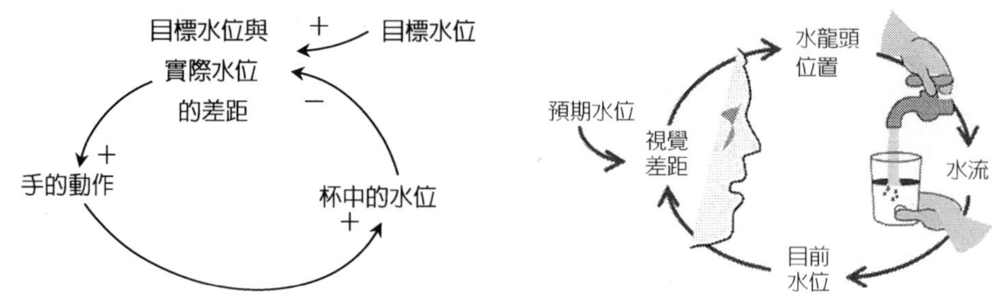

圖2.17 水杯倒水的負反饋過程

如果我們想倒滿一杯水（目標水位是全杯水），手便打開水龍頭，水杯中的水位開始上升，水位與目標水位的差值變小，手的動作變緩。在這個控制環路中，只有一個負反饋，於是稱爲調節反饋環。水位的動態由零而逐漸達到目標值，如圖2.18。

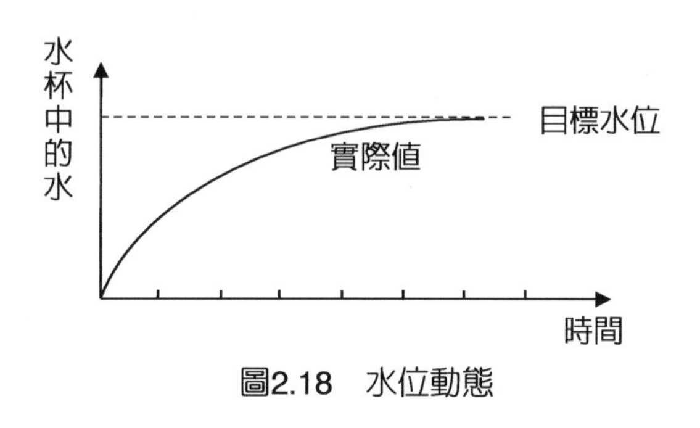

圖2.18　水位動態

日常生活中負反饋控制的第二個例子是冬天的室內取暖過程。請見圖2.19。

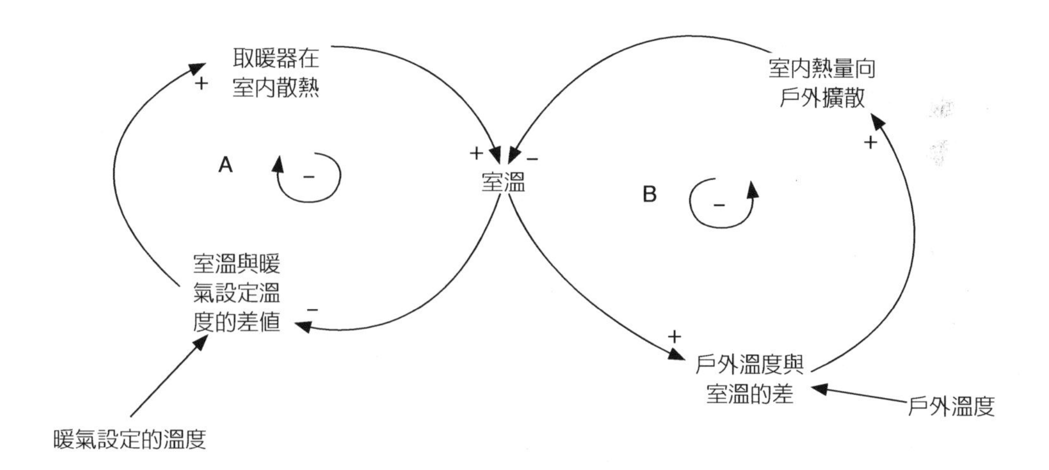

圖2.19　室溫控制的負反饋過程

室內溫度有A，B兩個反饋控制環。請先看左邊的A環，取暖系統的第一件事是設定暖氣的目標溫度。如果室內眞實溫度與此設定值的差越大，取暖器就加大動作，暖氣向室內的散熱越大，正號；於是暖氣在室內散熱越大，則室溫越高，這是又一個正號，當室溫越來越高，則與暖氣的溫度設定值的差值越來越小，這是一個負號。請注意在A的大環中，有三個反饋節，其中只有一個負號，因此A環是負反饋環。現在轉到B環的分析，室溫不僅因暖器的供熱而溫度增加，室溫也因戶外的低溫而使室溫下降。當室溫越高，則室溫與戶外的溫差越大，這是一個正號；當室溫與戶外溫差越大，則室內的熱量向戶外的耗散越多，這是有一個正號；最後，當室內熱量向戶外擴散越多，室溫則越低，這是一個負號。B環的三個鏈，只有一個負號，因此B環也是負反饋環。

假定暖器的設定溫度爲攝氏18度（華氏65度），戶外的溫度爲攝氏10度，當室溫低於18度時在A環驅動下室溫逐漸接近目標溫度18度（圖2.20）。

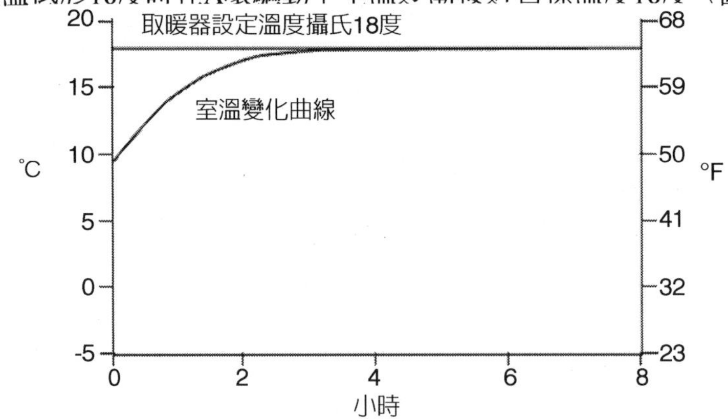

圖2.20　室溫低於18度的冷房間的升溫過程

當室溫高於設定溫度時，在B環的驅動下室溫逐漸由過熱而變化到恆定的室溫（圖2.21）。

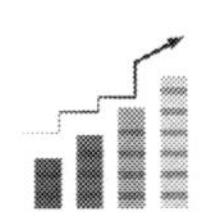

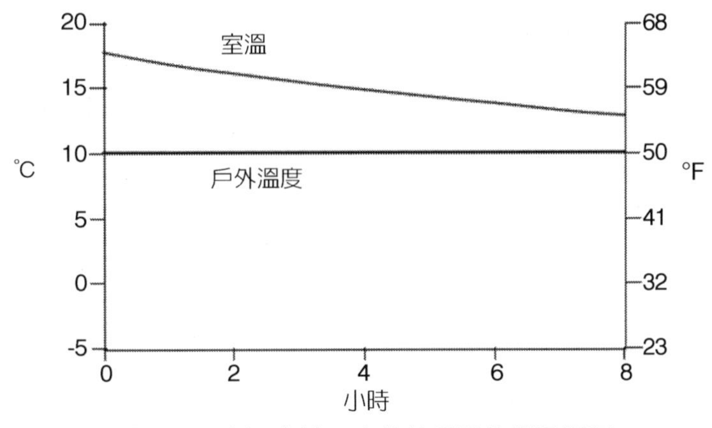

圖2.21　室溫高於18度的熱房間的降溫過程

如果考慮到戶外溫度的晝夜變化，室溫的時間動態如圖2.22。

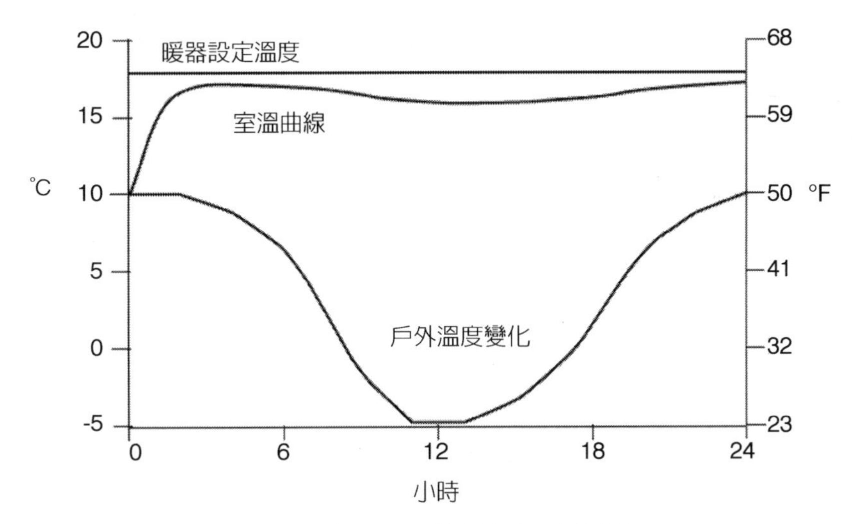

圖2.22　室溫負反饋環的全調節過程

2.3 遲延（Delay）

Delay好像空氣中的灰塵無所不在，即便是e-mail從此電腦的輸出到彼電腦的接受至少以秒或毫秒計，這個消耗的時間就是Delay。在現實中我們常常看到一種圍繞目標振盪的負反饋過程，爲什麼出現振盪呢？原因是Delay。商品的價格作爲市場變化的信號，素來冠有亞當斯密「一隻看不見的手」的雅號，可是從消費的一方傳遞到生產的另一方，不是瞬間完成，而要經歷整整一個「單位」的生產週期，這個單位時間就是Delay，它可能是幾天，也可能是幾個月。因爲這個耗散時間的Delay，陰差陽錯的事接踵而至，往往弄得面目全非。例如傳統的肉豬生產，年末銷售價格居高不下，農戶紛紛養豬，大約半年成豬上市，可是屆時價格已經崩潰，原因是市場進口大量廉價豬肉。Delay雖然不會改變負反饋的調節機制，可是卻帶來人心不安的鐘擺效應。

日常生活的淋浴，也是司空見慣的圍繞平均水溫的負反饋過程（圖2.23），圖中的平行線表示Delay。如果淋浴的水溫目標值爲38℃，當水溫超過38℃，控制水溫的開關朝向「右」旋轉，相反的情況下則朝向「左」旋轉。由於水流動的Delay，沐浴者的手便盲動起來，時而把水溫開關向左（高溫），時而又向右（低溫），於是水溫振盪，時而熱得燙人，時而冷得叫人發抖。帶有Delay的淋浴的水溫變化如圖2.24。

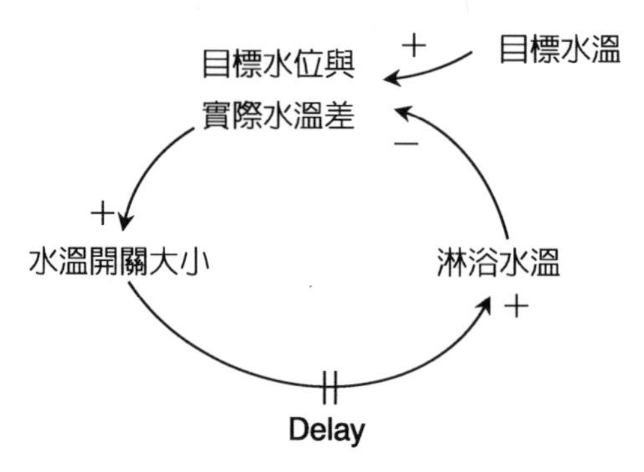

圖2.23　淋浴水溫的負反饋環結構

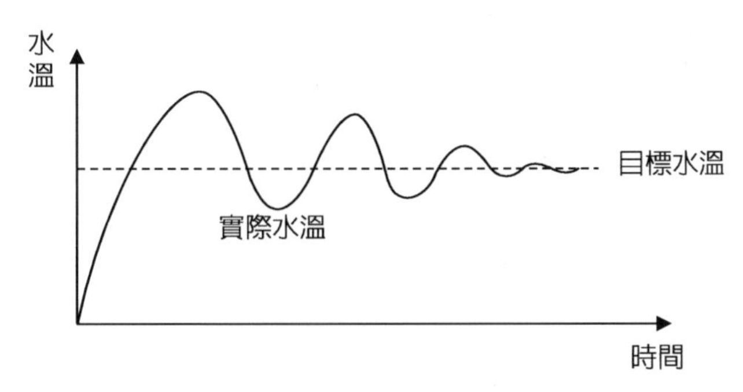

圖2.24　淋浴水溫變化

在負反饋環路中，這樣的振盪大多是衰減的，即振幅隨時間而縮小，振盪線最終與目標線一致。關於這點我們在以後的定量模擬中會有討論。

負反饋環路的振盪現象有一個更有趣的例子，夜漢開門鎖。夜漢，拿住一把鑰匙，因爲看不見很難對準鑰匙孔，但他知道控制原理，當鑰匙與目標距離越大，手的下一次動作要變小，三試、四試終於找到了鑰匙的孔。我們經常講「摸著石頭過河」其實和夜裡開鎖別無二致。

順便指出，把Delay帶進反饋環使其內生化，是一個所謂「細節複雜性」過程。實際上不可能讓所有的變量都成爲內生的元素，留下一些因素做外生變量，也有好處，這樣可以觀察系統邊界之外的環境對反饋迴路如何發生有利或不利的影響。

2.4　反饋環諸例

這一節其實是「拋磚引玉」，請大家對案例中的各種結構，先會意後質疑，並隨時準備自己動手替代它。作者對各個案例的介紹也是繁簡不一，目的是請讀者自己調節思考的「適應性」（Adaption），使得閱讀過程始終保持必要的興奮度。

(1) 有勞有逸

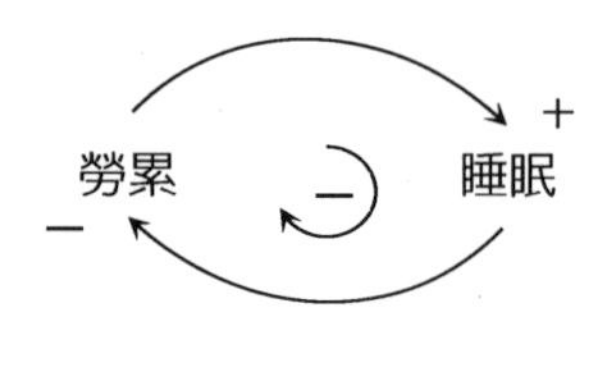

圖2.25　有勞有逸

勞累之後便需要休息（比如睡眠），休息之後疲勞將減少，二者結合便成爲一種有控制、有節奏的健康生活，這是一個收斂的負回饋構造。

(2) 熟能生巧

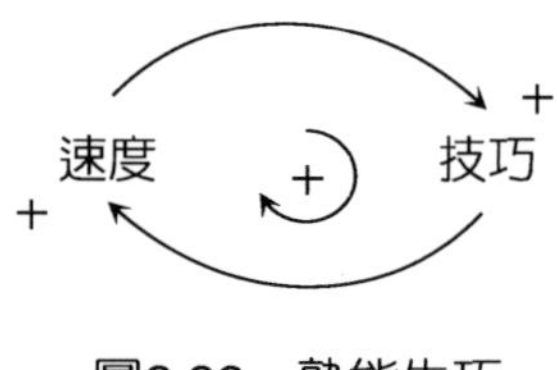

圖2.26　熟能生巧

因技巧而可提高工作速度，因速度而使技巧更高，這是正反饋構造。

(3) 摸著石頭過河

摸石頭過河是民間對解決問題能力的調侃，它是一個一步一步逐漸接近目標的負反饋過程。

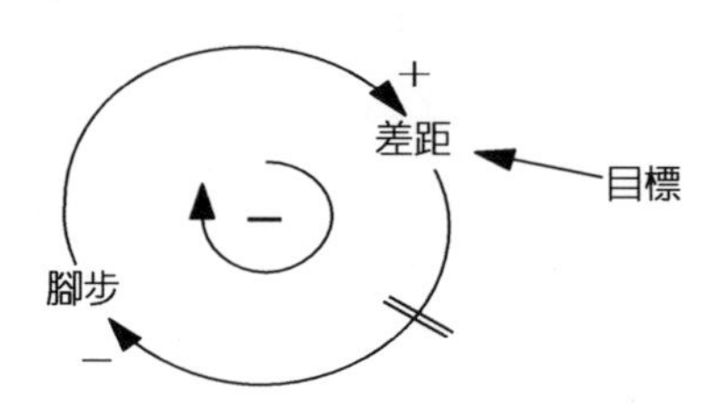

圖2.27　摸著石頭過河

(4) 自得其樂

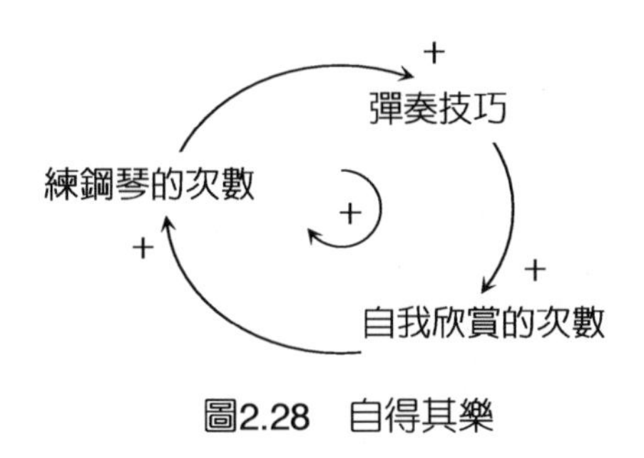

圖2.28 自得其樂

如果你會彈琴，當你不斷實踐之後技藝有所提高，基於「自戀」的心理情結，你的「孤芳自賞」次數一定增加，從而更多的練琴和更好的技巧獲得。這是一個典型的正反饋。

(5) 高速公路系統

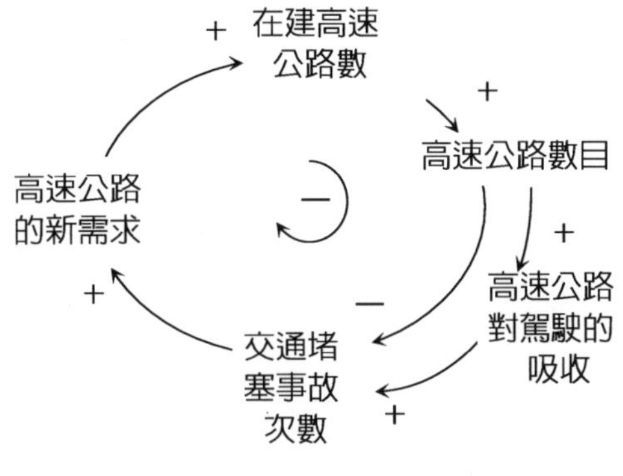

圖2.29 高速公路系統

高速公路是一個複雜的系統，本例考慮的重點是交通堵塞。如果我們提問，爲了消除塞車，「高速公路」還要增加嗎？這是一個雙重回饋的構造，一方面因高速公路數目的增加而可使塞車減少；另一方面又因高速公路數目加大，駕駛者增加，又會使塞車增多。答案是高速公路不一定要增加，結果取決於正負反饋環的競爭，通過定量的模擬模型可以找到數值解。

(6) 城市塞車的夢魘

城市化是經濟發展的目標之一，而城市化帶來許多百年不解的難題，塞車就是其一。至今全球的市政者仍然離不開「車多路少」的線性邏輯去找答案，世界上的大城市不知道修了多少路，最後還是「車多路少」。塞車的夢魘究竟在哪裡，圖2.30提供另類思考。

解決城市塞車的根本辦法，既非不斷修公路，也非實施擁擠稅（新加坡），也非執行單雙號間隔（許多大城市），而是要探索合理的公交與私車的比例關係，許多模型試驗說明，只有地鐵和公交車的合理布局，才能揮去城市塞車的夢魘。

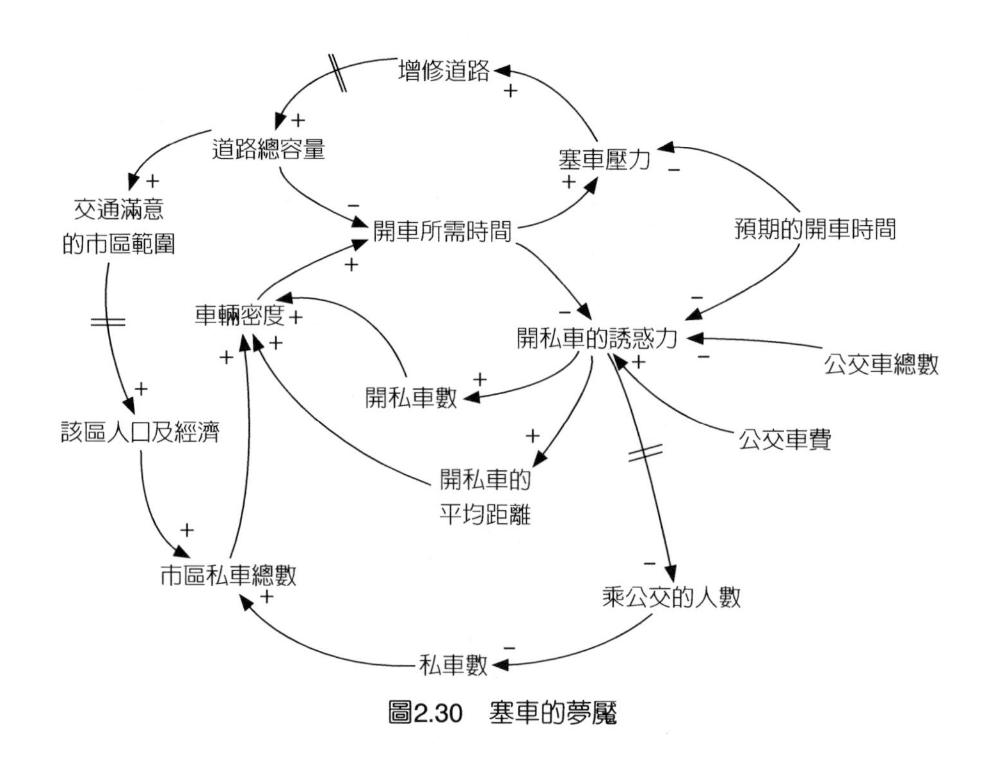

圖2.30　塞車的夢魘

(7) 地表水總量

地球有一個十分巧妙的自調節系統，儘管結構十分複雜，但機制卻是簡單明瞭的負回饋原理，例如圖2.31是一個最簡單的地表水因果環系統。

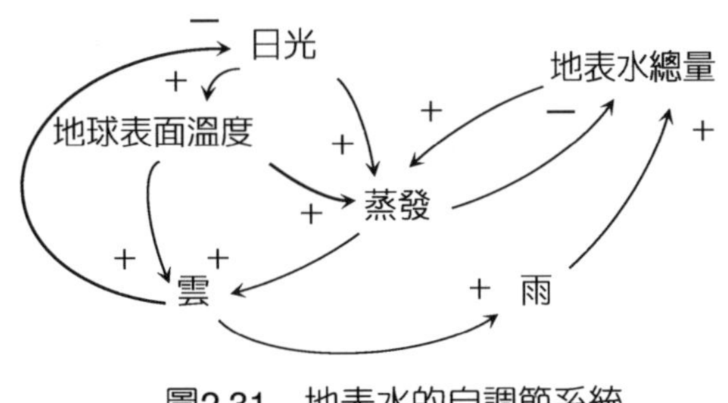

圖2.31　地表水的自調節系統

(8) 野兔的生態平衡

據「海灣公司」沿海灣設立的採購點統計資料，加拿大哈得遜灣（Hudson Bay）1800年野兔數約爲1,750隻，1818年野兔數增加到高峰，59,000隻，以後下降。1824年只有2,000隻，然後又逐漸增長，1842年出現新高峰達61,000隻。1848年又降到1,800隻。第三次高峰出現在1864年（58,000隻），峰谷底在1874年（1,500隻）。

怎樣解釋這種大約24年爲週期的振盪現象呢？是乾旱？這不大可能，在氣象資料上找不到24年爲週期的大乾旱記錄。是瘟疫嗎？也不可能，因爲傳染病和瘟疫的傳播週期最多是4、5年。

最後發現這是生物鏈形成的「生物量振盪」。我們知道野兔是山貓的獵捕對象，於是二者之間存在著一種動平衡；野兔是山貓的唯一食物，因此野兔越多，山貓也越多，可是如果野兔爲零，山貓必死光光，於是撲食者（山貓）與獵物（野兔）維持週期性的振盪平衡。詳細的模擬模型請見以後有關「撲食者與獵物」內容。

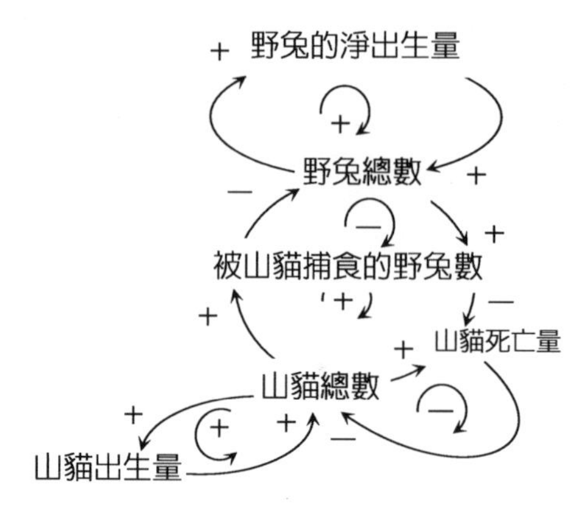

圖2.32 野兔與山貓的局部模型

(9) 誰是美洲鱷魚殺手

美國「國家地理頻道」有個探索節目「格利芬湖美洲鱷魚殺手」，討論美國內華達州格利芬湖美洲鱷魚被「殺」過程。討論很容易掉入文字陷阱，究竟是什麼「奇人」或「怪獸」所爲呢？一批生物學家利用反饋環的「細節複雜性」分析找出眞正的元兇，原來是格利芬湖開發引起的污染使湖內富含維生素B1的生物量減少，後者是鱷魚的基本獵物。整個反饋過程如圖2.33。

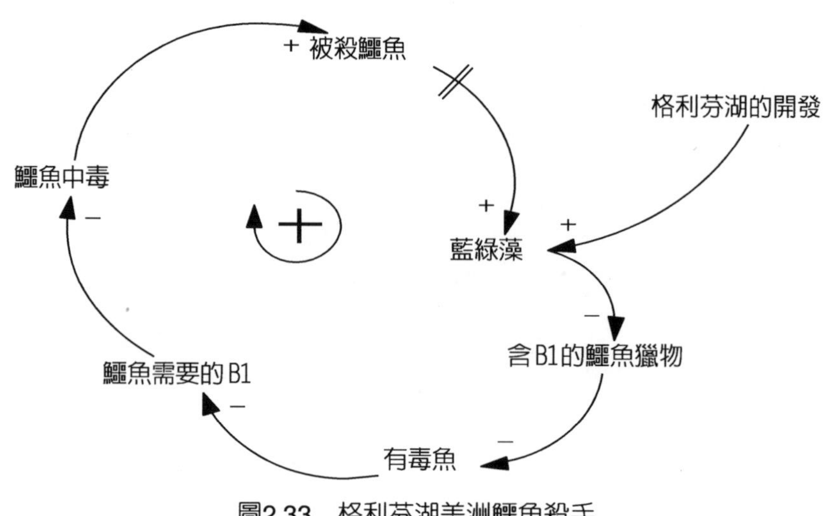

圖2.33 格利芬湖美洲鱷魚殺手

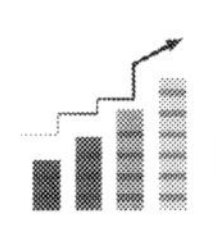

(10) 家庭戰爭

你是否想過家庭中的小孩戰爭也可以用反饋環分析呢。老王有兩個互相逗鬧的孩子，阿狗今年12歲，阿毛今年6歲。阿毛常常向阿狗挑釁，阿狗對阿毛的撕打也不甘示弱，爭吵的災難從此開端，但最後又是怎樣平息和衰減的呢？請看下圖，這是一個正反饋和兩個負反饋合成的平衡，其中爸媽的參與是影響平衡的關鍵環路。請注意當阿狗反擊阿毛的挑釁時，阿毛向爸媽訴苦，爸媽企圖制止阿狗，這才使正反饋改變爲負反饋，等等。

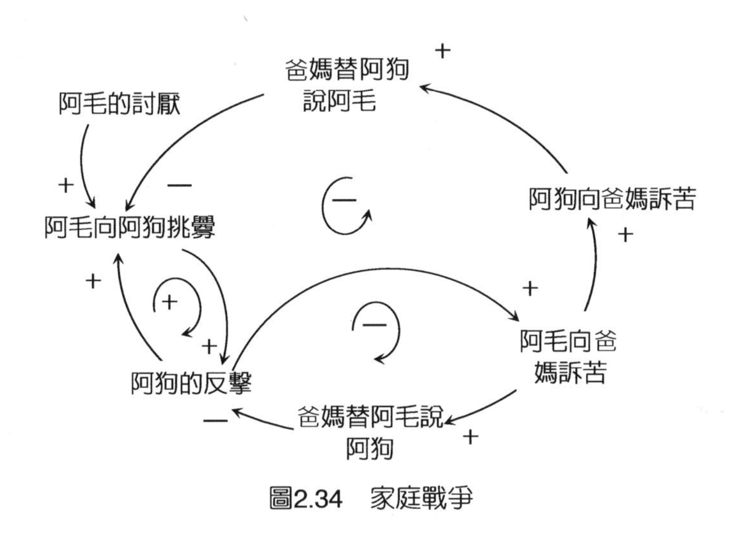

圖2.34　家庭戰爭

(11) 生物量增長的非馬爾薩斯模式

生物量會無限增長嗎？人口會無限膨脹嗎？這是馬爾薩斯最關心的問題。所有的生物生長均受兩個互相矛盾的正負反饋環控制，並不會出現一面倒的無限成長。這是比利時統計學家Verhust提出的S型曲線基礎概念的反饋環解釋，在以後的定量模型部分會有很多討論。

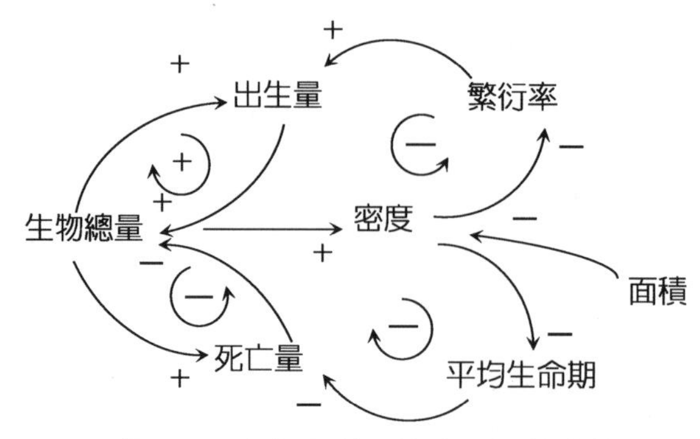

圖2.35 生物量增長的非馬爾薩斯結構

(12) 軍備競賽的「滾雪球」效應

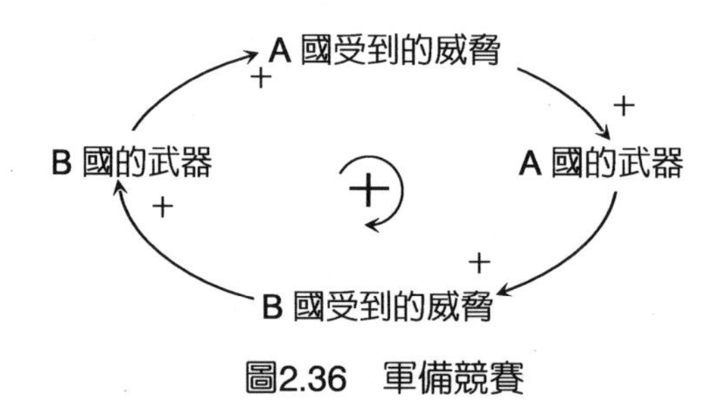

圖2.36 軍備競賽

(13) 逃生與混亂

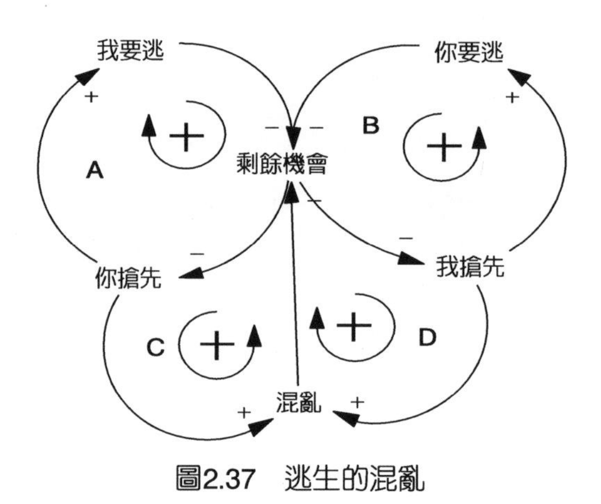

圖2.37 逃生的混亂

混亂場合的逃生必定悲劇多多，原因是這樣的逃生是四個正反饋的合成，這是一個典型的數量發散過程，代表混亂的混亂指數必定不斷上升。

(14) 全球變暖的自然因素

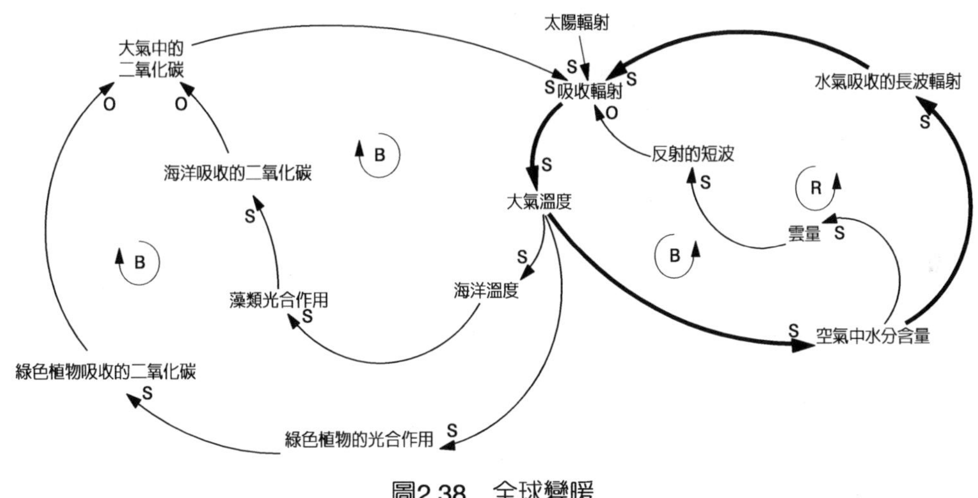

圖2.38　全球變暖

請注意圖中箭頭附近的符號「S」表示same即因果關係是同方向的，也就是此前的「+」號。符號「O」表示object即因果關係是反方向的，也就是此前的「−」號。上圖共有四個環，三個均衡環用大寫的B（Balancing Loop）表示，也就是此前的負反饋環，一個加強環用大寫的R（Reinforcing Loop）表示，也就是此前的正反饋環。這個加強環的關係用粗線表示。

以上所有環路都是地球的自然過程，人類無力使之變化；人類對全球變暖產生影響的部分是，人類經濟活動所增加的「大氣中的二氧化碳」部分。

(15) 計畫失敗

世界上不知道每年有多少計畫（Project）在實施，美國Continuous Improvement Associates公司2003年有一個Project failure「計畫失敗」的研究案例。研究團隊首先對管理人員進行調查並提問甚麼是管理的主要問題，最後找出「根源」（Root Causes of Project Failures）是「倦怠」。

在討論計畫失敗的預備會議上，研究團隊請45位有關專家每人12票，選出計畫失敗的原因。經過整理540張選票中，票數最多的前10大原因如表2.2。

表2.2　計畫失敗的十大主要原因

問題等級	計畫失敗的前10大因素	票數
1	計畫範圍定義不詳	98
2	缺乏項目管理規程	53
3	救火隊式的忙碌	44
4	業務流程不善	37
5	不完整的規格	31
6	變通控制生硬	26
7	缺乏系統思考	21
8	太少利用學習以克服多種人格障礙	19
9	不支持公司的價值主張	18
10	大家都有防守套路	18

資料來源：Root Causes of Project Failures, Stories of "Fixes that Fail"
http://www.exponentialimprovement.com

最後研究團隊設計了計畫失敗根本原因的多重反饋環，其中「倦怠」是問題的中心。

「倦怠」有三個環，第一個是：超時→疲勞→倦怠→生產力→尚餘工作→時程壓力→超時；第二個是：超時→士氣→疲勞→倦怠→生產力→尚餘工作→時程壓力→超時；第三個是：超時→加人→疲勞→倦怠→生產力→尚餘工作→時程壓力→超時。第一環和第二環是正反饋，第三環是負反饋。「倦怠」是一種振盪，超時使人倦怠，加人之後超時減緩倦怠減少。

「加人」有四個環，第一個是：加人→疲勞→倦怠→生產力→尚餘工作→時程壓力→超時→加人，這是一個負環。第二個是，加人→新人比例→平均技藝水平→產品質量→返工→再加工時間→超時→加人，是一個負環。第

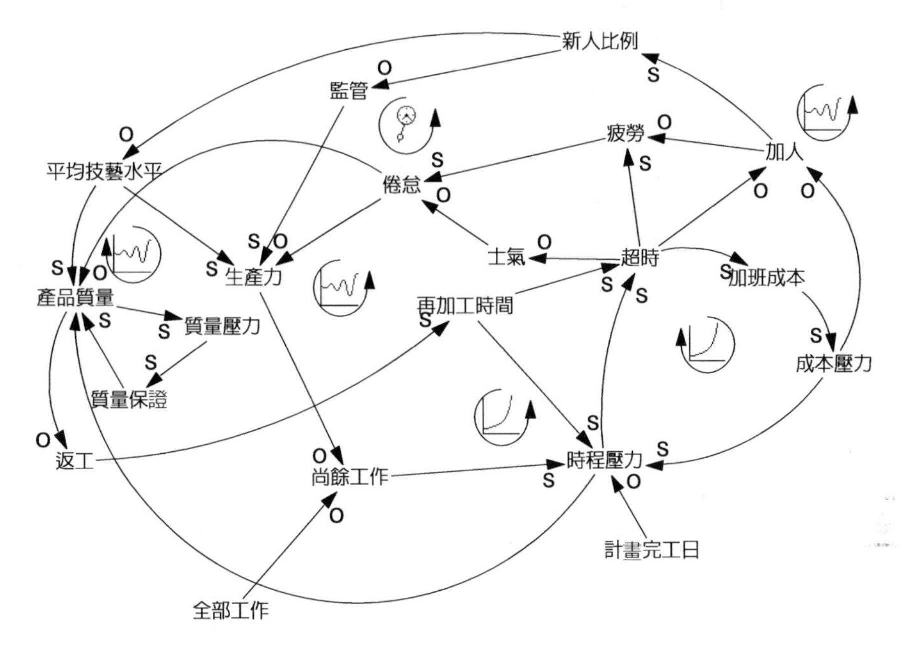

圖2.39　倦怠的反饋環

三個是：加人→新人比例→監管→生產力→尚餘工作→時程壓力→超時→加人，是一個正環。第四個是：加人→新人比例→平均技藝水平→產品質量→返工→再加工時間→超時→加班成本→成本壓力→加人，它是一個負環。「加人」是個加大的振盪過程。

「產品質量」有四個環，其中一個正環爲：產品質量→質量壓力→質量保證→產品質量。

「生產力」有四個環，「時程壓力」有兩個環一正一負。

最値得注意的是「成本壓力」，它只有一個正環，換言之，這個管理失敗的公司，其失敗的直接原因爲「倦怠」，而深層的原因卻是成本管理。讀者應根據研究對象的具體情況而提出「根源」（Root Causes）的因果反饋環結構，而不能照貓畫虎直接套用。

(16) 茶葉的故事

系統分析家舍伍德（Dennis Sherwood）設計了一個多重反饋環，解釋兩百六十多年前歐洲城市的發展機制（圖2.40）。一共有A、B、C、D、E五個反饋環，其中前三個是正環（加強環），後兩個是負環（平衡環）。在此例中反饋環的屬性不用文字符號，而是用圖像，滾雪球的圖案表示正反饋，蹺蹺板的圖案表示負反饋。

本例企圖說明，1750年代歐洲國家所處的大環境：城市過度擁擠、食物缺乏、疾病和貧窮加劇；死亡人口增加和出生人口減少。可是當時只有英國例外，人口不斷成長，原因何在？

請看圖的下端，疾病和貧窮的外在力量有兩樣，一個是農業能力，一個是「Tea」茶葉。據人類學家解釋，當時大不列顛人已經有飲茶習慣，而茶葉含單寧酸可以殺菌減少疾病的發生，於是大不列顛即便只有歐洲一般的農業生產力，但是疾病和貧窮卻低於歐洲的平均值，這就是茶的故事。

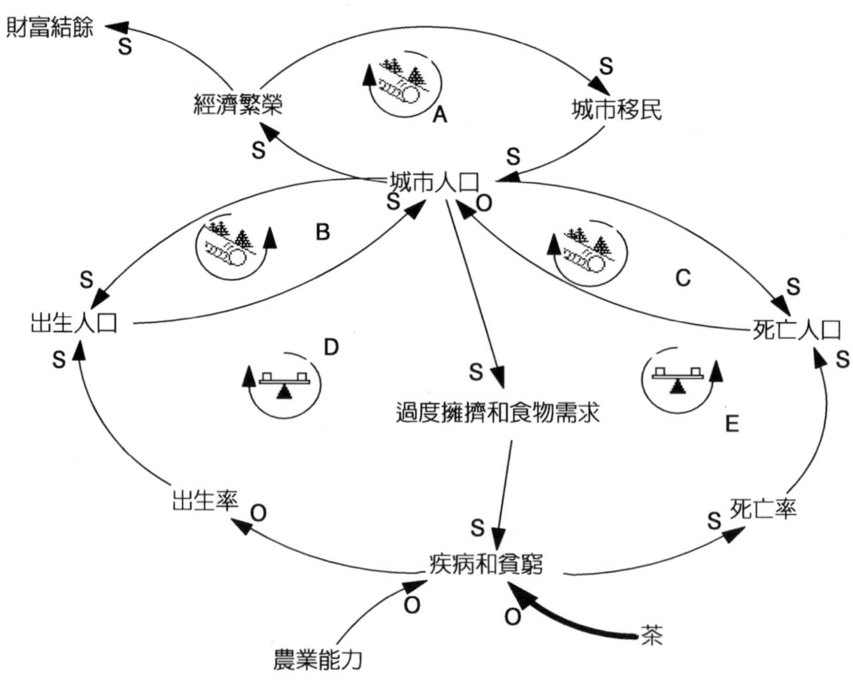

圖2.40　茶葉對減少疾病繁榮人口的貢獻

(17) 外交戰

兩個鄰近的利益衝突的A國和B國，在爭取邦交國的數目上互挖牆腳，競爭激烈，結果邦交的國數，往往像鐘擺搖來盪去，時而A國邦交數目增加，時而B國。反饋關係如圖2.41，參考模型的數量結果如圖2.42，它是兩個「吸引子」的振盪。

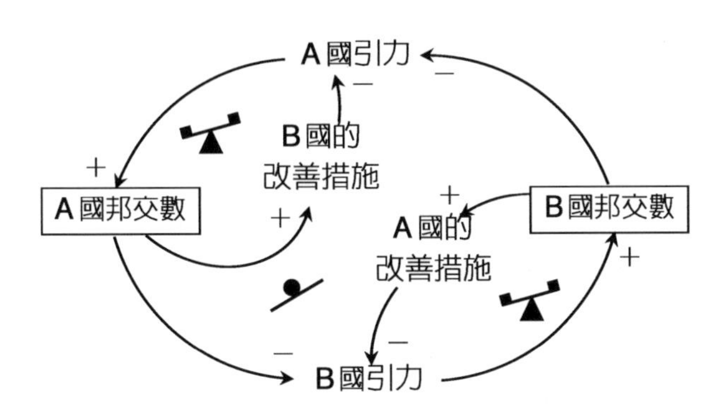

圖2.41　邦交國家數目的相互競爭

圖2.41共有三個反饋迴路，最長的一條迴路是正的增強迴路，路徑如下：

A國邦交數 → B國引力 → B國邦交數 → A國引力 → A國邦交數

另一個小迴路是負的調節型，路徑如下：

B國邦交數 → A國的改善措施 → B國引力 → B國邦交數

最後一個迴路也是負的調節型，路徑如下：

A國邦交數 → B國的改善措施 → A國引力 → A國邦交數

參考模型的曲線圖如圖2.42。

無論兩國建交目標變大或縮小，建交競爭的振盪曲線特徵不變，改變的只是振盪的幅度，即上、下限。

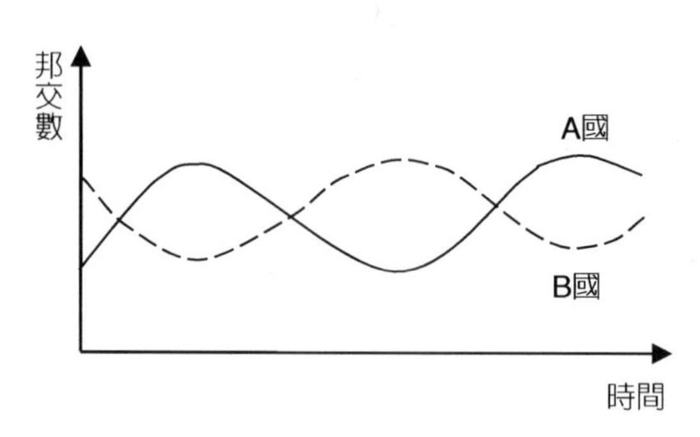

圖2.42 建交競爭曲線

(18) 貧富分化

貧富不均是亙古長存的人類社會問題，全球化和高科技發展使問題更加惡化，貧富不均已經演變成穩定的「貧者愈貧富者愈富」的結構問題。假定甲和乙一開始擁有相仿的資源，偶然的機會甲獲得比乙更多的資源投入，這就是反饋環 I 所描述的正反饋。當甲有更多的資源投入時，乙的實際資源就減少，乙的表現相對變差；而乙的表現越好，甲就不可能有更多的資源投入。這是反饋環III所要描述的另一種正反饋。通常表現好的甲與對手比較，

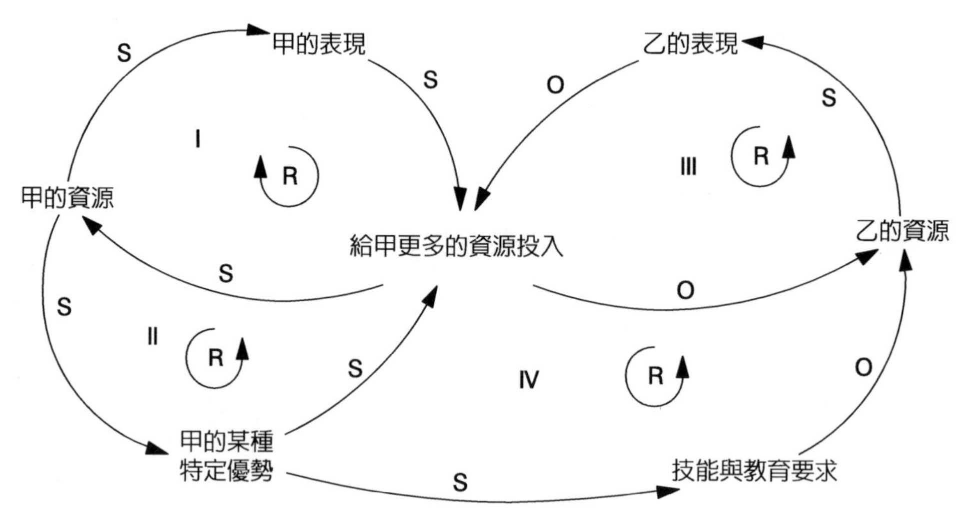

圖2.43 貧者愈貧富者愈富

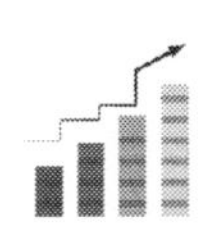

有某種特定優勢以獲得更多資源，這就是反饋環II所描述的正反饋。特定的優勢往往與甲的高技能和高教育相聯繫，於是乙能爭得的資源會減少，這是反饋環IV所描述的正反饋。由此看出貧富分化的第一種可能原因是「世襲」，有錢的人才會得到下一次機會；第二種可能是偶然，好像樂透獎，一夜發財。已經有錢要維持永遠有錢，與技能和教育有關，諷刺的是，還是有錢的人在獲得技能和教育方面比窮人更受命運的眷顧。

(19) 資源衝突

21世紀的人類，正如狄更斯（Charles Dickens）在「雙城記」中說：「這是最好的時代，也是最壞的時代。」一方面在窮追富的過程中興起一批國家，另一方面恐怖主義和爭奪資源的衝突不斷，請看以下的反饋環結構。

由圖2.44可見這是四個小環所組成的反饋迴路，而且每個小環都具有正的增強迴路的特徵，因此衝突勢必越演越烈。如果各方在互信的基礎上開展協商反饋環的構造將變化（圖2.45），其中出現了負環有助於世界從惡性循環中走出。

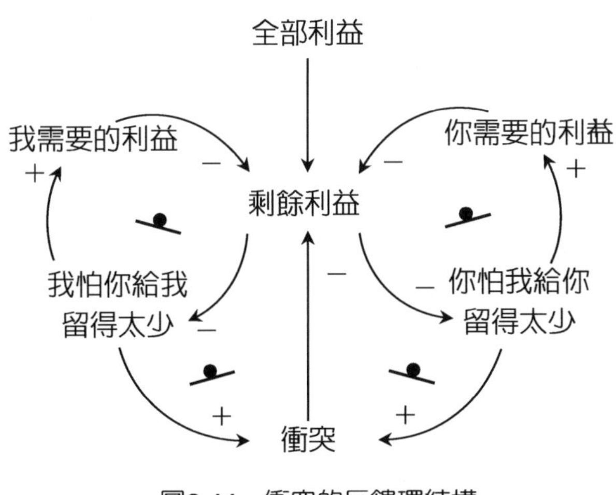

圖2.44　衝突的反饋環結構

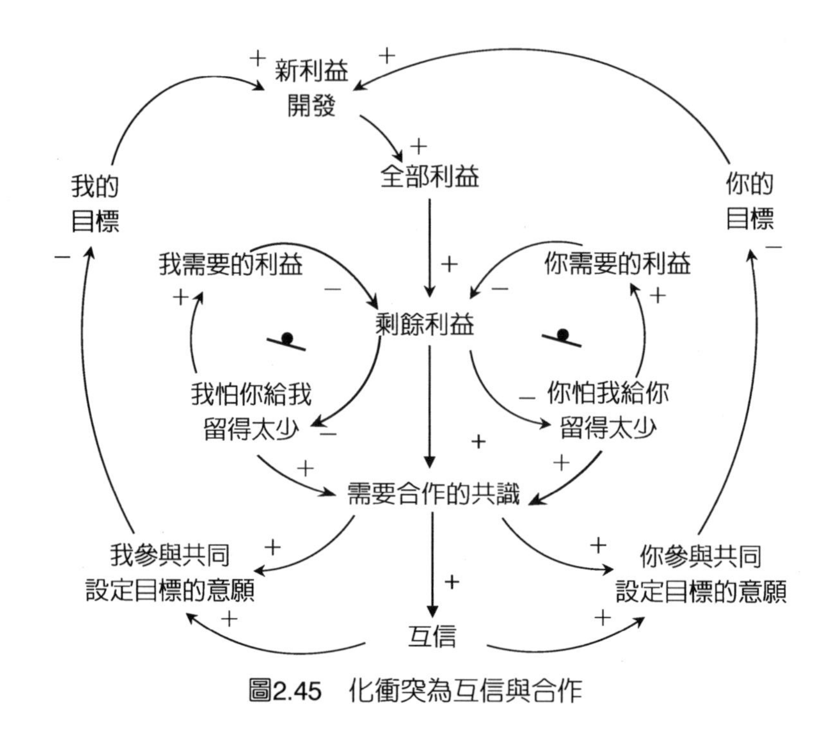

圖2.45 化衝突為互信與合作

2.5 系統思考的五個基本模式

聖吉（Peter Senge）在《第五項修練》中列出五個基本模式（Archetype）供系統思考者深入研討的工具。可是，對於這些基本模式有人不以爲然，例如Ford，他認爲系統行爲實際上只有三種基本模式：線性、指數和對數，以上三類在數値分析上涵蓋所有簡單的和複雜的行爲。有更多的人認爲聖吉歸納的模型曲線與他所表達的反饋迴路並非一一對應，換言之，同樣的反饋迴路當計算的參數改變時，模型的行爲曲線就變樣了。與此有關的系統動力學定量模型與定性模型之比較，在以後的適當的章節中我們還會討論。現在回到聖吉的五種基本模式，如下所述。

2.5.1 事與願違

聖吉的第一個基本模式叫「Fixes that Backfire」，有人翻譯爲「飲酖止渴」，比較忠於原意的翻譯應該是「事與願違」。事與願違的反饋迴路和行爲模式如圖2.46。圖2.46a是系統行爲，圖2.46b是反饋迴路。

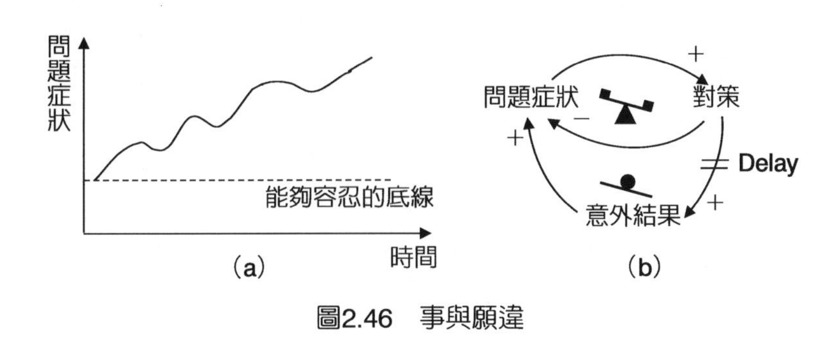

圖2.46　事與願違

事與願違由兩個反饋環組成，上面一個環是「問題」和「對策」之間的負反饋關係，下面一個環由「意外結果」引起，它是一個正反饋關係，使表面減緩的問題再度強化。圖2.46a的曲線表示問題變量的行爲模式，比如問題是公司收入衰退形成的「壓力」，並已超過容忍之界線。面對收入減少，主管通常採取的對策（圖2.44b）是裁員。裁員具有立竿見影之效果，公司的可變成本馬上下降，相對收入改善。問題症狀雖然暫時減緩，然而經過某種時間的Delay，這種對策的意外結果便呈現無疑，例如尚未裁除的員工害怕是下一個被裁者，惶惶不可終日，他們的生產績效每況愈下，公司收入的壓力再浮現。必須指出，錯誤的對策越離譜、意外結果所形成的負作用更加惡劣，這是一個經過時間而發酵的正反饋的增強迴路，圖中以滾雪球的圖例表示。請注意對策所引起的意外是有遲延的（Delay），正因爲Delay的作用，意外的負作用不易爲主管所及時發現。

2.5.2　成長上限

聖吉的第二個基本模式叫Limits to Growth，即成長上限。成長上限的系統行爲如圖2.47a，其反饋環如圖2.47b。

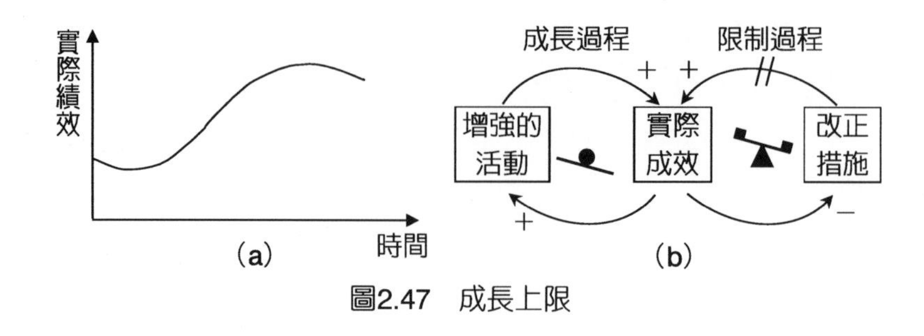

圖2.47　成長上限

許多事都有邊際效率下降的現象，諸如技術進步，勞動生產率，利潤，政府效率等等，它們都適合本模式。

2.5.3　捨本逐末

聖吉的第三個基本模式叫Shifting the Burden，直譯爲「轉移負擔」，顯然捨本逐末翻譯得傳神並達意。捨本逐末的反饋迴路和行爲模式如圖2.48，圖2.48a是行爲變量的動態曲線，圖2.48b是捨本逐末模式的反饋迴路。

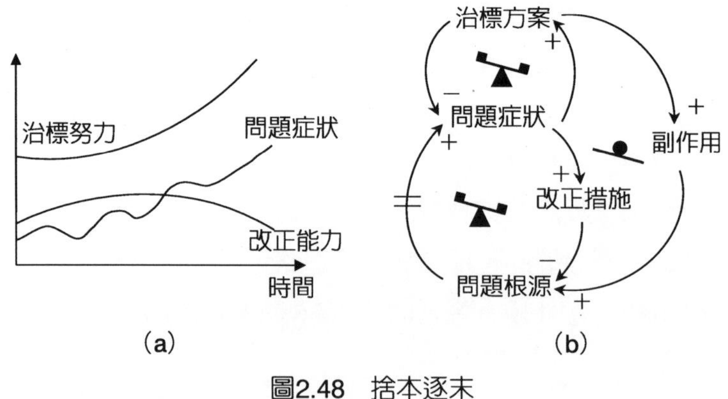

圖2.48　捨本逐末

捨本逐末的模式很容易套用在經營管理中治標不治本的無效消耗，如果你在管理工作中發現治標的努力與日俱增，問題的症狀時隱時顯而改正整個系統的表現卻江河日下（見圖2.48a的行爲動態），那麼這個基本模式的反饋迴路對你是有絕對價值的。

試看圖2.48b的捨本逐末反饋環結構，這是五個變量組合的多重反饋迴路，首先治標方案和問題症狀之間組成負反饋（調節迴路），第二問題症狀、改正措施和問題根源間又組成負反饋，最後一個反饋環包括項目最多計有：治標方案、副作用、問題根源、問題症狀，最後又回到治標方案，這是三個反饋迴路中唯一的一個正反饋，即具有滾雪球效應的增強迴路。

若以問題症狀作爲研究對象，它受到三個迴路的同時影響，它的行爲取決於此三迴路的力量較勁，當正反饋占上風時它則升，當負反饋占上風時它則降，所以在行爲的動態圖上看到一條起起伏伏的曲線。

若以治標方案作爲研究對象，它僅受一個正反饋迴路的影響，行爲圖上是一條不斷上揚的曲線。若以改正能力爲對象，它也只受一個負反饋環影響，它是一條江河日下最後歸零的曲線。

2.5.4　共同的悲劇

聖吉的第四個基模叫Tragedy of Commons，通常譯爲「共同的悲劇」，這個基模想說明有限資源條件下大家搭乘方便車，由於有限資源逐漸耗竭，最後也沒得方便車可乘了。共同悲劇這個名詞最早來源於生態研究的崩潰模型，例如一片綠鬱蔥蔥的草原，張家來放羊，李家也來放羊，最後草吃盡，爲免羊群挨餓去開拓新草原，到了新草原共同悲劇開演續集，如此循環不已。「共同悲劇」基本模式的系統行爲及反饋環結構如圖2.49。

這個基模同樣用來解釋世界經濟，全球經濟大致分爲兩類，發達國家的經濟，尤其是美國的經濟活動（圖形中A的成長活動），另一方面新興發展國家的經濟，尤其是中國的經濟活動（圖形中B的成長活動），兩造爭奪愈激烈全球的資源耗竭得愈快，結果每個國家所能分到的資源逐漸減少。許多經濟觀察機構都在警告，非再生資源的耗竭，必將使全球經濟雪上加霜。

圖2.49a描述了共同悲劇的動態，整體的資源使用由少而多最終超過某種極限而衰竭，個體的收益變化亦復如此，只是個體曲線的高峰比整體曲線的高峰出現更早，衰退也來得快而猛。

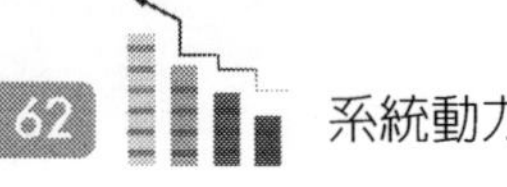

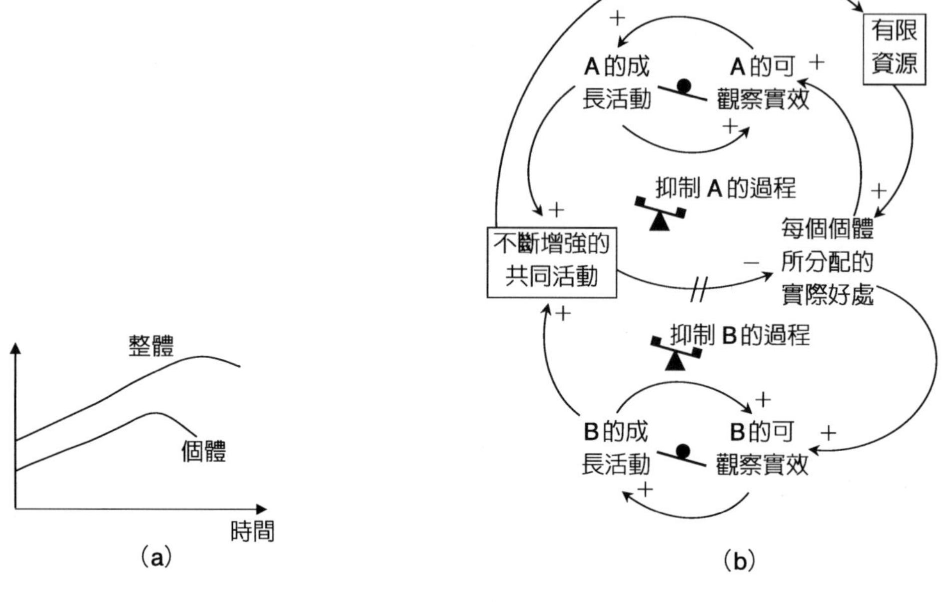

圖2.49　共同悲劇的基模

2.5.5　意外的冤家

聖吉第五個基模原文是Accidental Adversaries通常譯爲「意外的敵人」，英文Adversary雖然含有敵人的意思，但它比Enemy更爲泛指，包括「對手」、「對頭」、「冤家」的意思。如果把聖吉的Accidental Adversaries翻譯成「意外的冤家」更適合一般商業管理的語境。意外冤家的反饋關係及行爲請見圖2.50。

意外冤家的基模可以描述非常複雜的商業活動中的吊詭現象，即商家A與商家B的既合作又鬥爭的關係，也適用於政治與外交的活動，經常有所謂「沒有永久的敵人，也沒有永久的朋友」的故事，用意外冤家的基模分析這個故事那眞是再精彩不過。我們知道，在經濟學上常把商品分類爲：互補性商品與替代性商品，例如電腦及電腦週邊設備，如印表機，它們是互補

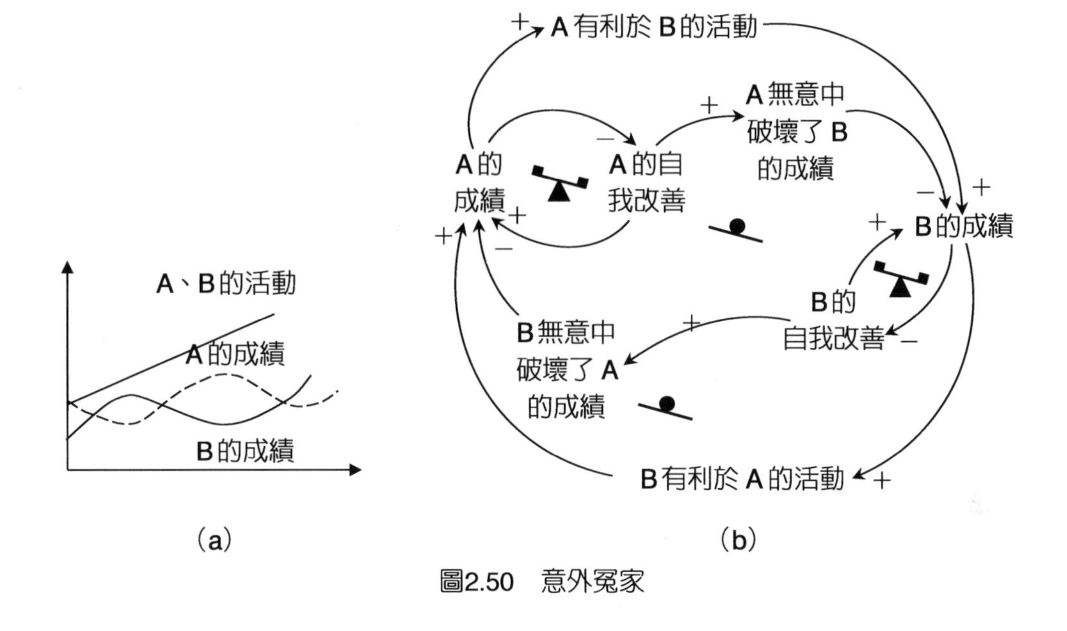

(a)　(b)

圖2.50　意外冤家

的，不管一台印表機在辨公室裡服務幾台電腦，但是電腦與印表機數量在統計上是正相關的，只要電腦增加，印表機的數目也增加。另一類商品與互補類相反，互相具有替代性，例如臺北的捷運越發達，搭乘捷運的客人越多，出租車、私家車的使用者便減少。

可是經濟學的概念並不能全盤解釋商業世界中既有利益互補又有利益替代的複雜性。聖吉在《第五項修線實踐篇》中列舉了互補性最強的「寶鹼製造商」（Procter & Gamble）和「沃爾瑪連鎖超市」（Wal-Mart）的既合又鬥的冤家故事。製造商供貨，超市賣貨，這是最天經地義的互補活動，可是Gamble製造商卻在行銷上採用低價格促銷的手段，於是Wal-Mart採取預先採購的囤積居奇手段以應付之，這些相互對策使得原先單純互補的共生共榮關係，變成了兩個冤家對頭。

第3章

模型概論

3.1 模型的概念

模型這個詞最初產生於對實物的模仿，用以代替一種事物或一個系統，這是大家都熟悉的，比如有兒童使用的各種汽車模型、飛機模型，也有展覽會上供人們觀賞的各種模型。系統研究發展之後，爲了研究系統、分析系統和設計系統，人們需要一種與眞實系統具有構思近似性的複製品，這就是本書所要討論的模型，而模型的定義也是各式各樣的。

人見勝人的定義是：「模型是把對象實體通過適當的過濾，用適當的表現規則描繪出來的簡潔模仿品。」

Gorden說：「模型是爲了進行系統研究，用來收集與系統有關信息的物體。」

Forrester說：「描述某些事物的一組法則與關係就是該事物的模型。人們的想法都依賴於模型。」

Pichler說：「模型是一種以某種前提和假設作爲基礎的思維模式，它能揭示系統的內在關係和結構。」

Kade說：「模型是人類直覺的一種簡明的間接尺度，它是各種理論形式規則的複製。」

Biermann說：「模型是抽象了的現實寫照物，由這種抽象得出了假設和前提。」Niemeyer說：「模型是一種系統，這種系統使得其他系統的結構、狀態和特性有被臨摹和經驗處理的可能。」

3.2 模型與系統的關係

如果說系統的模型意味著現實問題複雜度的簡化，那麼人們應該放棄M–S（模型與現實系統）同構的打算，但是對此持異議者有之。比如Lerner認爲，不同模型和系統具有輸入、輸出量的同構，而且應該符合以下兩點：

1. M–S是雙影的，也就是說，M的每一個元素可以遞歸到S的一個元素，反過來也應成立，S的一個元素也可以無疑地遞歸到M的一個元素。

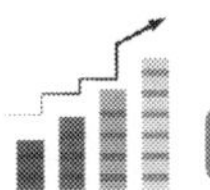

2. 結構是非變的，即S內的每一種關係可以遞歸到M內的每一種關係，反過來也成立。

但是Weber，Frank等人認爲這是無意義的，因爲模型與現實問題如果同等複雜，也就失去模型的價值。

Biermann說：「模型是抽象了的現實寫照物，由這種抽象得出了假設和前提。」

Niemeyer說：「模型是一種系統，這種系統使得其他系統的結構、狀態和特性有被臨摹和經驗處理的可能。」

儘管有許多不完全相同的模型定義，但他們都是爲了說明系統研究者（即模型製作者）對現實系統和它所抽象內容之間存在的關係。一種簡單系統的臨摹和模仿並無太大困難，可是對於一個包括數百、數千乃至數萬個影響因子的龐大系統，比如社會經濟系統，究竟怎樣的臨摹才算是好的呢？這始終是有爭論的。問題的解決在於正確處理現實系統（S, System）、模型（M, Model）、模型設計師（MD, Modeller）和模型目的（P, Purpose）之間的關係。

模型設計師（MD）、現實系統（S）和模型（M）之間的正確關係如圖3.1。

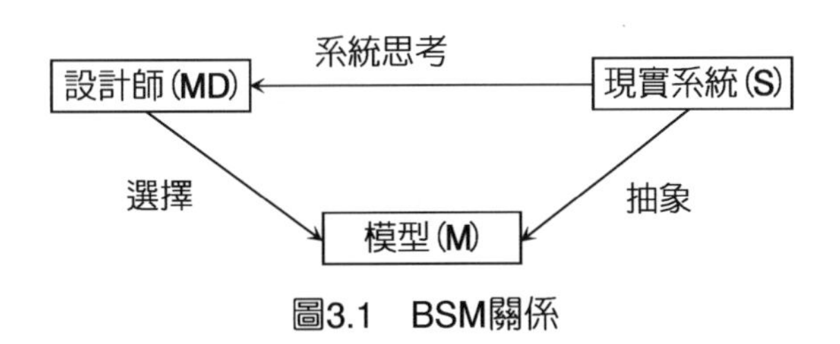

圖3.1　BSM關係

設計師選擇一種適當種類的模型，確定它的變量，量化它們之間的關係，一個現實系統的模仿便構思出來，但是必須注意模型的有效性評估，即考慮以下三點：

1. 可靠度（或模型的信度），即數據複製的精度。

2. 近似性，用以說明模型與系統之間所臨摹關係的準確程度。

3. 目的適度，它說明模型和建模目的間的符合程度，通常這是模型構造者和模型之間合理關係的反應。

圖3.2說明上述三種概念間的關係。

建模過程大約經過如下步驟（詳見圖3.3）。首先需要對所研究系統進行觀測，由此歸納出一系列有代表性的數據，通過假設而得出模型結構上的框架，這個階段主要是解決符號和它所代表的研究客體間的關係問題，所以常

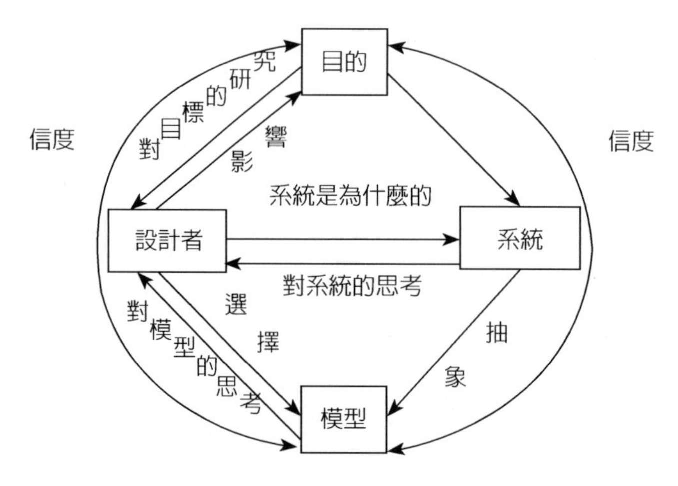

圖3.2　模型與設計者的關係

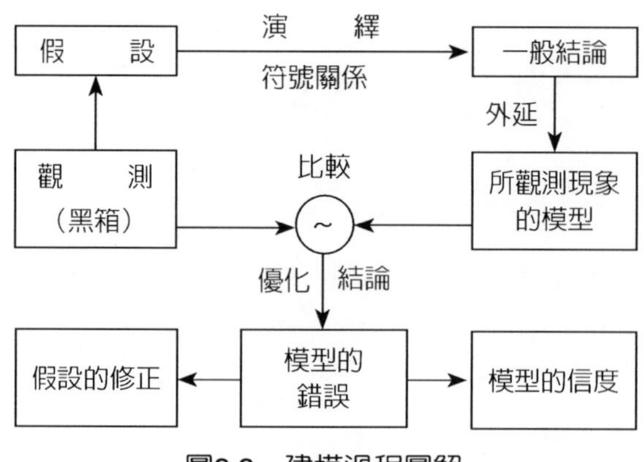

圖3.3　建模過程圖解

稱作「語義學階段」。爲了解「假設」所能得出的一般性結論，需要不斷操作模型，使它產生「結果」，這是一個不斷處理符號與符號間關係的階段，故常稱作符號學階段。再下一個階段實際上是問題擴展範圍的過程，因此要特別注意無形中引入的一個要求，這就是不要忘記原系統的約束和邊界條件，這個階段西方學界常稱作「實用主義」階段，因爲主要是處理符號和符號用途間的關係。接著便是針對被觀察系統的原型現象和模型結果的複製現象進行比較，這可能是最重要的一環，因爲所謂的模型效度和由模型得出的推論全在這個階段受檢。通常人們在建模過程中力圖放棄某些細節或局部，但是很難把握地說他所忽略的細節都是不重要的，因爲這需要嚴格地與現實的觀測情況對照。

對於確定性模型，比如電學的歐姆模型，人們不難判斷省掉哪些考慮和不省掉哪些考慮情況會怎樣，可是對於隨機性模型，比如經濟模型，許多觀測條件既不可固定，又不可重演，很難判斷哪些是眞正的「細節」。

3.3　模型的實用性

Forrester認爲，模型的眞實性與實用性不應以想像的完整性爲背景，而應以通過與其他思維的或描述性的模型相比較來識別。他認爲在社會、經濟科學中，我們都沒有完整的信息，我們永遠不能證明任何模型是「眞實化」的準確代表，但是，在我們意識到的這些事物中，我們也不是毫無所知的，我們總是在處理中等質量的信息，這比什麼信息都沒有來得強，但比完整的信息差。於是在識別模型時，不是在絕對的尺度上責備它們的不完整，而是在相對的尺度上證實它們是否成功地闡明我們對系統的知識與見解。

Randers用一種模型特徵的雷達圖（圖3.4）來說明模型的實用功能，它包括：

1. 洞察力，即模型是否提高了對模擬系統的理解，或是能否改善建模者或模型用戶的思想模型？

2. 描述的現實主義，即模型的成分和方程是否代表現實的系統？

3. 模式的複製能力，即在相同的條件下是否能在現實系統中產生同樣的模式？

4. 明朗度，即模型是否易於理解，尤其對於非專業的讀者，現實系統中最關鍵的構造在模型中是否易懂和明瞭？

5. 貼切，即在有經驗的人看來，模型所陳述的問題是否中肯與貼切？

6. 變動的難易，即模型是否容易與新的結論或新的策略測試相結合而變動，而不管模型是什麼時候完成的。模型是否適合表述與原來所表徵的系統有關但又不全等的系統？

7. 多產能力，即模型是否能夠產生新的主意、新的觀察問題的方法、新的實驗和新的策略？

8. 數據規範，即模型是否能與現實世界觀測所得到的規範數據相應，並在歷史統計數據上有充分的適度？

9. 預言能力，即模型是否能準確預報未來事件，或是預言系統裡主要元素的未來重要性情況？

圖3.4給了上述9種能力的雷達圖。模型功能不同，所表現出的位置也不相同，比如用來預測的模型，其可能的雷達圖如虛線所示，而目的在於加深

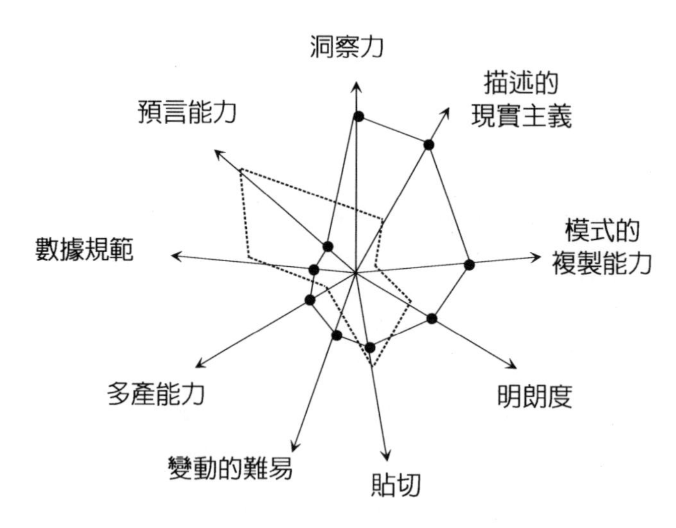

圖3.4　模型功能雷達圖

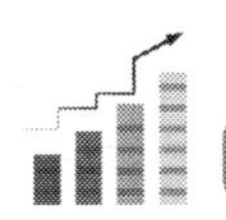

理解的模型，其可能的雷達圖如實線所示。

自有模型理論與實踐以來，模型的實用性一直受到爭論，也常常成爲模型研製者矛盾的焦點，用戶責怪模型沒有實用性，而模型設計師又常用「模型非萬能」來應付用戶，無怪乎美國人說「定量的模型比定性的描述還要糟糕」。日本人甚至說「大型經濟模型是自殺性行爲」。他們從一個極端的邊界上否定了模型的價値，其實又何必如此大驚小怪呢？人們對系統的認識需要一個相當長的時間過程，隨著時間的增加，認識的偏差便趨小（見圖3.5）。

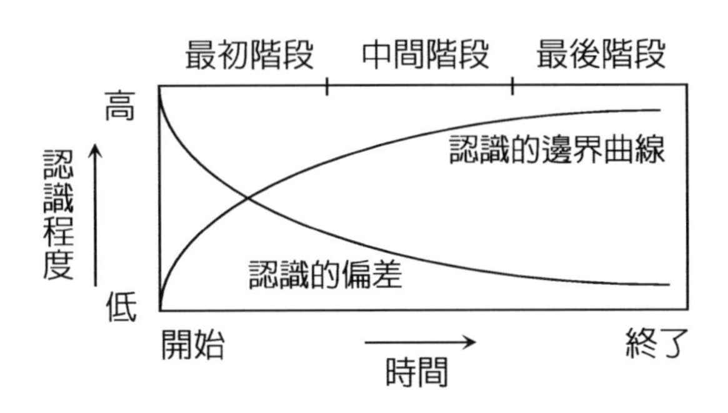

圖3.5　模型的認知階段

因此凡是聰明的用戶，都必須放棄一個不現實的期望，正如美國預測專家Sullivan所說，人們頭腦中永恆的跳動著「十全十美的預測」期望，其實是很不現實的。我們認爲根據「未來哲學」的非決定論來說，預測的「測不準原理」是存在的，千萬不能相信什麼事都可以預測，更不可能出現如諸葛亮神機妙算般的奇蹟式預測報告。

我們建議用戶和設計師攜手起來做兩件事，第一是不要把一個完成了的模型，即便是「很彆腳」的模型束之高閣，而是讓它「滾動」起來（見圖3.6）；第二，符號領域與實際領域之間、預測與決策之間、模型用戶與設計師之間需要用一個實體的鏈環連接起來，其間客觀存在的鴻溝要填平。爲此，必須完善模型評價的規範和效度觀念的統一，讓雙方都從經濟損益上去關心模型的連續運轉與滾動。

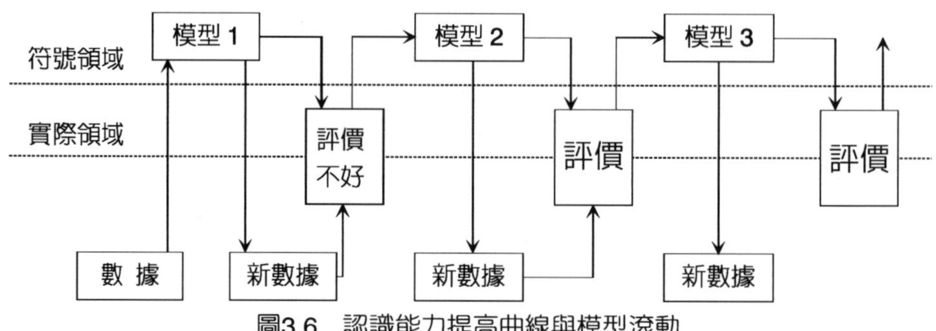

圖3.6 認識能力提高曲線與模型滾動

3.4 模型構成的要素

模型由變數、參數、函數關係這三項要素構成，一般情況下，變數可分爲外生變數、內生變數和狀態變數。外生變數是一個可控制變數，形成系統的輸入；內生變數是系統輸入作用後在系統輸出端所出現的變數，這是不可控制量，也叫輸出量。狀態變數是表示系統內部全體屬性的一個表徵量，某類屬性的時間數列可作爲時間函數加以描述，系統的狀態是人們能夠直接或間接察覺的。

Niemeyer指出，應該把系統（模型）的結構區分成兩種情況：相互作用的關係和相互組合的關係。

相互作用的關係能夠引起組成成分的子結構和屬性的互相變化，而相互組合的關係可看成是某個成分屬性向高一層次成分屬性的遞歸與不受時間限制的聚合，這就是所謂的層次概念。

如圖3.7所示，一個系統可分解成幾層，每個並列層上的系統成分存在互相作用的關係，而不同並列間的聯繫是一種相互組合的關係，不同並列或者說不同層次之間的相互作用關係可稱之爲超層次關係。

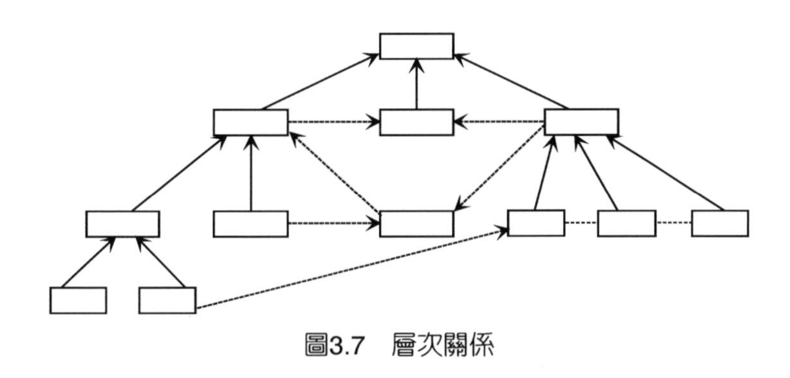

圖3.7 層次關係

上圖是一種超層次的結構，虛線表示成分間的相互作用，實線表示相互組合的關係。

 3.5 模型的邊界和種類

3.5.1 模型的邊界

由於人類知識和思考能力有限，因而人們常根據研究的需要對模型進行邊界封閉，這是很少有疑問的，問題在如何合理地固定邊界。

一般的原則是先選擇有關的狀態變數並將狀態確定的載體即系統成分進行歸類、排列，確定所要研究的變數是受哪些狀態變數控制的，此時如果發覺一個新的狀態變數在起作用，那麼也需要把它歸序到它所屬的系統成分裡，並繼續追蹤它所依靠的自變數，這種思考程序一直重複到不必再去追究自變數，即達到了一種邊界。

完成上一段落的研究之後，接著要確定每一個狀態變數間的相互作用關係或相互組合關係，篩選出那些找不出依從關係的狀態變數。有些自變數與所屬的因變數之間實在找不出函數上的聯繫，那麼應該將其從模型中挑出去，這樣就逐漸達到了事先設想的模型邊界範圍。

一般而言，由於自變數和相互關係函數特徵的未知性，可以引出模型某一層次上的邊界；反之，由於自變數和相互組合關係以及子構造相互作用關

係的未知性，可以引出模型中層次間的邊界。

模型邊界封閉所得的一般圖示見圖3.8。

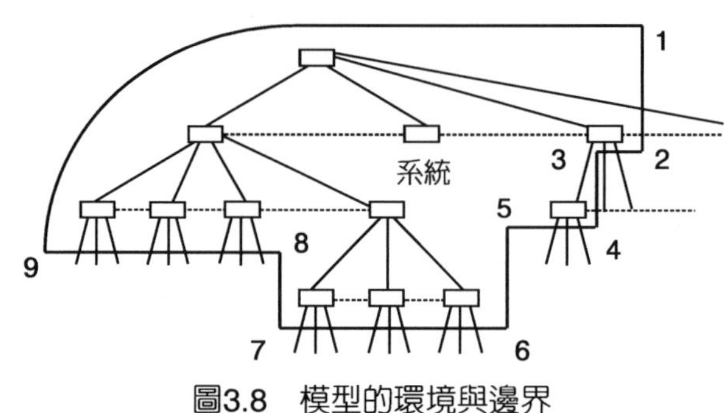

圖3.8 模型的環境與邊界

其中1～2和3～4是由於相互作用關係的未知性而圈定的與並列層次組成成分間的邊界；2～3、4～5、6～7和8～9是由於組合關係和（或）子構造內相互作用關係的未知性而圈定的層次之間的邊界。

模型由變數、參數、函數關係這三項要素構成，一般情況下，變數可分爲外生變數、內生變數和狀態變數。外生變數是一個可控制變數，形成系統的輸入；內生變數是系統輸入作用後在系統輸出端所出現的變數，這是不可控制量，也叫輸出量。狀態變數是表示系統內部全體屬性的一個表徵量，某類屬性的時間數列可作爲時間函數加以描述，系統的狀態是人們能夠直接或間接察覺的。

上圖是一種超層次的結構，虛線表示成分間的相互作用，實線表示相互組合的關係。

3.5.2 模型的種類

模型可以具有不同的形態，按不同觀點，可以把模型分成不同的種類。

1. 按模型的介質區分

按模型使用的介質，可將模型分成實體模型和形式模型（圖3.9）。

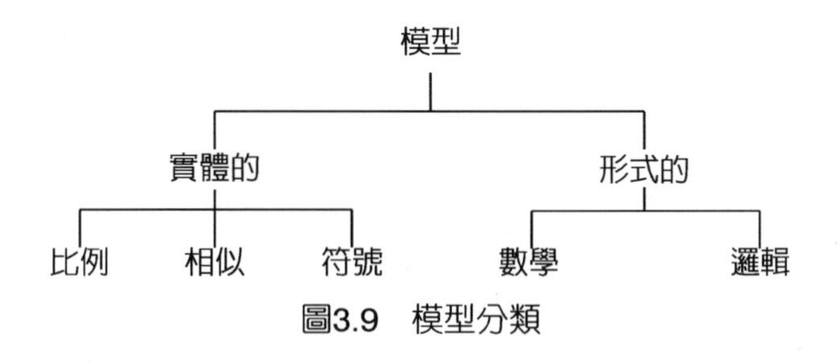

圖3.9　模型分類

實體模型借助實體的狀態和構造來模仿系統，例如用與系統相同或類似材料製作的放大或縮小的比例模型，比方飛機模型、船體模型和水工模型；利用相似材料製作的與系統結構相同或近似的相似模型，如油壓系統構成人的循環系統模型、力學模型等；利用實體的狀態和結構，但無物理相似性的符號模型，如人口統計模型。

形式模型借助形式的聯繫來表達人們對現實系統的理解或認識，其構模的介質不是實物，而是邏輯與數學。比如利用數學常數、變數和函數關係臨摹電流和振盪，或是借助差分方程模仿社會經濟系統等的數學模型，以及利用邏輯和數學常數、邏輯和數學變數模仿生產、交通系統的邏輯模型。

2. 按狀態變數區分

根據狀態變數的種類，如圖3.10所示的屬性樹狀圖。

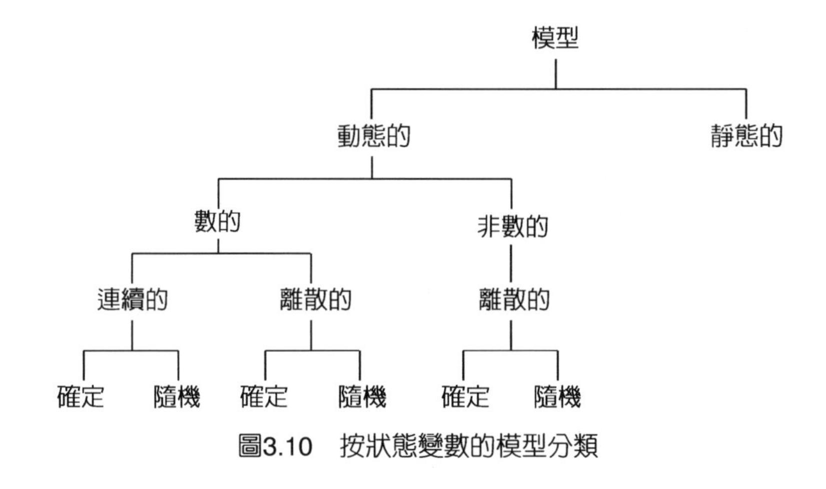

圖3.10　按狀態變數的模型分類

在同一模型裡常常可能同時出現不同種類的狀態變數，因而有必要按其主導作用的某種狀態變數將模型歸屬到不同種類。

動態變數是由時間自變數確定的，而靜態變數則與時間因素無關。一般動態變數用來模仿屬性的相互作用，而靜態變數則用來模仿屬性的組合作用，後者有時也可用來模仿屬性的相互作用，如果時間因素可不計的話。

數字變數可以有連續或離散的表示，而非數字變數只能有離散表示。

如果一個變數與其他變數有確定的函數聯繫，那麼它是確定型的，否則就是隨機型的。一般而言，對於封閉系統內的變數，主要考慮確定型變數，而對於開放系統內的變數主要考慮隨機型變數。

3. 按使用目的區分

根據使用目的，有如下模型分類（圖3.11）。

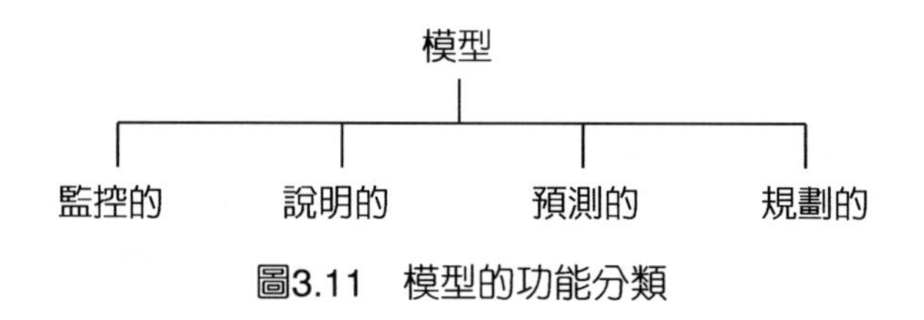

圖3.11　模型的功能分類

監控模型係用來掌握系統狀態的變化過程。

說明模型係用來分解系統內成分的組合和相互作用關係以及陳述系統的結構。

預測模型係用來預報未來的系統狀態變化。

規劃模型（有時也指決策），是用來研究適當的系統結構和控制自變數的值，以達到系統預期的目的。

一般而言，規劃模型覆蓋了預測模型，預測模型又覆蓋了說明模型。

3.6　兩種主要的預測模型比較

Sullivan把預測模型分成三類共13種。

A類是定性法，包括Delphi法、市場研究法、歷史類比法。

B類是時間序列和趨勢外推法，包括平均數移動法、指數平滑法、Box–Jenkis法、趨勢外推法。

C類是因果關係法，包括迴歸模型、計量經濟模型、購買意向模型、投入產出模型、引導模型和生命週期模型。

一般而言，平均數移動法和指數平滑法預測費用最低（圖3.12），用於短期庫存和產量預測，甚至可不用電腦，一天即可完成。Box–Jenkis法的預測費用也不高；迴歸法稍高一點；計量經濟模型（預測銷售、產品）耗時兩月；而最貴的要算投入產出模型（預測公司銷售、工業部門和分部門銷售），耗時半年以上。

如果把成本分成預測成本和不確定性成本，那麼，總成本與各類預測方法的優化關係如圖3.12所示。

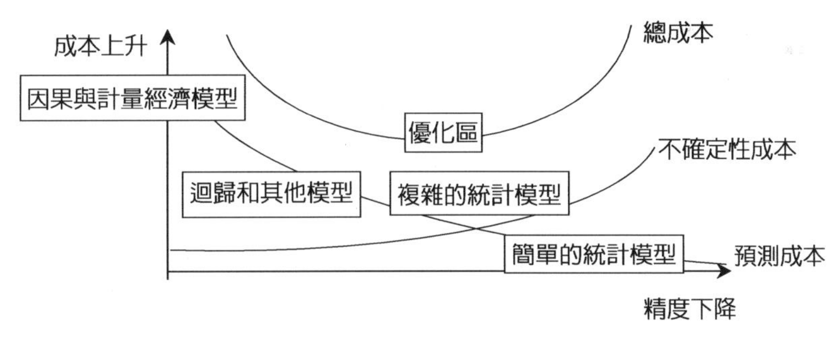

圖3.12　模型的優化區

Sullivan分類中未列入Forrester創立的系統動態學模型，由於這種模型另具特徵，日本學者小玉陽一把它看做獨立的一類，而把其他的所有模型列入與它相對立的另一類。小玉陽一把系統動態學模型稱之爲結構型（SST）模型，而把其他模型統稱爲參數型或黑箱型模型（SBB），因爲前者需要揭示系統行爲的內在結構，而後者只講系統的輸入輸出關係，並不揭露系統的構造。

一般而言，當系統邊界大，作用於系統的力量複雜時，如果用數據外推，預測的結果與現實事件的差異就很大，如圖3.13，上半部表示SBB模型，對於t_1時刻以後的行爲幾乎很難預測；而SST模型建築在系統行爲的回饋結構之上，因而比較容易揭示系統的動態。如圖3.13的SST預測圖所示，在t_1時刻以前，系統內三個回饋環合成的總結果是正回饋佔優勢，因而系統表現出增長的行爲，從t_1時刻起負回饋環佔優勢，因而系統表現出衰減的行爲。

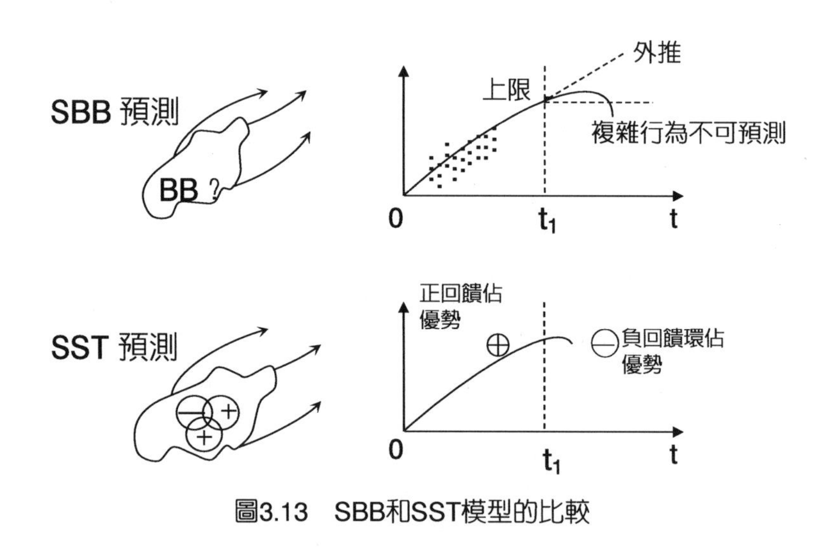

圖3.13　SBB和SST模型的比較

我們還可以用回饋環構造進一步說明系統行爲的幾種可能變化，如圖3.14所示。

圖3.14是一個企業模型，假設這個模型有三個大回饋環，一正兩負，在第一回饋環中還有一個小的負回饋構造，Sw_1表示環路1的開關，Sw_2、Sw_3表示環路2、3的開關，0表示斷、1表示通，於是系統的狀態變數可能出現4種動態。

1. Sw_1、Sw_2、Sw_3皆爲0，系統表現出朝向預期目標的增長。
2. Sw_1、Sw_2、Sw_3分別爲1、0、0，系統表現出發散的指數增長。

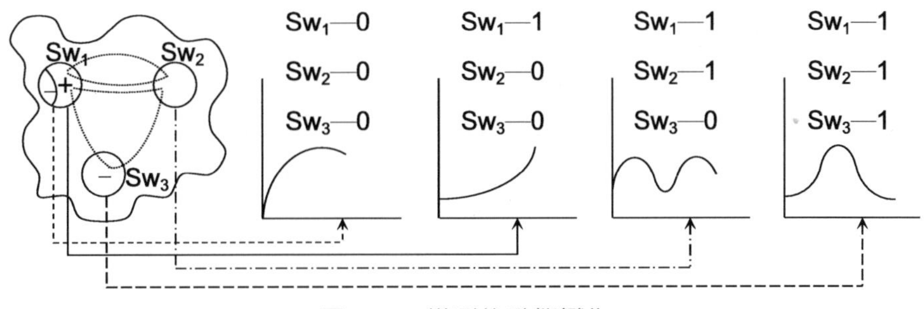

圖3.14　模型的動態變化

3. Sw_1、Sw_2、Sw_3分別爲1、1、0，系統表現出週期振盪。

4. Sw_1、Sw_2、Sw_3皆爲1，系統表現出單峰的增長與消退。

此外，我們知道，計量經濟模型或其他統計處理對數據的依賴性很大，如果缺少必要的基礎數據，模型很難建立，比方一個系統，它的內部有兩個回饋環構造，一爲正，另一爲負（圖3.15）。

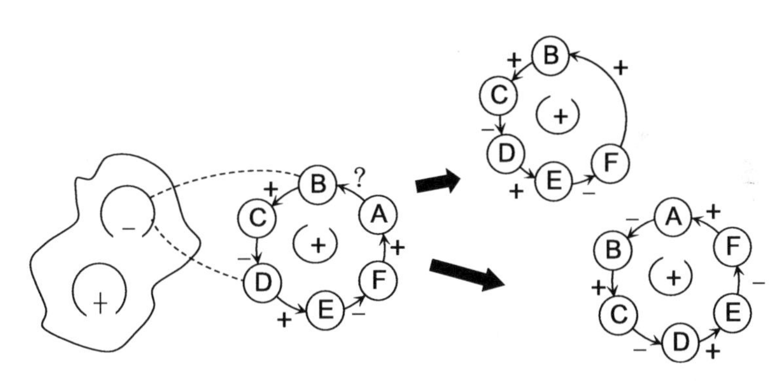

圖3.15　回饋環變化

假定負回饋環是由A→F的一個因果鏈，其全部組合的眞實情況爲負回饋（即回饋迴路中具有奇數個「–」號）。在這組因果鏈環中缺少A→B之間的準確函數關係，人們不得不放棄計算，於是由F直接跳到了B，結果回饋環出現了正回饋特徵，這種情況如果出現在SST模型中，儘管人們也頭痛，但是絕不會無緣無故放棄A→B鏈，這個例子也可以說明爲什麼在SST模型中要大量採用圖表函數。

根據小玉陽一的看法，當系統邊界不大，系統的作用力不複雜時，宜用SST型預測，請見圖3.16說明。

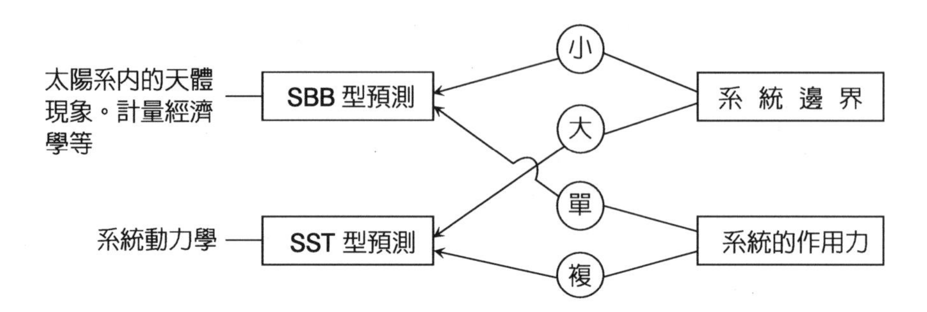

圖3.16　SBB和SST的應用範圍比較

3.7 社會經濟系統的特徵

一個系統在演化過程中，質量與能量遵循守恆律，而性能與功效是不守恆的，這種情況特別表現在社會、經濟的大系統中，因爲當它由低層次的子系統向高層次的大系統演變時，性能和功效均複雜化，子系統在構成大系統的活動過程中將產生新性能、新功效，而原有的性能、功效或是增強，或是減弱，甚至消失。我們知道：

1. 系統的性能決定系統的功效。

2. 系統的結構決定系統的性能。

3. 系統的結構由聯繫而產生（子系統間如果不發生聯繫便不能形成結構）。

4. 聯繫是物質、能量、信息諸方面的流通。

5. 物質、能量、信息等在流通過程中流量、流向的時空分布（即流通構成）將改變聯繫的性質。

由此可見，功效→性能→結構→聯繫→流通構成，因此功效決定於流通構成。

各個子系統構成大系統時，由於子系統的流通構成產生疊加、互補、抵消等情況，由此決定了大系統的非線性、非可逆特性。換言之，大系統的流通構成不是各子系統流通構成線性相加，而是大系統產生新性能、新功效的主要原因。

就總體而言，我們可以把社會、經濟問題，分成自然資源、經濟活動、環境以及教科文（教育、科學、文化）四個圈。

通過系統分析和相應學科的基本理論，我們可以找出四個圈之間的映射關係，以了解各子系統的性能與功效之間是如何動作而組成整個系統的性能與功效。

比如在經濟與科學技術之間，可以找出二者間的映射關係（圖3.17）。

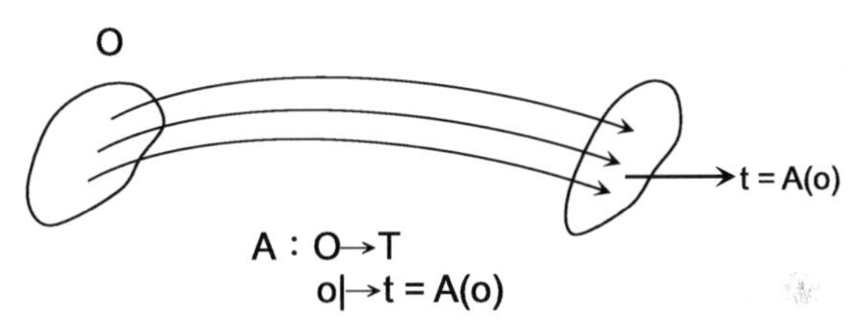

圖3.17　經濟與技術圈的映射關係

在資源與經濟之間，也存在相互的映射關係（圖3.18）。

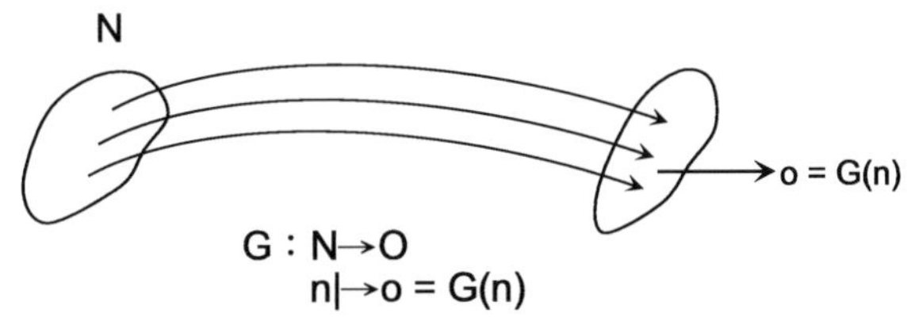

圖3.18　自然與經濟圈的映射關係

同理，環境（污染）與經濟之間有如圖3.19所示的映射關係。

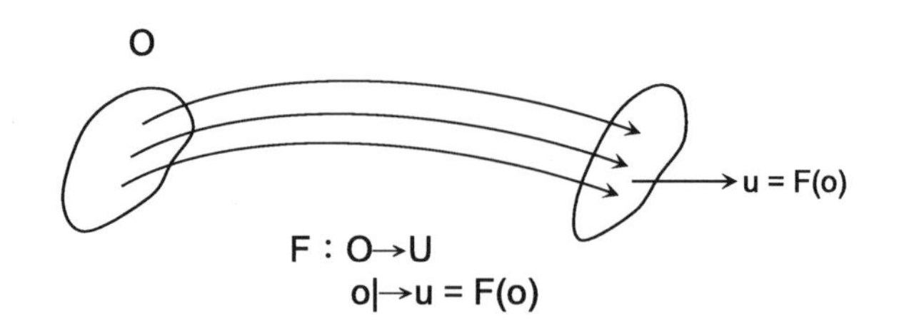

圖3.19 經濟與環境圈的映射關係

有了上述關係分析之後，我們就會清楚諸如發展經濟必須依靠科學技術，而經濟發展必然帶來資源消耗和環境污染等各種子系統功效對總系統功效的作用，其中有的是正功效，即「產生負熵流」；有的是負功效，即「使熵增加」。

3.8 模型的建立與測試

3.8.1 模型目的與參考系

模型並非萬能，一般而言，一種模型只能夠解決一類問題，可是許多人以爲模型應該全面且完整，常把模型「要解決什麼問題」忘了。

模型就好比一道菜，並非只是展示廚藝，而是讓客人吃光、消化掉才叫成功，因此，你必須非常明確知道模型的目的。比如有人委託你研究21世紀30年代的臺灣經濟，你必須窮追猛問「研究這個問題的實實在在目的是什麼？」或者說「模型要解決什麼問題？到何種程度？」如果委託者是政府單位，而且是制定經濟政策的單位，也許他們想了解「擴大內需」是否能夠刺激經濟景氣，可是他們卻給了一個與具體目的並不十分吻合的題目。大部分委託人都喜歡出大題目，這種心理與買東西相仿，花了錢買的東西愈多愈好。你必須告訴他，只有他把想要的東西說得具體，你才能找到他想要的東西。

也許你的模型並非出自他人委託，而是爲了自己的研究需要，例如，你想把《紅樓夢》編成VENSIM模型，目的是什麼呢？「標新立異」還是「改變寫作方法」？大概這兩個目的都不行，都太籠統或者說題目都太大。如果你的目的只是用動態的方法描述賈府之興衰，或僅是告訴文學家運用數量方法也可以刻劃一個故事之梗概，那麼這樣的目的應該是可以達到的。

目的明確並非指時空的界限不可以大，而是指問題的針對性。例如Meadows的世界模型，雖然時空的跨度很大，但目的十分明確，在於用政策試驗法回答人類經濟不可能無節制的成長，成長有極限。

你並不能保證你的模型設計一定成功，但記住兩個原則必有好處。第一，簡單；第二，目的明確。愛因斯坦研究世界上最難懂、最複雜的問題，但他諄諄告誡世人，「解釋」必須追求簡單得不可再簡單、容易得不可再容易，可有可無的累贅結構堅決去掉，可用可不用的變項一概不考慮，一頁紙能弄好的東西絕不多增加一行字，一切與目的無關的添油加醋，都是畫蛇添足，效果適得其反。

模型的問題加以定義後，你需要尋找出模型行爲的參考模式（Reference Behavior Pattern），這對於設計結構相當有用。例如你的模型是經濟成長問題，你可以把歷年的經濟成長率畫成動態曲線，很可能它是起伏循環的，這就是一個很重要的參考模式。根據這個RBP，你可以考慮「怎樣的結構可以反映振盪行爲？」於是最後你有可能離開RBP，找到模型本身的眞實行爲，比如它可能是持續振盪的，也可能是振盪收斂的。

找出參考系是進入一切問題的起點，若是牛頓不以地球作爲參考系，也就無所謂牛頓力學；愛因斯坦如果不以時空的相對性作爲參考系，也就無所謂相對論。

3.8.2 模型的深度與廣度

所謂模型的廣度，如圖3.20的橫軸，是指模型範圍，即模型包括的元素；所謂模型的深度，如圖的垂直軸，是指模型元素所涉及的性質，例如有的元素是指個體、個別，不具備集合性；有的元素則相反，反映集合和集體性。

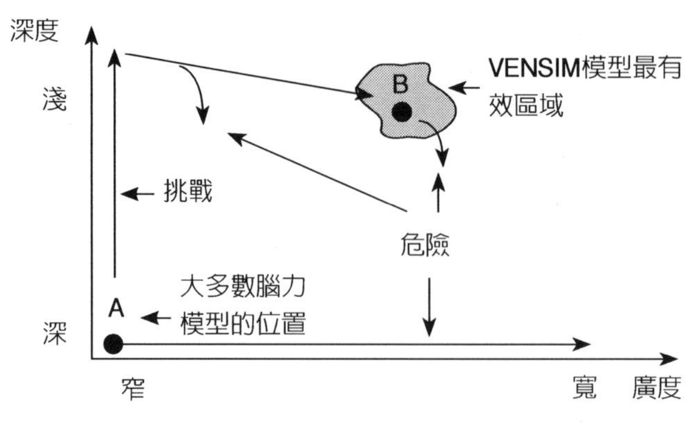

圖3.20 模型的深度與廣度

大多數腦力模型相當於圖中A點，即考慮的元素不多（廣度小），而且元素多半不具備集合性（深度不足）。一個好的模型是把A點垂直上升，即首先使問題集約化，這是很困難的，好像把石頭直接舉到頭頂，然後按照圖中的路徑把它放在B點位置上，即逐漸增加模型的廣度而且同時使深度適當下降。而B點位置也不容易保持，就像把舉過頭頂的石頭慢慢放下而又停止不動，B的位置具有一定的廣度又有一定的深度，是理想狀態。

3.8.3 模型的測試

1. 機械錯誤測試

許多非結構、非邏輯性的表面錯誤稱爲模型的機械錯誤，諸如方程式兩端的單位不同；不允許負數的存量出現負的數值或是某些變數無止境的增長，甚至加減乘除的算符誤用。

檢查機械錯誤的方法是把計算結果用成果表輸出，而且每個DT都輸出數據，加以細心觀察之後錯誤均可挑出。

2. 模型的結實性測試

把模型比喻成一個易碎的東西，經不經得起跌打是模型夠不夠「結實」（Robustness）的一種測量方法，步驟大致如下：

(1) 選擇某個有意義的流量，在流量方程中加上STEP或PULSE函數，目的是使流量突然加大並由此觀察存量是否還能維持穩定。

(2) 畫出某些關鍵變數的動態反應圖，尤其是與上述流量試驗有關的存量動態反應。

(3) 檢視上述動態反應是否有異常現象，比如存量出現無意義的負號、存量無限成長、系統進入不該出現的定態或者反應時間過短或過長等。出現上述現象通常是因缺乏必要的回饋環結構或者這種結構不夠強。

(4) 如果對試驗的反應是強烈的振盪（即每次DT存量或流量劇烈起伏），很可能是你的DT過大，應該使它減小一半。

(5) 如果系統行爲反應爲光滑而擴張的振盪，幾乎可以肯定你使用了Runge Kutta模擬法，應加以調整，嘗試改用Euler模擬。

3. 敏感性和情景試驗

一般情況下VENSIM模型並不因參數變化而改變系統的動態，換句話說，只要模型的參數或圖表函數設計正確，模型對參數和圖表函數的變動並不敏感。敏感性試驗就是通過敏感性參數的尋找而揭發系統行爲變化的原因，步驟如下：

(1) 仔細檢查代表模型政策的一切參數和圖表函數是否能正確反應眞實系統的決策過程。

(2) 尋找能使系統行爲改變的敏感參數，每次只能挑選一個參數作試驗。

(3) 通過敏感性測試以檢驗政策的「結實性」，檢驗政策能否在其他參數値大幅度變化的條件下繼續有效，並尋找一組參數同時變化的時機。

(4) 把那些不敏感的政策因素從政策設計中剔除。

(5) 選擇恰當的外部參數，對它們的數値變化作敏感性試驗，而產生的行爲便是情景試驗。

4. 極端條件測試

對系統的極端狀況了解愈多則對系統行爲的理解愈深。所謂極端條件並不難理解，例如研究庫存問題，如果最終產品的庫存爲0，那麼有關它的運輸也必爲0；再如城市模型，如果是沒有房屋的城市，那麼想往這個城市移民的動機便接近於0。

通過極端條件的測試，可以發現模型結構的「裂縫」，或找出遺漏的變項或挑出流量、存量不能自圓其說的瑕疵，例如Senge利用供不應求的極端條件發現庫存與未交付之訂貨間的差額是決定投資的關鍵因子。

第 4 章

系統動力學模型入門

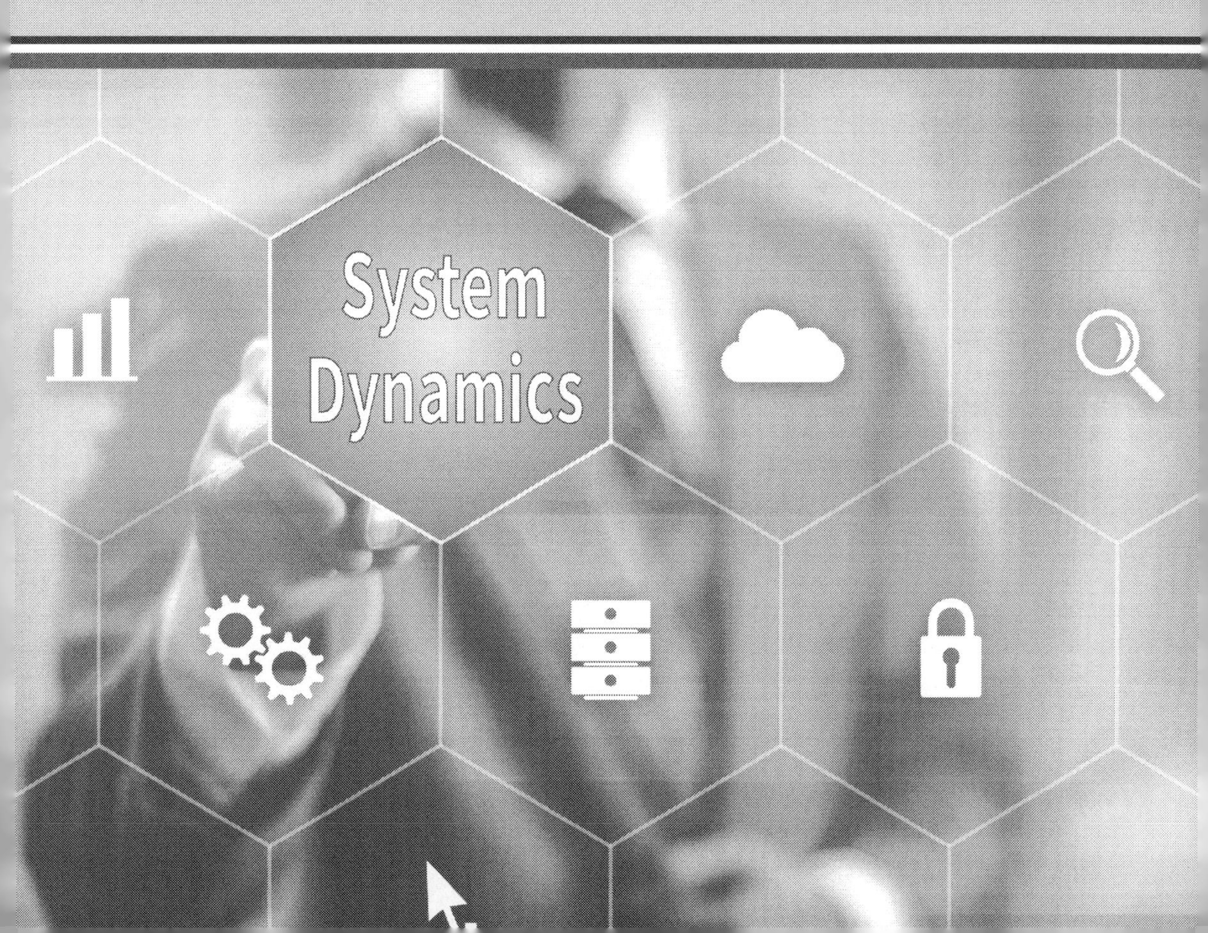

4.1 系統動力學模型之緣起

系統動力學的英文是System Dynamics，在華人文獻中曾有兩種不同的翻譯，「系統動態學」和「系統動力學」，前一種譯法強調系統隨時間變化的「動」，後一種譯法強調系統之所以變化的「力」。不過近年「系統動態學」的譯名越來越少見，幾乎一面倒的稱呼「系統動力學」。坊間也有人爲了方便，根據系統動力學的英文縮寫SD（System Dynamics）而稱呼之，甚至也有以應用軟體的名而稱呼之，例如用DYNAMO模型、VENSIM模型、ITHINK模型、STELLA模型等。

許多人對我說，隨著各種電腦模擬方法的興起，系統動力學已被其他方法替代。這個問題以前不好回答，因爲很難統計，今天利用大數據的工具比如「Google Trend」，答案很容易找到，雖然不精準至少是客觀的。

2015年9月22日我們登錄Google Trend，用關鍵字搜尋熱度以比較五種常用的電腦模擬方法，這五種方法是：計量經濟學（Econometric），系統動力學（System dynamics），遺傳算法（Genetic algorithm），大數據（Big Data）和情景分析（Scenario Analysis）。比較結果如圖4.1。請注意目前Google內設的搜尋熱度起自2005年截止到登錄之日，如果想了解其他時間的搜尋熱度，需要向Google申請客製化服務。

圖4.1的左側柱狀，是上述五個名詞的平均搜尋熱度。圖中央的起伏曲線代表五個名詞搜尋熱度的變化，在2005-2013年期間「計量經濟學」的熱度一直高於其他，2013年「大數據」異軍突起改變了這種幾十年來的格局。我們的目的不是比較五種方法的絕對程度而是比較系統動力學與其他方法的相對熱度，表4.1是這種比較的結果。

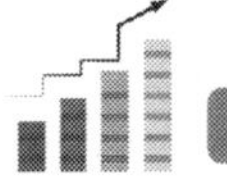

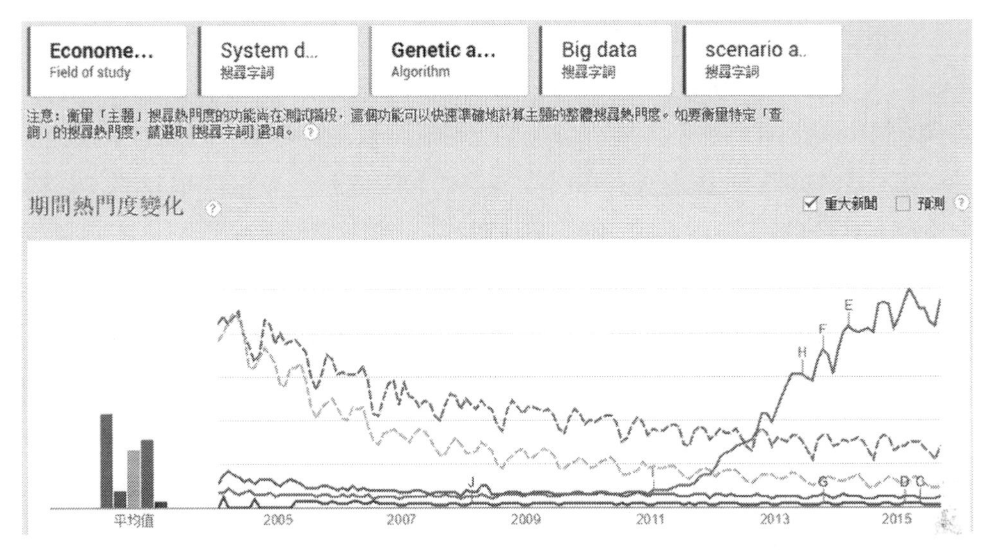

圖4.1　系統動力學等五種重要研究方法的Google搜尋熱度

註：2015年9月22日登錄Google

表4.1　系統動力學與其他方法的搜尋熱度百分比比值

2004年2月	2010年2月	2012年7月	2015年2月	
0.17	0.15	0.18	0.18	SD/計量經濟
0.19	0.32	0.42	0.45	SD/遺傳算法
2.14	0.86	0.17	0.05	SD/大數據
3	3	5	2.5	SD/情景分析

註：SD—系統動力學

表4.1說明系統動力學與計量經濟學熱度比較最近十年平均爲17%左右。這是一個大數據，因此我們可以大膽推測，研究人員在二擇一的情況下，系統動力學模型與計量經濟比較，被使用的概率是17%，這個比例一直很穩定，也就是說並沒有出現系統動力學模型被計量經濟模型替代的現象。

系統動力學與遺傳算法比較，2004年大約是19%，但是一直有上升趨勢，2015年，這個比例已上升到45%。回歸大歷史，2004年以前「大數據」還在萌芽中，因而系統動力學的搜尋熱度是「大數據」的2.14倍，可是到了

2015年很多人把興趣轉給了大數據，系統動力學問津的比例降到5%。最後。系統動力學與最後一個方法，情景分析法比較，其搜尋熱度一直是後者的2.5倍到3倍。

這張比較表，無非說明人類研究方法的競爭是十分「生態學」的，每個方法都有自己的niche和生存之道，他們並不躲避大環境的變化，只是適應的方法各自不同。至於「大數據」的出現是否改變了系統動力學的應用範圍，這是一個很有挑戰意義的問題，希望未來能看到結論。

從文獻的角度來看，系統動力學好像一棵碩果累累的大樹，見圖4.2。之所以碩果累累乃因土壤充滿了人類知識的養分，尤其是1950-1960年代關於「系統科學」的養分。成就這顆大樹的第一人是Forrester，然後是他的學生輩：Meadows, Rangers, Senge, Sterman等等。

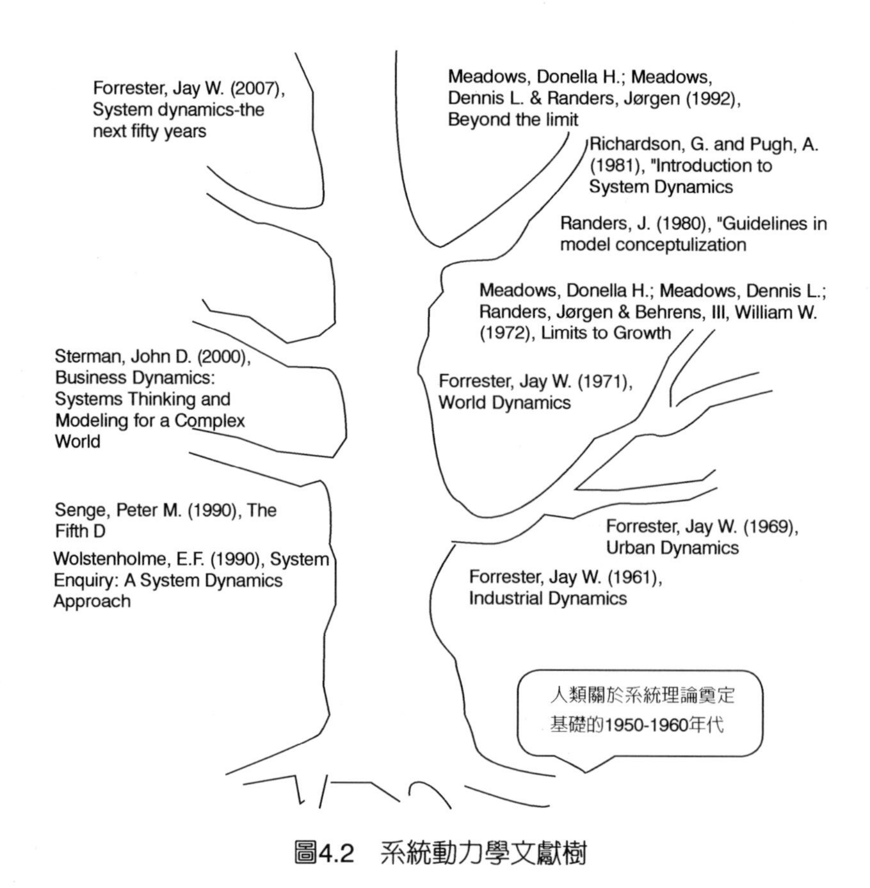

圖4.2　系統動力學文獻樹

系統動力學第一人福雷斯特（Jay W. Forrester）1918年出生在美國Nebraska（內布拉斯加州）的一家牧場，他在中學時代利用舊汽車製造了牧場的第一台風力發電機。1939年他獲得內布拉斯加–林肯大學的學士學位，此後便在麻省理工學院研究生院學習和工作，並在麻省理工度過他的整個職業生涯。在二次大戰的40年代他和戈登・布朗（Gordon Brown）發展控制雷達的伺服系統獲得美國海軍好評。1950年代初，他是電腦系統數位信息存儲裝置的重要發明人，今天所謂的RAM的先行者，1982年獲得IEEE計算機先驅獎。

1956年他針對企業管理問題創造了一套特殊的模擬方法，可以解釋「事理」如何變化，從此社會經濟問題難於量化的尷尬局面大改觀。1961年福氏出版《工業動力學》（*Industrial Dynamics*），1968年出版《系統原理》（*Principles of System*），進一步論述了他的理論與方法。1969年他又出版《城市動力學》，深受美國和歐洲的關注，可以說整個1960年代是Forrester理論大廈的基礎工程期。

1971年福雷斯特教授寫了一本名爲《世界動力學》（*World Dynamics*）的書，等於向世界宣布系統動力學的「大廈」可以交工了。緣分果然，1972年羅馬俱樂部（the Club of Rome）這個重要的世界未來研究組織建議他來寫一個世界大未來的研究報告，這個建議很快得到德國Volks Wagen的財力贊助，於是Forrester的學生輩，梅多士夫婦（Dennis Meadows & Donella H. Meadows），Jorgen Randers和Behrens III W.W.等四人，利用Forrester的「World Model2」完成了這個震撼世界的研究，並以《增長的極限》（*The Limits to Growth*, World model3）爲題成書，出版當年該書翻譯成近30種語言，並有超過四百萬本的銷量。這四位作者年紀輕輕，首席Dennis Meadows 1972年30歲，他的太太Donella H. Meadows 31歲，Jorgen Randers更年輕只有27歲。

這本曠世之作一石千浪，輿論譁然，褒者讚揚作者之高瞻遠矚，預見了人類環境和資源的深層危機，建議各國政府立即改弦易轍節制成長。貶者斥之爲「新馬爾薩斯主義」的杞人憂天，並把世界模型譏諷爲譁眾取寵之電腦遊戲。

我們無法說明出版於1972年的《增長的極限》是否等同於1798年出版的馬爾薩斯《人口原理》（*An Essay on The Principle of Population*），因爲我們無法簡單的評論，《增長的極限》的內容就是馬爾薩斯當年想要爭取的人心的知識，但我們可以證明人們對《增長的極限》的追求和對《人口原理》的追求是同步振盪的，換句話它們有共同的吸引子，它們想回答相同的問題。圖4.3是2015年9月22日登錄的「The Limits to Growth」和「The Principle of Population」「Google趨勢」分析結果。

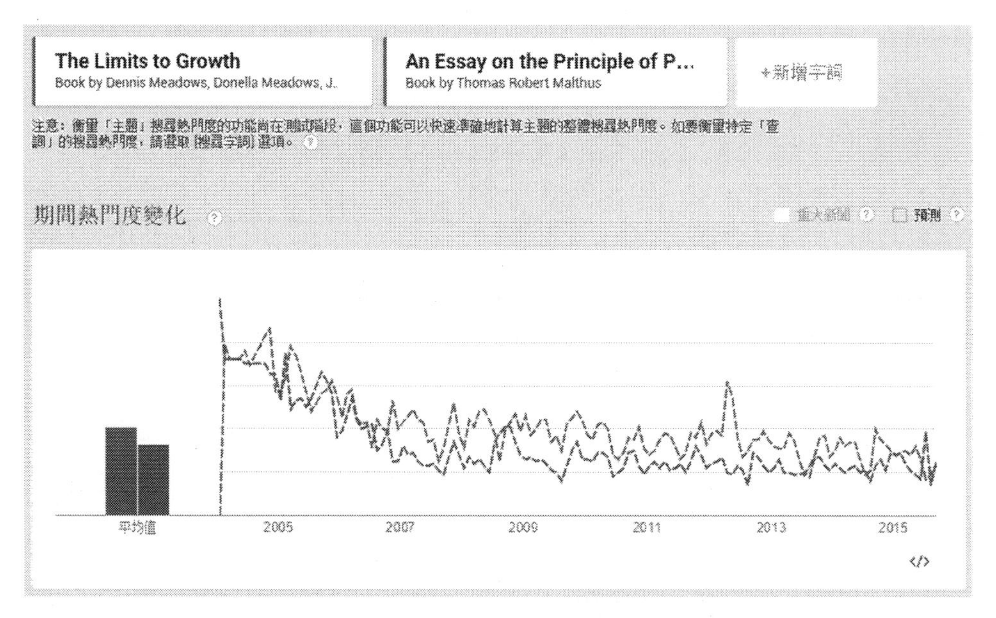

圖4.3　《增長的極限》與《人口原理》的熱度比較

如果《增長的極限》不僅與《人口原理》比較，還與比《人口原理》早22年出版的亞當斯密的《國富論》（*The Wealth of Nations*）比較，三本大作放在一起，《國富論》就是巨人了。圖4.4說明現代人對亞當斯密的的追求比對馬爾薩斯和梅多士的熱情高出五，六倍。

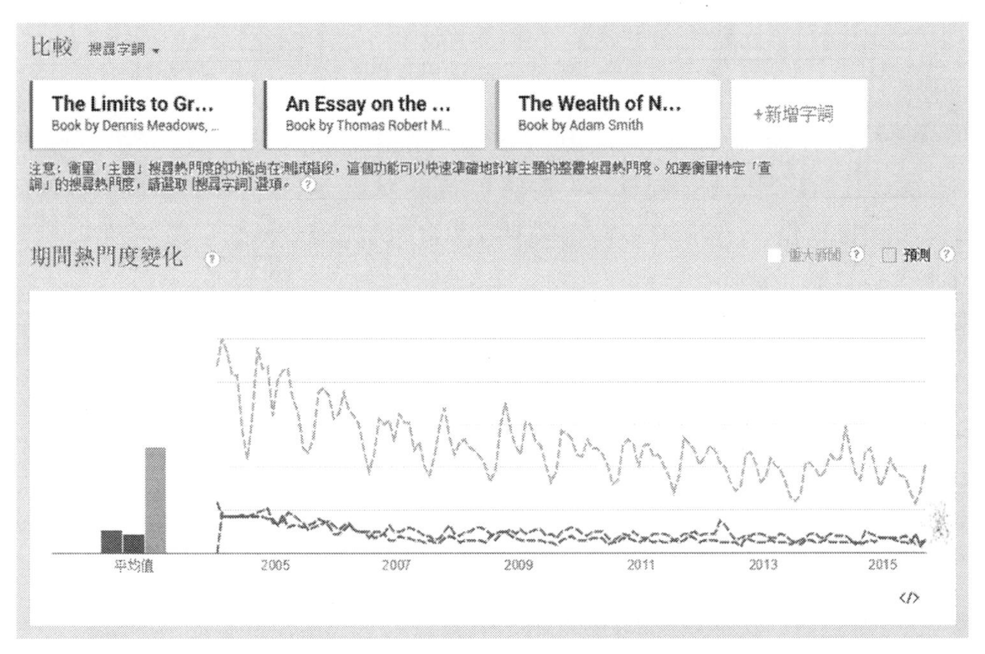

圖4.4　《增長的極限》與經典巨著《人口原理》和《國富論》熱度比較

回顧歷史，《增長的極限》曾是美國媒體的頭版新聞，許多相關內容均已列入美國眾議院聽證會，對美國的政策形成已有顯著影響。《增長的極限》出名的結果是研究SD的人逐漸多起來，尤其是進入八〇年代，世界上數以百計的高等院校的研究所開設系統動態學之專修課程，許多國家的長期發展模型也借助SD的方法。由於研究SD的學者逐年增加，國際系統動態學會（The International System Dynamics Society）的專門期刊《System Dynamics Review》的影響也逐漸擴大，全球性研究成果甚爲豐碩。

1992年爲紀念《增長的極限》20週年並爲該年聯合國「全球里約高峰會議」獻禮，Meadows等又發表了新的世界模型——「極限的超越」（Beyond the Limits）再次引人注目，作者們遺憾的表示「我們又晚了20年！」。

八〇年代後期，美國改革中學的「塡鴨式」教育方法，以學生爲中心的教學相長的新方法興起，從此系統動態學進入美國中學生的課堂。

SD之所以能成爲中學教育內容的一部分，Forrester認爲：

1. 認識複雜而變化的世界要從中學生開始，其中回饋原理是最根本的，例如手不小心碰到火會灼痛或受傷，小孩子可以從這個簡單的道理中學到因果關係及解決辦法——關掉爐子而不是切掉手指。

2. 八〇年代的整個10年，模擬軟體很快發展，尤其是STELLA和VENSIM問世後，過去只能在高級研究室做的動態模擬模型，現在可以在中學生課堂上完成。

3. 1989年美國教育試驗服務中心（The Educational Testing Service）組建「系統思想和課程創新網計劃」（System Thinking and Curriculum Innovation Network Project——STACI）爲幾十個美國中學的系統動態學提供整套STELLA軟體服務。

不僅在美國的中學，而且在德國的某些中學，也用STELLA教物理。

4.2 模型的變量分類

很多人對系統動力學模型望而生畏，其實他的門檻不高，斯特曼(John D.Sterman)把系統動力學模型比喻爲浴缸，很普通吧。斯特曼是MIT的名教授，他的大作「Business Dynamics: System Thinking and Modeling for a Complex World」在系統動力學叢書中地位顯赫。

浴缸的水位變化可以用兩個主要的變量來解釋，「存量」和「流量」。前者爲浴缸內的水量，後者分兩種，流入流量和流出流量。如果流入量大於流出量，浴缸的水位上升，或者說存量增加；相反，如果流出量大於流入量，浴缸的水位下降，或者說存量減少；如果流出量等於流入量，浴缸的水位保持不變。在系統動力學文獻史中，英文的存量曾經有兩種表達Stock或Level；流量也有兩種表達Flow或Rate。

請回顧第二章的內容，當時我們講了許多因果分析的故事，可是並沒有區分因果元素是存量還是流量，因爲因果環分析不必考慮變量的種類，但是定量的模擬模型則不然，必須區分變量的類別。何種變量爲存量，何爲流量，這既重要又困難，遺憾的是目前並沒有分類法，有時一個被研究的對象既可視爲存量也可視爲流量，只能根據具體情況靈活運用。

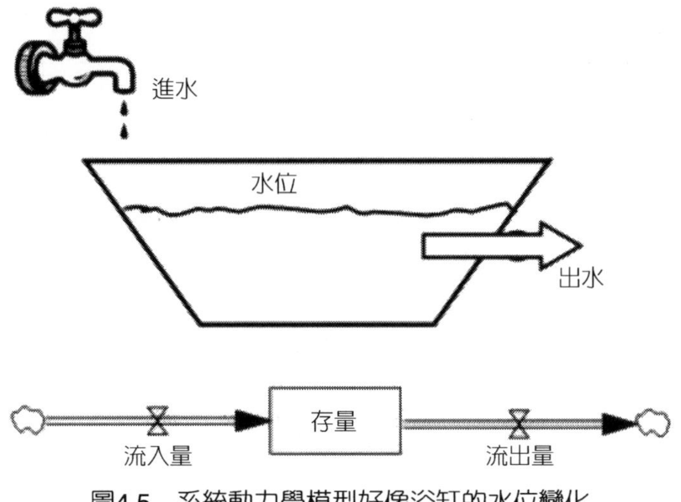

圖4.5 系統動力學模型好像浴缸的水位變化

存量通常是指整個動態過程中積累和總合起來的量，而流量是指活動、運動或流動。活動可能會停止，流量等於零了，但存量依然存在並非爲零，這是區別存量和流量的「土辦法」。例如一株參天大樹——阿里山的「神木」，她已經死了，不生長了，流量是零了，然而她的存量「年輪」依然存在。與此相仿，一個公司可能因爲業績不佳，商業活動停止了，但這個公司的設備、原料尙存，它們是存量。再如人類的生態系統，即便一切污染活動停止，但已破壞的臭氧層空間仍然存在，臭氧洞便是存量。與此類似，大氣裏溫室氣體CO_2的濃度是存量，使它形成的原因，化石燃料排放的CO_2便是流量。請注意存量的一個重要特徵，「記憶」，有了它世界上才有許多「往事並不如煙」的故事。例如，文字、語言是文化創造的，很可能某些創造文字、語言的活動已經停止，但該文字、語言尙存，它們就可以當作存量來研究，如死語言：拉丁文。

有時同樣的一個量，既可能處理爲存量，也可能處理爲流量，例如物理學中的速度（Velocity）。如果把加速度（acceleration）作爲流量，速度就是隨加速度這個「活動」而變化的存量；如果把運動的距離（Distance）當作存量，速度就應該是流量。

收入（Income）這個東西，也是這樣。如果把每小時的工錢（日本人說，這是生命的零售價格）當作流量，你的收入便是存量；如果把你的財富當作存量，收入又是流量。

不可以僅僅根據單位來區分存量與流量，這是很容易犯的毛病，例如速度是單位時間的運動距離，但前面已經指出，它很可能是存量。爲了避免這種錯誤，有人建議借助「快鏡拍攝」（Snapshot）的概念來形容存量，快速拍攝時，時間好像「停頓」下來，一切流量也就突然「凍結」，這個時候留下來的畫面就是存量的狀態。

總之，把存量想像爲水箱中累積起來的水位最爲貼切，存量變化不像流量變化那麼直接，那麼即時，存量的發展需要時間間隔。系統動力學模型存量的計算原則十分簡單，任何時刻t的存量，都等於前一時刻（t – 1）的值加時間間隔（dt）內流量的增加量（參考圖4.5的公式）。因爲存量由本身的流量決定，因此任何兩個存量都不能直接連結，如果兩個存量有某種連接之必要，應通過另一個共用的流量，例如人口的年齡結構模型。

原則上來說，因爲流量與流量的瞬時「流速」並非相同，而且精度無法一致，因此不同的流量間也不適宜直接連通，然而，由於實際的系統具有動作的遲延（Delay of Action），因此常用平均值表示流量，在這種情況下，流量相互連通是可以的。

存量和流量的舉例如表4.2。

表4.2 存量和流量舉例

流入量	存量	流出量
出生量	人口	死亡量
種植量	樹木	砍伐量
進食量	胃中的食物	消化量
提升	自尊	抑制
雇傭	就業量	辭退
學習	知識	遺忘

流入量	存量	流出量
產量	庫存	銷量
借貸	債務	償還
復原	健康	衰退
生成	壓力	發散
建設	建築物	拆毀
進水	浴缸水	放水

系統動力學模型除了存量和流量這兩類基本變量外，還有另兩個變量，一個叫輔助變量，一個叫常量。輔助變量也稱中間變量，它連接各種可能的關係，它既可能與存量有關，也可能與流量有關或與另一個輔助變量有關。常量是輔助變量的一個特例，它是一個獨立的不隨時間變化的數，常量在方程中沒有時間標。

4.3　入門的模型

通過本節的學習步驟，你可以學會獨立的應用VENSIM軟體建立模型和輸出結果。你需要的VENSIM軟體可以免費下載（http://vensim.com/vensim-brochure/）。

請按照以下方法完成你的第一個模型，題目：請用VENSIM計算生物量非約束成長，該生物群P的初始值P_0爲100個，成長率爲10%。

第一步：打開VENSIM在菜單File中選擇New，跳出Model Settings，請按照第二步的內容改正軟體內定值，按OK後則出現圖4.6的畫面。

首頁的第一列爲菜單，包括：File, Edit, View, Layout, Model, Tools, Windows，Help。

第二列爲基本工具，包括：Open Model, Save, Print, Cut, Copy, Paste等。

第三列爲繪圖工具，包括各種變量，連接和公式。

最左的一欄是各種分析工具，包括各種計算結果圖表的陳列和敏感性分析圖。

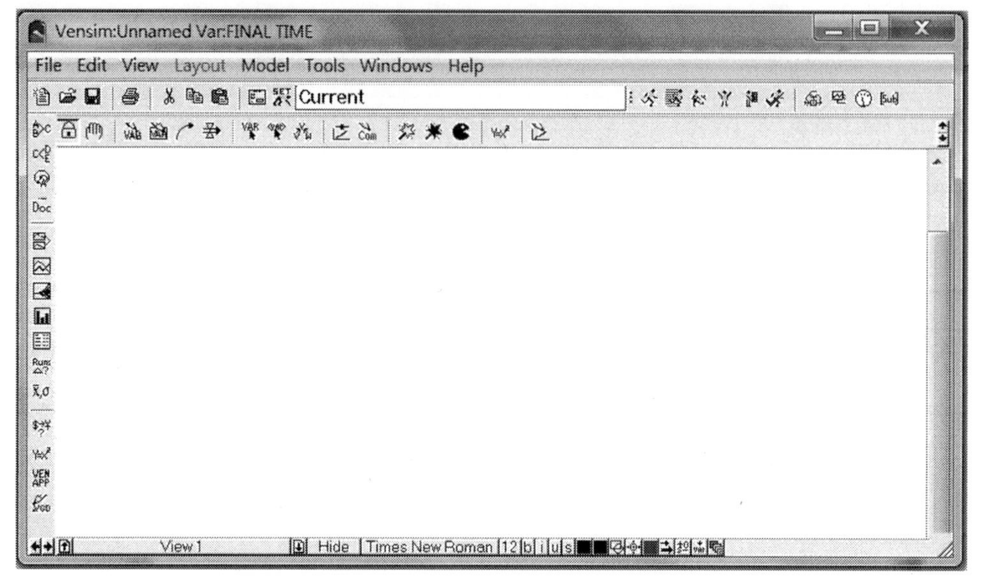

圖4.6　未命名的新模型首頁

第二步：點擊Model，點選其中功能列的「New Model」鈕，顯示「Time Bounds for Model」對話視窗，將「TIME STEP」設定爲0.125，「Units for Time」設定爲Month，Initial Time = 0, Final Time = 12。這就是說本模型模擬的時間長度爲12個月，模擬的時間單位爲月，模擬的步長dt是1/8 = 0.125個月（圖4.7）。

第三步：在繪圖工具列內，用滑鼠左鍵點擊「Box Variable – Level」（存量）工具，於工作視窗內點選一個合適的地方，鬆開手指，出現一個編輯框框，鍵入「生物量」，本模型的唯一存量（圖4.8）。

Model Settings - use Sketch to set initial causes
Time Bounds | Info/Pswd | Sketch | Units Equiv | XLS Files | Ref Modes
Time Bounds for Model
INITIAL TIME = 0
FINAL TIME = 12
TIME STEP = 0.125
Save results every TIME STEP
or use SAVEPER =
Units for Time Month
Integration Type Euler
Date Display
Label Date
Format YYYY-MM-DD
Base date (at Time=0)
Year 2000
Month 1
Day 30
Units Month
NOTE: To change later use Model>Settings or edit the equations for the above parameters.
OK
Cancel

圖4.7　模型的基本設定

圖4.8　繪編模型的存量

VENSIM模型的變量種類和常用符號如圖4.9。

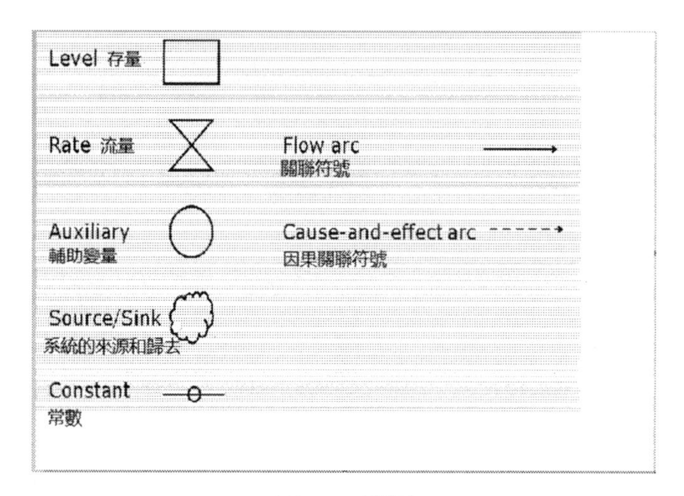

圖4.9　圖例

第四步：在繪圖工具列，存量工具的右方，用滑鼠左鍵點選「Rate」（流量）然後在「生物量」左方一個合適的地方鬆開手指，立即出現雲狀圖案，繼續移動滑鼠至「生物量」，當出現編輯框框後，鍵入「生長量」，再按「Enter」，一條水管由雲圖指向「生物量」（圖4.10）。

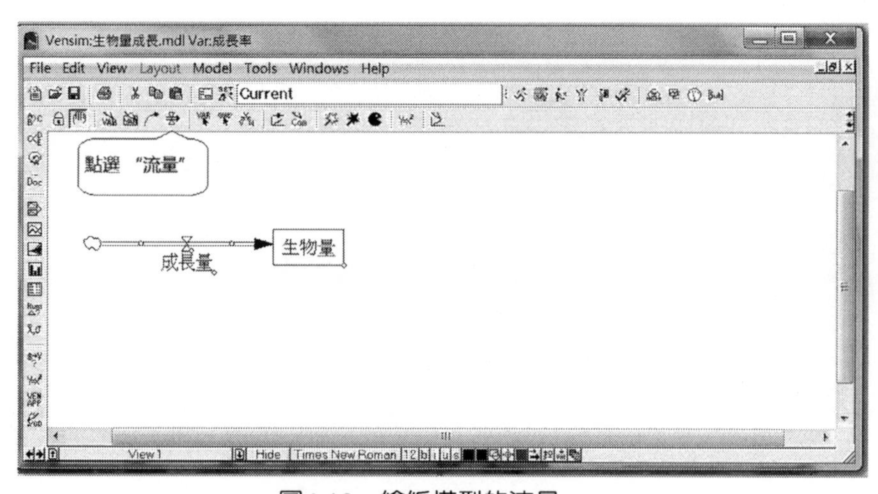

圖4.10　繪編模型的流量

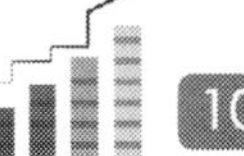

第五步：在繪圖工具列，點選「Variable – Auxiliary/Constant」（輔助變量）工具鈕，於工作視窗內點選一空白點，出現編輯框框，鍵入「成長率」，再按「Enter」鍵即顯示「成長率」（圖4.11）。

圖4.11　繪編模型的輔助變量

第六步：在繪圖工具列內，點選「Arrow」（箭頭）工具鈕，拖拉箭頭從「生物量」到「成長量」，以及從「成長率」到「成長量」（圖4.12）。

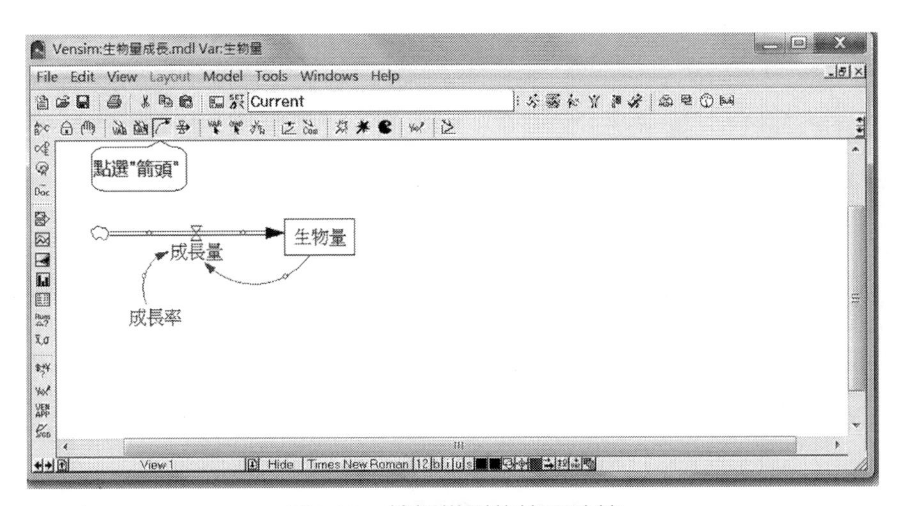

圖4.12　繪編模型的箭頭連接

第七步：在繪圖工具列內，點選「Equations」（公式）工具鈕，所有需要確定數值和關係的變數會「翻黑」，然後逐個確定之（圖4.13）。

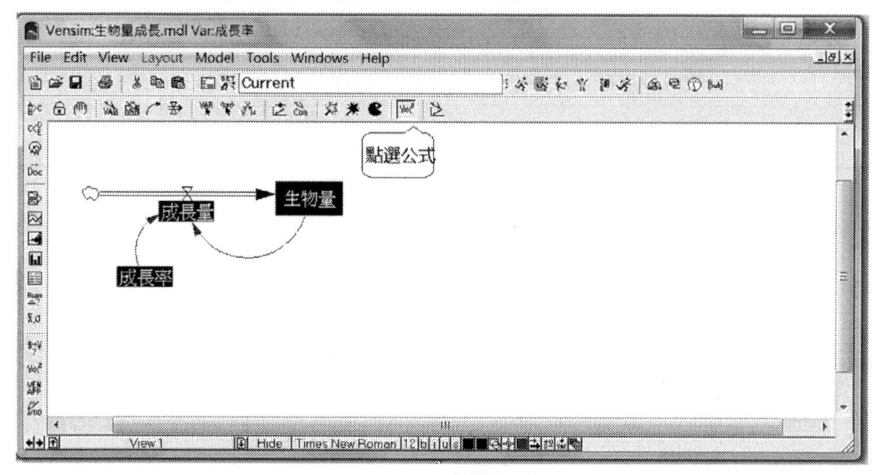

圖4.13　確定模型的公式

①首先確定存量（生物量）的初始值，按下翻黑的「生物量」按鈕，在初始值處置入數字「100」（圖4.14）。

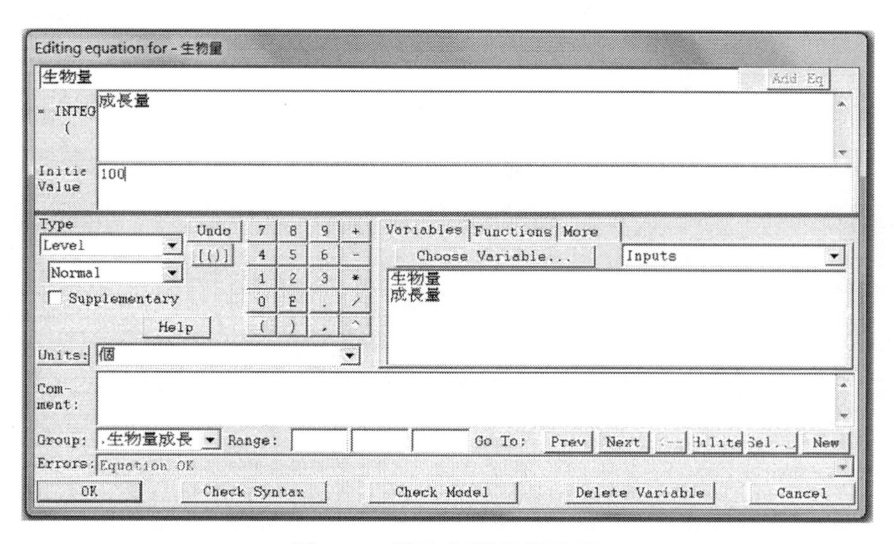

圖4.14　確定存量的初始值

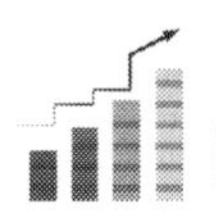

存量（生物量）的單位是「個」，存量表示時間t1到時間t2的累積量，它是積分

$$P = \int_{t1}^{t2} 生物量 dt$$

我們並不需要列出積分公式，因爲電腦模擬積分是利用差分方程的迭代iterating計算，影響計算精度的是這種迭代的時間步長。本題的模擬步長設定爲0.125dt，請見圖4.7。

②確定流量（成長量）的變量關係公式，按下翻黑的「成長量」，將可選擇的變量（Choose Variable）欄中的「成長率」鍵入，再在符號欄中的乘號*鍵入，最後鍵入可選擇變量欄中「生物量」。流量的單位是「個／月」（圖4.15）。

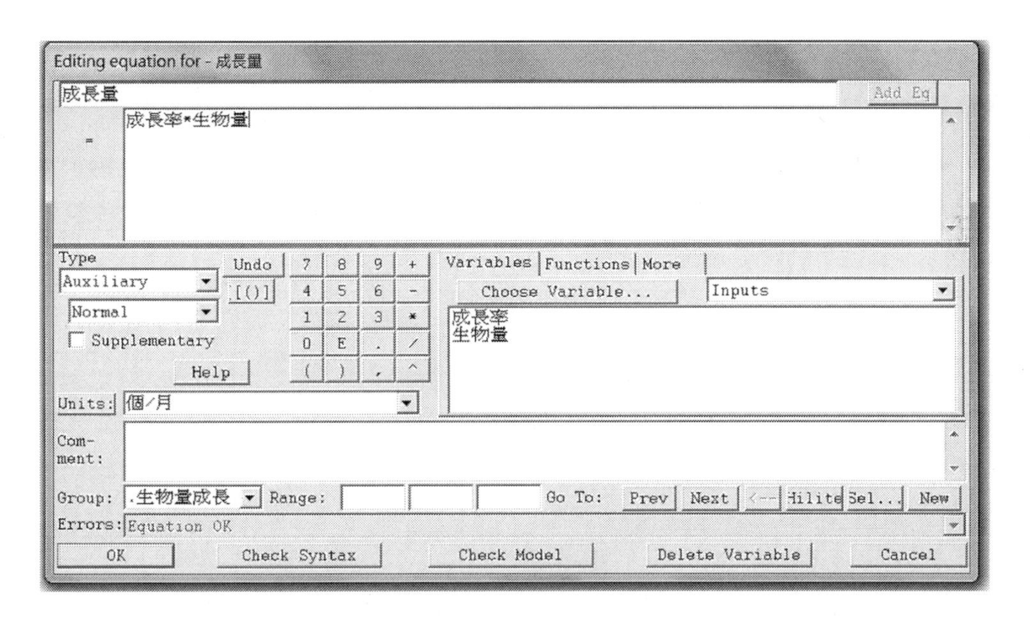

圖4.15　確定流量的關係式

③最後確定輔助變量的數値，按下翻黑的「成長率」，輸入數字0.1。

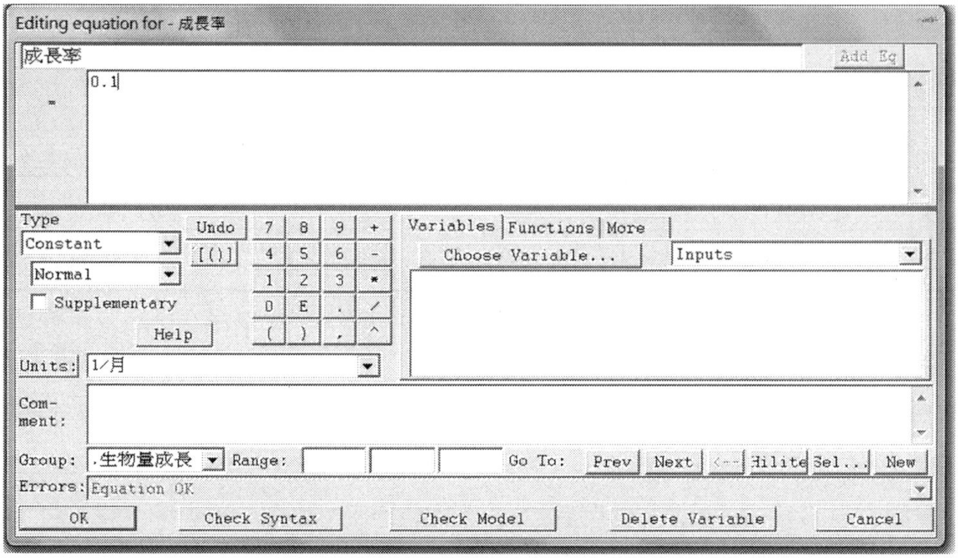

圖4.16　確定輔助變量的數字

請注意成長率這個輔助變量的單位是「1／月」（圖4.16），爲什麼呢？只有這樣才可能保持計量公式單位的一致性。我們來推演一下，本例的流量「成長量」的單位是「個／月」，它等於「成長率」乘「生物量」，如果「成長率」沒有單位，那麼「成長量」的單位便是「個」，然而「成長量」的正確單位是「個／月」，因此成長率的單位必須是「1／月」。VENSIM執行模擬時會檢查各個變量和參數的單位是否一致，如果有問題將會指出。常常模型中的參數是沒有單位的，不能因此忽略它，最有名的無單位數是圓周率π，它表示一個系統的本徵，無論圓的大小，其周長與直徑的比值是3.14；第二個有名的無單位數也許是1883年英國物理學家雷諾發現的判別層流與紊流的雷諾數（Reynolds number）。

第八步：在第二列基本工具中點選Run a simulation鍵，使模型運作起來。並點選Control panel鍵和Graph鍵（圖4.17）。

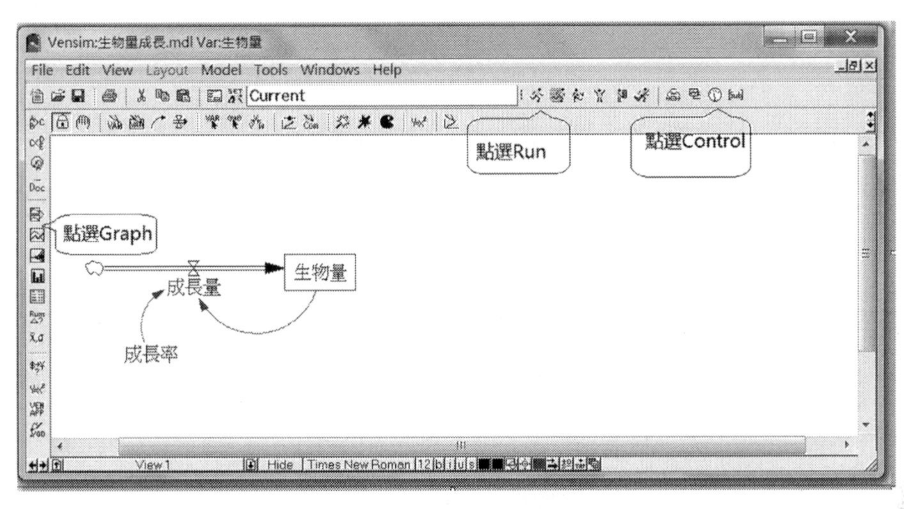

圖4.17　讓模型跑起來

第九步：圖表輸出，自訂圖像內容，可在同一張圖中顯示所選的變數、類型等。方法如下：

① 選擇工具列中的控制台（Control Panel），並選擇Graphs，出現圖4.18畫面。

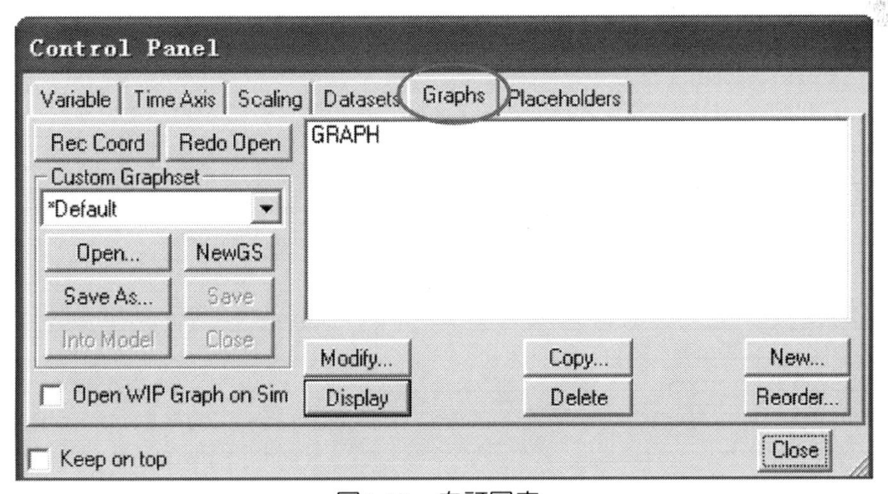

圖4.18　自訂圖表

② 點選New，顯示自訂圖像編輯對話方塊如圖4.19。

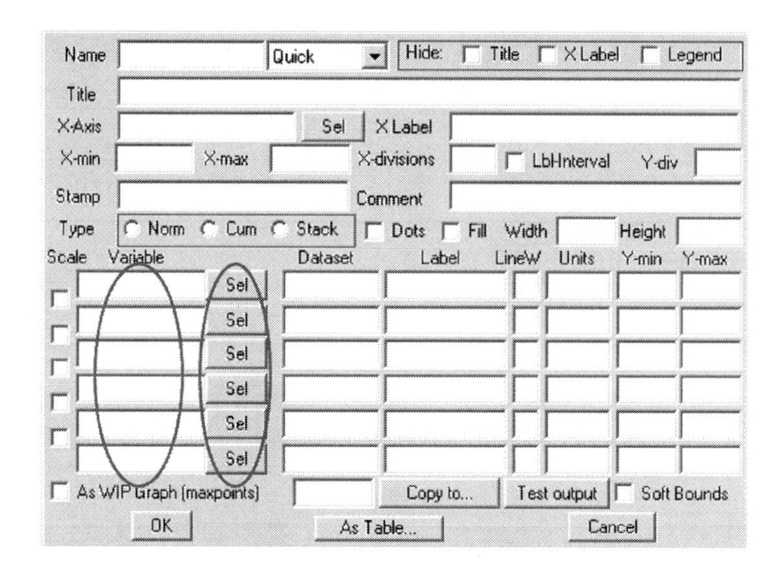

圖4.19 選擇圖表變量

③ 在變數欄中輸入變數名，或點擊Sel 按鈕，然後在彈出的變數選擇對話方塊按兩下要選擇的變數（也可輸入變數名的前幾個字母，當標記在此變數上時，確定）。重複此項操作，直到輸入所有變數。

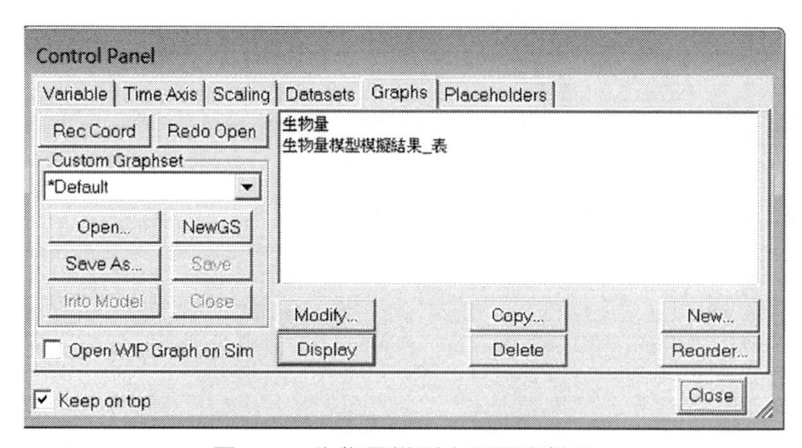

圖4.20 生物量模型自訂圖表結果

最後我們得到本模型模擬結果圖和表。

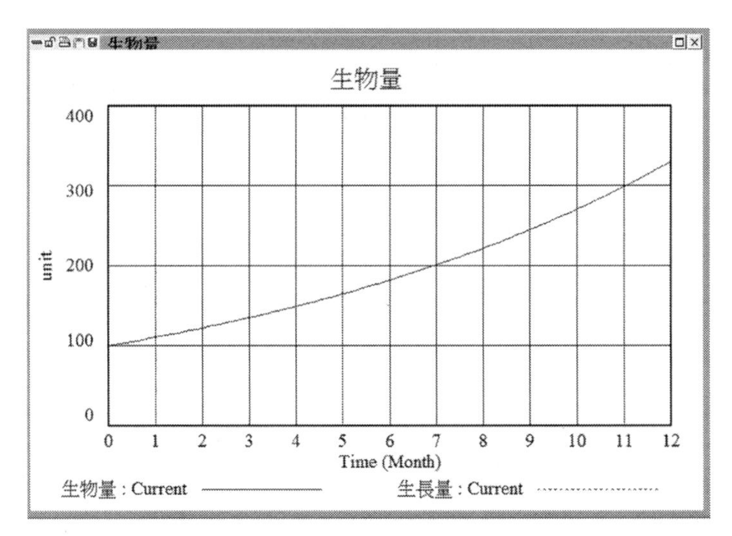

圖4.21 生物量非約束成長模型存量

Time (Month)	生物量	成長量
0	100	10
0.125	101.25	10.12
0.25	102.52	10.25
0.375	103.80	10.38
0.5	105.09	10.51
0.625	106.41	10.64
0.75	107.74	10.77
0.875	109.09	10.91
1	110.45	11.04
1.125	111.83	11.18
1.25	113.23	11.32
1.375	114.64	11.46
1.5	116.08	11.61

圖4.22 生物量非約束成長模型模擬結果輸出表

第十步：模型公式和文件檔，在左側的工具欄，點選Document出現以下畫面。

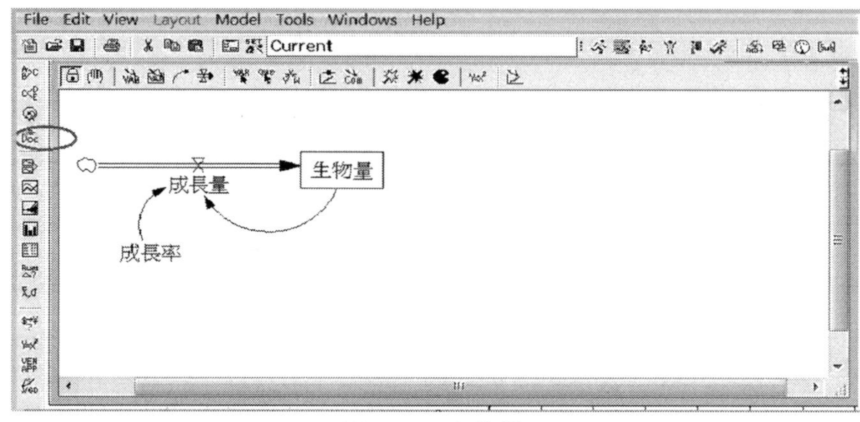

圖4.23　文件檔

用滑鼠的右鍵點擊Document鈕，出現以下選擇項目：

Document Options
Display
Equations
Text
Range
Groups
Options
Units
Units-Check
Values
Cause -Lkup -Cnst
Cause -Active
Cause -Def
Use
Use - Def
Formatting
Original
Terse
Verbose
Shorten comment
Line length 75
Output font...
Multiple Equation Options
Off
All Vars
Vars in Current View
Selected Vars
One Group
All of Type
All
Number Equations
Send Output to File
Ordering: As Entered
Alphabetic
By Group
Comp
Background -
Foreground -
Tool Icon Label
Document
Activate on variable selection
OK
Cancel

圖4.24　文件檔選項

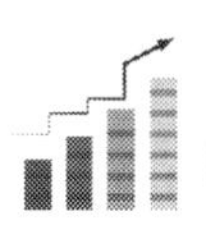

點擊文件檔選項清單的OK鍵，模型的基本參數輸出如圖4.25。

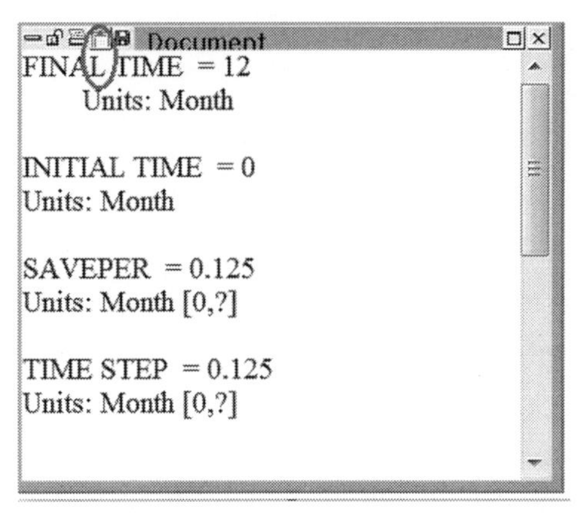

Document
FINAL TIME = 12
Units: Month
INITIAL TIME = 0
Units: Month
SAVEPER = 0.125
Units: Month [0,?]
TIME STEP = 0.125
Units: Month [0,?]

圖4.25　文件檔主要輸出窗口Export鈕

點擊輸出窗口的Export鈕，最後得到輸出數據：

FINAL TIME = 12　　　　單位：月

INITIAL TIME = 0　　　　單位：月

TIME STEP = 0.125

FINAL TIME = 12

成長率 = 0.1，單位：1 / 月

成長量 = 成長率*生物量，單位：個 / 月

生物量 = INTEG（成長量），初始值100， 單位：個

4.4　變量的時間標識

電腦進行模擬計算時，把時間分割成許多小的間隔dt，當時間間隔dt足夠小時流量可視爲常量。存量的模擬過程是一個差分方程不斷迭代的運算過程，因此我們需要小心翼翼的給不同的變量戴不同的時間面具，千萬不要弄錯。通常把時間分爲三個時刻，J、K、L，或者說三個面具，用K表示現在的時刻，J表示前一個時刻，L表示下一個時刻。J到K或K到L的時間長度稱爲模擬的時間步長，圖解如下：

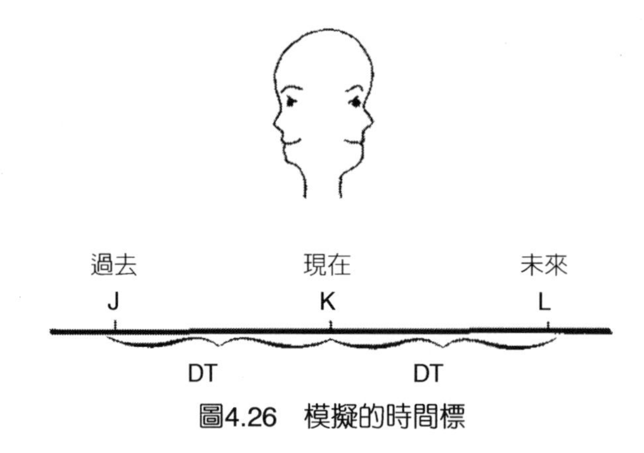

圖4.26 模擬的時間標

首先來看存量方程，它是流量變化的時間積累，用以下積分方程表示

$$L_t = L_{t-1} + \int_{t-1}^{t} \{R_{流入}(t) - R_{流出}(t)\}dt \tag{4.1}$$

在模型設計中變量方程並不用上述公式（4.1），常用系統動力學早期軟體DYNAMO程序的時間標來書寫，這樣的方程稱爲DYNAMO方程，因爲概念清晰表達準確沿用至今。例如存量方程用大寫L（Level）表示，它的初始值用N表示：

$$L.K = L.J + DT \times (R1.JK - R2.JK) \tag{4.2a}$$

$$N.IN1 = \tag{4.2b}$$

方程（4.2a）左端，首字L.K表示該存量現時刻K的數值。右端第一項L.J爲該存量前時刻J的數值，第二項中的DT表示離散計算的時間單位。R1.JK表示JK時間段流入量R1的數值。R2.JK表示JK時間段流出量R2的數值。

本節的生物量模型沒有使用流入量和流出量，而用二者的差值成長量，當成長量爲正則流入量大於流出量，當成長量爲負則流入量小於流出量。存量方程如下：

$$生物量_{現刻}=生物量_{前刻}+(成長量_{前刻到現刻})\times 時間步長 \quad (4.3)$$

根據公式（4.3）時間步長0.125時，生物量模型的模擬數值如表4.3，請與圖4.22的數值比較。

表4.3 生物量成長模型的數值模擬dt = 0.125，dP/dt = 0.1，P_0 = 100

t	生物量.K ①	生物量.J ②	成長量.JK ③	dt×成長量.JK ④
0	100.00			
0.125	101.25	100.00	10.00	1.25
0.25	102.52	101.25	10.12	1.27
0.375	103.80	102.52	10.25	1.28
0.5	105.09	103.80	10.38	1.30
0.625	106.41	105.09	10.51	1.31
0.75	107.74	106.41	10.64	1.33
0.875	109.09	107.74	10.77	1.35
1	110.45	109.09	10.91	1.36

表內的數值計算① = ② + ④，例如當t = 0.125時，生物量.K等於前刻生物量.J（100）加JK時段的成長量×0.125 (10×0.125 = 1.25)，因此此刻的生物量.K = 100 + 1.25 = 101.25。

流量的時標和存量不同，流量是單位時間內的流動數量，因此總是需要指出它的相對時間段。在DYNAMO方程中用大寫的R表示流量，如果流量R在方程式等號右側，它的時標應該用JK，表示前一個時段的量，例如公式（4.2）和（4.3）；當流量在方程式等號左端時，即它本身的定義式時，它的時標是KL，表示J刻到K時刻的數量。方程（4.2a）是流量置於公式等號右側的書寫，下面的方程（4.4）是流量置於公式等號左側的書寫方式。

$$R.KL = L.K \times A.K \quad (4.4)$$

輔助變量A也稱中間變量，它連接各種可能的關係，既可能與狀態變量有關，也可能與流量有關或另一個輔助變量有關。輔助變量A無論在方程式等號的左端或右端，它的時間標是K，例如：

$$A.K = L.K \times A2.K + R.Jk \qquad (4.5)$$

常量是輔助變量的一個特例，它是一個獨立的不隨時間變化的變量，常量在方程中用C表示但沒有時間標。例如：

$$C = 0.78$$

表函數用T表示，例如變量TSE的表函數表達：

$$T.\ TSE = 400/300/200/100$$

表示表函數X座標對應的Y值是400,300,200等等。

在以後的章節中凡涉及模型的方程式，除了特殊說明，我們均採用DYNAMO程序的方程式書寫。

系統動力學模型的數值計算方法如圖4.27，這是一個以DT爲單位利用差分方程進行不斷迭代（Iteration）的過程。

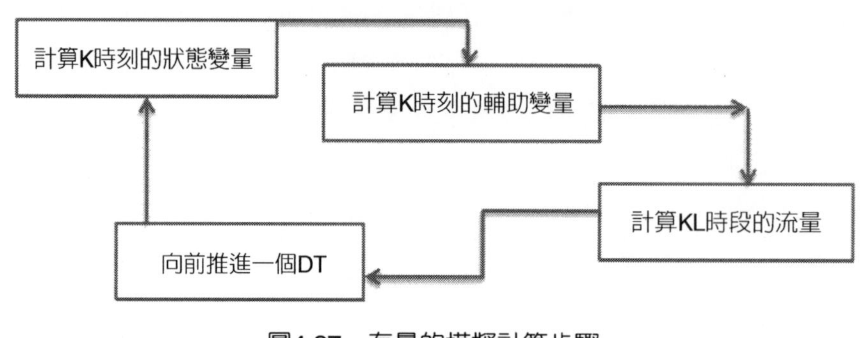

圖4.27　存量的模擬計算步驟

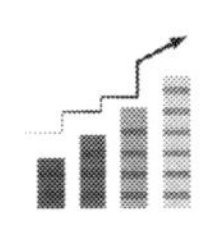

理論上講，模擬的時間步長越小，離散計算的結果與積分方程的解越接近，模擬的誤差越小，但是步長越小執行運算的時間越長，成本越高。計算步長的經驗公式如下：

$$\text{Time step} = (10\%\sim50\%)\times\text{模型中最小時間常數} \quad (4.6)$$

例如人口模型，通常以「年」爲觀察的時間單位，因此模型的時間單位設定爲年，模擬的時間步長dt爲1或0.5或更小。此項操作在Model Settings中完成（圖4.28）。

當選擇完DT後請在Integration Type設定數字模擬的方法，共有兩大類六種可能，一類是歐拉算法（Euler），另一類是龍格庫塔算法（Runge-Kutta），請見圖4.28所圈選的六種內容，一般而言離散變量可以用歐拉算法，振盪模型適宜用龍格庫塔類算法。如果你發現模擬輸出的圖檔有鋸齒形狀就應該考慮用龍格庫塔算法。

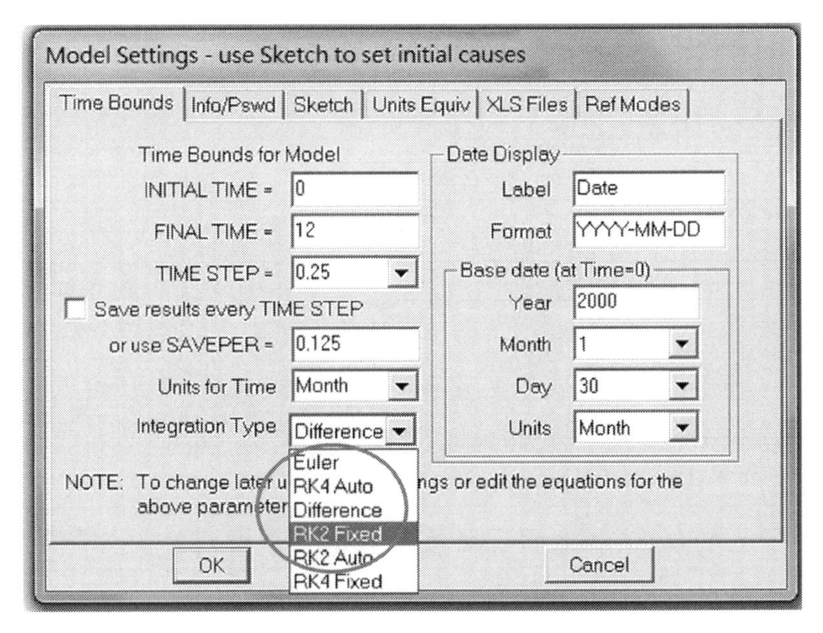

圖4.28　模擬的數值計算方法選擇

以本例而言，模擬的步長dt為0.25，模擬的時間範圍為12個月用Euler算法，完成模擬一共需要經過4×12 = 48步iteration。如果模擬的步長dt改為0.125經過8×12 = 96步iteraton，若模擬的結果與步長0.25相同，那就沒有必要使用0.125的步長。步長越小模擬計算的時間越長，成本越高。根據福特教授（Ford, Andrew）的建議所有的系統動力學模型模擬的總步數以1000步為限，超過1000步的模型都要不得，請進一步閱讀他的“Modeling the Environment: An Introduction to System Dynamics Modeling of Environmental System,1999,Island Press”。

4.5 內建函數

VENSIM DSS軟體內建的函數共有38種，當你點擊Function按鈕38個函數便逐個顯示。

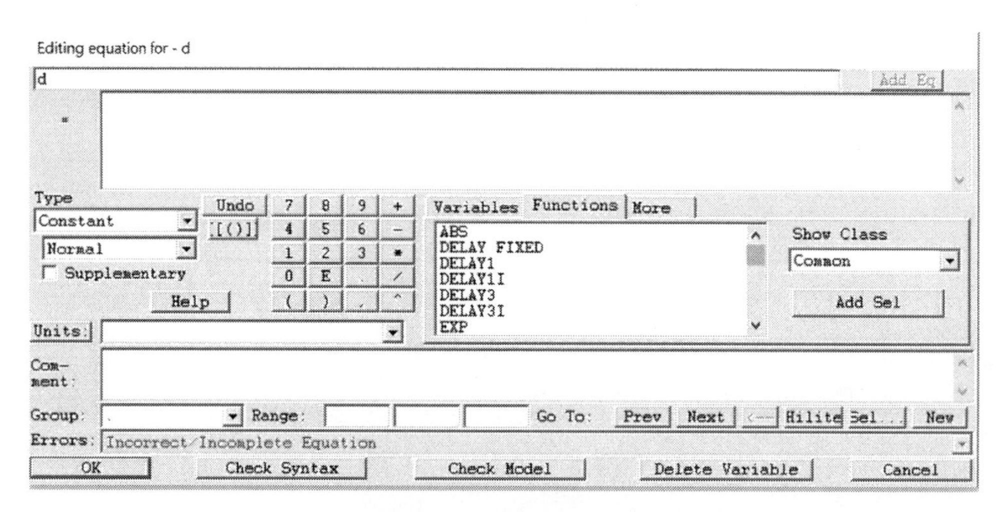

圖4.29 內建的函數庫

內建函數可以分為以下的四大類，詳細用法可參考Help和相關的用戶手冊，本節摘要介紹某些最常用者。

- ✓ 簡單函數Simple functions
  - ➢ 函數值僅取決於當前的輸入變量值
  - ➢ 數學函數
  - ➢ 邏輯函數：If then else
- ✓ 測試函數Test functions
  - ➢ 階躍函數，斜坡函數等
- ✓ 延遲與平滑函數 Delay & Smooth
  - ➢ 物質延遲
  - ➢ 信息平滑
- ✓ 表函數Table function

4.5.1　常用數學函數

表4.4　數學函數表

函數名稱	函數形式	函數功能
SIN	SIN({x})	取正弦
EXP	EXP({x})	e^x
LN	LN({x})	取對數
SQRT	SQRT({x})	取平方根
ABS	ABS({x})	取絕對值
INTEGER	INTEGER({x})	取整數
MODULO	MODULO({x} , {base})	取餘數

4.5.2　測試函數

五種主要測試函數，如下。

(1) 階梯函數STEP

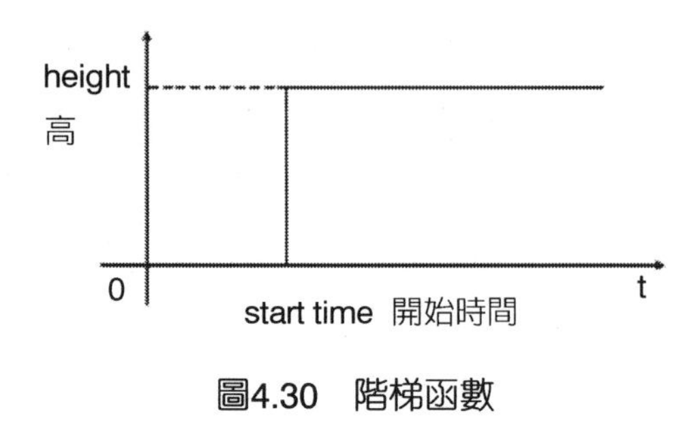

圖4.30 階梯函數

基本形式：STEP({height} , {stime})。

此函數有兩個元素，第一個是啓動的時間Start Time，第二個是階梯的高度height。在啓動時間之前，函數賦予變量的數值爲0。當時間到達StartTime後，函數賦予變量的值爲預先設定的Height，並持續之。

(2) 斜坡函數RAMP

函數形式：RAMP({slope} , {start} , {finish})。

此函數有三個元素，函數從規定的起始時間到規定的結束時間終結。在這個過程中，函數的變化完全取決於預先設定的斜率。斜坡函數的初值默認爲0，如圖4.31所示。

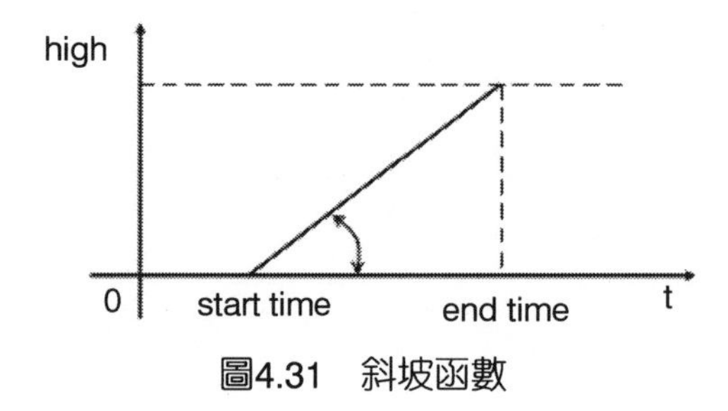

圖4.31 斜坡函數

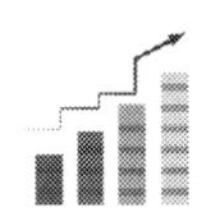

(3) 單脈衝函數PULSE

函數形式：PULSE ({start} , {duration})。

此函數有兩個元素起始點和作用的延續時間，它很像階梯函數但有兩點不同：

第一，單脈衝函數在起始時間後的脈衝高度只能爲1。這個值爲Vensim內定，用戶不能自行設置的。

第二，單脈衝函數可以控制脈衝持續的時間，即函數圖示中的Width。在Start Time後經過Width時間之後變量又回落0值。

函數的圖像如圖4.32所示：

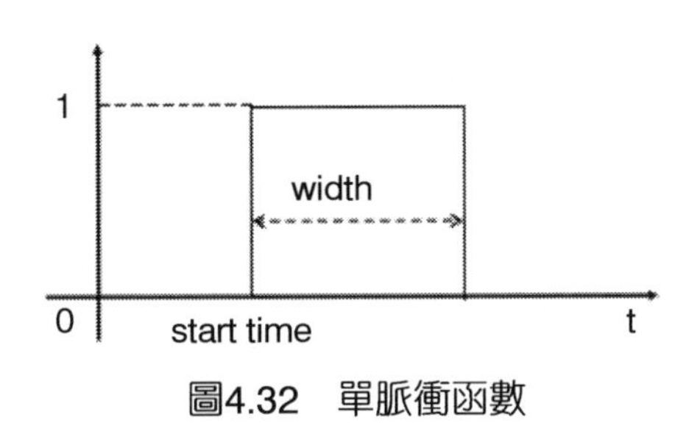

圖4.32　單脈衝函數

(4) 多脈衝函數PULSE TRAIN

函數形式：PULSE TRAIN ({start} , {duration} , {repeattime} , {end})。

此函數有四個元素功能：脈衝起始時間，作用延續時間，再脈衝時間，終止時間。

脈衝分成若干小階段，如圖4.33所示。這裏的Width 指的是分割後每一個階段的持續時間長度，而t-between 指的是一個階段開始時刻（終結時刻）和下一個階段開始時刻（終結時刻）間的時間間隔長度。這樣的階段反復出現，直到End Time。

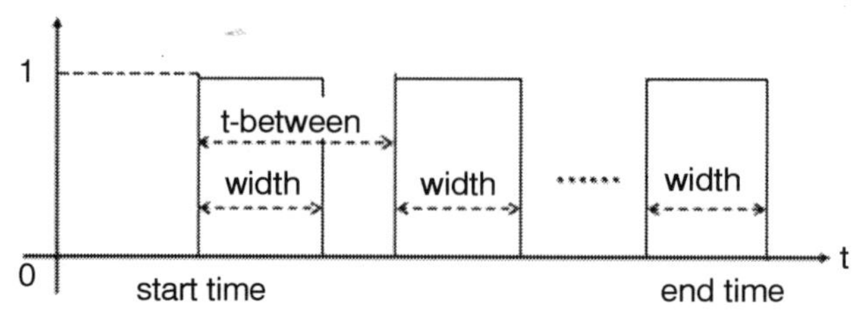

圖4.33　多脈衝函數

(5) 均勻分布隨機函數RANDOM UNIFORM（A，B，S）

在區間（A，B）內產生均勻分布隨機函數，S取不同的值產生隨機數序列也不同。

4.5.3　滯延和平滑函數

滯延（Delay）是系統通路中的遲到現象，任何行動的輸出均落後於輸入，換言之輸入到輸出要消耗時間，例如在郵局寄信，從投入信箱到對方收到，有一個時間差；即便是以電子速度運動的email，從enter到對方收讀也要以秒或毫秒計算。

以上是日常生活的物流滯延現象，除此之外還有信息流的滯延，即人們對於「感覺」、「認知」、「相信」的時間落差。比如商品價格變化的心理滯延，假定去年底豬肉供不應求，價格飆漲，這個價格訊號刺激了養豬人口暴增，可是養豬要花時間，誰能準確知道在這段豬養成的時間內市場結構如何變化呢？如果進口的豬肉增加或者消費者找到替代品牛肉，最後豬肉價格大跌，但養豬戶只記得豬肉高價的歷史，由於價格信息和幼豬生長兩方面的滯延，結果形成豬肉供給的上下振盪。又比如，某商品雖然已經滯銷一段時間，但由滯銷到價格下降要滯延一段時間，因爲老闆在掙扎，當他相信再等無益時他才會痛下決心降價。又如，一個信譽不太好的公司，即使最近產品質量變好，也不會立即得到消費者的響應，在消費者腦子裡，品質變好的資訊要隔一段時間才能爲自己的頭腦模型所接受。

滯延函數的結構好像浴缸水進出的變化，它取決於三個重要因素，第一輸入的形態，第二滯延的平均時間，第三輸出在平均時間內的分布。輸入函數的形態將決定滯延的輸出形態。

(1) 一階滯延

例如有一股水流，前4分鐘流量爲0，第5分鐘開始恆定爲15m^3 / 分，並假定水在水箱中的平均停留時間爲1.5分，問：流出水量是如何響應的。這是典型的階梯輸入函數的一階滯延問題，輸出流是否與輸入流的形態一樣呢，請看下面的圖解。

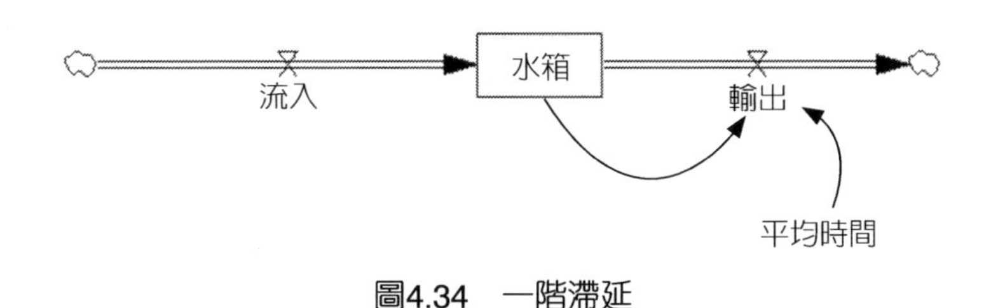

圖4.34　一階滯延

模型的方程如下：

R. 流入.KL = STEP (5, 15)　立方公尺 / 分

R. 輸出.KL = 水箱.K / 平均時間　立方公尺 / 分

L. 水箱.K = 水箱.J + dt（流入.JK − 輸出.JK）立方公尺

N. 水箱初始值0

C. 平均時間 = 15分

再提醒一次，在DYNAMO方程組中，以大寫的R表示流量方程，L表示存量方程，N表示初始值，C表示常量。

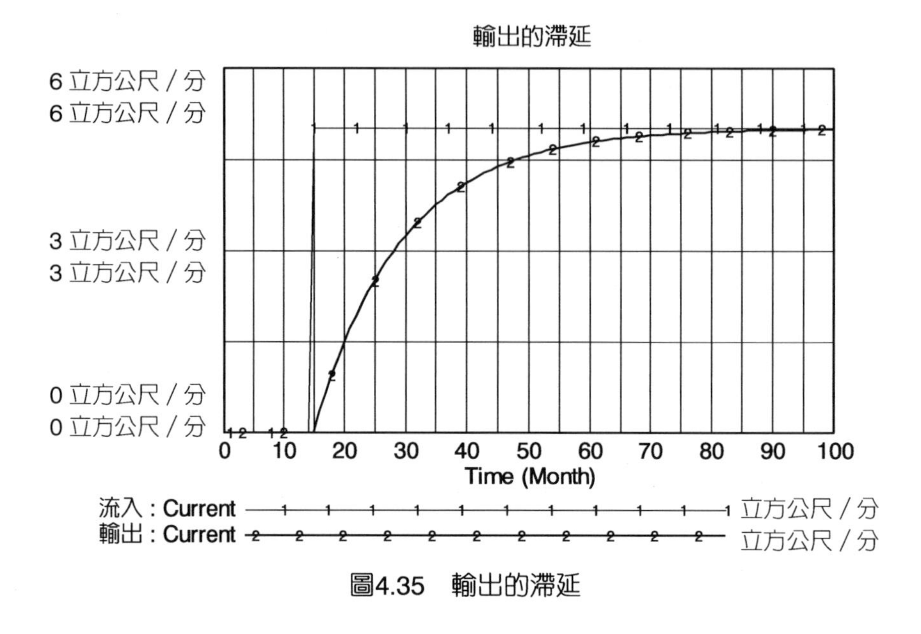

圖4.35　輸出的滯延

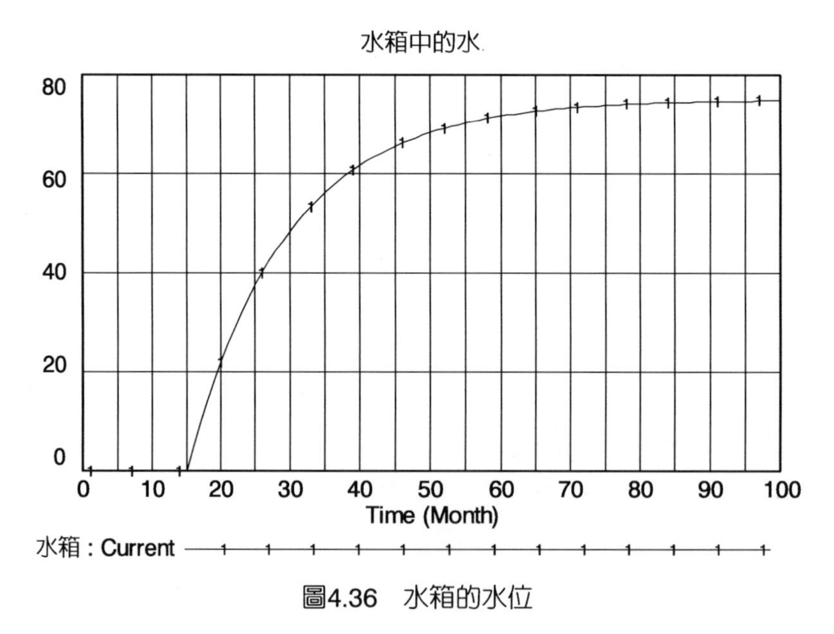

圖4.36　水箱的水位

圖4.35中帶有數字1的曲線是輸入流，它是階梯函數，模擬開始15分鐘後，輸入流以每分鐘5立方公尺的流量進入水箱。自16分起輸出流開始逐漸形

成，但輸出流並不像輸入流，它不是階梯狀的而是指數式的逐漸達到輸入流的流量值每分鐘5立方公尺。水箱中的水位逐漸以指數式的增長，當輸入和輸出的平衡時，水位維持在75立方公尺的高度（圖4.36和表4.5）。

表4.5　一階滯延的模擬數值

Time（分）	流入	輸出	水箱
0	0	0	0
⋮	⋮	⋮	⋮
15	5	0	0
16	5	0.3333	5
17	5	0.6444	9.667
18	5	0.9348	14.02
19	5	1.206	18.09
20	5	1.459	21.88
⋮	⋮	⋮	⋮
99	5	4.985	74.77

(2) 平滑函數

平滑函數用來處理信息流的滯延，對於經濟變量的時間系列而言，孤立的數據「跳動」很大，因此往往需要對數據進行「平滑」處理，好像統計學的「多階平滑」處理一樣。

假定輸入是一個脈衝PULSE(10,10)，輸出的Smooth如圖4.37。

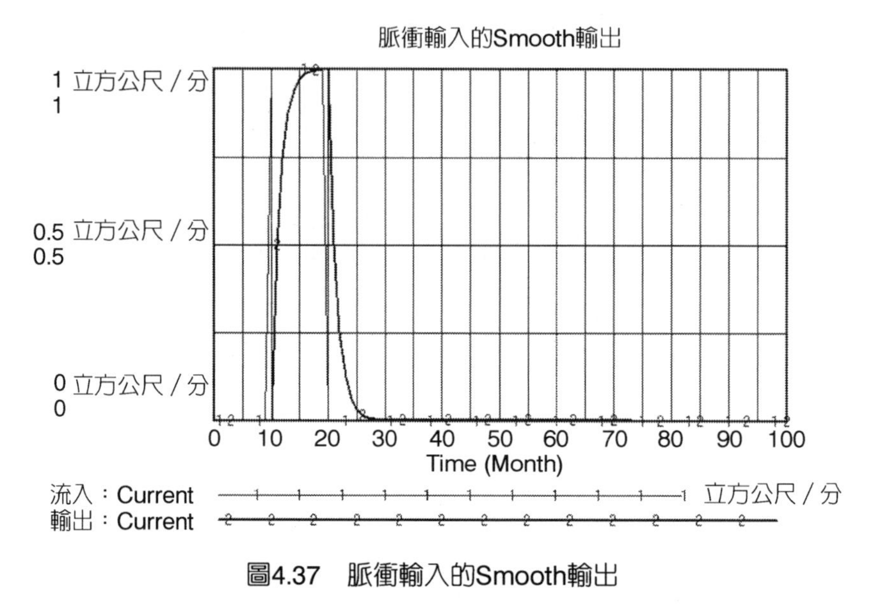

圖4.37　脈衝輸入的Smooth輸出

4.5.4　邏輯函數

邏輯函數的作用類似於其他計算機語言中的條件語句，Vensim的邏輯函數有三種。

(1) 最大函數MAX (P, Q)

MAX表示從兩個量中選取較大者，P和Q是被比較的兩個量。

(2) 最小函數MIN (P, Q)

MIN表示從兩個量中選取較小者，P和Q是被比較的兩個量。

(3) 選擇函數IF THEN ELSE (C,T,F)

常用於仿眞過程中作政策切換或變量選擇，有時也叫條件函數。

4.5.5　表函數

表函數（Table Function）是系統動力學區別於其他模型的一個重要工

具，它用於構造軟變量（Soft Variable）之間的非線性關係。軟變量是斯特曼（Sterman, 2000）發明的，指那些難於量化或難於取得統計關係的變數，前者如難於量化的「美」、「善」、「難」等等變量。後者如難於統計處理的「工作態度」X與「生產績效」Y的關係等等。

表函數可以避免複雜的數學運算，它好像一條隧道打通了「非線性計算」這座大山，使研究者不要爬山就可達到目的，實在是功德無量。但是許多學派對Forrester獨創的表函數不以爲然，認爲「不嚴謹」。雖然經過幾十年的發展，情況仍然尷尬，至今也沒有找到另一個比表函數更好的替代方法。一種方法好與不好，好像物種一樣，「天擇」是決定的因素，只要它受用就有存在的理由。

表函數的經典案例是生物群棲息密度對死亡量的影響，即環境容量（Carrying Capacity）對生物族群數量成長的影響，這個題目是近代生物學研究的重要內容之一，因爲環境參數與平均壽命等指標的複雜的非線性關係，很難求得統計檢驗滿意的迴歸方程，可是利用表函數卻可以輕鬆求到數值模擬解。表函數的具體操作請見第5章圖5.10和相關的手冊資料。

第 5 章

經典一階、二階和多階模型

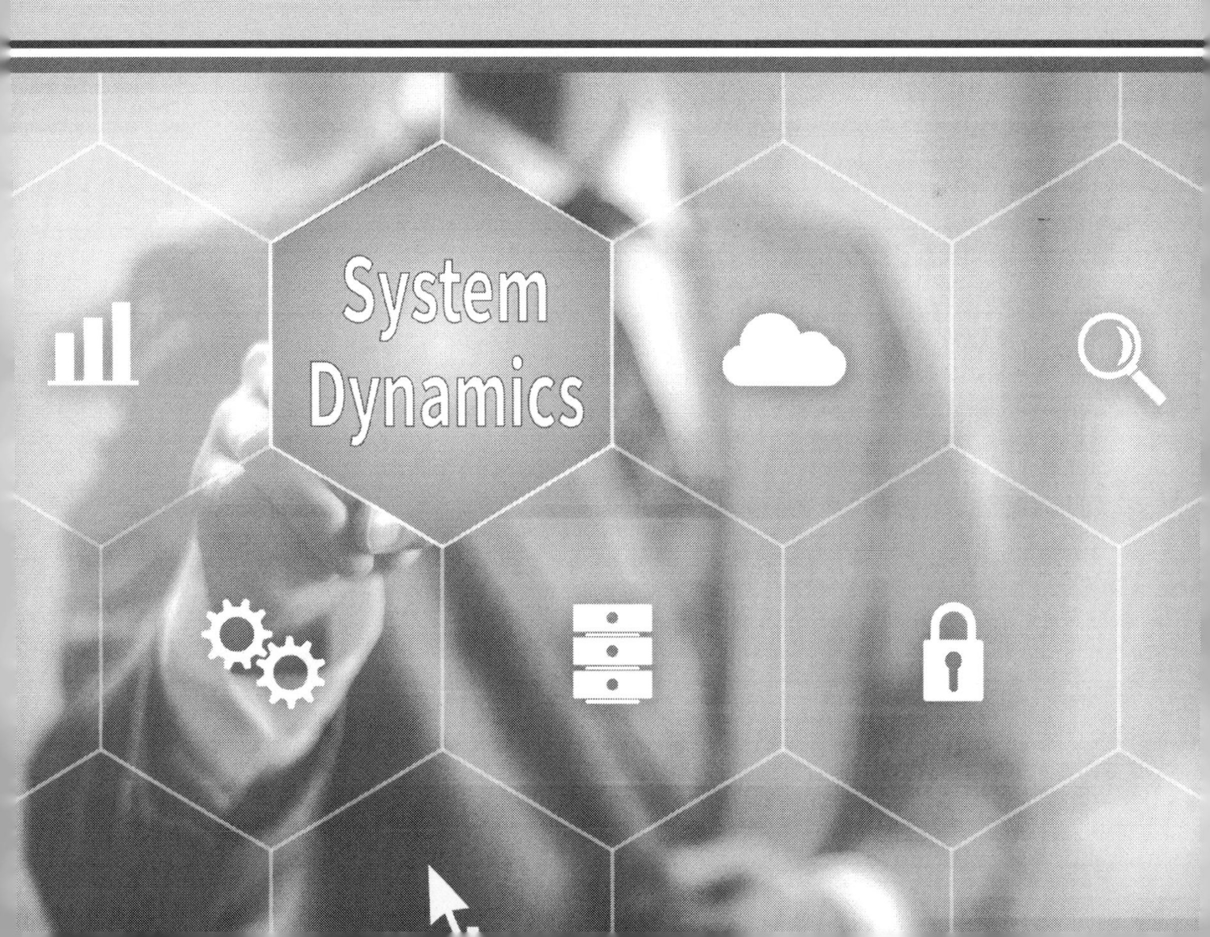

5.1 概述

目前尚未有統一的系統動力學模型結構分類法，但是很多著作利用存量的數目對模型進行分類，因爲存量是系統狀態的代表，也因此存量常稱爲「狀態變量」（State Variable）。幾乎沒有人用流量的類型對系統動力學模型分類，其實流量才是影響存量的最終因素。坊間按照存量數目常將系統動力學模型分爲一階模型、二階模型和多階模型；它們各自對應於不同的微分方程。實際應用中模型的名稱取決於所研究的內容，例如人口模型，能源模型等，它們既可能是一階的也可能是多階的。這也可以看成是一種應用分類法。

其實大家最關心模型（無論是一階或多階）是否與被模擬的事件吻合，後者在西文文獻中稱爲「參考模型」（Reference Model）。「參考」兩個字好像不符合中國文字的國情，因爲這個所謂的「參考模型」恰恰是電腦所要模擬的「本尊」，是電腦仿眞唯一需要遵循的標準樣本。

參考模型所表述的系統行爲Barlas將其歸納爲六種類型，西文以RBP（Reference Behavior Patterns）「系統行爲參考類型」稱之，如圖5.1所示。這六類系統行爲是指：常數、增長、衰退、增長又衰退、衰退又增長和振盪。每類模式中又有若干小的分類，例如增長類下有四種情況：線性，指數，漸近線和S型。眞實的系統行爲很可能是以上各種類型的組合。例如世界人口逐漸由第二類增長模式中的b發展到c和d。又例如世界石油生產的RBP是圖5.1中的第4類(a)或(b)。

也有人試圖按照RBP提供的行爲模式對系統動力學模型分類，但也會碰到問題，因爲系統狀態是多重模式，時而增長時而衰退。

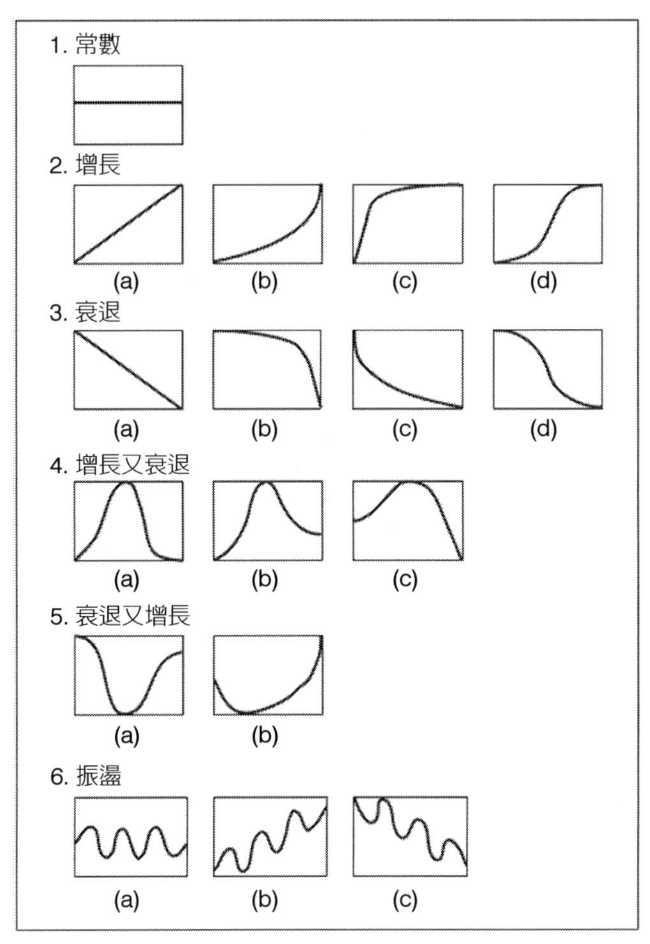

圖5.1　六類系統行為參考類型

資料來源：Yaman Barlas, System Dynamics : Systematic Feedback Modeling For Policy Analysis

5.2　一階系統模型

針對一種具體的RBP，如果能用變量少、階數低的「輕」模型，就不要用變量多、階數高的「重」模型。在可輕可重情況下，「重」模型不可取，也許就是包裝。我們必須記住愛因斯坦的格言，「所有你要說明的道理應該是簡單得不可再簡單的道理」。做模型越簡單越好，這是經驗也是忠告，模型是否實用和模型是否複雜並沒有直接的關聯。許多大師級的專家，如Sterman等（Sterman 2000. Richardson 2008），他們曾經討論過模型「小」到什麼程度才叫好的實用性問題，但並沒有辦法給出標準答案，只好提倡「Step by Step」（一步步）的摸著石頭過河。千萬別以爲系統動力學處理複雜問題，模型就應該做得複雜，並非如此，複雜只是模型的外衣。

一階模型是所有模型中最簡單的，下面討論一階系統模型的三種常見模式：正反饋、負反饋和S型成長。

5.2.1 一階正反饋系統

本節內容一部分是第2章的舊話重提，諸如反饋環，但第2章只涉及反饋環的定性關係，不區別反饋環中變量的類別，在定性分析中流量和存量的作用是相同的。而本章的內容是定量模擬，不僅要確定變量的不同類型還要確定參數的數值。

一階正反饋的案例很多，比如經濟總量GDP（國內生產毛額）的增長，人口增長，生物量增長，謠言的傳播，疾病的蔓延等等，這些模型的建構原理是相同的。

1. 指數式增長和倍增時間

一階正反饋的典型行爲是指數增長，人性的許多需求是指數式的，可是指數增長是可怕的發散過程，結局是能量耗散殆盡。工業革命以來的歷史說明人類社會經濟發展的指數增長，已經破壞了天地人的和諧，人類到了轉折關頭的時代。1972年Meadows等的系統動力學「世界模型」討論了這個問題，1992年又一次更新「世界模型」的討論，2012年Rangers的新世界模型第二次更新這種討論，在以後的章節中我們會專門介紹。

讓我們先來看看GDP一階正反饋過程的數值模擬情況。圖5.2是一個最簡單的GDP一階正反饋模型的流程圖。

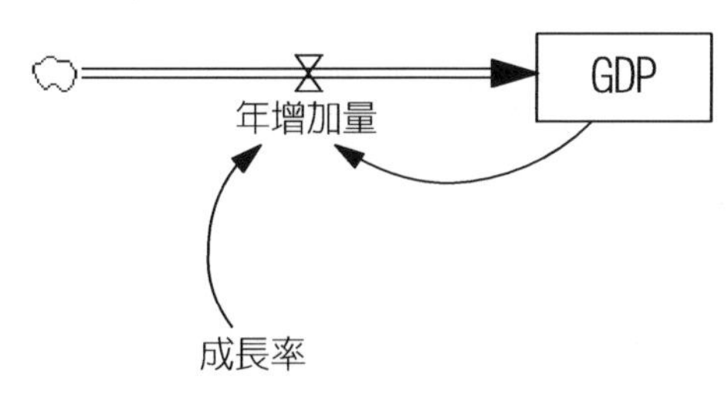

圖5.2　GDP的一階正反饋

首先要討論，GDP應該選擇爲流量還是選擇爲存量呢？答案是，如果計算GDP的時間系列，應該把GDP當存量來處理，在其他情況下GDP可能當流量更適合。如果GDP是存量，流量便是GDP每年的增加量。一個國家或地區GDP每年增加多少取決於這個國家或地區的經濟成長率。於是我們只要用三個變量：存量、流量和常量就可以構造出GDP增長的時間系列模型，無論它是世界的，某個國家的，或是某個城市的。

GDP一階正反饋模型存量和流量的DYNAMO方程如下：

$$\text{L. GDP.K} = \text{GDP.J} + \text{年增加量.JK} \times \text{DT} \tag{5.1}$$

$$\text{R. 年增加量.KL} = \text{GDP.K} \times \text{成長率} \tag{5.2}$$

初始值100億元時成長率7%的GDP時間系列的模擬結果如表5.1和圖5.3。

表5.1　初始值100億元成長率7%的GDP增長動態

Time (Year)	GDP 億元	GDP年增加量 億元
0	100	7
1	107	7.490
10	196.72	13.77
15	275.9	19.31

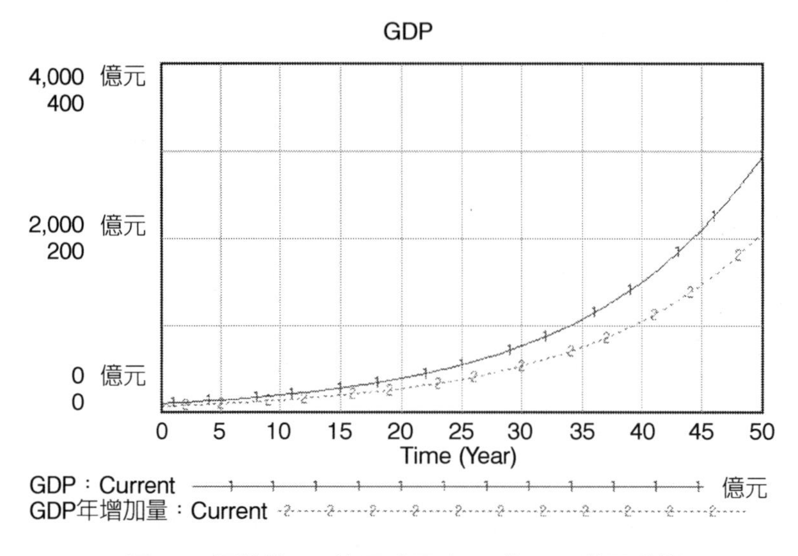

圖5.3　初始值100億元成長率7%的GDP增長動態

GDP年增加量（流量）可用以下微分方程表示，並以r代替成長率它也稱爲「比例常數」：

$$\frac{dGDP}{dt} = GDP \times 成長率 = \mathrm{GDP} \times \mathrm{r} \tag{5.3}$$

方程（3）的原函數是指數方程，即

$$\mathrm{GDP_t} = GDP_0 \times \mathrm{e^{rt}} \tag{5.4}$$

式中$\mathrm{GDP_t}$表示t年的GDP，$\mathrm{GDP_0}$表示初始年的GDP值。如果GDP增長到原先的一倍，即

$$\mathrm{GDP_t} = 2GDP_0 \tag{5.5}$$

$$\mathrm{2GDP_0} = GDP_0 \times \mathrm{e^{rt}} \tag{5.6}$$

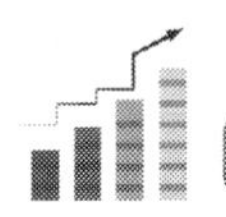

消去上式兩端的GDP_0所以　　$2 = e^{rt}$

兩邊取對數　　$\ln 2 = rt$

若以T代替t，上式則改爲

$$T = \frac{\ln 2}{r} = \frac{0.69}{r} \approx \frac{0.7}{r} \qquad (5.7)$$

這個T就是存量增加1倍所需的時間，稱爲「倍增時間」（Doubling Time），它大致等於比例常數倒數的70%，爲了方便，比例常數之倒數可命名爲「時間常數」（Time Constant），因此也可以說倍增時間約爲時間常數的0.7倍。

例如GDP的比例常數7%，則GDP增加一倍需要的時間等於10年；比例常數5%，則GDP倍增的時間大約是14年，等等。

表5.2　倍增時間和成長率（比例常數）的關係

成長率（每年%）	倍增時間（年）
0.1	700
0.5	140
1.0	70
2.0	35
4.0	18
5.0	14
7.0	10
10.0	7

指數增長的後果通常爲人們所低估，系統動力學大師Sterman在MIT的課堂上問學生，一張厚0.1毫米的報紙對折42次，請問有多厚？大部分人回答1米左右。實際上是4.4億米，這個數字遠遠超過地球到月球的距離。

關於指數增長的世界結局究竟是什麼，請閱讀D.Meadows的經典著作

《增長的極限》，我們在以後的章節中將會有討論。

2. 一階正反饋模型的初始值和比例常數

影響一階正反饋系統行為最重要的參數有兩類，一類是系統的初始值，另一類則是比例常數。

(1) 當初始值爲負值系統出現指數式衰退

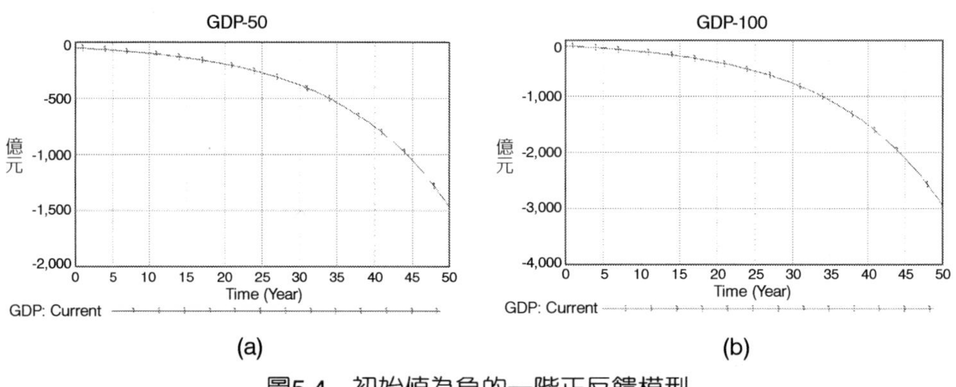

圖5.4　初始值為負的一階正反饋模型

許多人誤以爲一階正反饋僅僅是一個數值增加的過程，其實它也可能是一個數值減小的過程，這種差異源於模型的系統初始狀態。舉例來說，如果圖5.3描述的不是經濟增長而相反是經濟負債，即GDP的初始值爲負。在負債條件下原來的比例常數不再表示經濟的成長率，而是負債的增加率。圖5.4是初始值各爲−50和−100時負債增加率爲7%的經濟負債動態，它們不再是指數增長，相反是指數式大衰退。

上述負債模擬說明，當負債成長率7%時，負債倍增的時間約爲10年，如果初始值−50億元，10年後負債增加一倍達到−100億元，20年後增加到−200億元。由此可見，指數衰退情況下，儘管比例常數仍舊是正的，但存量卻愈變愈小，2008年美國的次貸風暴及以後的歐洲PIG（葡萄牙、意大利、希臘）的債務風暴都有這種系統特徵。

數值爲負的正反饋的系統行爲與負反饋的系統行爲在形式上類似，可是

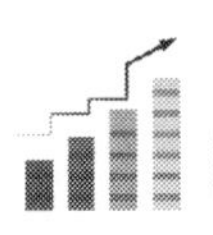

性質完全不同；前者數值變小的過程是發散的，是沒有邊界的，後者的數值變小過程是收斂的和有邊界的。

(2) 當其他條件相同時，比例常數大的增長迅速。由表5.3的模擬數據看出，比例常數越大增長越迅速。

表5.3　初始值100時不同比例常數的不同增長速度

模擬時間	比例常數r=3%		比例常數r=10%	
	GDP	年增加量	GDP	年增加量
0	100	3	100	10
1	103	3.09	110	11
10	134.39	4.032	259.37	25.94
20	180.61	5.418	672.75	67.28

5.2.2　一階負反饋

負反饋和正反饋大不相同，我們在第2章中已經有許多討論，現在還要繼續，它是一個追求目標（Good–Seeking）的過程，一個數值收斂的過程，可以分成兩種情況，一種情況是追求「高目標」，數值從無到有（或從小到大），另一種情況是追求「低目標」，數值是從有到無（或從大到小）。「正」、「負」反饋都有數值方向的辯證問題，我們不要爲「正、負」兩個字迷惑，負反饋結構並非只描述數量減少的關係，它也可能描述一個數量漸增的關係。正、負反饋兩種結構既有可能表示數量的增加，也有可能表示數量的減少。它們的眞正區別在於，正反饋是發散過程，負反饋是收斂過程。

我們來看「跑步」這個例子，它既可能是正反饋，也可能是負反饋。如果比賽的「跑步」，你一定要越跑越快，這是正反饋過程；如果「跑步」到教室聽課，你一定只是小跑，而且愈跑愈慢，因爲你想平靜地坐下來聽課，這是負反饋過程。第二個例子是氣球「放氣」的過程，放一點氣，氣球的壓力小一點，再放一點，壓力再小一點，直到氣體全部放光，氣壓爲0，「0」

就是系統調節的目標。當然還有很多數量漸增的負反饋過程，例如暖氣的空調過程，工作任務的完成過程等等。

一階負反饋舉例

例1. 雨落步道

假如有一段行人步道共10平方公尺，雨後一分鐘有十分之一的步道淋濕（1平方公尺），第二分鐘又有十分之一（0.9平方公尺），第三分鐘又有十分之一（0.01平方公尺）…直到全部步道都被淋濕，這是一個目標為0的負反饋過程。

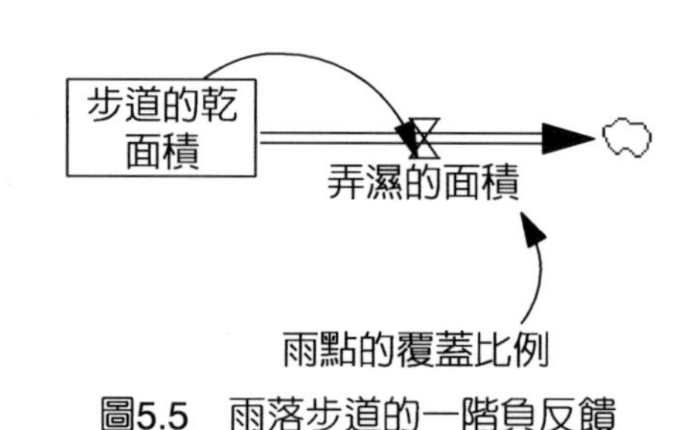

圖5.5 雨落步道的一階負反饋

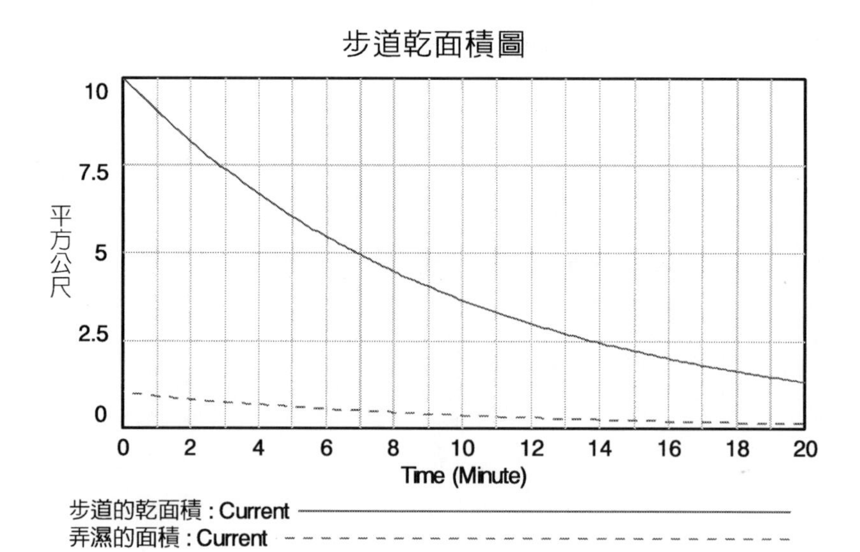

圖5.6 雨落步道的模擬結果

模擬方程如下：

R. 弄濕的面積.KL =（步道乾面積.K）×（覆蓋比例）

N. 覆蓋比例 = 0.1

表5.4 雨落步道的模擬數據

時間（分）	步道乾面積（平方公尺）	弄濕的面積（平方公尺）
0	10	1
1	9.875	0.9875
3	7.394	0.7394
5	6.046	0.6046
7	4.944	0.4944
9	4.043	0.4043
⋮	⋮	⋮
23	0.9882	0.0988
⋮	⋮	⋮
46	0.0976	0.0098

乾的步道隨著下雨，面積一點點縮小，一開始步道乾面積爲10平方公尺，1分鐘後爲9.875平方公尺，3分鐘後縮小到7.394平方公尺，7分鐘後乾的面積大約是原來的一半4.944平方公尺。23分後乾面積剩下大約1平方公尺了。

在正反饋的指數增長中，狀態變量數値增加一倍的時間稱爲倍增時間；相仿，在負反饋的指數衰退中，狀態變量衰退到一半的時間稱爲半衰期（halving time），本例的半衰期等於

$$半衰期 = \frac{0.7}{0.1} = 7分 \quad (5.8)$$

例2. 咖啡冷卻

一杯泡好的咖啡放在茶几上，過一定時間咖啡冷卻到與室溫相同的程度，咖啡的冷卻是一個負反饋系統。假定咖啡的溫度是80度，冷卻需要的時間爲20分鐘，目標是室溫25度。

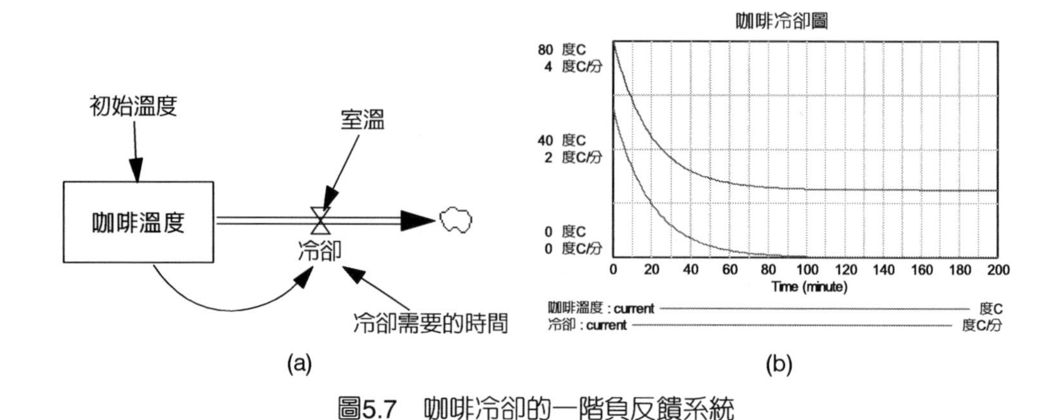

圖5.7 咖啡冷卻的一階負反饋系統

模型中DYNAMO公式：

R.冷卻.KL＝（咖啡溫度.K－室溫.K）／時間

$$\text{N.比例常數} = \frac{1}{\text{時間}} = \frac{1}{20} = 0.05$$

冷卻過程的模擬數據請見表5.5。

表5.5 咖啡冷卻模擬

時間（分）	咖啡溫度（℃）	冷卻（℃）	時間（分）	咖啡溫度（℃）	冷卻（℃）
0	80	2.75	100	25.33	0.0163
20	44.72	1.038	120	25.12	0.0058
40	32.07	0.3534	140	25.04	0.0021
60	27.53	0.1267	160	25.01	0.00074997
80	25.91	0.0454	180	25.01	0.000268936

在帶目標的負反饋系統中不能使用倍增或半衰期的概念，因爲數學方程不同了，設L爲狀態變量，L_t爲時刻t的存量，L_0是初始値；比例常數爲r，e爲自然對數的底；則

$$L_t = L_0(1 - e^{-rt})$$

當時間t等於時間常數T時，則

$$L_t = L_0\,(1 - e^{-1}) = 0.63L_0 \tag{5.9}$$

當時間t等於2T時，則

$$L_t = L_0\,(1 - e^{-2}) = 0.86L_0 \tag{5.10}$$

由此可見時間經歷了一倍可是狀態變量的衰退不是1/2而是0.86。同理，如果是帶目標的負反饋增長，時間長度雖然延長了一倍，可是狀態變量並沒有增加一倍而是1/0.86 = 1.16倍。

例3. 放射性核衰變

核衰變是指，原子核因放射出某種粒子，而蛻變爲另一種原子核的過程。碳14是一種放射物，利用碳14的衰變數量可以推算文物的年代，它已是考古研究的重要工具。假設有一件古器其C14的初始量是1,000個單位，C14的半衰退期爲5,320年，測出該古物的C14的放射量爲763.52單位，請問該古物存在的年代。

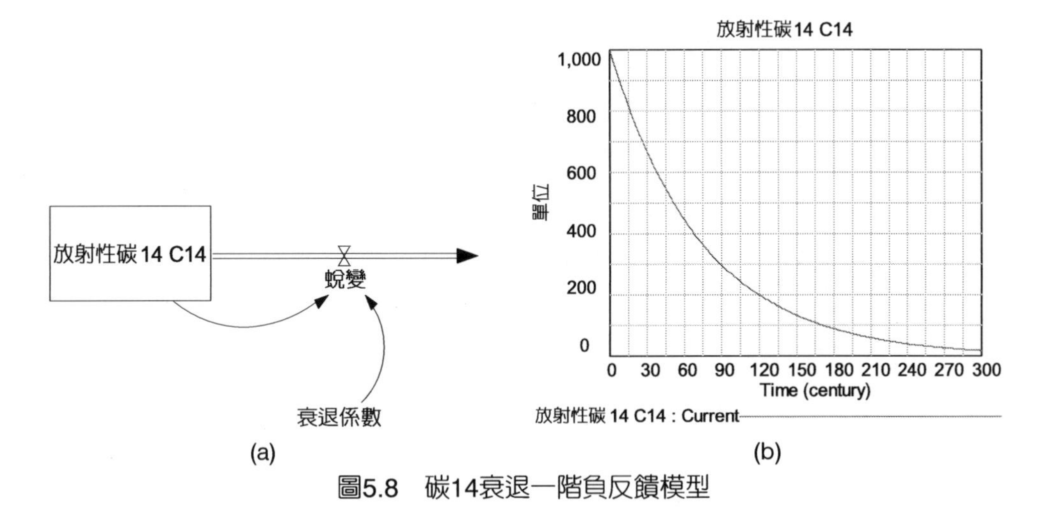

圖5.8　碳14衰退一階負反饋模型

請注意圖5.8b的橫座標不是年而是世紀。模擬需要知道衰退係數，可由半衰退期（53.2個世紀）求出：

$$衰退係數 = \frac{0.7}{53.2} = 0.013$$

模擬求出古物距離現在20個世紀即距今兩千年，模擬數據請見表5.6。

表5.6　碳14衰變模擬

時間（世紀）	碳14	蛻變
0	1000	13.4
5	922.25	12.36
10	873.8	11.71
15	816.8	10.95
20	**763.52**	**10.23**

5.2.3　一階系統的S型模型

S型成長是生命週期論的基本概念，我們將有一章專門討論，本節是一個先導性例子，說明模擬野兔增長S型過程的基本手段，了解「棲息密度」如何控制死亡量和表函數如何製作。假定在一平方公里的野地上，有100隻野兔棲息在那裡，野兔的出生率爲5%，野兔的平均壽命是65個月。理論和觀察證明，野兔的平均壽命受野兔的棲息密度影響，密度越大野兔的平均壽命越短，但二者的關係很難用統計方程處理，在這種情況下表函數應運而生，它是一個用圖形表達的「高級統計方程」。正因爲生長密度受環境容量（Carrying Capacity）限制，野兔數量的發展才是一個S型的過程，起初慢，中間快，最後停止。模擬結果說明野兔S型成長的極限917。野兔模型的VENSIM流程圖Diagram見圖5.9 。

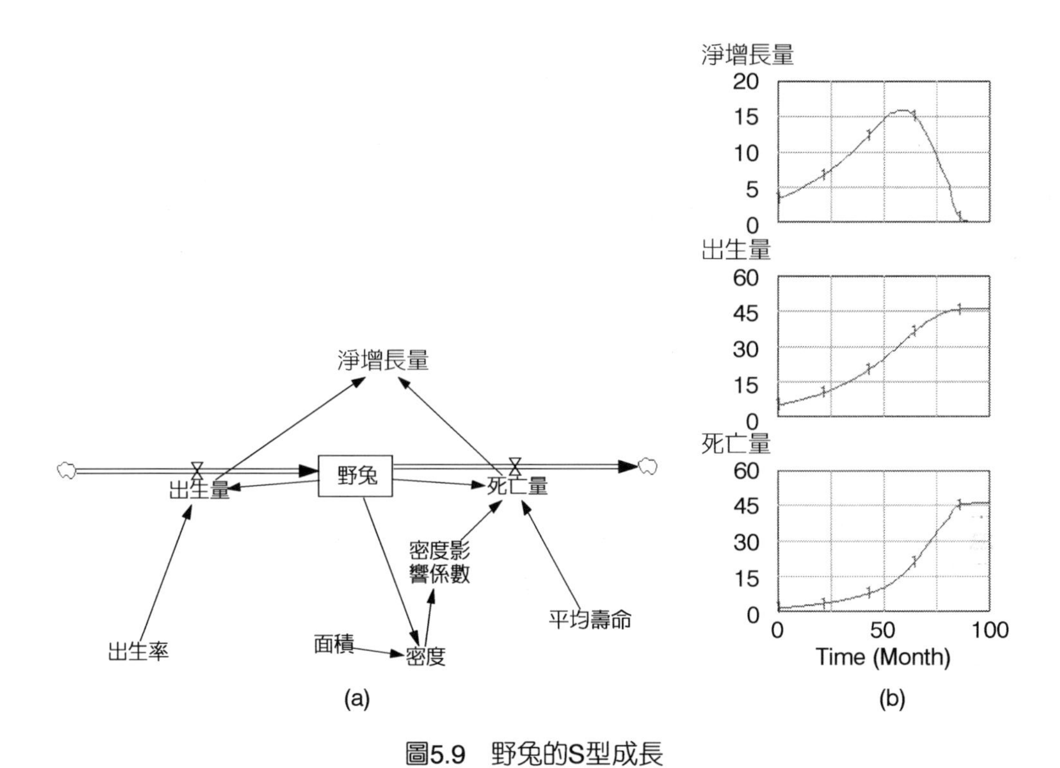

圖5.9　野兔的S型成長

模型的DYNAMO方程如表5.7：

表5.7　一階野兔模型公式

變量種類	名稱	公式	單位
L	野兔	野兔.K＝野兔.J＋（出生量.JK－死亡量.JK）×dt	個
N	野兔初始值	100	個
R	出生量	出生量.KL＝出生率×野兔.K	個／月
A	出生率	0.05	1／月
R	死亡量	死亡量.KL＝野兔.K／（平均壽命×密度影響係數.K）	個／月
T	密度影響係數	橫座標為密度 (0,1)(100,0.95)(200,0.9)(300,0.85)(400,0.8) (500,0.75)(600,0.65)(700,0.55)(800,0.45)(900,0.35) (1000,0.1)	1／月

變量種類	名稱	公式	單位
A	淨成長量	淨增長量.K = 出生量.JK − 死亡量.JK	個／月
N	平均壽命	65	月
A	密度	密度.K = 野兔.K／面積	個／平方公里
N	面積	1	平方公里

密度影響係數爲表函數（圖5.10），請注意橫座標爲表函數的自變量，即野兔棲息的密度。縱座標爲表函數輸出密度影響係數。表函數數據的輸入可利用圖中的Input和Output兩欄，Input爲自變量「密度」，Output爲設計的「影響係數」。例如Input爲0時Output爲1，這就是說，當不考慮棲息密度時，密度對平均壽命不產生「修正」作用，所以密度影響係數爲1。當Input（密度）爲100時Output（係數）爲0.95，這表示野兔的平均壽命減少5%。當Input200時Output爲0.9，野兔的平均壽命減少10%，如此等等。整個設計體現了密度對野兔平均壽命影響的非線性特徵，密度越大係數越小修正越多。表函數分爲三段不同的關係，密度0～250爲第一段，250～650爲第二段，650～1,000爲第三段。每段的斜率不同。當自變量不在這些段落的關鍵點時，相應的輸出值按比例插值法計算。最後尙應指出，當自變量的數值溢出於設計範圍時，VENSIM默認輸出曲線的端點值，例如當自變量密度超過1,000時，密度影響係數設定爲不變的0.1，模型執行模擬運轉後會發出文字通告。

表函數設計的注意事項如下：

(1) 正確選擇自變量和果變量。

(2) 兩個變量的關係應根據事實和歷史。

(3) 選擇合適的曲線起點、終點、駐點和拐點。

(4) 曲線可以由折線組成，也可以是光滑的。

(5) 可以用迴歸函數構造表函數。

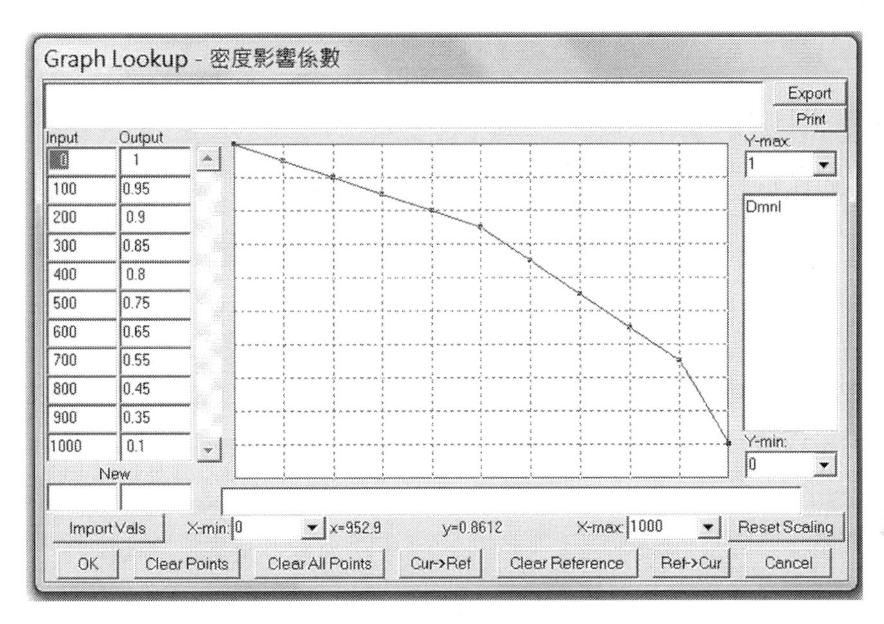

圖5.10　密度影響係數的表函數設計

表函數是複雜的非線性關係的替身，以本題爲例，如果不用表函數不知道該用怎樣的公式才能描述密度與野兔死亡量的關係。許多人質疑表函數的正當性其實並沒有根據，以後我們還能看到更多的使模擬繪聲繪色的表函數形式。

另請注意，許多情況下自變量要經過標準化處理（normalization），是沒有單位的無量綱（dmnl, dimensionless），這些例子將在第8章中找到。不過本例的密度影響係數並沒有標準化處理的必要，它是有單位的，其單位爲1／月。

模擬的主要數據請見表5.8。

表5.8　野兔S型成長模型模擬結果

時間（月）	野兔數量（個）	出生量（個／月）	死亡量（個／月）	淨增長量（個／月）
0	100	5	1.619	3.381
30	266.37	13.32	4.728	8.591
60	646.06	32.3	16.46	15.85

時間（月）	野兔數量（個）	出生量（個／月）	死亡量（個／月）	淨增長量（個／月）
80	894.1	44.7	38.65	6.055
100	917	45.85	45.85	0

野兔從初始的100隻，大約90個月後成長到917隻而進入穩定狀態即出生量和死亡量相等的淨增長量爲零的狀態，系統穩定在出生量和死亡量每月各爲46隻。當系統進入穩定狀態，就好像一顆滾珠從碗口沿著碗壁滑到碗底，一個可以抵抗干擾的穩定位置。

從模擬成果圖5.11中可以悟出野兔數存量和淨成長量（出生量減死亡量）之間微分和積分的關係，並觀察到淨成長量的高峰現象。在高峰之前淨成長量增加是正反饋的過程，高峰之後，淨成長量下降是負反饋過程，淨增長量的高峰發生在第60個月，數值爲16隻／月。在以後的例子中可以看到，世界石油產量也是有高峰的，這個高峰叫做哈伯特高峰。

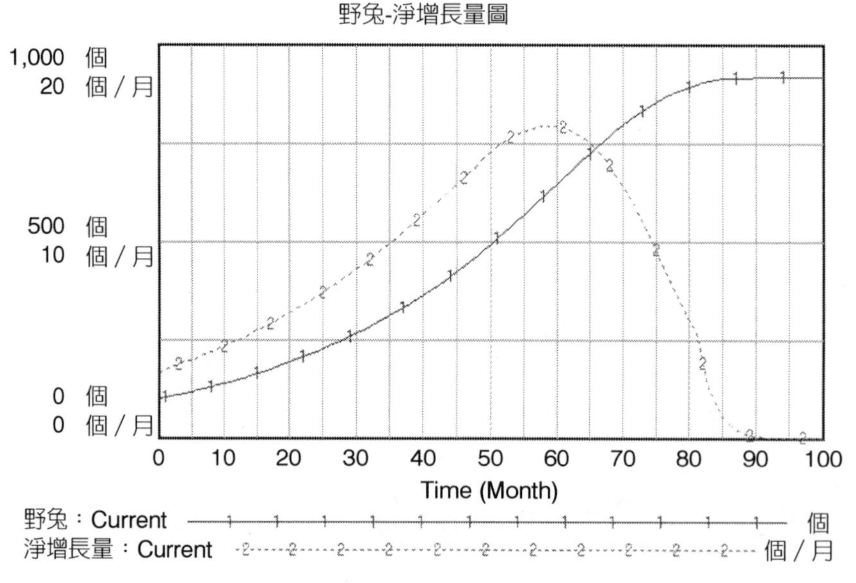

圖5.11 野兔的S型成長和出生高峰

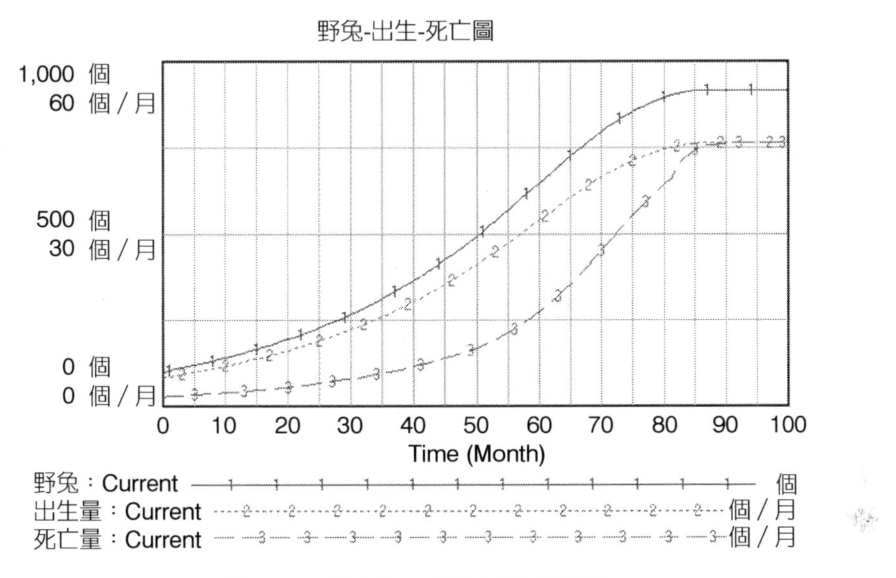

圖5.12　野兔生長的生死均衡狀態

5.2.4　一階系統總結

一階系統的行爲特徵可總結爲以下要點：

1. 流量為常數時存量為線性函數

$$\frac{dL}{dt}=f(L)=a\text{，則存量的原函數 } \mathrm{L}=\mathrm{at}+\mathrm{C} \tag{5.11}$$

2. 流量為存量的線性函數

$$\frac{dL}{dt}=a_0+a_1\mathrm{L},\text{ 存量的原函數}\mathrm{L}=\frac{c}{a_1}e^{a_1t}-\frac{a_0}{a_1} \tag{5.12}$$

其中c爲常數，當$a_1>0$，系統指數增長，當$a_1<0$時，系統呈指數衰減。

3. 流量是存量的二項式

$$\frac{dL}{dt}=a_1L+a_2L^2\text{，當}a_1>0\text{，}a_2>0\text{，存量是S型。} \tag{5.13}$$

5.3 二階系統

一階系統無論怎樣變化但不會出現振盪行爲，以上面的野兔模型爲例，不可能出現野兔數量超過S型極限後衰退下去然後再增長，因爲野兔數量極大時，系統進入流入量和流出量相等的穩定狀態，狀態變量不再變化。好像滾珠滑落到了碗底，它可能擺動幾下但最後靜止下來不動了。以本例而言，我們可以默算，當野兔數量達到917隻的極限後，如果進一步增加出生量，野兔還會增加嗎，不會，因爲如果野兔增加，則野兔的棲息密度增加；一旦密度增加則影響野兔平均壽命的密度係數變小，死亡量變大，所以仍舊會回到出生數量和死亡數量相等的穩定態，系統不會出現上下振盪。

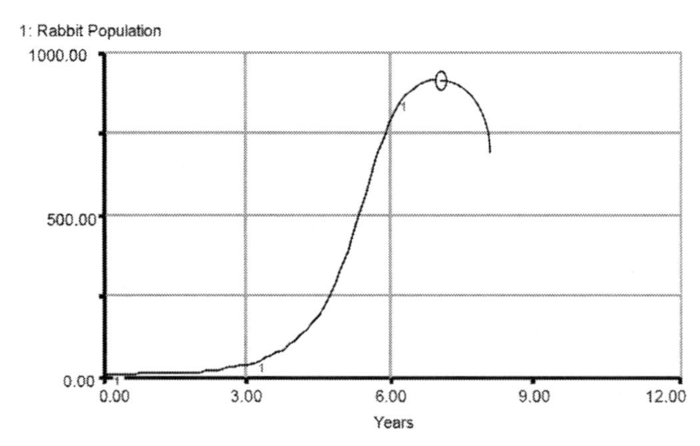

圖5.13　一階S型成長不可能出現超穩定的振盪

5.3.1　二階振盪系統

二階模型除了可以呈現一階系統的增長和衰退行爲外，還能呈現一階模型所不能呈現的系統振盪，研究振盪意義重大。什麼叫振盪呢？圍繞某個平均位置的往復運動也，例如彈簧，鐘擺等物理振盪現象，或者如價格和經濟成長率的經濟振盪現象，再或者如治安和政治運動的社會振盪現象。不過自然和物理的振盪通常用「振動」來稱謂。

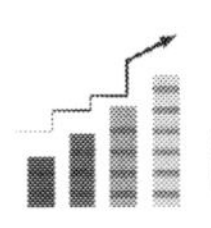

1. 物理學鐘擺的例子

鐘擺爲什麼會不停的搖擺，因爲鐘擺的位能和動能之間的轉變。圖5.14是鐘擺的受力分析，作用在鐘擺上的拉力可以分解爲水平方向和垂直方向兩個分力，圖(a)是鐘擺向左擺動時水平分力把它推到+X的位置；圖(b)是鐘擺向左擺動時水平分力把它推到–X的位置；當鐘擺處在上述最大的水平距離時，速度消耗到零，即動能沒有了，而儲存的位能卻變化到最大，於是鐘擺又開始向另一個方向擺動。鐘擺的速度和位能不斷轉換，鐘擺便不斷的往復振動。

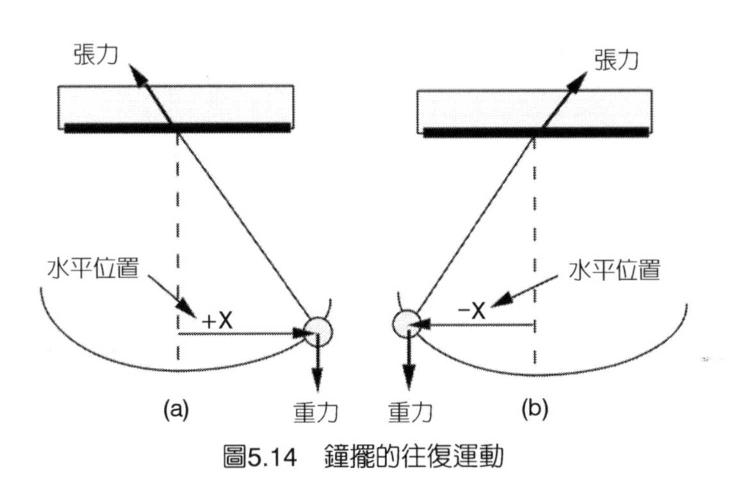

圖5.14　鐘擺的往復運動

我們來構造一個鐘擺模型，它由兩個存量組成，一個存量是鐘擺的「位置」，另一個存量是鐘擺的「速度」，這是二階模型。

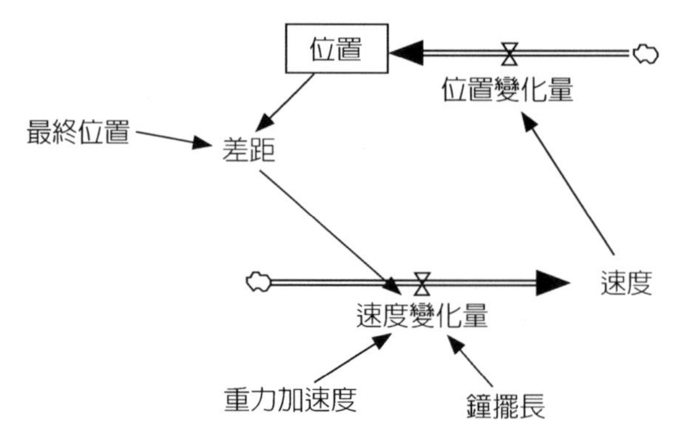

圖5.15　鐘擺模型流程

模型的DYNAMO方程如表5.9：

表5.9　鐘擺模型公式

變量種類	名稱	公式	單位
L	位置	位置.K = 位置.J + DT*位置變化量.JK	m
N	初始值	0.15	m
R	位置變化量	位置變化量.KL = 速度.K	m/sec
L	速度	速度.K = 速度.J + DT*速度變化量.JK	m/sec
N	初始值	0	m/sec
R	速度變化量	（重力加速度 / 鐘擺長）*差距*dt	m/sec/sec
A	差距	差距.K = 最終位置 − 位置.K	m
C	最終位置	0	m
C	鐘擺長	1	m
C	重力加速度	9.8	m/sec/sec

模型的設定步驟如圖5.16，請注意兩點，第一模擬的步長要足夠小，例如1/32 = 0.03125，第二模擬的積分方法不用Euler（歐拉算法），而選擇RK4Auto，因爲前者比較適合模擬非連續運算，後者比較適合週期運算。這裡並沒有標準化作業，當你發現模擬結果與預期落差很大時就應該回到模型

的源頭，模擬的步長和模擬的數字方法的選擇。

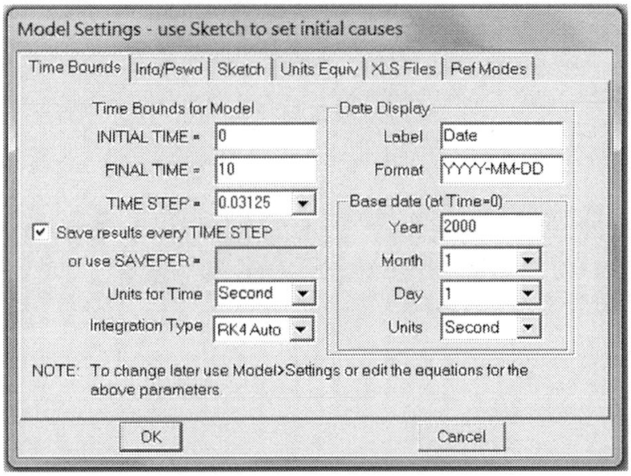

Model Settings - use Sketch to set initial causes
Time Bounds
Info/Pswd
Sketch
Units Equiv
XLS Files
Ref Modes
Time Bounds for Model
INITIAL TIME = 0
FINAL TIME = 10
TIME STEP = 0.03125
Save results every TIME STEP
or use SAVEPER =
Units for Time Second
Integration Type RK4 Auto
Date Display
Label Date
Format YYYY-MM-DD
Base date (at Time=0)
Year 2000
Month 1
Day 1
Units Second
NOTE: To change later use Model>Settings or edit the equations for the above parameters.
OK
Cancel

圖5.16　鐘擺模型設定

模擬結果見圖5.17。

鐘擺運動
0.6
0.3
0
-0.3
-0.6
0
1
2
3
4
5
6
7
8
9
10
Time (Second)
位置：Current
速度：Current

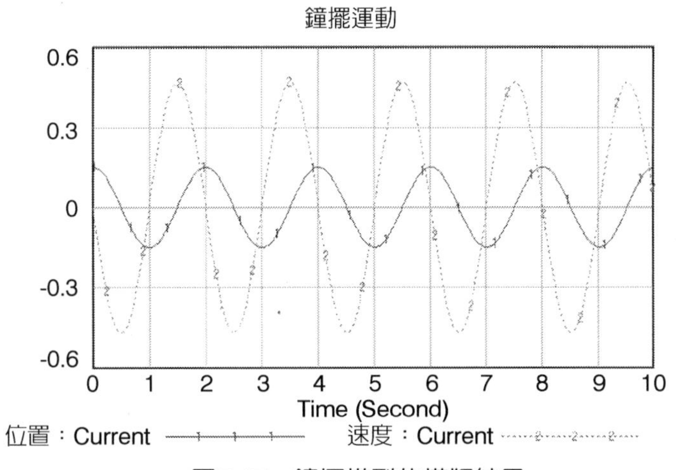

圖5.17　鐘擺模型的模擬結果

2. 學習成績的振盪模型

通常學生的學習成績和他在學習上花費的時間有關，假定學習時間增加，考試的分數就增加；又假定學生的學習成果最終受目標分數影響。在以上兩個假設約束下，學生的分數狀態和學習的時間是一個振盪系統。當分數低於目標時，學生通常增加學習時間，分數就會提高。一旦分數提高與目標的距離縮小後，學生都會鬆懈下來，花在學習的時間減少，玩的時間增加，於是分數又下降，如此這般好像蹺蹺板的時高時低，上述循環過程的模擬設計如圖5.18。

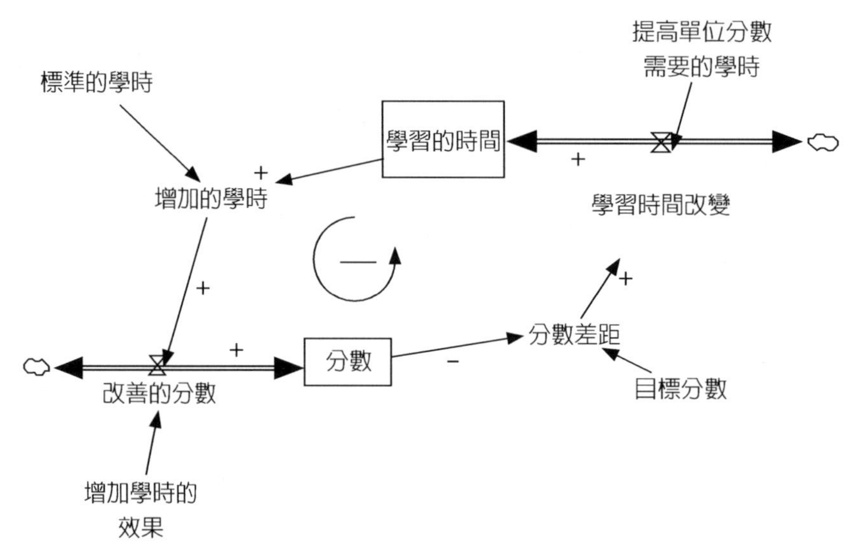

圖5.18　分數和學習時間的二階振盪模型

模型的DYNAMO方程如表5.10。

表5.10　「分數」振盪二階模型公式

變量種類	名稱	公式	單位
L	學習的時間	學習的時間.K = 學習的時間.J + DT*（改變學習時間.JK）	小時

變量種類	名稱	公式	單位
N	初始值	21	小時
R	改變學習時間	改變學習時間.KL = 分數差距.K*提高單位分數需要的時間	小時/小時
L	分數	分數.K = 分數.J + DT*（改善的分數.JK）	分
N	初始值	3	分
R	改善的分數	改善的分數.KL = 增加的學時.K*增加學時的效果	分/小時
A	增加的學時	增加的學時.K = 標準的學時 − 學習的時間.K	小時
A	分數差距	目標分數 − 分數.K	分
C	標準的學時	25	小時
C	目標分數	3.5	分
C	增加學時的效果	0.0285	分/小時
C	提高單位分數需要的學時	2.45	小時

模型運行設定為：模擬步長1/32 = 0.03125並用RK4算法，模擬結果如圖5.19。

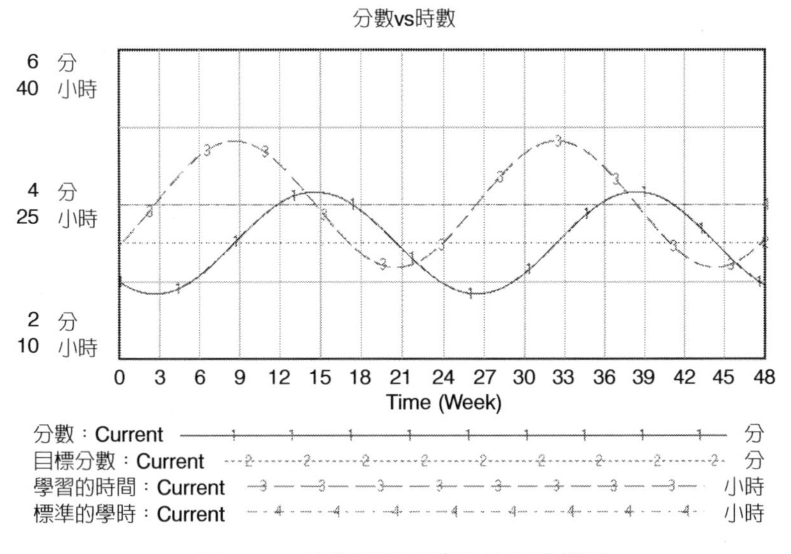

圖5.19 分數和學習時間的振盪模型

整個模型受追求目標的負反饋控制，模擬開始時分數爲3分，距離目標差0.5分，於是需要改變學習時間，這是一個正反饋。在標準分數一定的情況下，累計的學時越多需要再增加的學時數值越小，這是一個負反饋。請仔細計算圖5.18反饋迴路中正負號數目，最後說明，只有一個負號，所以本模型是負反饋的完全振盪系統。從圖5.19可見分數圍繞目標分數上下振盪，學習時間圍繞標準學時振盪。這個持續振盪的系統不會有收斂的結果，不是理想的學習模式。如果學習過程免不了振盪，那麼也應該是一個追求高目標的衰減振盪。

爲了討論衰減振盪，有必要注意流量方程。流量是存量的一階導數，它的行爲決定了系統的表現。設「學習時間」爲x，「學習時間改變」爲dx，「分數」爲y，「改善的分數」爲dy，「目標分數」爲a，「提高單位分數需要的學時」爲b，「增加學時的效果」爲c，「標準的學時」爲d，經過一定的代入和變化，最後得出兩個流量的微分方程

$$dx = a * b - b * y \qquad (5.14)$$

$$dy = c * (x - d) \qquad (5.15)$$

$$a = 3.5,\ b = 2.45,\ c = 0.0285,\ d = 25$$

方程（5.14）說明y越大dx越小，方程（5.15）說明x越大y越大，我們從x開始，把前面兩個過程連接起來，當x變大，dy便變小，於是y減小；一旦y變小，dx又變大，於是x再上升，好像蹺蹺板的兩端，這端由上而下接著另一端又由下而上，周而復始。這個過程正如圖5.20所模擬的流量振盪，這就是存量振盪的內在原因。當我們設x「學習的時間」爲橫座標，「分數」y爲垂直座標，就得到狀態變量的相空間（Phase space）如圖5.21。

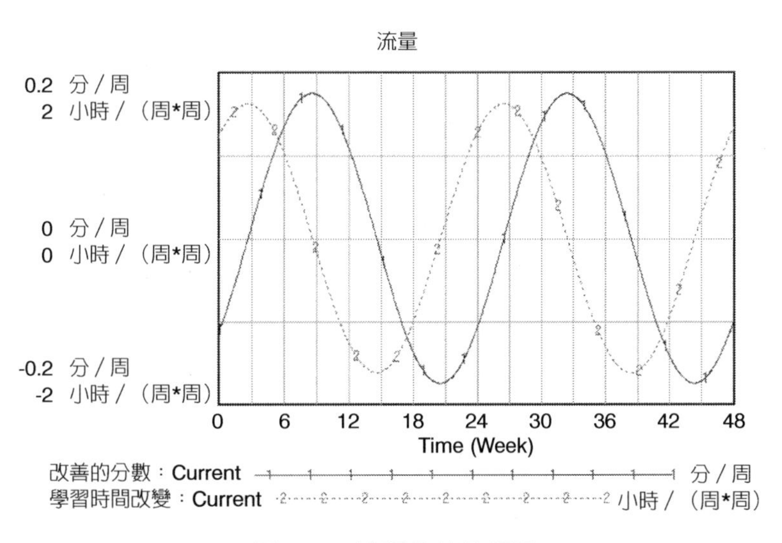

圖5.20 流量的持續振盪

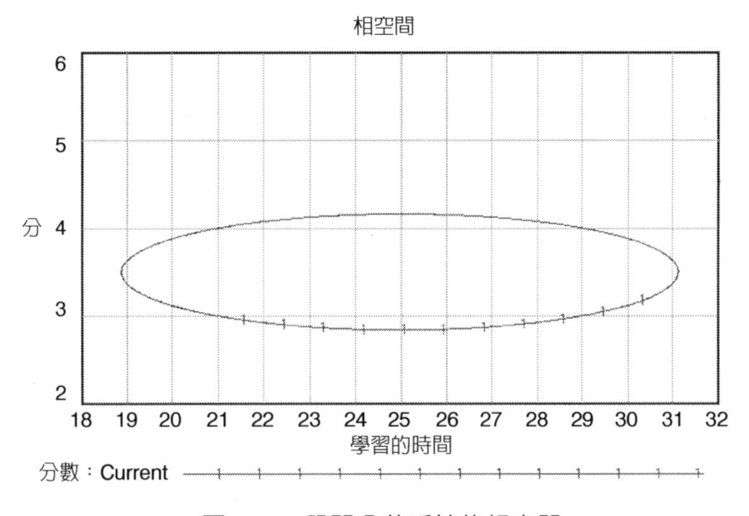

圖5.21 學習分數系統的相空間

這種環狀軌跡的相空間不是我們希望要的結果，所有學習人都追求穩定的高成績，儘管學習時間和預期分數出現波動，但不應該是持續的振盪而應該是向目標收斂的衰減振盪。

如何實現衰減振盪，物理學帶有阻尼器的彈簧系統可以借鑒，圖5.22是彈簧的阻尼系統。

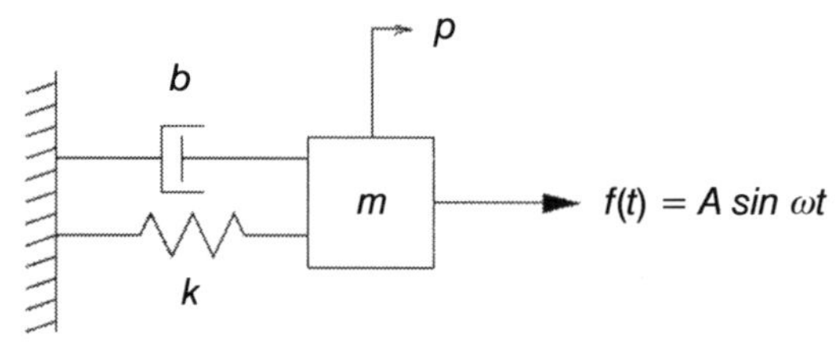

圖5.22　彈簧的衰減振盪系統

當彈簧k設置了一個阻尼器b後，彈簧的振動能量爲阻尼器所吸收，振盪便衰減下來。衰減振盪（Damped Oscillation）也稱減幅振盪或阻尼振盪，即振盪的幅度逐漸減小直至穩定，根據這個原理，如果方程（5.14）的右側加一個與它自身相關的阻尼項wx，即

$$dx = a * b - b * y - w * x \tag{5.16}$$

那麼就有可能實現衰減振盪，如何設計阻尼系統請見圖5.23。原先狀態變量的左側是沒有流出量的，現在設計了一個稱爲「爲睡覺失去的學習時間」的流出量。各個增加的變量如表5.9。

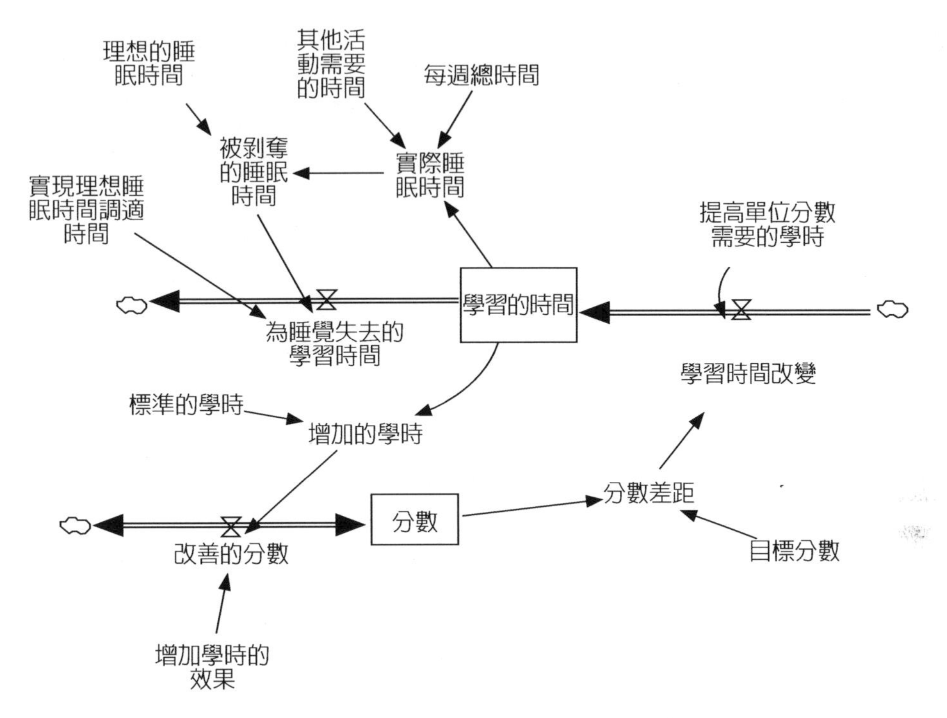

圖5.23　學習系統衰減振盪模型設計

表5.11　衰減振盪系統附加的變量關係

變量種類	名稱	公式	單位
R	睡覺失去的時間	睡覺失去的時間KL ＝ 被剝奪的睡眠時間K/（實現理想睡眠時間的調適時間）	小時
A	被剝奪的睡眠時間	被剝奪的睡眠時間K ＝ 理想的睡眠時間 － 實際睡眠時間K	小時
C	實現理想睡眠時間的調適時間	5	小時
C	理想的睡眠時間	7×8	小時
A	實際睡眠時間	實際睡眠時間K ＝ 每週總時間 － 其他活動時間 － 學習的時間K	小時
C	每週總時間	7×24	小時
C	其他活動時間	7×13	小時

如果被剝奪的睡眠時間用e表示，實際睡眠時間用f，每週總時間用g，其他活動時間用h，爲睡覺失去的時間用j，實現理想睡眠時間的調適時間用k，則

$$j=\frac{e}{k}=\frac{i+g+h+x}{k} \tag{5.17}$$

於是衰減振盪的淨流量等於

$$dx=a*b-b*y-\left(\frac{i+g+h}{k}\right)-\frac{x}{k} \tag{5.18}$$

最後得出的模擬結果如圖5.24。

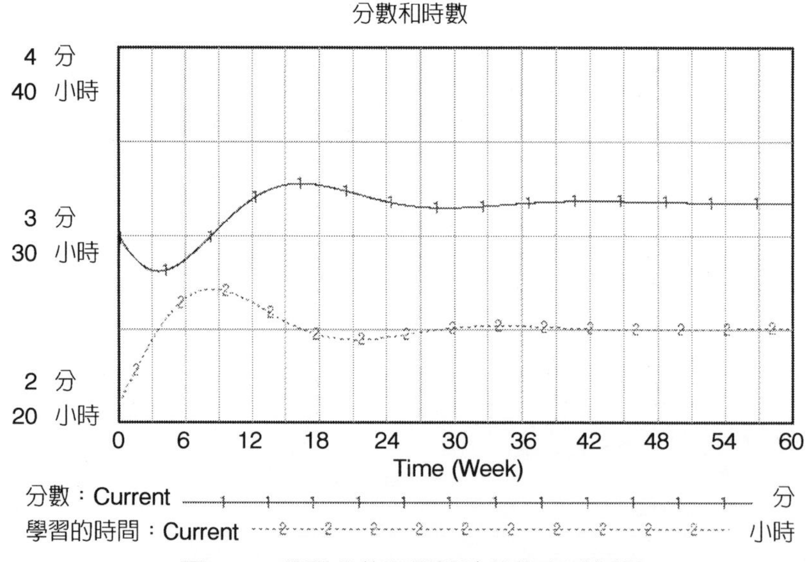

圖5.24 學習分數和學習時數的衰減振盪

當學習系統中增加了睡眠的因素後，果然振盪逐漸衰減下來，流量最後穩定在零。最終兩個狀態變量一個保持在每週25小時，另一個保持在成績3.2分。振盪衰減的時間軌跡可從相空間圖中看到，它像一條彩帶迴歸到固定點

（25,3.2），這樣的過程常稱爲「點狀吸引子」衰減振盪。

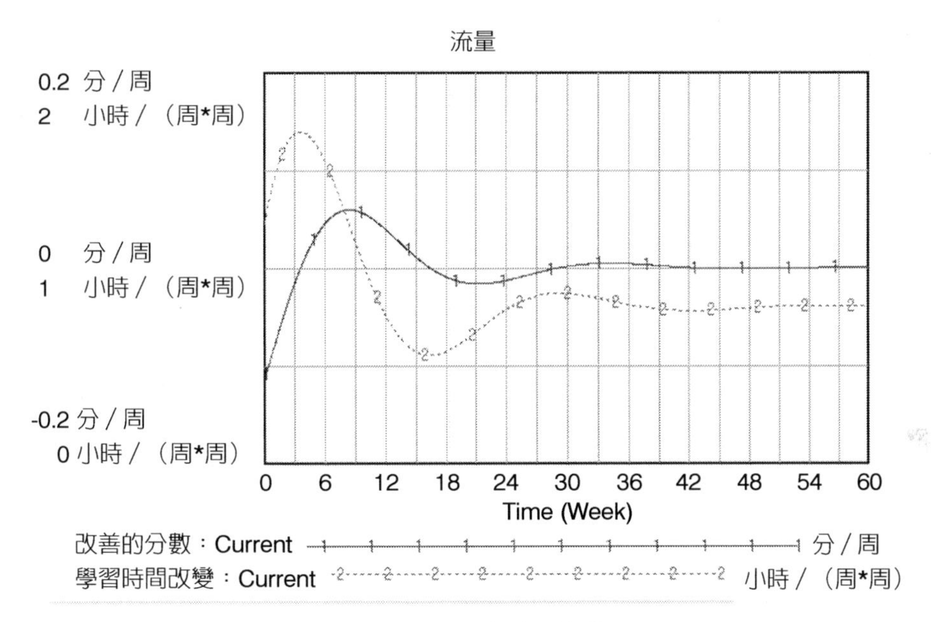

圖5.25　流量的衰減振盪

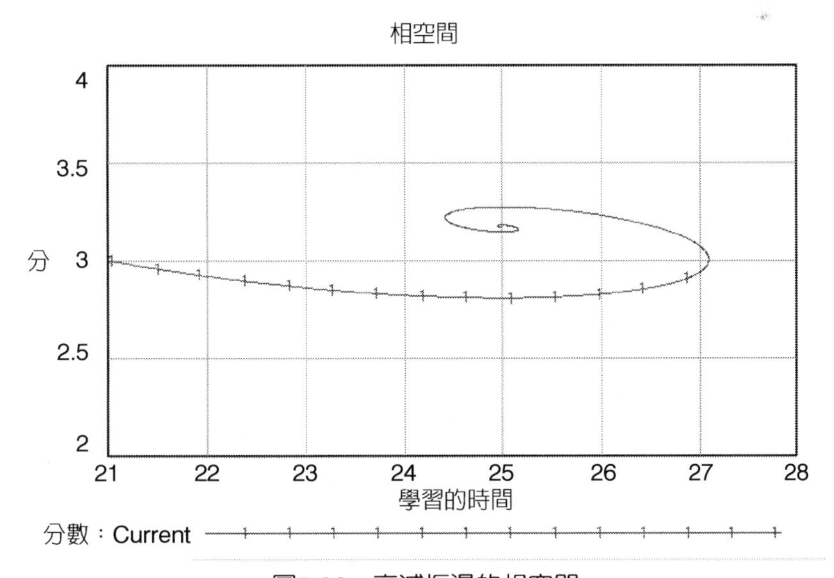

圖5.26　衰減振盪的相空間

如何模擬持續振盪轉化爲衰減振盪，是個難題。難在因題而異，沒有一個統一的規則。有人說，如果對圖5.18的「分數」存量，附加一個流出量也會出現衰減振盪的效果，其實不然。在第8章中我們還要用生物學食物鏈的例子討論這個題目。請注意實現衰減振盪的充分和必要條件是淨流量有可能穩定爲零，好像水箱中的水仍在不斷的流動，但水位再也不變化了。

振盪是參考類型（BRP）中最常見的類型，振盪大約可分爲四種，有的情況振盪只是局部行爲，有的情況振盪卻是整體行爲，請見表5.12。

表5.12　振盪的類型

振盪類型	基本特徵
持續振盪	✓ 週期不變 ✓ 振幅固定 ✓ 不存在固定的平衡點
衰減振盪	✓ 隨時間振幅衰減 ✓ 存在穩定的均衡
爆炸性振盪	✓ 振幅隨時間提高 ✓ 系統崩潰 ✓ 自然界不常見
混沌式振盪	✓ 發展軌跡不重複 ✓ 振幅不規則週期無限 ✓ 自然界存在，如氣象

在以後的章節中，諸如生態問題，撲食者和獵物問題，技術競爭問題等我們還會專門討論不同類型的振盪。

5.4 高階混沌模型

兩個存量以上的模型稱爲高階模型，高階模型的複雜度高於低階者，其中最有代表性的是三階Lorenz（洛倫茲）混沌模型。Lorenz是氣象學家更是數學家，二次大戰期間在美國陸軍航空兵部隊做天氣預報員，戰後在MIT當教授。在處理大量的氣象數據和複雜的運算工作中他累積了豐富的經驗，他把氣象軌跡歸納爲12個微分方程，用手工處理這些計算是絕不可能的。所幸20世紀的60年代Lorenz的研究室裡已經有一台用眞空管做零件的「皇家麥克比」（Royal McBee），這台LGP-30桌型電腦有340公斤重。1961年冬天裡的某一天，Lorenz純粹是爲了節省計算時間，做了兩件很平常的事。第一他用相同的公式，截取了一段計算過程，第二根據四捨五入的原則把初始値0.506127小數點後六位改爲三位0.506。做完這兩件事後他去喝了一杯咖啡，等他回來看到計算結果，目瞪口呆；爲什麼在重疊的時間裡一個公式會有兩個風馬牛不相及的結果呢。他懷疑電腦出了問題，等到一切懷疑均被澄清後，他被迫思考，是不是「非線性公式的某些內在規律」我們並未認識。些微的差距可能得出完全不同的結果，傳統的「小因小果」只適合線性的因果關係，對於非線性系統常常是「小因大果」，因此理論上說，準確的長期天氣預報根本不可能。

Lorenz爲了揭露氣象預測的本質，他構造了三個面貌簡單的非線性方程，一個代表大氣中的對流關係，另一個代表大氣的溫度，最後一個代表大氣的速度。結果證明初始値的微小差異導致完全不同的行爲軌跡。美國MIT斯隆管理學院系統動力學研究中心的核心人物之一的費達曼(Tom Fiddaman),將Lorenz的三組微分方程改造爲下面的系統動力學模型（圖5.27）。

Lorenz混沌模型的DYNAMO方程：

1. L.　X.K = X.J + dX.JK*dt
2. N.　X初始値 = 10
3. R.　dX.KL = a*(Y.K − X.K)
4. C.　a = 10
5. L.　Y.K = Y.J + dY.JK*dt
6. N.　Y初始値 = 5
7. R.　dY.KL = r*X.K − Y.K − X.K*Z.K
8. C.　r = 28
9. L.　Z.K = Z.J + dZ.JK*dt
10. N.　Z初始値 = 20

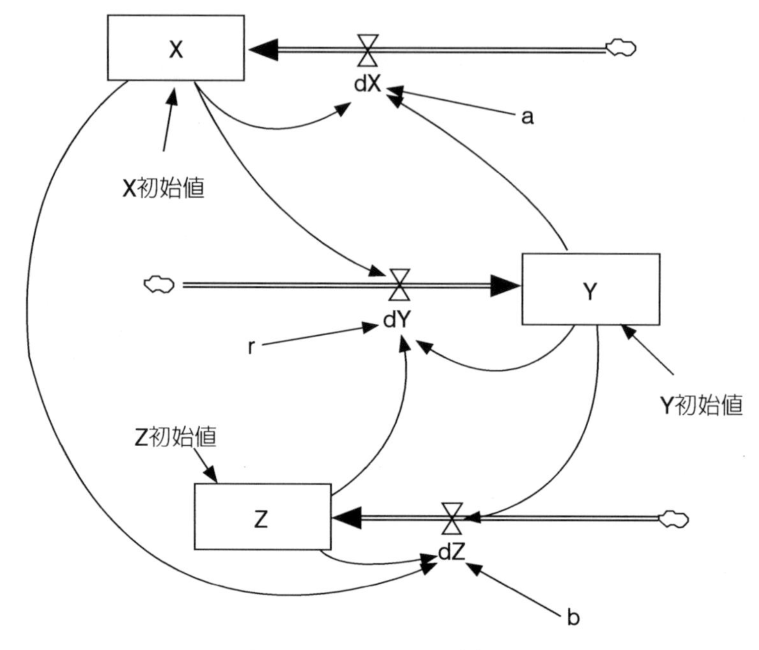

圖5.27　Lorenz混沌模型

11.R.　dZ.KL = X.K − Y.K − b*Z.K

12.C.　b = 8/3 = 2.667

以上方程組是十分確定的函數關係，可是電腦跑出來的X,Y,Z三個狀態變量的時間系列卻是亂七八糟的毫無規則的不重複的數（圖5.28）。

三個狀態變量相互組成的相空間更像是蝴蝶的一雙雙翅膀（圖5.29），在那裡扇呀扇呀。1973年12月Lorenz在AAAS（美國科學協會）的一場精彩演講，題目眞的用上了這個image，他的題目是：關於氣象的可預測性：巴西蝴蝶的翅膀抖一抖，德克薩斯的烏雲眞會滿天走嗎？

Lorenz的這一組微分方程打開了人類認知混沌世界的大門，讀者可以實驗，如果X的初始值由10改為10.001，結果如何。在社會經濟系統裡也許很難碰到完整的混沌方程，但「小因大果」差之毫釐謬之萬里的現象仍然是老生常談的話題。

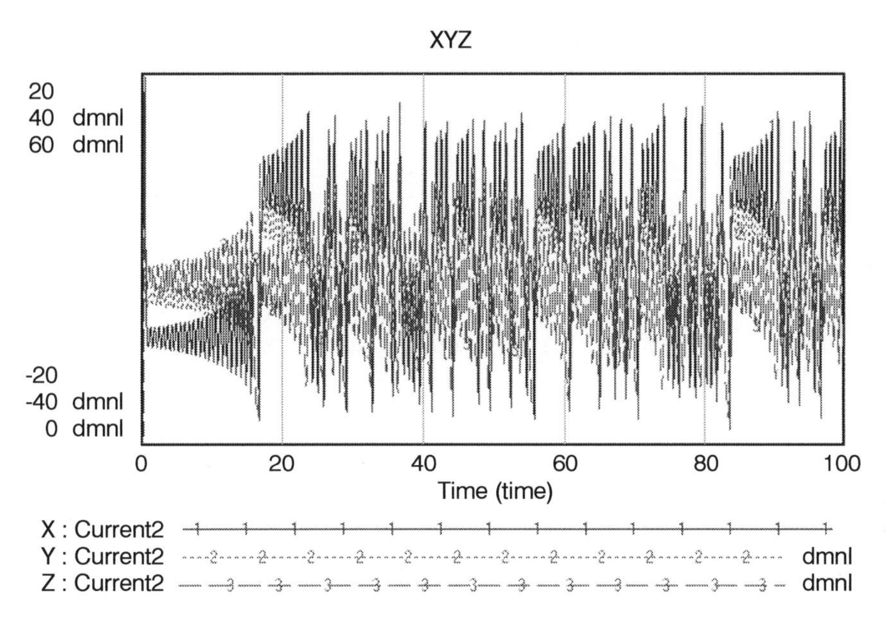

圖5.28　混沌模型的解釋不確定的

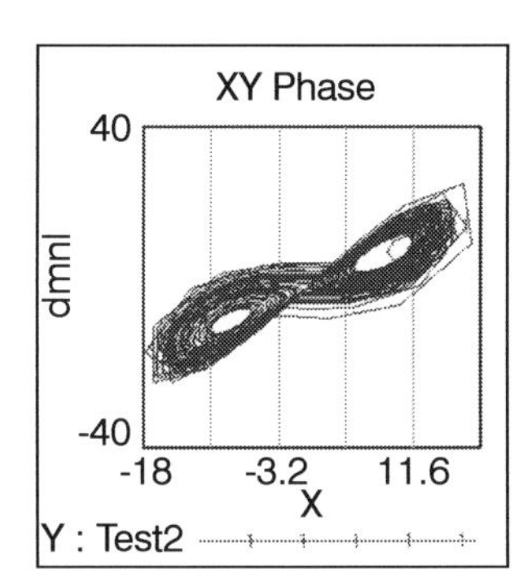

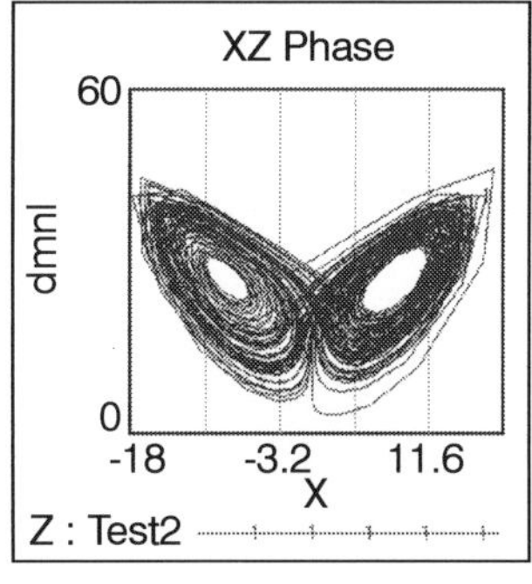

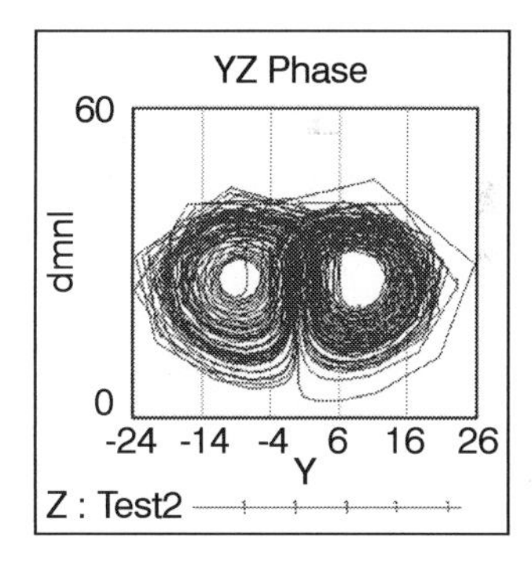

圖5.29　混沌方程的相空間圖

第6章

生命週期和生物振盪模板

上一章討論了「系統行爲參考類型」（RBP）並介紹了Barlas羅列的六大類。其實模擬被模擬的系統行爲，只要抓住S曲線和振盪曲線這兩個模板，就成功了一半。上一章已經對這兩個概念有所介紹，本章的任務是把S曲線擴大爲生命週期，把振盪曲線擴大爲生物振盪，同時介紹如何製作相應的系統動力學模板。

6.1 生命週期曲線

事物的成長大體有三種類型：直線式、指數式和S型，後者常稱爲生命週期曲線。例如你的月收入和年收入是線性關係。然而你在銀行的存款收入卻是指數關係，至於你的身高則是按S型成長的，在你成長階段，身高增長速度先慢後快，到了18歲身高不再增長，如果把每年的增長量記錄下來，是一條S型曲線。人類關於增長數量規律的認知，先知道線性，然後是指數，最後才是S型。

S型曲線是一個家族，最常用的是邏輯斯蒂曲線（Logistic Curves），有的翻譯成「邏輯曲線」，翻譯成「後勤曲線」顯然是錯誤的，發現這條曲線的比利時數學家費爾福斯特（Pierre-Francois Verhust, 1804-1849），他對人口問題有極大興趣，34歲那年（1838年）他對馬爾薩斯（Malthus）的人口計算提出修正方法。如果以P表示人口數，α表示人口增長率，馬爾薩斯認爲人口增長服從指數公式，即增長速度 $\frac{dP}{dt}$ 等於成長率乘人口量：

$$\frac{dP}{dt} = \alpha P \qquad (6.1)$$

費爾福斯特並不認同，因爲指數成長是發散的。他認爲人口成長會收斂，不可能沒有極限，不僅是人類，所有生物都有一個由生長環境決定的極限量，這是一個定數，可以用K表示。費爾福斯特在方程（6.1）的右端增加了收斂的修正項，費爾福斯特方程是一條以K爲「漸近線」的曲線，他的公式如下：

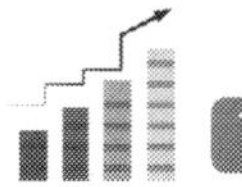

$$\frac{dP}{dt}=\alpha P\left(1-\frac{P}{K}\right)=\alpha P-\frac{\alpha P^2}{K} \qquad (6.2)$$

費爾福斯特對馬爾薩斯人口論的修正，其實受凱特勒（Lambert Adolphe Jacques Quetelet，1796年－1874年）的影響，凱特勒比費爾福斯特大八歲是比利時的通才，他既是統計學家，數學家也是天文學家，他的「身高體重指數」（BMI, Body Mass Index）至今也是研究肥胖的重要指標。凱特勒主張對馬爾薩斯公式乘以「阻力係數」，而此阻力與人口成長速度的平方有關。顯然凱特勒受牛頓的影響很深，牛頓力學的阻力係數都是用平方來表示的。凱特勒的身高體重指數就是體重與身高平方的比值。

費爾福斯特的修正公式比較有哲學，他既考慮了指數增長也考慮了指數增長的阻力，他把兩個矛盾的因素統一起來，一方面生物增長是正反饋的，即生物量越大單位時間內的增長量越大，這就是公式（6.2）右端第一部分（αP）的數字；另一方面生物增長又是負反饋的，即生物量越大成長的阻力越大，諸如覓食的困難和疾病的滋生等等，因此成長阻力會對快速增長踩剎車。公式（6.2）右端第二項 $\left(1-\frac{P}{K}\right)$ 正是這種負反饋。生物量P越大第二項的數字越小，當P等於極限K時第二項等於零，成長停止。請注意，當P很小時，第二項的值趨於1，因此在成長初期S成長和指數成長是相同的。經過一番整理最後得到S曲線的一般的代數方程。

$$P(t)=\frac{K}{1+\exp(-\alpha(t-tm))} \qquad (6.3)$$

一條S型曲線只要三個參數就可以搞定，第一成長極限K，第二決定曲線或「胖」或「瘦」的內在成長率，當它大時成長快整個曲線「瘦長」，當它小時成長慢整個曲線「胖粗」；第三到達極限K一半所需要的「中間時間 t_m」。係數α經常被更方便的「特徵時間Δt」所取代，特徵時間表示成長量由極限值K的10%到90%所需要的時間 $\Delta t=\frac{\ln 81}{\alpha}$。

例如某種細菌在實驗室培養，觀察其成長過程並將數據繪製成圖，它是一條典型的S曲線（圖6.1），並有三個關鍵的參數：

1. 細菌的極限成長量是50。

2. 極限量10%的細菌數目是5，極限量90%的細菌數目是45，細菌由5到45所需要的「特徵時間」是2.2天。

3. 細菌量到達極限50%（細菌數25）的「中間時間t_m」爲2.5天。

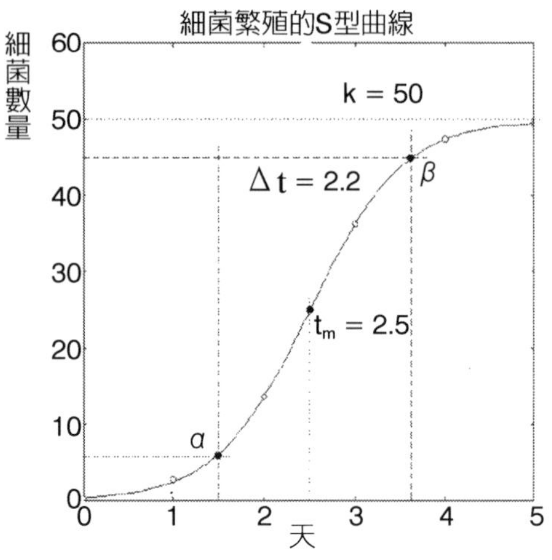

圖6.1　細菌成長的S型曲線

通常中間時間用時間座標，例如2012年或第20個月等，特徵時間用絕對量；中間時間減二分之一的特徵時間就是α點的位置，中間時間加二分之一的特徵時間就是β點的位置。

費雪和普雷（Fisher-Pry）兩位科學家把複雜的S型曲線簡化爲更容易操作的半對數直線，過程如下。對公式（6.2）進行變量分離和積分處理，則有公式（6.3）至（6.5）：

$$\frac{dP}{P(1-\frac{P}{K})}=\alpha dt \qquad (6.3)$$

$$\int\frac{1}{\mathrm{P}(1-\frac{P}{K})}\mathrm{dP}=\alpha\int dt \qquad (6.4)$$

$$\ln\frac{\mathrm{P}}{\mathrm{K-P}} \quad \alpha t+c \qquad (6.5)$$

公式（6.5）形式的S型曲線稱爲費雪—普雷（Fisher-Pry）模型（以後簡稱費雪—普雷模型），該公式右端第一項的分子和分母同時用K除，即P/K（與增長極限的比值），如果用F代表P/K，則公式（6.5）變成公式

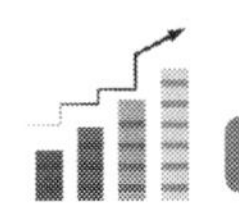

（6.6），這就是費雪－普雷模型常見的形式。

$$\ln\frac{F}{1-F}=\alpha t+c \qquad (6.6)$$

一項成長是否符合S曲線很容易用公式（6.6）判斷，先計算成長量占成長極限的比值（F）以及它與剩餘成長量百分比（1－F）的比值，如果這個比值的對數是一條直線，便符合費雪－普雷公式的要求，這條線是S型的。其實就是看看已經實現的成長和可以預期的成長的比值，如果這個比值的對數是時間的線性函數，那麼該成長就是S型的。

有兩種情況需要注意，如果公式（6.6）的直線的斜率是正的則表示S型的「正增長」過程，如果斜率是負的，這表示倒S型的「衰退」過程。各種統計軟體都可以用來完成S曲線的統計檢驗，本書經常使用Loglet和LSM2兩種，當然也可以用SPSS，Eviews或其他通用統計軟體。

現在回到圖6.1的數據，按照上面的計算操作，細菌繁殖S型曲線的費雪－普雷模型如下（圖6.2）。

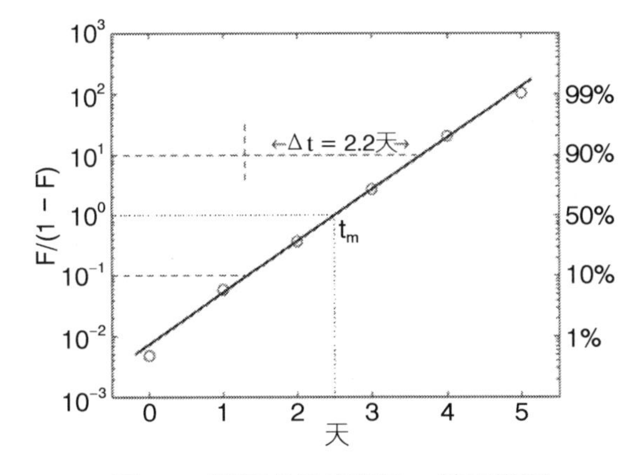

圖6.2　細菌成長的費雪－普雷模型

資料來源：Perrin S. Meyer et al: A Primer on Logistic Growth and Substitution: The Mathematics of the Loglet Lab Software, Technological Forecasting and Social Change 61(3):247-271, 1999.

圖6.2的垂直座標有兩個，左側表示F/(1−F)的對數值，右側表示F的對數值；橫座標表示時間（天），這樣的圖稱爲半對數圖。F值由細菌生長絕對值換算而來，例如圖6.1表示的細菌生長P的極限K等於50，相當於圖6.2中的F = 100%，根據成長量占極限量的比例可以算出各種P值所對應的F值。費雪—普雷模型的方便是只要特徵時間Δt和中間時間t_m就可以確定S型曲線，至於第三個關鍵量極限K，用作圖的方式可求出，或者設定極限K的情景再利用中間時間確定整個S曲線。

6.2 S型曲線的系統動力學模型

6.2.1 通用模板

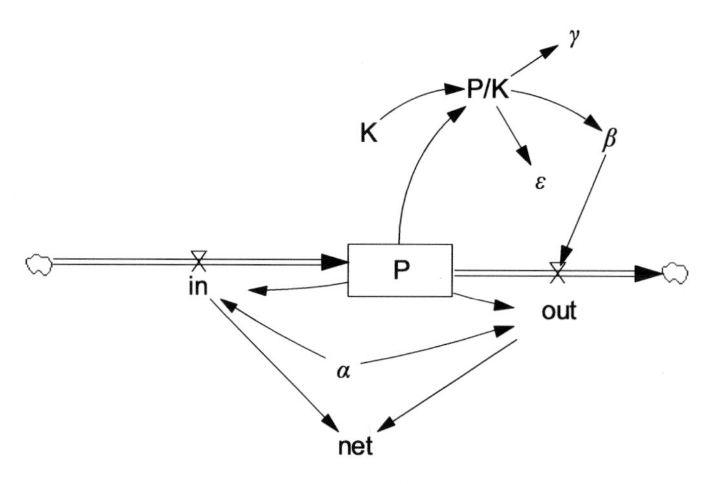

圖6.3 S型曲線模板

這個模板是爲公式（6.2）量身定制的，狀態變量P可以代表許許多多的事與物，例如人口，經濟成長，身高，謠言，產品壽命，莫扎特的作品，宗教的信與不信等等。in代表P的流入，out代表P的流出，net表示流入與流出差值的淨流量，α表示P的內在成長率，K表示P成長的環境極限。模板的公式如表6.1。

表6.1　S曲線模板的基本公式

類型	名稱	公式	單位
L	P	初始值 = 1	單位
R	in	α*P	單位／時間
R	out	α*P*γ	單位／時間
A	net	in-out	單位／時間
A	P/K	P/K	無
T	β	橫座標P/K (0,0),(0.5,0.5),(1,1)	無
T	γ	橫座標P/K (0,0),(0.1,0),(0.2,0),(0.3,0),(0.4,0.5),(0.5,0),(0.6,0),(1,1)	無
T	ε	橫座標P/K (0,0),(0.2,0.1),(0.4,0.2),(0.6,0.35),(0.8,0.5),(0.9,0.7),(1,1)	無
N	K	100	單位
N	α	5%	單位／時間
dt	模型設定	Dt = 0.125，RK-Auto算法，模擬時間0-200	

S曲線是一個家族，通常Verhust的Logistic曲線（公式6.2）視爲家族之核心，外圍有Gompertz曲線，Richards曲線和Sarif-Kabir曲線等。外圍與核心的主要區別在於對「P/K」的不同響應，考慮到某些淨流量曲線的非對稱性和雙峰或多峰問題。我們設計了三種不同的表函數：β，γ，ε。β代表標準的Logistic函數，γ代表非對稱多峰函數和ε代表非對稱單峰函數。實際應用時首先採納標準的β，然後根據情況修改模板γ或ε的某些特徵點，使之合意。本模板的數據並非可以任意套用的標準，只是利用它可以摸著石頭過河。

三個表函數的設計如圖6.4-6.6。

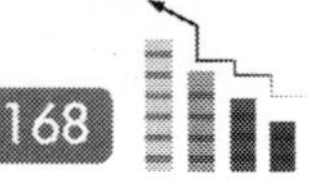

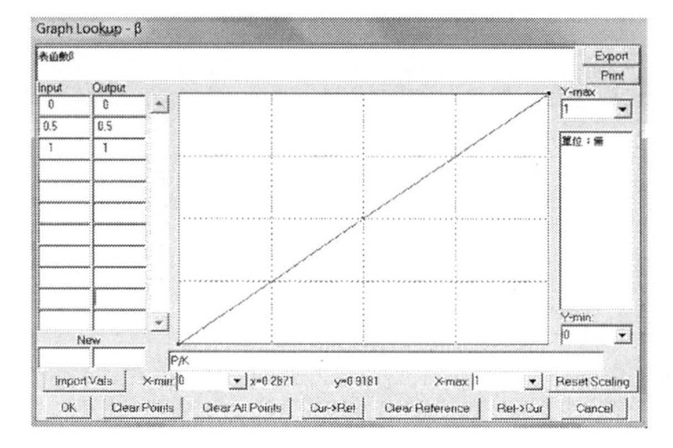

圖6.4 表函數β

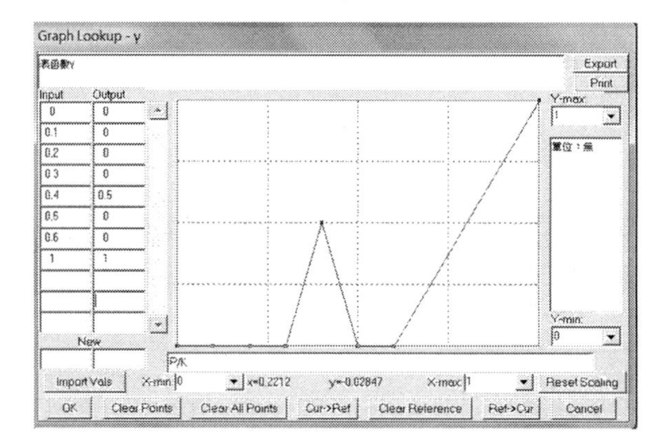

圖6.5 表函數γ

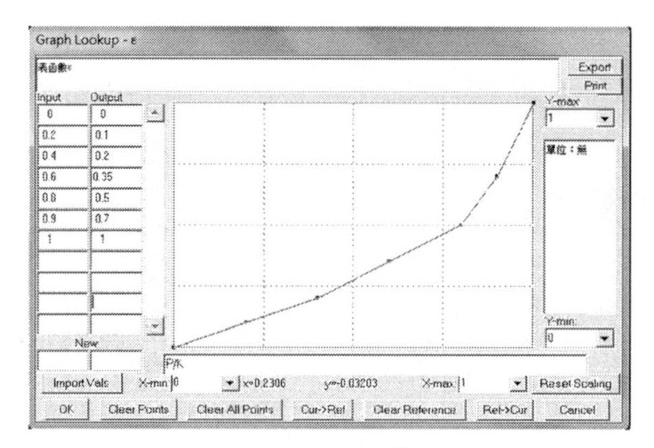

圖6.6 表函數ε

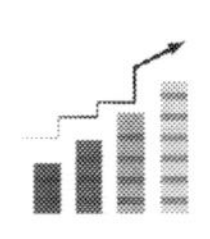

利用表函數β的模板模擬結果如圖6.7，這是標準的Logistic輸出，淨流量是一個標準的對稱性曲線。最原始的美國石油Hubbert高峰屬於這種類型。

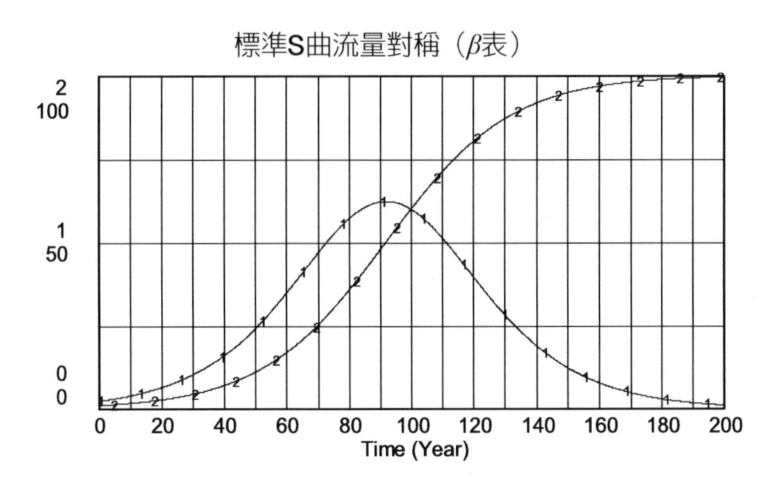

圖6.7　標準的Logistic函數

圖6.8是利用表函數ε的模擬結果，其淨流量曲線爲單峰但並不對稱。

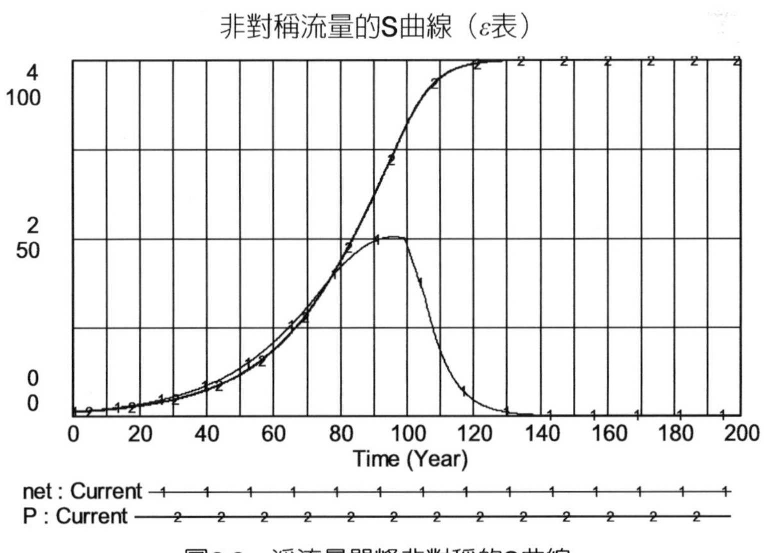

圖6.8　淨流量單峰非對稱的S曲線

圖6.9是利用表函數γ的模擬結果，淨流量曲線有兩個高峰，許多國家的石油曲線屬於這種類型。

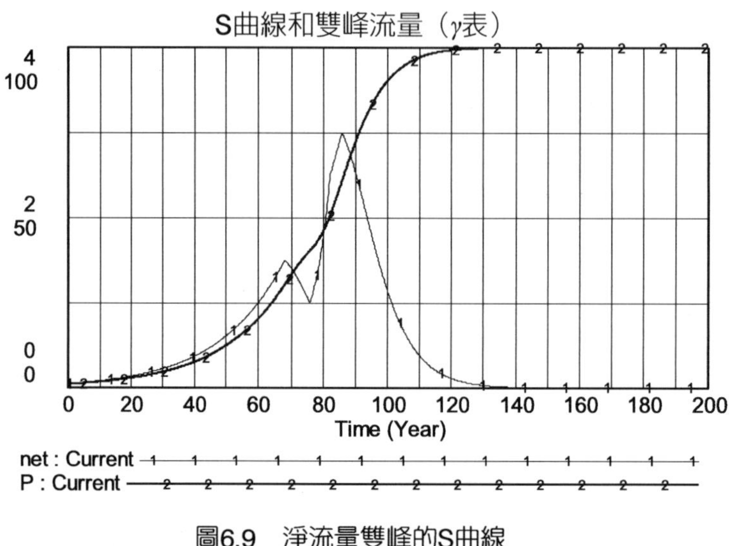

圖6.9　淨流量雙峰的S曲線

以下是S型模板應用的例子，所有模型均列出公式，以便讀者使用。

6.2.2　莫扎特一生的作品

S曲線應用於名人作品研究的第一人當推在奧地利「國際應用系統研究院，IIASA」長期工作的義大利物理學家馬爾切帝（C. Marchetti, 1927-），然而坊間能找到的卻是他的「門徒」美國物理學家莫迪思（T. Modis）的相關著作。以下是莫迪思用S型曲線研究莫扎特一生作品的基本手段。

莫扎特生於1756年卒於1791年，享年35歲。莫扎特一生究竟有多少作品一直存在爭議，例如維基百科中文版zh.wikipedia.orgs的相關數目是550件。奧地利音樂家克歇爾（Ludwig Alois Ferdinand Ritter von Köchel, 1800-1877）是莫扎特作品編目的專家，根據克歇爾編目網站2008年的更新資料，莫扎特的全部作品數目爲626件（http://www.classical.net/music/composer/works/mozart/）。作者在德文文獻網上發現的數據爲620件（ftp://ftp.gmd.de）。除了以上三種數據外，坊間也有莫扎特作品千件以上的說法。

莫迪思把莫扎特每年累計的作品數畫成圖，這是一條S型曲線，莫迪思推斷這條曲線的最高位置，即所謂的S曲線「天花板」是640件，而他統計所得的曲線最高點是580.4件（圖6.10）。

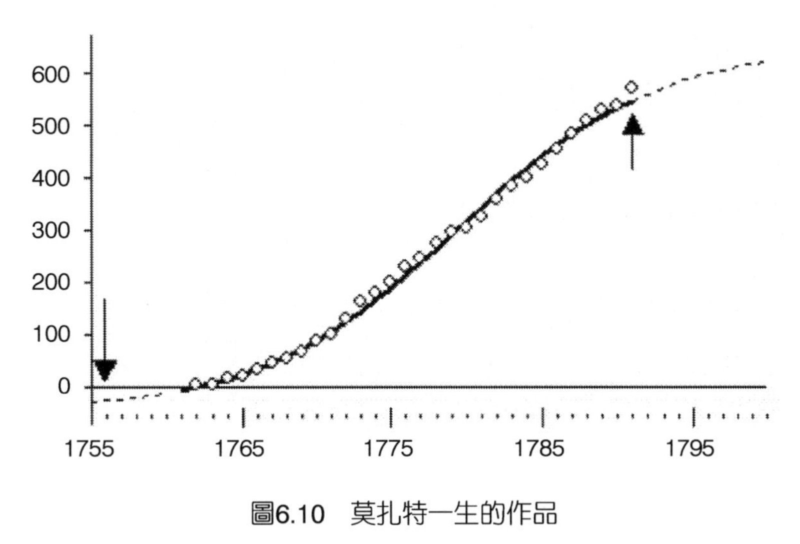

圖6.10　莫扎特一生的作品

資料來源：Modis T. Predications, Growth Dynamics,2002, Geneva, Switzerland

我們將利用系統動力學S曲線模板討論莫扎特作品的可能總數問題，假定S曲線的極限值有三種：580,626和650；於是有三條不同的S曲線，每條模擬曲線有不同的標準差，我們選擇標準差最小的作爲答案。

首先根據S曲線模板設計莫扎特作品總數的模擬流程，見圖6.11。

莫扎特作品總數設爲存量，並由流入量「成長勢」和流出量「阻力勢」所組成的正負兩個反饋環所決定。成長勢和阻力勢的公式由S曲線公式（6.2）所決定，也可以把流入量和流出量合併爲「淨流量」，本例中淨流量即爲莫扎特的「年創作量」。圖中左下角「年創作數據」是根據奧地利音樂家克歇爾所考證的莫扎特每年的創作數量的Excel資料。年創作量的累計量爲「作品總數數據」，這兩個數據就是第5章裡所講的RBP（行爲參考類型）。模擬模型的其餘元素請參閱上述S曲線模擬模板（圖6.3）和公式（表6.1）。

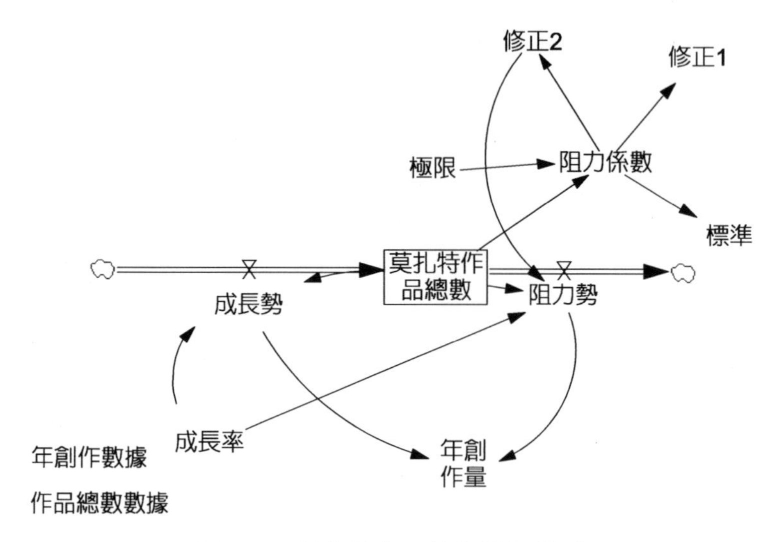

圖6.11　莫扎特作品總數模擬模型

模擬模型的公式如表6.2。

表6.2　莫扎特作品總數模擬模型公式

類型	名稱	公式	單位
L	莫扎特作品總數	初始值=1	件
R	成長勢	成長率*莫扎特作品總數	件／年
R	阻力勢	成長率*莫扎特作品總數*（標準或修正1或修正2）	件／年
A	年創作量	成長勢－阻力勢	件／年
A	阻力係數	莫扎特作品總數／極限	無
T	標準	橫座標阻力係數 0/0/0.1/0.1/0.5/0.5/1/1	無
T	修正1	橫座標阻力係數 0/0/0.1/0.05/0.2/0.1/0.3/0.2/0.4/0.3/0.5/0.4/0.6/0.5/0.7/0.6 0.8/0.7/0.9/0.85/1/1	無
T	修正2	橫座標阻力係數 0/0/0.2/0.4/0.4/0.8/0.8/0.9/1/1	無

類型	名稱	公式	單位
N	極限	626，580, 650	件
N	成長率	50%	件／年
data	年創作數據	GET XLS DATA，由excel數據表取得莫扎特的年作品量	件／年
data	作品總數數據	GET XLS DATA，由excel數據表取得莫扎特的創作品的累計量	件
dt	模型設定	dt = 1, Euler算法，模擬時間1761-1800	

莫扎特歷年創作數和作品累計數等原始數據見表6.3和圖6.12。

表6.3　莫扎特歷年創作數和作品累計數

年	作曲數①	累計數①	作曲數②	累計數②	年	作曲數①	累計數①	作曲數②	累計數②
1761	1	1	0	0	1777	18	288	14	249
1762	4	5	5	5	1778	32	320	33	282
1763	2	7	2	7	1779	18	338	15	297
1764	8	15	13	20	1780	14	352	14	311
1765	5	20	6	26	1781	21	373	11	322
1766	7	27	12	38	1782	35	408	37	359
1767	11	38	12	50	1783	27	435	31	390
1768	10	48	11	61	1784	15	450	16	406
1769	14	62	20	81	1785	21	471	20	426
1770	9	71	23	104	1786	25	496	21	447
1771	11	82	13	117	1787	24	520	22	469
1772	28	110	32	149	1788	39	559	34	503
1773	36	146	25	174	1789	20	579	14	517
1774	56	202	16	190	1790	9	588	7	524
1775	38	240	14	204	1791	32	620	31	555
1776	30	270	31	235					

資料來源：① www.classical.net/music/composer/works/mozart/
② zh.wikipedia.orgs

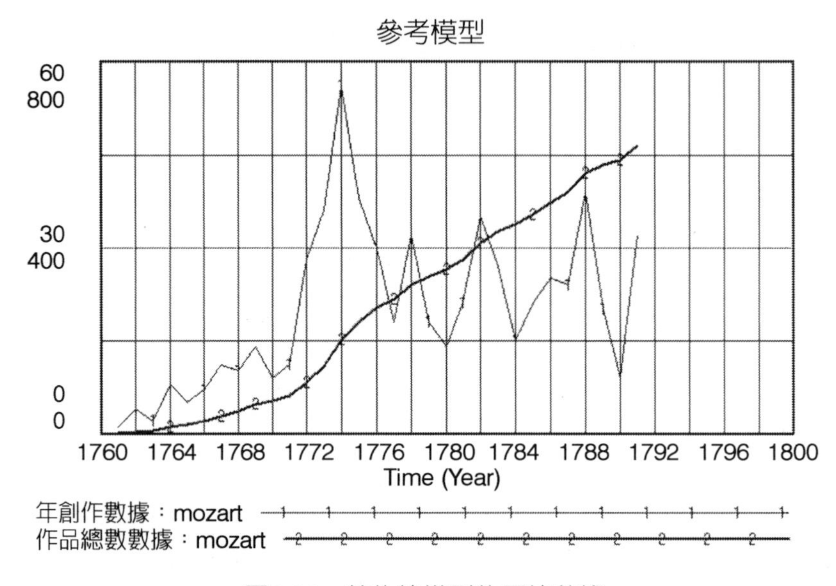

圖6.12 莫扎特模型的原始數據

模型中三種表函數的模擬數據如圖6.13。

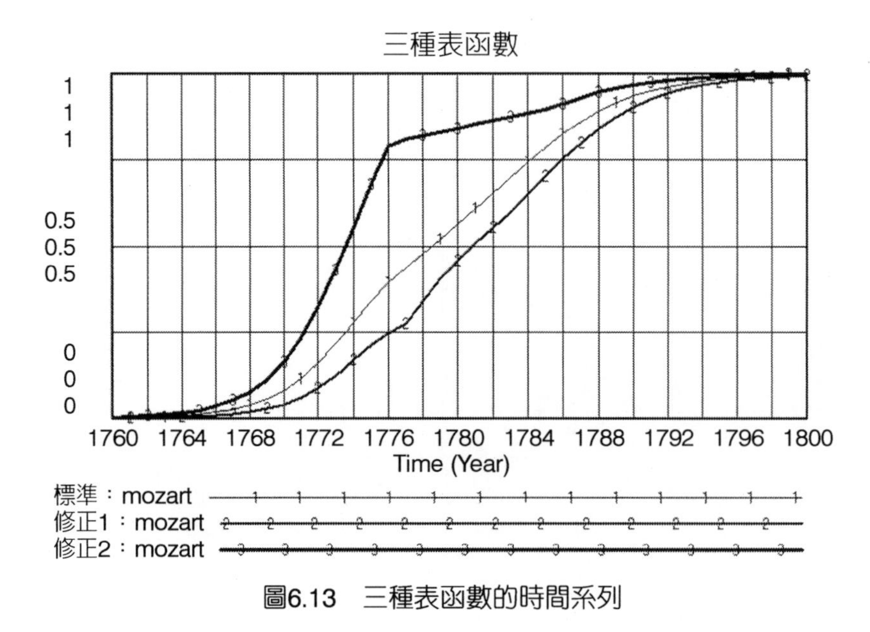

圖6.13 三種表函數的時間系列

我們利用不同的表函數（標準，修正1和修正2）和三個不同的作品「極限」（580，626，650）進行模擬，最後得出「極限」626和「修正2」的方案，模擬預測的「莫扎特作品總數」標準差（Standard deviation）最小。圖6.14和圖6.15是模擬實驗的兩個主要結果：作品總數和年創作量。

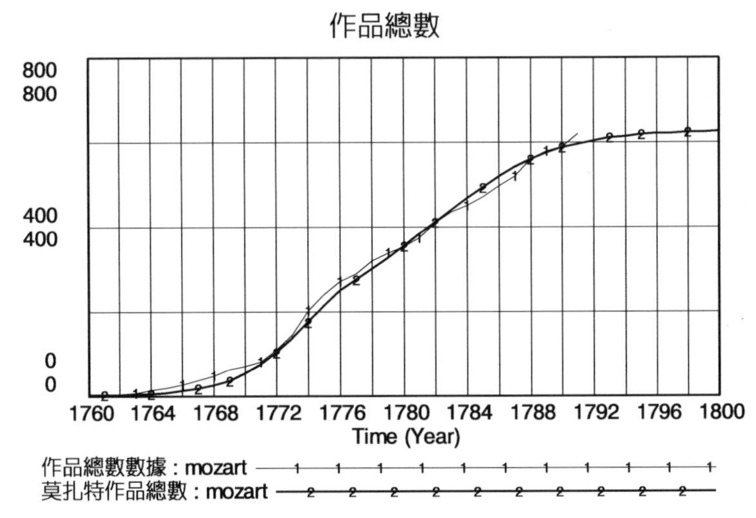

圖6.14 「極限626+修正2」作品總數實驗1-實際數據，2-模擬的作品總數

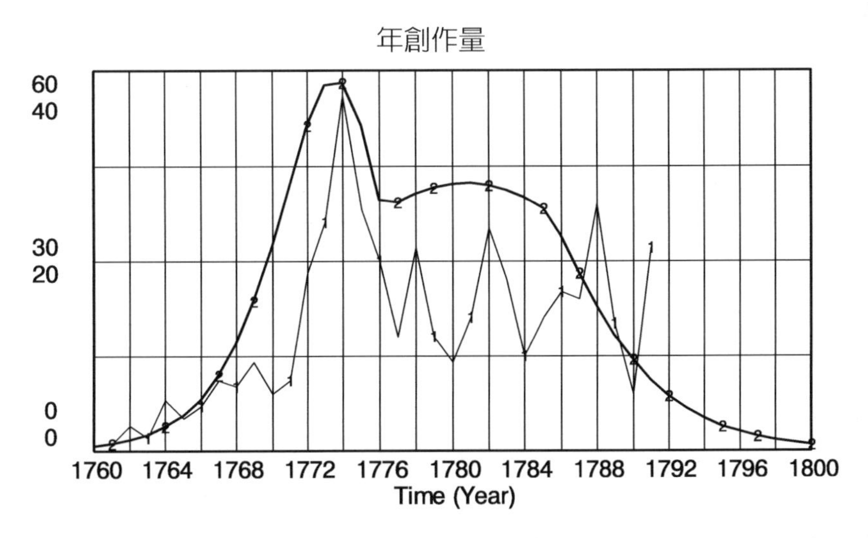

圖6.15 「極限626+修正2」年創作量實驗年創作量1-實際數據，2-模擬的作品總數

由此可見在眾多可能性中莫扎特一生的作品總數最可能是626件。

表6.4 模擬模型的方差和標準差比較

模擬實驗	總數626件	總數655
方差	274.2	438
標準差	16.6	20.9

6.2.3 馬丁路德運動

有關歐洲宗教改革的歷史，是個大時間概念，其中一種說法宗教改革始於馬丁・路德（Martin Luther）事件。1517年10月31日，路德爲反對教皇利奧十世頒發贖罪券（教會宣稱只要購買贖罪券，就可以在死後升入天堂），在維登堡大教堂門前張貼《關於贖罪券效能的辯論》（即九十五條論綱）。

路德宣傳「因信稱義」，他說，一個人的被救贖全在於信仰上帝的公正，並不需要無休止的功德，也不需要宗教儀式。從此路德成爲德國全民代言人，受到各階層支持並走上與羅馬教廷徹底決裂的道路。1520年6月15日，教皇下詔書，勒令路德在60天之內悔過自新，路德把教皇的詔書付之一炬，從此開始他所領導的新教徒運動。

16世紀歐洲新教徒的發展歷程可通過正負兩個反饋環的鬥爭來解讀，新教因口語傳播而壯大，這是正的反饋環；另一方面新教因教廷的野蠻鎮壓而減小，這是負的反饋環。模型設計請見圖6.16。

請注意兩個對立的因果環的路徑，新教徒通過口語傳播的正回饋使新教徒人口增加，羅馬教會的鎮壓的負反饋遏制了新教徒的發展。模型的方程組請見表6.5，模擬時間從1500年至1600年，爲期100年。

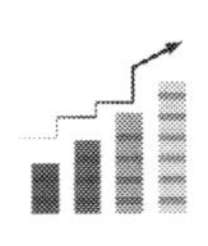

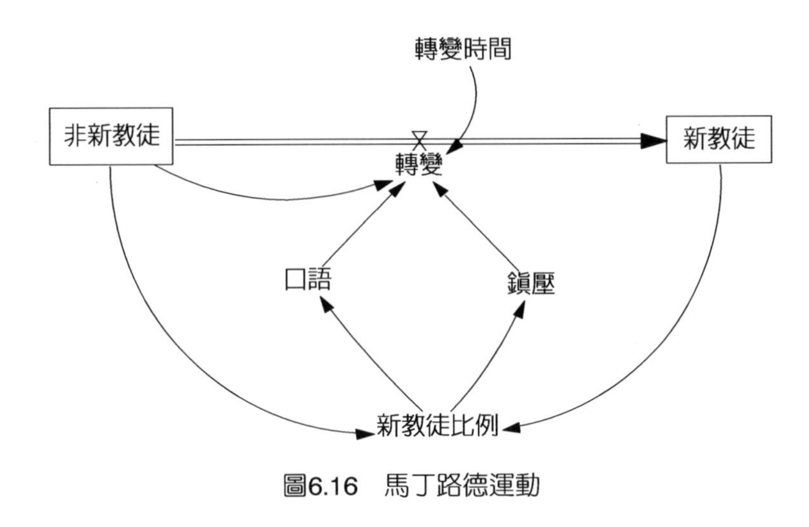

圖6.16　馬丁路德運動

表6.5　馬丁路德模型公式

類型	名稱	公式	單位
L	非新教徒	初始值 = 1,000,000	人
L	新教徒	初始值 = 100	人
R	轉變	非新教徒*口語*(1 − 鎮壓) / 轉變時間	人 / 年
A	口語	新教徒比例	%
T	鎮壓	橫軸新教徒比例 (0,0.005),(0.1,0.235),(0.2,0.545),(0.3,1),(0.4,1),(0.5,1),(1,1)	無
C	轉變時間	4	年
dt	模擬設定	dt=1, Euler算法，模擬時間1500-1570年	

模擬結果如圖6.17。

一開始馬丁路德和他的朋友們大約100人之譜，大概可以爭取到100萬人的認同。新教是非法組織，他們只能通過口語傳播爭取到信徒，可以假定新教徒在人口中的比例越大口語的影響也越大，這是正反饋的部分。另一方面保守的教皇不斷鎮壓目的是撲滅這場運動，這是負反饋。運動第一階段正大於邪，新教徒成長越來越多，1536年達到最大值19,412人。1936年後運動進

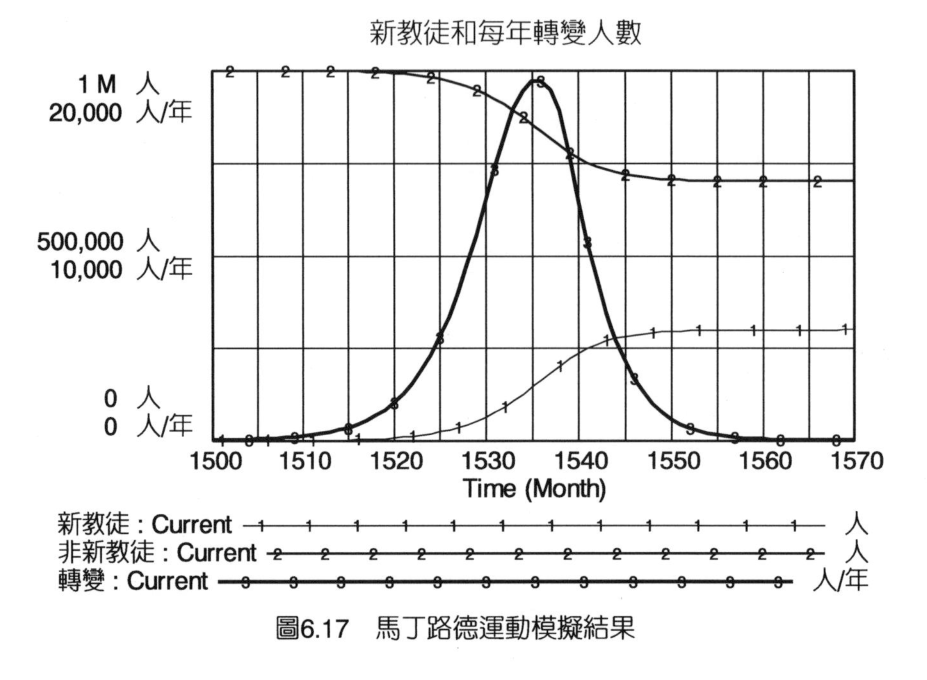

圖6.17　馬丁路德運動模擬結果

入第二階段，每年增加的新信徒數目逐漸減少，1580年幾乎停止增長。最終新教徒成長到300,000人左右，非新教徒由開始的100萬減少到70萬人，這種比例關係一直維持到17世紀初。

整個模型並未考慮16世紀內歐洲人口變化及其對信徒的影響，模型的假設是新教徒與非新教徒總和爲100萬人，100年內未變化。實際上歐洲人口在16世紀內增加了30% 左右（1500年爲6,900萬人，1600年爲9,000萬人）。

這個模型的最核心部分是流量「轉變」，請將表6.5中的R與公式（6.2）比較，可以看出它是Verhust公式的又一次化妝，S型成長無處不在焉。

6.2.4　傳染病

1. 單一存量

傳染病的傳播也是一個典型的S曲線，我們先來看一個存量的傳染病模型（圖6.18）。

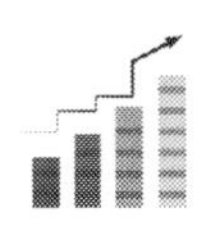

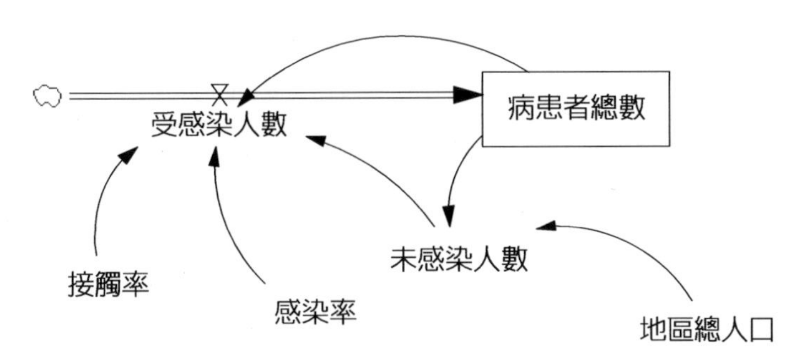

圖6.18 單一存量的傳染病模型

如果不去問病人的來源或者說直接以「雲」做模型的邊界，那麼只要設計一個存量就可以，公式如表6.6。

表6.6 單一存量的傳染病模型公式

類型	名稱	公式	單位
L	病患者總數	初始值=1	人
R	受感染人數	病患者*未感染人數*感染率*接觸率	人／周
C	接觸率	0.1	人／人
C	感染率	0.02	1／周
C	地區總人口	100	人
C	未感染人數	地區總人口－病患者總數	人
dt	模型設定	dt=1, Euler算法，模擬時間0-100周	

模擬結果如圖6.19，在模擬的60周內，病患人數由1人發展到全部100人，這是一個標準的Logistic曲線，流量「受感染人數」是對稱的單峰曲線。如果考慮到許多忽略的因素，流量「受感染人數」很可能是不對稱的或多峰的，在這些情況下，可以考慮用S曲線模板設計中的表函數B1或B2進行修正。

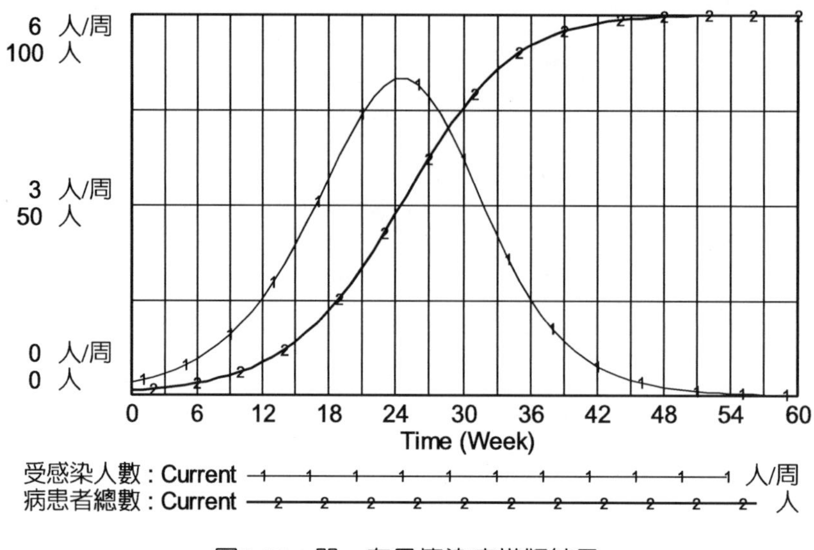

圖6.19　單一存量傳染病模擬結果

2. 雙存量

如果傳染病模型的邊界不是含糊的「雲」而是健康人口，那麼圖6.20就是兩個存量的傳染病模型。

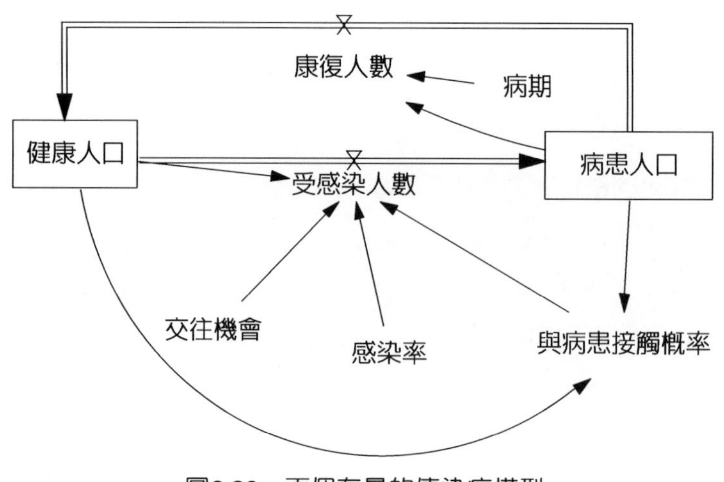

圖6.20　兩個存量的傳染病模型

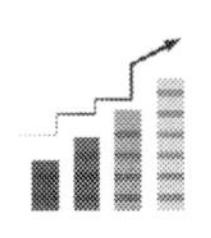

假定這是一種急性傳染病，病期半個月長，又假定每人每月平均交往10人，病的傳染率爲50%，大約三個月後進入穩定狀態，屆時60%的人將被感染。

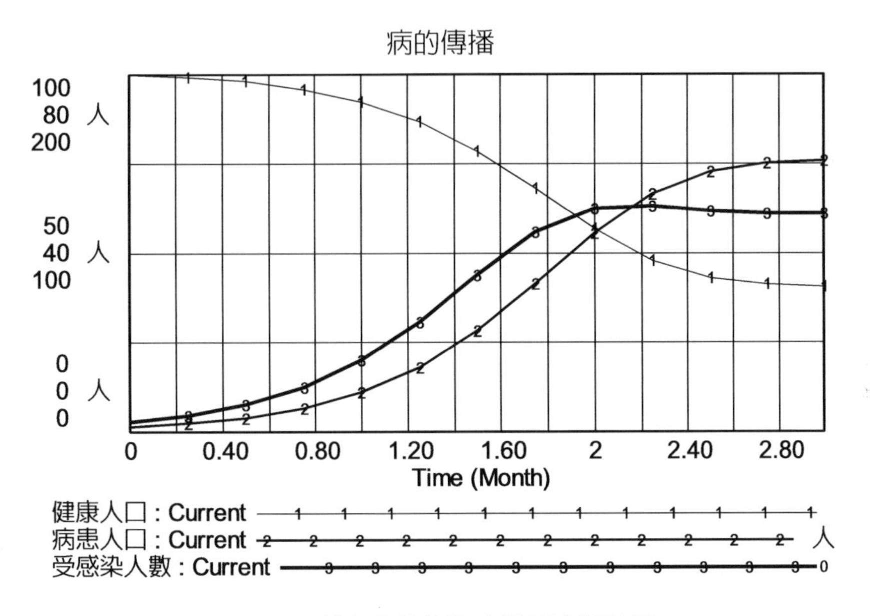

圖6.21　雙存量的傳染病模型模擬結果

模擬公式如表6.7。

表6.7　雙存量傳染病模擬公式

類型	名稱	公式	單位
L	病患人口	初始值 = 1	人
L	健康人口	初始值 = 100	人
R	受感染人數	健康人口*與病患接觸概率*交往機會*感染率	人／月
C	接觸率	0.1	人／人
C	感染率	50%	1／周
A	與病患接觸概率	病患人口／（健康人口 + 病患人口）	無
C	交往機會	10	人／人／月
dt	模型設定	dt = 0.25, RK2或RK4，模擬時間0-100周	

3. 三個存量

在雙存量的基礎上很容易建構三個存量的傳染病模型（圖6.22）。

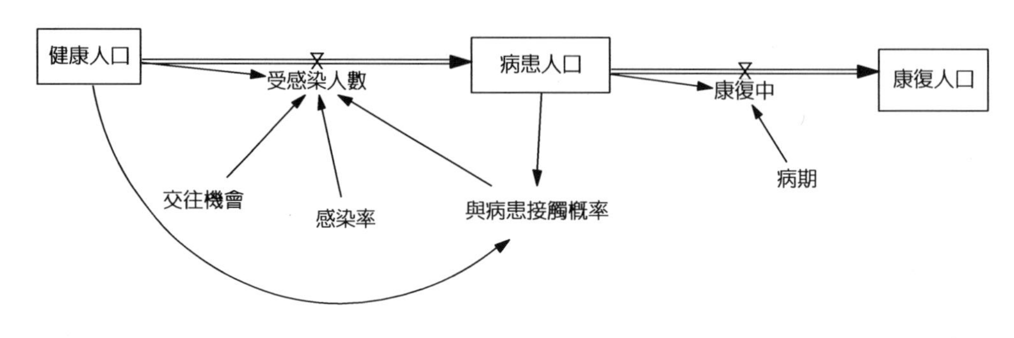

圖6.22　三個存量的傳染病模型

實際上三存量傳染病模型比雙存量模型更合理，因爲傳染病的生命週期是三段：健康的人受傳染最後經過治療而康復。雙存量傳染病模型所描述的傳染病生命週期只有兩段，好了－病了，病了－好了，整個系統不考慮治療狀態。也許反覆發作的傳染病，用雙存量模擬比較貼切。

雙存量模型的全部參數可以爲三存量模型直接使用，只是在流程圖上需要增加一個「康復人口」的存量，其初始值爲零。三存量模型的公式如表6.8，模擬結果如圖6.23。

在傳染病傳播的全生命週期中，健康人口的動態是一個倒S曲線，在不隔離的情況下大約經過三個月，全部健康人口均被感染。病患人口是一個對稱的鐘型曲線，高峰出現在傳染流行後的一個多月，然後逐漸下降，在第四個月左右病患人口全部康復。康復人口是一條S曲線由零開始逐漸達到經過感染後的100人。其他兩個流量受感染人數和康復中人數，是兩條對稱的鐘型曲線，它們高峰出現的時間大約相差半個月。

如果按照上述參數，模擬結果與圖6.21有差異，問題可能出在模型設定的運算模式，建議第一模擬的步長dt減小，例如用0.125，第二放棄歐拉算法而用RK2或RK4。這些細節往往決定模擬的成功與否。

表6.8　三個存量的傳染病模型公式

類型	名稱	公式	單位
L	病患人口	初始值 = 1	人
L	健康人口	初始值 = 100	人
L	康復人口	初始值 = 0	人
R	受感染人數	健康人口*與病患接觸概率*交往機會*感染率	人 / 月
R	康復中	病患人口 / 病期	
C	接觸率	0.1	人 / 人
C	感染率	50%	1 / 周
C	病期	0.5	月
A	與病患接觸概率	病患人口 / （健康人口 + 病患人口）	無
C	交往機會	10	人 / 人 / 月
dt	模型設定	dt=0.25, RK2或RK4，模擬時間0-100周	

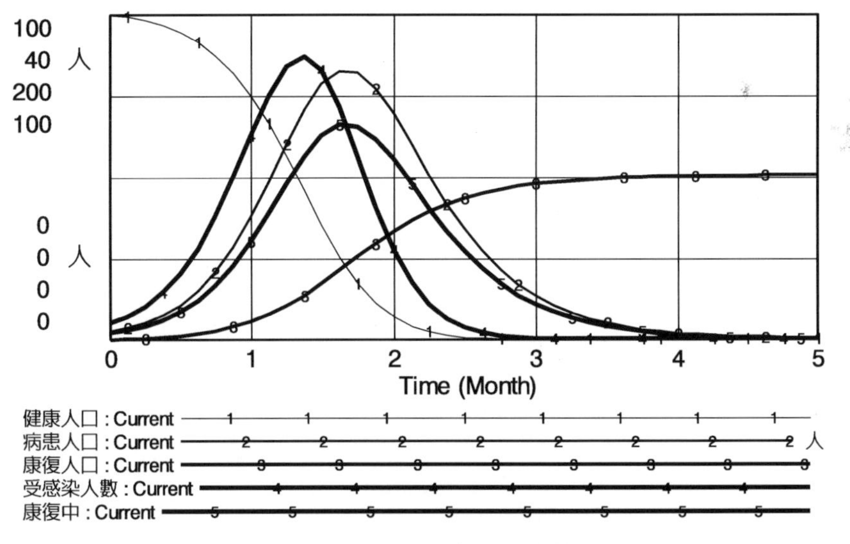

圖6.23　三存量傳染病模擬結果

6.3 生物振盪

6.3.1 什麼是生物振盪

美國物理—生物學家洛特卡（Alfred James Lotka, 1880-1949）於1925年發表新書《物理—生物學原理》（*Elements of Physical Biology*, 1925）。無獨有偶，1926年義大利數學家沃爾泰拉（Vito Volterra, 1860-1940）爲了解釋亞德里亞海域魚類數量的起伏現象，出版了《物種波動的數學思考》（*Fluctuations in the abundance of a species considered mathematically*, 1926, Nature 118: 558-60），兩位大師不約而同的構建了「獵物者」與「獵物」（Predator-Prey）此起彼伏的振盪模型，西方文獻常用他們的姓氏「洛特卡-沃爾泰拉關係」LVR（Lotka-Volterra Relation）稱謂這類模型。

LVR方程所描述的狐狸吃兔子，兔子吃草等生態關係，與中國哲學「五行」論的「生與克」原理不謀而合（圖6.24），「生與克」的關係可以用系統動力學的正負兩類反饋環描述，例如金生水，水生木，木生火是正反饋；木克土，土克水，水克火是負反饋過程。

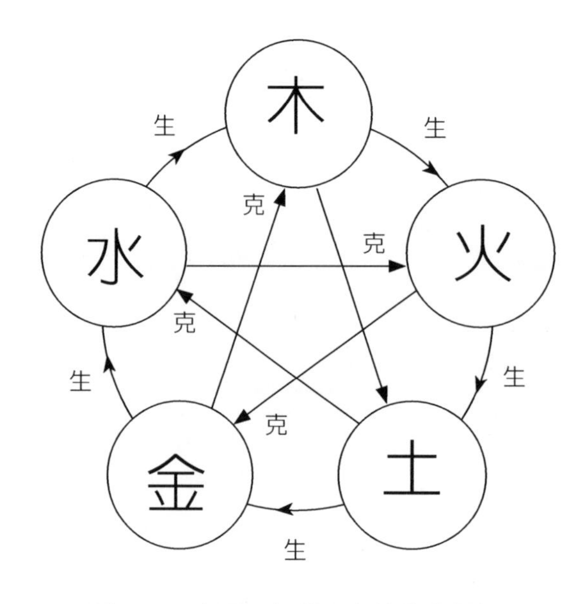

圖6.24　中國五行學說中的生克關係

食物鏈問題的LVR方法，爲什麼在社會經濟領域中突然流行起來？說穿了很諷刺，因爲這種方法可以迴避問題的「細節複雜性」，大家知道系統動力學正是「細節複雜性」的生產工廠。我們必須承認現實，如果追究「細節複雜性」，要反饋的細節太多，問題容易亂套。可是LVR方法只有「生與克」的關係，細節不必追究，水落而石出，摸石頭過河的石頭容易找到。許多研究經驗告知，用LVR處理複雜的經濟和環境問題、人口和資源問題，既方便、省事又省時。

Dendrinos和Mullally（1981, 1983）把城市人口比喻爲捕食者，把人均收入比喻爲獵物，得到城市人口和人均所得有趣的LVR關係。Cappello和Faggian（2002）把人口比喻爲獵物，而把土地價格比喻爲捕食者，得出人口與地價發展的LVR關係。影響更大的是聯合國全球城市化模型（UN, 2007）也是以LVR爲基礎。Puliafito（2008）更把LVR擴大到世界人口、GDP、基本能源消費和二氧化碳排放，他所得到的長期關係（1850-2150）和聯合國政府間氣候變遷專門委員會（IPCC, Intergovernmental Panel on Climate Change）的研究結論是一致的。

我們首先用LVR模型討論兩類生物群體的平衡關係：獵物（prey）和獵物者（predator）。前者如樹林中的兔子，後者如樹林中的狐狸。如果兔子有足夠的食物，兔子因自然繁殖而種群不斷增大。但是，如果狐狸沒有其他的犧牲品替代兔，狐狸最終因食物不足而死光。自然平衡的力量很奇妙，一方面是兔子越多，狐狸越多的正向因果環，另一方面卻是狐狸越多，兔子越少的負向因果環，在這個正環與負環的纏綿中，狐狸和兔子的數目就像江河的波浪一般此起彼伏。

如果將獵物數目記爲x，獵物者數目記爲y，則LVR的一般微分方程如下：

$$dx = ax - bxy \qquad (6.7)$$

$$dy = -cy + dxy \qquad (6.8)$$

式中a、b、c、d均爲正的實數。

公式（6.7）中的第一項ax是微分方程中的線性項，a爲獵物x的自然成長率，即沒有獵物者情況下（y = 0）獵物成長的淨增加率。式中的第二項bxy是負的非線性項，係數b表示獵物的犧牲率，即一個獵物遇到一個獵物者時可能犧牲的數量。

公式（6.8）中的第一項是負的線性項，*c*表示獵物者的自然死亡率，即沒有獵物情況下x = 0，獵物者的自然死亡率。第二項是正的非線性項，係數*d*表示每個獵物者遇到一個獵物的條件下，獵物者因爲隨機撲食的生存數目增加量。

以上公式的相互關係可以用以下的反饋關係圖表示（圖6.25）。一共有三個環，兩個正的小環和一個負的大環。如果正的小環1占上風，那麼有可能獵物種群大發展，獵物者死光光；如果正的小環2占上風，有可能獵物死光光，最後獵物者滅種；如果負的大環得勝，即x→dy→y→dx→x占上風，那麼很可能二者形成生物振盪。

關於以上LVR方程再補充兩點，第一，假如物種X和物種Y不是獵物和獵物者的關係，而是寄生物與寄主的關係，那麼上述方程仍舊成立，係數a、

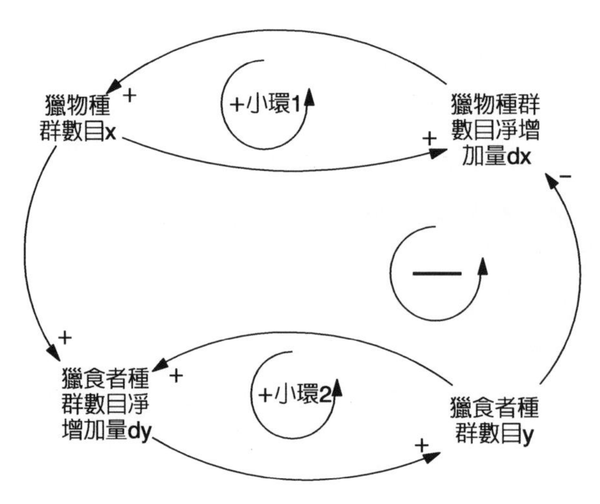

圖6.25　獵物者與獵物的反饋關係

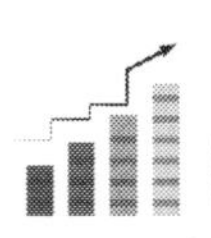

b、c、d本身仍爲正實數，但係數前面的代數符號全爲正號，此時稱物種X和物種Y共生演化。第二，所有生物均生存在有限資源的環境中，資源的有限必定對生物種群的長期增長產生遏制作用，因此需要對方程（6.7）和（6.8）進行修正。修正後的新方程組如下：

$$dx = ax + bxy - mx^2 \qquad (6.9)$$

$$dy = -cy + dxy - ny^2 \qquad (6.10)$$

方程（6.9）是方程（6.7）右側增加第三項$-mx^2$的結果。方程（6.10）是方程（6.8）右側增加第三項的結果。係數m和n爲實數，並稱之爲環境限制係數。

6.3.2 獵物與獵物者生物振盪模板

這個模板的結構不僅適用於狹義的獵物與獵物者關係，也適用於廣義的二者關係，諸如經濟與污染，遊客與GDP，羅密歐與朱麗葉的愛與不愛等等以後章節會講到的故事。目前的模板是爲資源足夠時「獵物與獵物者關係」而設計（圖6.26）。

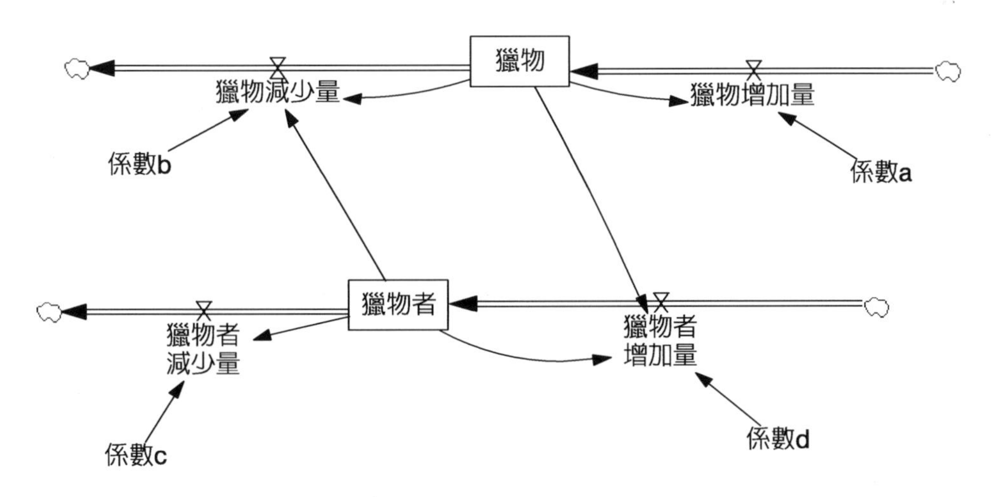

圖6.26 資源充分環境下LVR獵物與獵物者模板

爲了弄清楚這個模型的結構與參數，我們列出表6.9，獵物與獵物者模板公式。

表6.9　獵物與獵物者模板公式

類型	名稱	公式	單位
L	獵物	初始值 = 110	個
L	獵物者	初始值 = 25	個
R	獵物增加量	係數a*獵物	個／天
R	獵物減少量	係數b*獵物*獵物者	個／天
C	係數a	0.08	1／天
C	係數b	0.004	1／天
C	係數c	0.015	1／天
C	係數d	0.00015	1／天
dt	模型設定	dt = 1，Euler算法，模擬時間0-600天	天

先做一些基本分析，根據公式（6.7）和（6.8）和表6.9的數據，本模型微分方程如下：

$$dx = ax - bxy = 0.08x - 0.004xy$$
$$dy = -cy + dxy = -0.015y + 0.00015xy$$

令dx和dy等於零，則可求出該組微分方程的平衡解或稱臨界值，爲

$$x = \frac{c}{d} = \frac{0.015}{0.00015} = 100 \quad , \quad y = \frac{a}{b} = \frac{0.08}{0.004} = 20$$

如果初始值$x_0 = 100$，$y_0 = 20$；那麼獵物x將始終保持爲100，獵物者將始終保持爲20，點（100,20）稱爲臨界點或不動點。

Lotka觀察到一個重要的現象，如果獵物者數量下降到臨界值以下，獵物

就上升；如果獵物數量上升到臨界值，獵物者數量就增多。首先討論前一種情況，請見圖6.27。

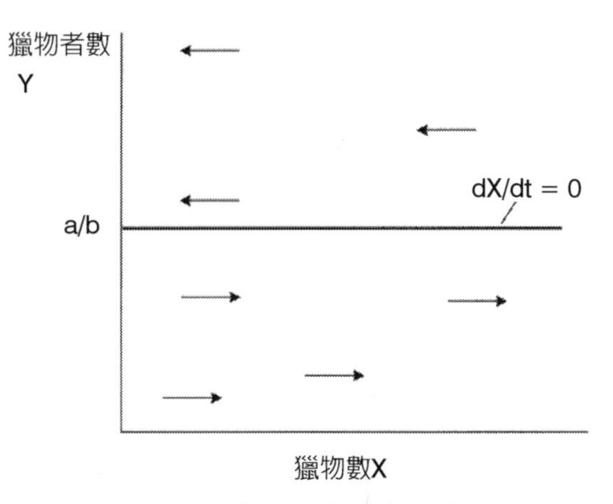

圖6.27　獵物臨界數目與獵物數關係

上圖橫軸座標爲獵物x的數目，縱軸座標爲獵物者y的數目，水平線a/b表示臨界獵物數，即獵物數目零成長線。在零成長線以上因爲獵物者隨機撲捉能力增加因而獵物數目下降，箭頭向左。在零成長線以下因爲獵物者隨機撲捉能力差因而獵物數目上升，箭頭向右。

與圖6.27相應，圖6.28描述獵物者臨界線與獵物者數目變化的關係。

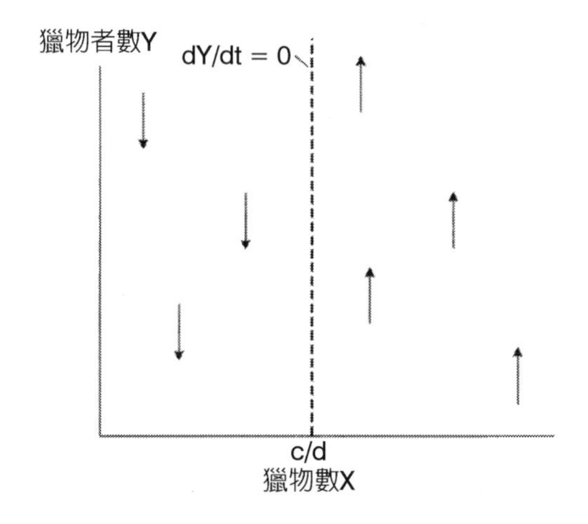

圖6.28　獵物者臨界數目與獵物數關係

上圖垂直線c/d表示臨界獵物者數，即獵物者數目零成長線。在零成長線以左因爲獵物不足而獵物者數目將下降，箭頭向下。在零成長線以右因爲獵物多，獵物者數目增加，箭頭向上。

把圖6.27和圖6.28合在一起便是獵物與獵物者平衡位置的相對關係（圖6.29）。

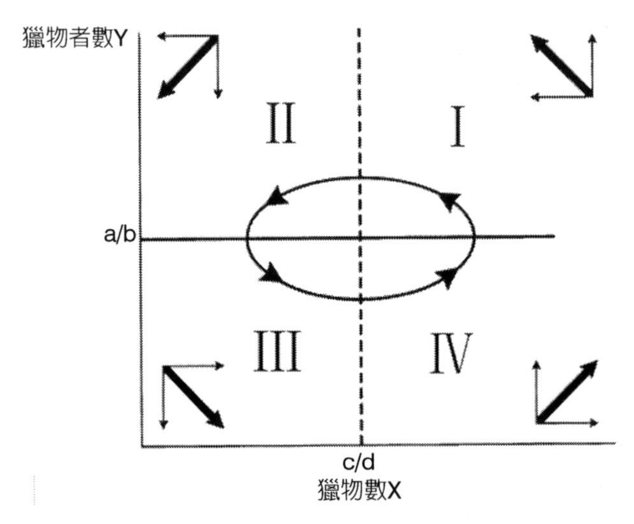

圖6.29　獵物和獵物者不同的增長趨勢

a/b線和c/d線交叉，把整個場域分割爲四個不同增長功能的小區間。在區Ⅰ，因爲獵物和獵物者的數量都很大，因而在趨勢上二者都是增加的。區II獵物者多而獵物少，二者呈現下降趨勢。區III，獵物和獵物者都很少，二者處在復原狀態。區IV獵物者雖然少但處於復原狀態，而獵物數量在上升。

將以上定性分析的推論還原到本例。當獵物者的數目少於其臨界值時（< 20），獵物會增加；反之當獵物者多於其臨界值時（> 20），獵物會減少，當獵物者由少趨多地通過平衡點20時，獵物會達到其數目之極大值。反之，當獵物者由多趨少地通過平衡點20時，獵物數量達到極小值。這是一個由大而小以及由小而大的振盪。

模擬結果印證了上面的定性分析，請看圖6.30，這是根據表6.9所給出的各項參數模擬運作的結果。

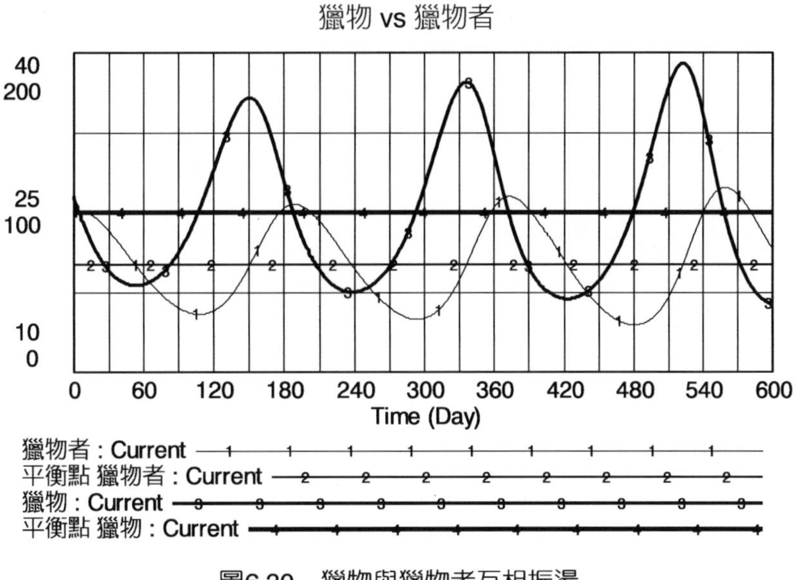

圖6.30　獵物與獵物者互相振盪

圖中帶有符號1的曲線代表獵物者，帶有符號2的直線代表獵物者臨界值20，帶有符號3的曲線代表獵物，帶有符號4的直線代表獵物臨界值100。可以看出獵物的數目圍繞獵物的臨界值100做上上下下的振盪；與此同時獵物者的數目圍繞獵物者的臨界值20做上上下下的振盪。

如果獵物初始值接近臨界值，可以利用解析法求獵物數量的波動週期T：

$$T=\frac{2\pi}{\sqrt{ac}}=\frac{2\pi}{\sqrt{0.08\times 0.015}}=179\text{ 天} \tag{6.11}$$

此計算結果與圖6.30獵物曲線相鄰兩個波峰的時間距離吻合，說明公式（6.11）是正確的。

LVR模型參數對模擬結果的影響是敏感的，我們先來做一個實驗，如果把表6.9中獵物的內在成長率a改小25%，由原來的0.08改爲0.06，結果會怎樣呢，圖6.31是模擬結果。請與圖6.30比較，有兩項明顯的變化，第一波動的週期延長，其實這從公式（6.8）已經看出。第二波動的振幅加大，這很難準確計算，儘管有一個計算振幅比的公式。

$$A=\frac{b}{d}\sqrt{\frac{a}{c}} \tag{6.12}$$

A表示獵物振幅與獵物者振幅的比值，式中係數a,b,c,d其數值見表6.9。

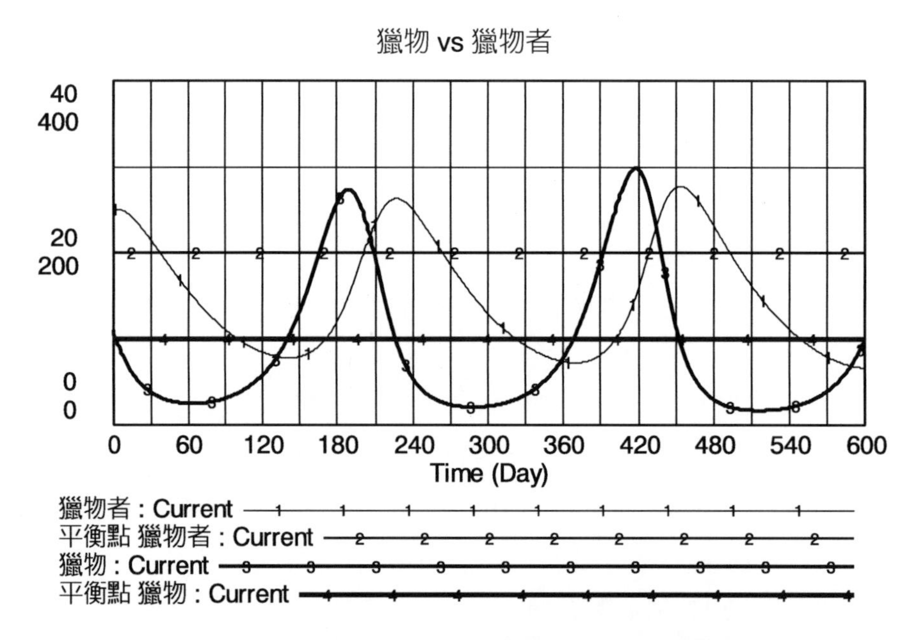

圖6.31 獵物種群內在成長率變小25%的模擬結果

要全面評估參數對模擬結果的影響，應該利用VENSIM的敏感性分析工具。圖6.32是敏感參數設定（參數a 0.06,0.10）。

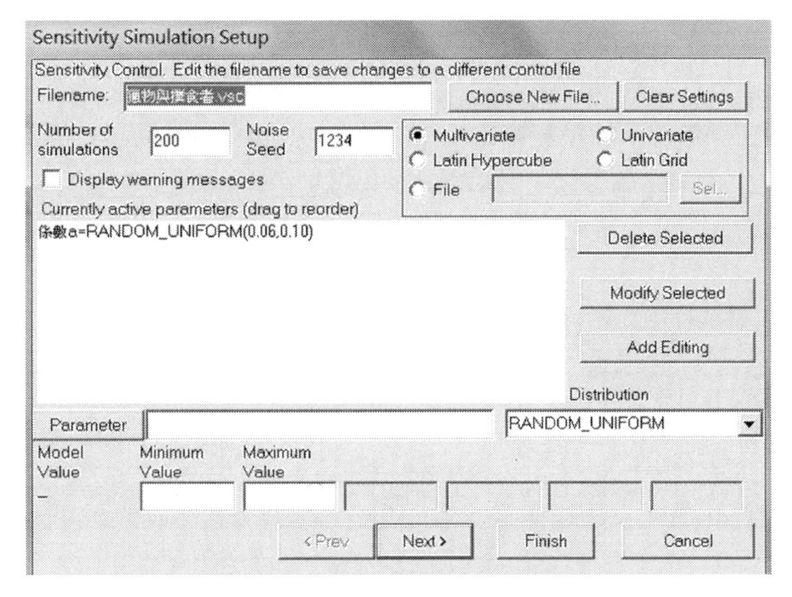

圖6.32 敏感性分析的參數選擇和變化範圍

圖6.33是敏感性分析的模擬輸出，好像陽光照到物體產生的陰影，原先的物體變幻了，比如圖中的實線波浪就是原型，模擬結果的不確定性越大，變幻的陰影越大。

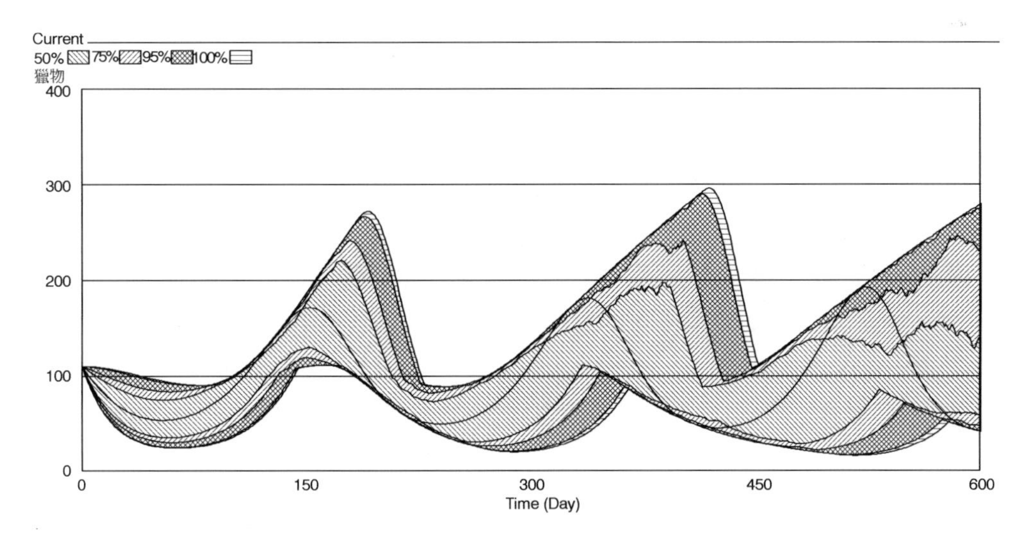

圖6.33 LVR模型敏感性分析輸出（獵物種群數量）

與參數的變化相仿，存量的初始值對模擬結果的影響也很大，通常初始值離臨界值越遠，振盪的幅度和週期越大。圖6.34是獵物種群初始值140，獵物者初始值60情況下的模擬結果，請與圖6.30比較，圖6.30獵物的初始值爲110，獵物者的初始值爲25。兩項比較振盪週期由179天擴大到225天，振幅由100左右擴大到450左右。

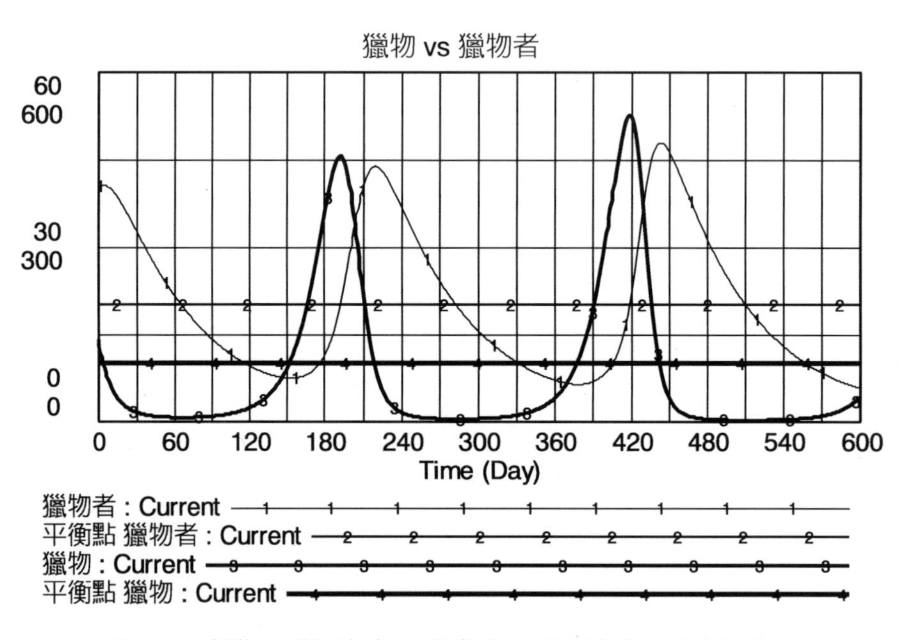

圖6.34　獵物種群初始值140獵物者種群初始值60的模擬輸出

觀察變化有兩套座標，一套叫時間座標，另一套叫狀態座標，因此記錄變化就有兩種根據，一種是變量的時間系列，另一種則是變量的相空間。初始值對系統行爲的影響，最容易從相空間圖中取得資訊，因爲系統由初始值出發，相空間留下了變量變化的狀態軌跡，圖6.35是初始值（110,25）的相空間，圖6.36是初始值（140,60）的相空間，互相比較可以看出後者的影響範圍大得多。

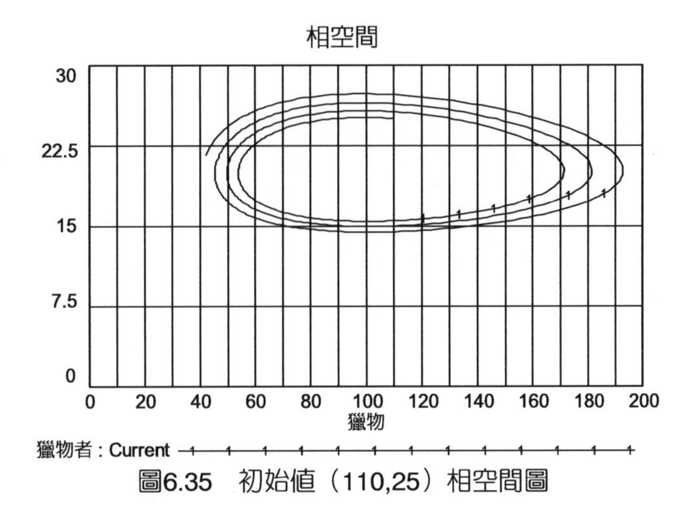

圖6.35　初始值（110,25）相空間圖

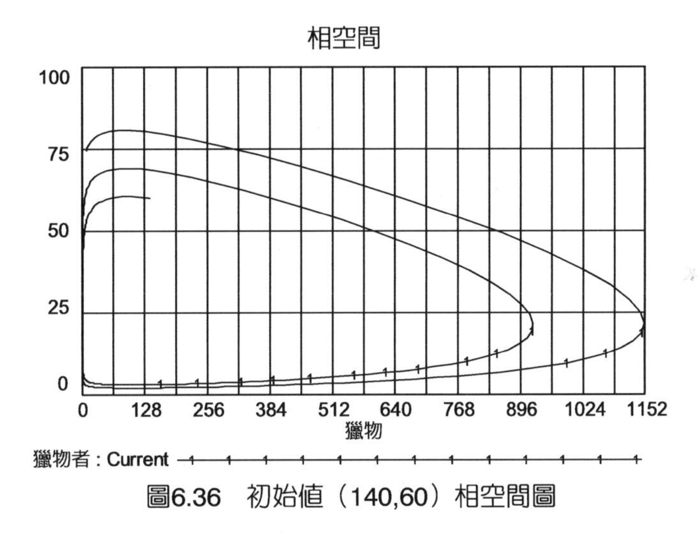

圖6.36　初始值（140,60）相空間圖

把不同初始值的相空間圖組合為一張，如圖6.37。由此看出初始值越大距離系統的臨界值越遠，軌跡穿越的範圍越大。

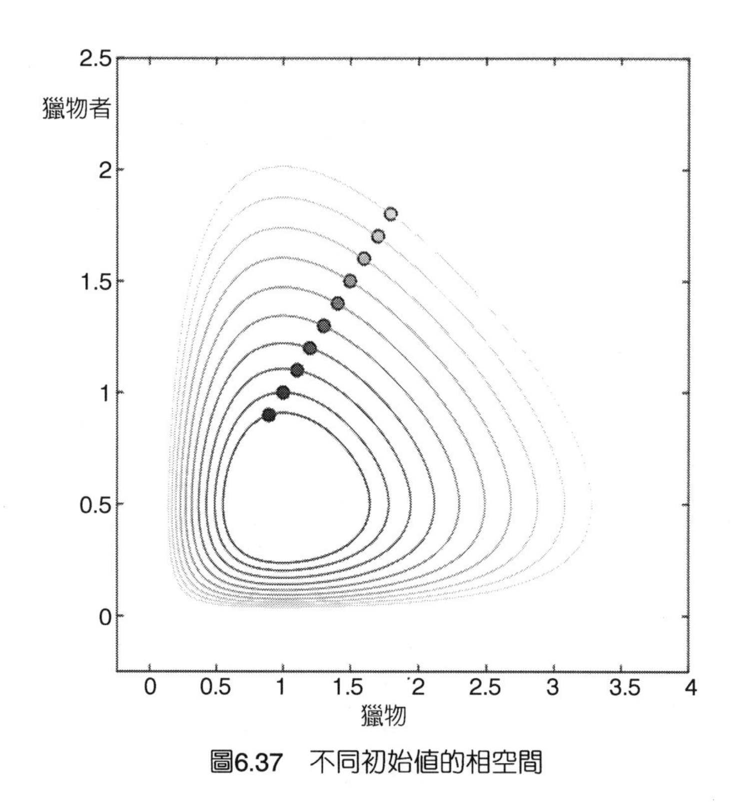

圖6.37 不同初始值的相空間

6.4 受資源約束的物種競爭

如果有兩個物種x和y生存在一個環境中，除了種內的競爭外，還有種與種之間的競爭。假定物種x的內在成長率爲a，物種y對物種x的競爭係數爲b，物種x的環境容量爲K。同時，物種y的內在成長率爲c，物種x對物種y的競爭係數爲d，物種y的環境容量爲Q，那麼以下的基本方程可以表示多種生態關係：

$$dx = ax\left(1 - \frac{x - by}{K}\right) \tag{6.13}$$

$$dy = cy\left(1 - \frac{y - dx}{Q}\right) \tag{6.14}$$

參數a,b,c,d以及環境容量K和Q均爲正實數；參數b、d前面的正負號決定了物種間的不同生態關係。

表6.10　物種的生態關係

關係	b	d
競爭	−	−
獵物與獵物者	−或+	+或−
寄生／寄主	−	+
共生	+	0
互利	+	+

假定物種A和物種B是競爭的關係，各項參數如下：物種A的初始值爲20，內在成長率a = 0.08，係數b = 0.4，容量K = 100；物種B的初始值爲50，內在成長率c = 0.08，係數d = 0.008，容量Q = 100。

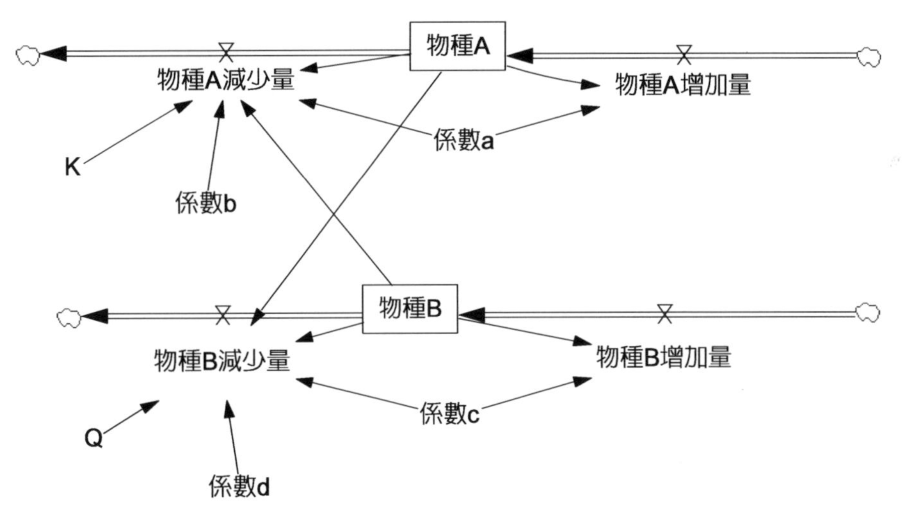

圖6.38　物種競爭模型

表6.11 物種競爭模型公式

類型	名稱	公式	單位
L	物種A	初始值 = 20	個
L	物種B	初始值 = 50	個
R	物種A增加量	係數a*物種A	個／天
R	物種A減少量#	係數b*物種A*{(物種A + 係數b*物種B)/K}	個／天
R	物種B增加量	係數d*物種B	個／天
R	物種B減少量#	係數c*物種B*{(物種B + 係數d*物種A)/Q}	個／天
C	K 物種A的容量	100	個
C	Q 物種B的容量	100	個
C	係數a	0.08	1／天
C	係數b	0.04	1／天
C	係數c	0.08	1／天
C	係數d	0.008	1／天
dt	模型設定	dt = 1，Euler算法，模擬時間0-60天	天

註：#為流出量本身帶有負號，因此公式（6.13）和（6.14）內的b，d符號均取+號。

物種A和物種B的環境容量相同，內在成長率也一樣，競爭開始的前18天，物種A的成長氣勢不錯，然而從第19天起，由盛而衰，到第60天全部滅絕。物種B除了初始條件佔便宜外，獲勝的主要原因是對敵人的競爭力量（係數b）遠大於敵人的威脅（係數d）。

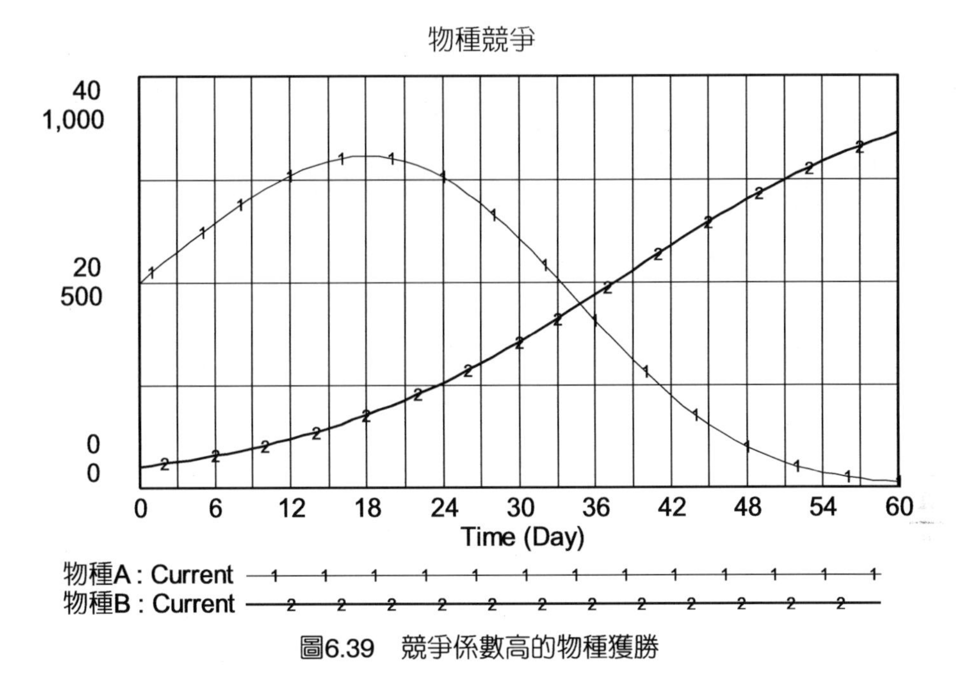

圖6.39　競爭係數高的物種獲勝

物種競爭的原理適用於產品、技術，有關的內容請參考以後的章節。

第 7 章

人口模型

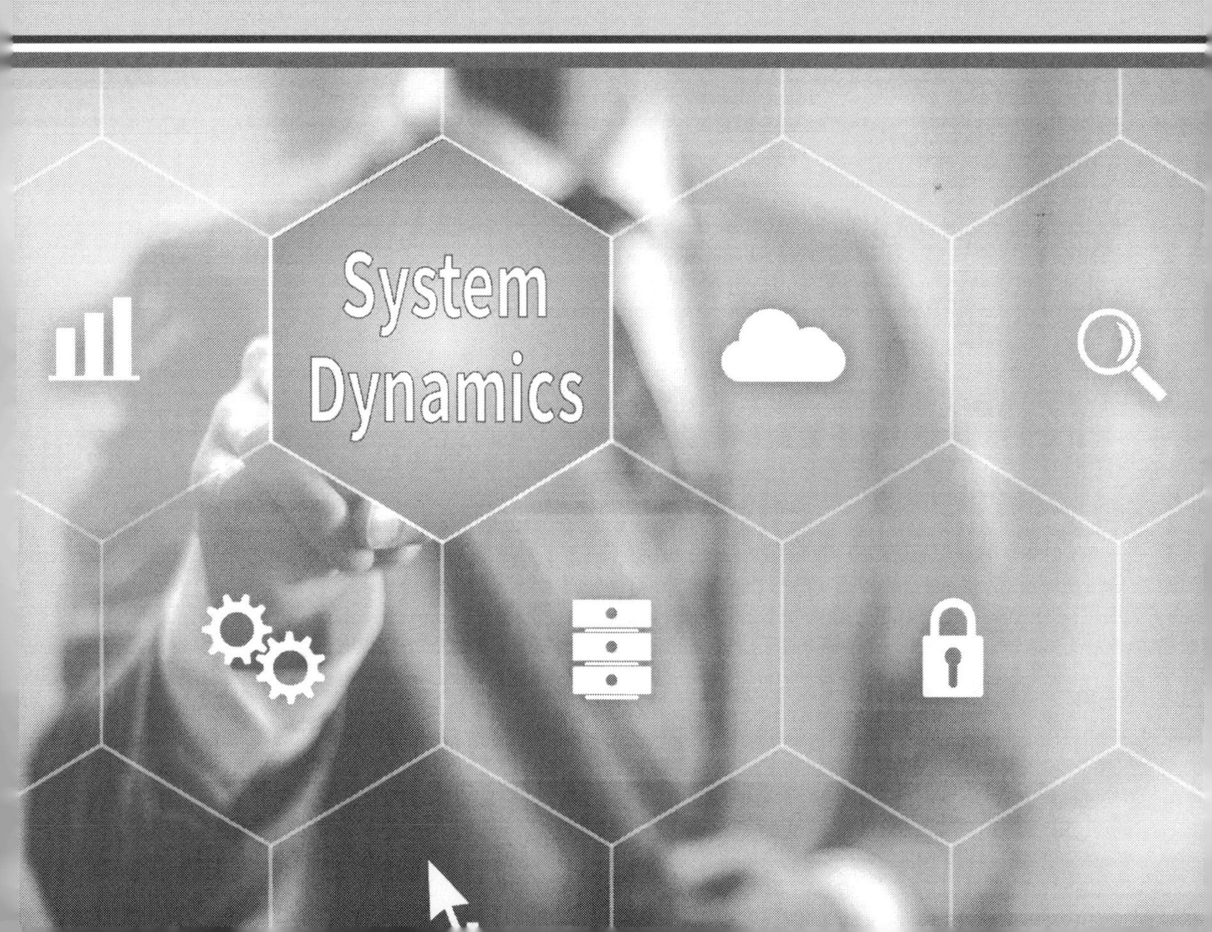

人類是地球的主體之一，而人類的主體是人口。從冰河期結束的一萬多年來，人口的變化如圖7.1。公元前1萬年地球的人口不過5百萬，到公元1年羅馬帝國凱撒年代，史學家估計地球上的人口已增加到28,500萬人。到了近代人口已如馬爾薩斯的指數式增長，早已突破十億大關，現在已經超過70億人。在人口圈不斷擴張的同時，地球上的另外兩個客體，資源圈和環境圈並沒有擴張，他們不斷受到人口壓迫而破壞殆盡。及至今日，自然與環境對人類的反抗，逐漸引發人類反省。本章的任務在於舉例和講解，系統動力學製作各類人口模型的方法，包括大空間和小空間以及長期和短期人口模型。

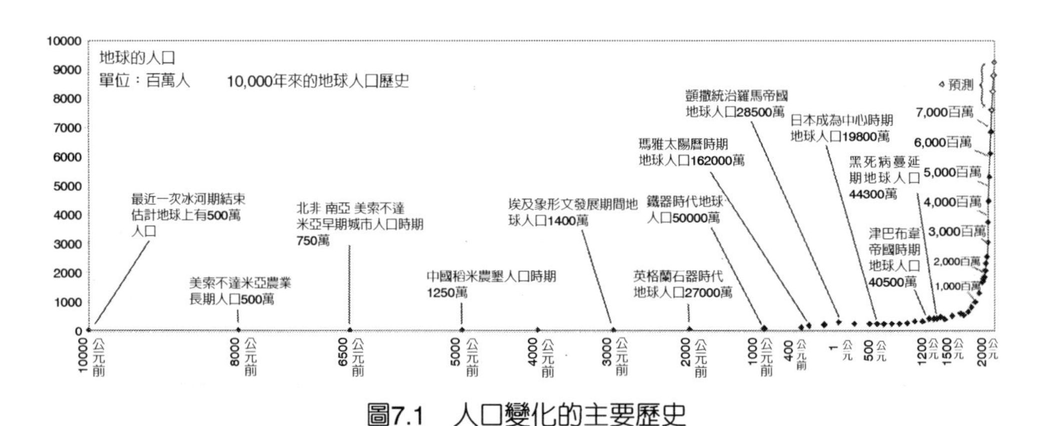

圖7.1　人口變化的主要歷史

資料來源：UNEP. (2011). One Small Planet, Seven Billion People by Year's End and 10.1 Billion by Century's End.

坊間通常有兩大類模型用於人口預測，一類是利用人口的各種參數（如成長率或S型曲線的特徵參數）構造模型。另一類是所謂的萊斯利模型，萊斯利（Leslie P.H.）於1945年利用矩陣的數學方法，動態地預測生物種群年齡結構並成功的計算了種群數量隨時間的變化。兼具以上兩類模型特點的模型正是本書專門討論的系統動力學模型。

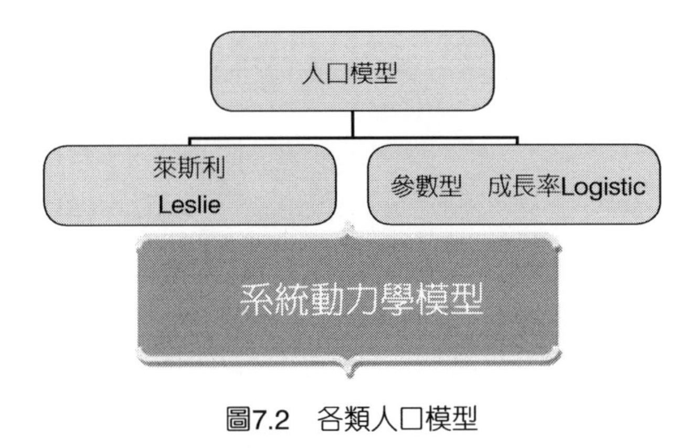

圖7.2　各類人口模型

7.1 最簡單的一階系統動力學人口模型

7.1.1 臺灣人口一階模型

二次大戰後的1946年臺灣人口6,090,860人，2013年增加到23,373,517人，67年來增加爲當年的3.84倍，平均每年增長率爲2.03%（圖7.3）。我們來探討未來10年臺灣人口增長的可能情景。模型製作的第一原則永遠是簡單，能用一階則不用二階，能用n個變量，則不用n+1個變量。

最簡單的短期人口模型是一階的雙參數。模型製作前先要準備一個參考模型。下圖是歷史上的臺灣人口曲線，所有的預測不過是對這條曲線的模仿。

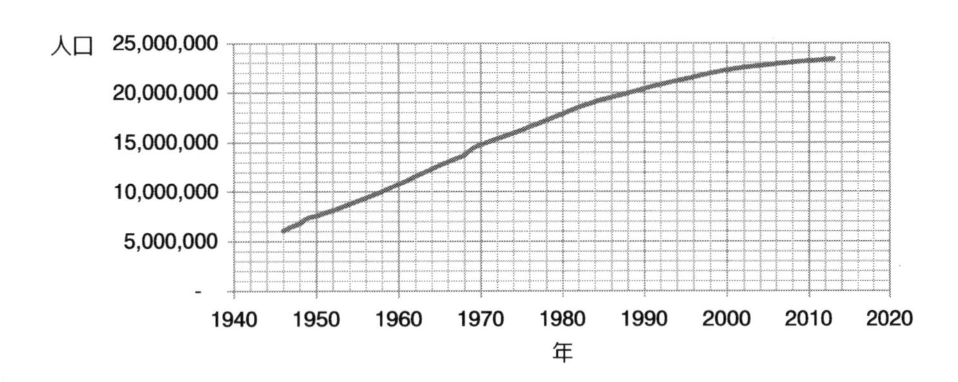

圖7.3　歷史上的臺灣人口，1946-2013年

數據來源：內政部「百年人口歷年資料」

模型製作步驟如下。

步驟1. 製作流程圖

流程圖會經過不斷的修改，圖7.4是一個可能的結構，這是一個簡單的一階人口模型diagram。它有一個存量，標記爲「人口」，並有兩個流量，一個是箭頭指向存量的流入量，標記爲「出生量（人口增加量）」，另一個是箭頭指向外部世界的流出量，標記爲「死亡量（人口減少量）」。這個模型還有兩個用表函數表達的輔助變量，一個叫「粗出生率」另一個叫「粗死亡率」。模型雖然簡單但效果不錯，可與官方公布的預測模型比較。

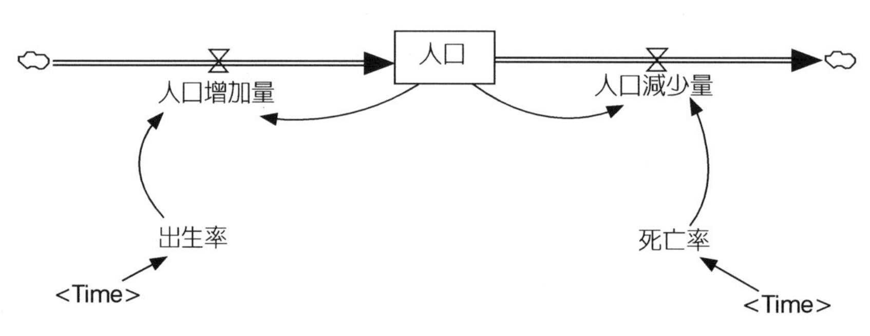

圖7.4　一階臺灣人口模型流程圖

步驟2. 求粗出生率和粗死亡率

人口模型成敗的關鍵是未來出生率和死亡率的估計，一個最簡單的方法是利用出生率和死亡率的歷史資料（1985-2013年）進行迴歸，全部運算均以Excel表格爲工具。

本模型的全部數據取自內政部的「百年人口歷年資料」，圖7.5是Excel迴歸計算的原始結果。

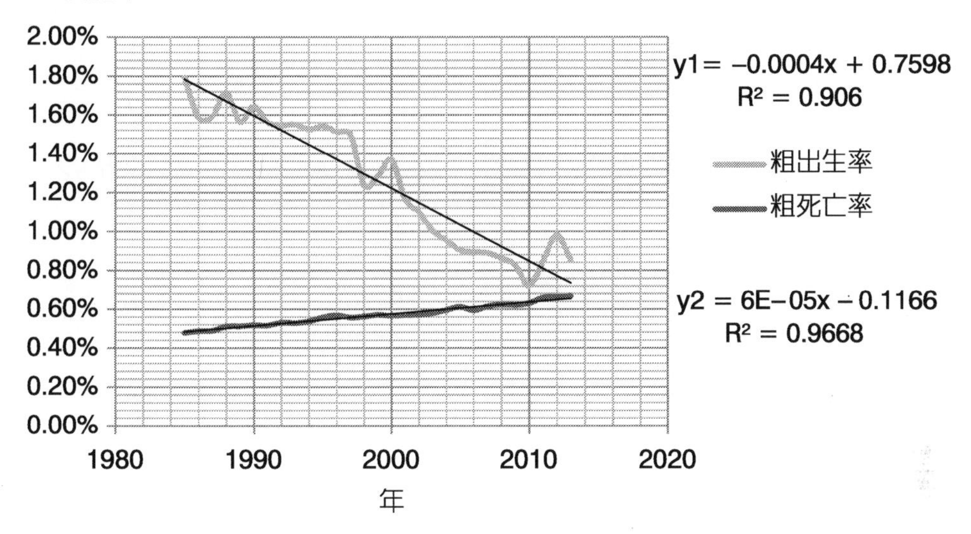

圖7.5　利用迴歸方法求取粗出生率與粗死亡率的時間函數（1985-2013）

粗出生率的迴歸方程爲：

$$y_1 = -0.0004x + 0.7598 \qquad (7.1)$$
$$R^2 = 0.906$$

粗死亡率的迴歸方程爲：

$$y_2 = 6E - 0.5x - 0.1166 \qquad (7.2)$$
$$R^2 = 0.9668$$

以上兩個有關臺灣人口的迴歸方程的可信度很高，因爲它們的可決係數R^2都在90%以上。有用的是這些公式的斜率，例如公式（7.1）的−0.0004，它告訴我們67年來，台灣的粗出生率每年以0.0004的數值減少，相反公式（7.2）的0.000006，它告訴我們67年來，臺灣人口的粗死亡率每年以

0.000006的數值增加。根據公式（7.1）和公式（7.2），我們可以得到2013年至2023年臺灣的粗出生率和粗死亡率的線性推估表（表7.1）。

表7.1　2013-2022年臺灣粗出生率和粗死亡率推估

年	粗出生率	粗死亡率	年	粗出生率	粗死亡率
2013	0.85%	0.6670%	2018	0.65%	0.6700%
2014	0.81%	0.6676%	2019	0.61%	0.6706%
2015	0.77%	0.6682%	2020	0.57%	0.6712%
2016	0.73%	0.6688%	2021	0.53%	0.6718%
2017	0.69%	0.6694%	2022	0.49%	0.6724%

步驟3. 設計粗出生率和粗死亡率的表函數

流程圖7.4中的粗出生率和粗死亡率使用表函數，將表7.1的數據代入，即完成表函數的設定，如圖7.6a和7.6b。2013年模型起始，該年粗出生率爲0.0085，粗死亡率爲0.0067。

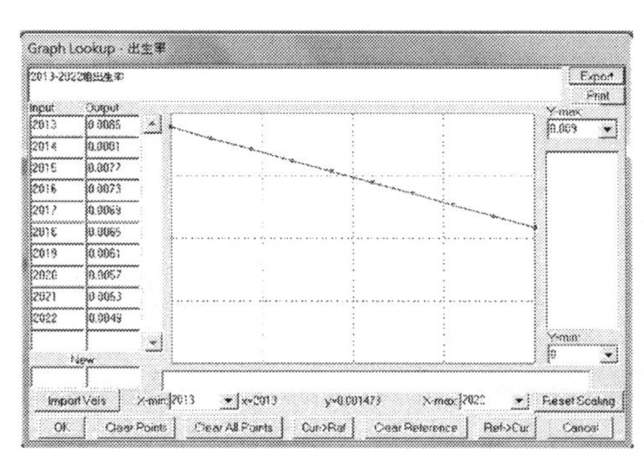

(a)粗出生率表函數

(b)粗死亡率表函數

圖7.6　表函數設計

步驟4. 模擬時間確定爲2013-2022年，確定存量的初始值：2013年人口 = 23,373,517人。

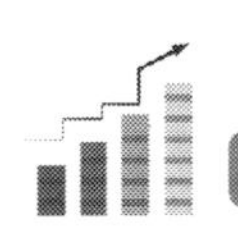

步驟5. 確定各等式的關係值，模擬並輸出模擬結果。

模擬結果：未來10年是臺灣人口轉型的關鍵時期，2018年是轉折點，該年人口的預測數爲23,492,710人，與官方預測的誤差爲0.09%。在轉折點出生人口與死亡人口相等，轉折點後死亡人口大於是出生人口，因此人口日益萎縮。具體成果如下。

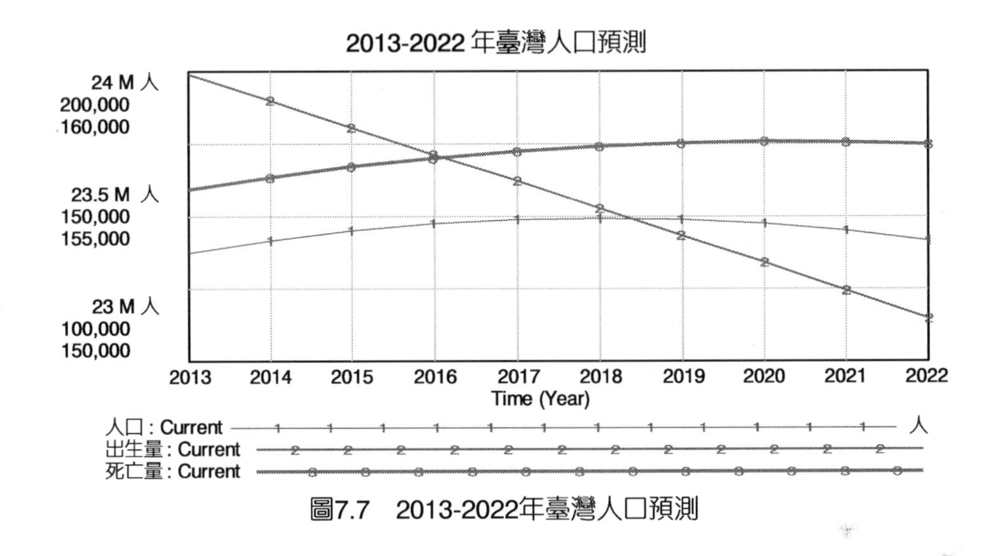

圖7.7　2013-2022年臺灣人口預測

自1951年起臺灣人口的粗出生率便開始下降，在粗出生率迴歸取樣期間，它由1985年的7.79%下降到2013年的0.85%，依照這種慣性，模擬期間2013-2022年，粗出生率將以每年0.04%的速度下降，因此人口出生量的曲線(2)是逐年下降的。相反，粗死亡率在迴歸取樣期間，由1985年起不斷攀升，每年以0.0006%的速度增加，依照這種慣性，在模型的模擬期間2013-2022年，粗死亡率將以每年0.0006%的速度上升，因此人口死亡量的模擬曲線(3)是逐年上升的。粗出生率與粗死亡率在2018年到2019年之間相等（0.0066），此時臺灣人口的出生量和死亡量相同，臺灣人口到達動態平衡，曲線(1)達到最高點，它等於23,492,710人。如果沒有外來人口移入，2018年以後死亡人口大於出生人口，因此推估臺灣人口從2019年起將不斷下降。

模擬的數據輸出以及和官方預測的比較請見表7-2。

表7.2　數據輸出以及和官方預測的比較

年	人口	官方預測人口＊	出生	死亡	出生率	死亡率	誤差
2014	23,416,290	23,414,582	189,672	156,327	0.0081	0.00668	0.01%
2015	23,449,634	23,449,957	180,562	156,690	0.0077	0.00668	0.00%
2016	23,473,506	23,478,455	171,357	156,991	0.0073	0.00669	-0.02%
2017	23,487,872	23,499,949	162,066	157,228	0.0069	0.00669	-0.05%
2018	**23,492,710**	**23,513,904**	**152,703**	**157,401**	**0.0065**	**0.0067**	-0.09%
2019	23,488,012	23,519,008	143,277	157,511	0.0061	0.00671	-0.13%
2020	23,473,778	23,515,792	133,801	157,556	0.0057	0.00671	-0.18%
2021	23,450,022	23,504,005	124,285	157,537	0.0053	0.00672	-0.23%
2022	23,416,770	23,483,277	114,742	157,454	0.0049	0.00672	-0.28%

＊國發會「中華民國人口推計（103至150年）一低推計方案」

由表可見本模型與國發會的研究結果十分接近，誤差在可接受的範圍。可是本模型的投入量要比官方研究的投入小許多，成本低耗時少這是優點。

7.1.2　一階單參數世界人口模型

上面的一階模型是小空間的，大空間比如世界級的人口問題，也可以用簡單的一階模型。二次大戰後的1950年世界人口25.258億人，28年後的1978年大約增加了一倍達到50.453億人，2011年世界人口突破70億（圖7.8），每年平均大約增加7.68%。

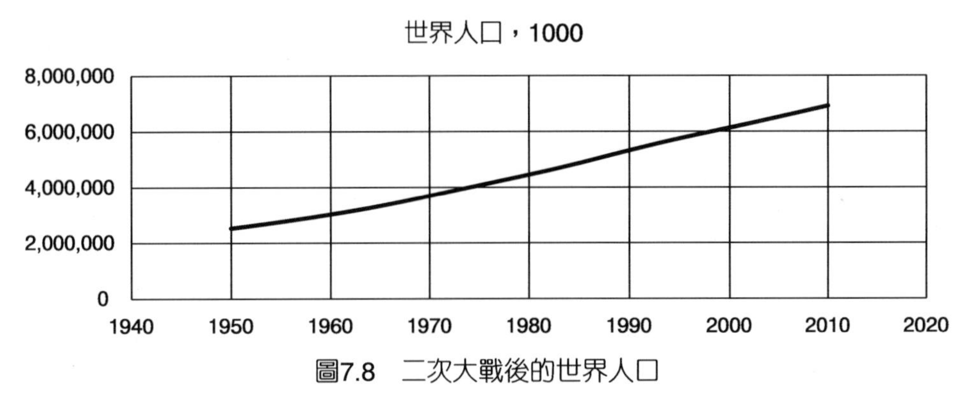

圖7.8　二次大戰後的世界人口

數據來源：UN Department of economic and social affairs, Population Division (2013) World population Prospects

根據聯合國人口事務部研究，世界人口未來走向有三種情景：高成長時2300年人口增加到360億人；中成長時人口自2050年後穩定在90億人；低成長時世界人口自2050年前逐漸下降，2300年衰減到23億人（圖7.9）。大多數人接受世界人口中成長情景。

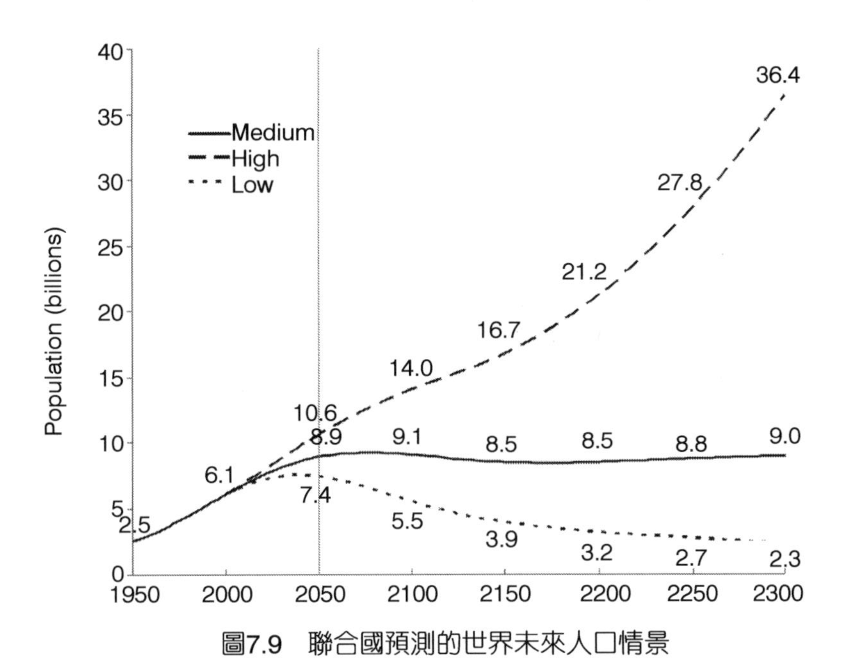

圖7.9　聯合國預測的世界未來人口情景

資料來源：UN(2004).World Population to 2300.N.Y.p.27

世界人口的粗出生率和粗死亡率資料並不容易獲得，但是很容易根據人口的年增長量求人口的自然增加率，其實人口的自然增加率就是出生率和死亡率的差値。本節的任務就是利用世界人口的自然成長率單一參數預測世界人口變化。圖7.10是世界人口自然成長率的迴歸曲線，1960年以後，世界人口自然成長率以每年0.0002的數値下降，如果這種大趨勢不變，預計2058年左右成長率趨勢線與X軸相交，即自然成長率爲零，它表示世界人口從此停止成長。我們預測的這個點與聯合國未來預測的中間方案吻合。

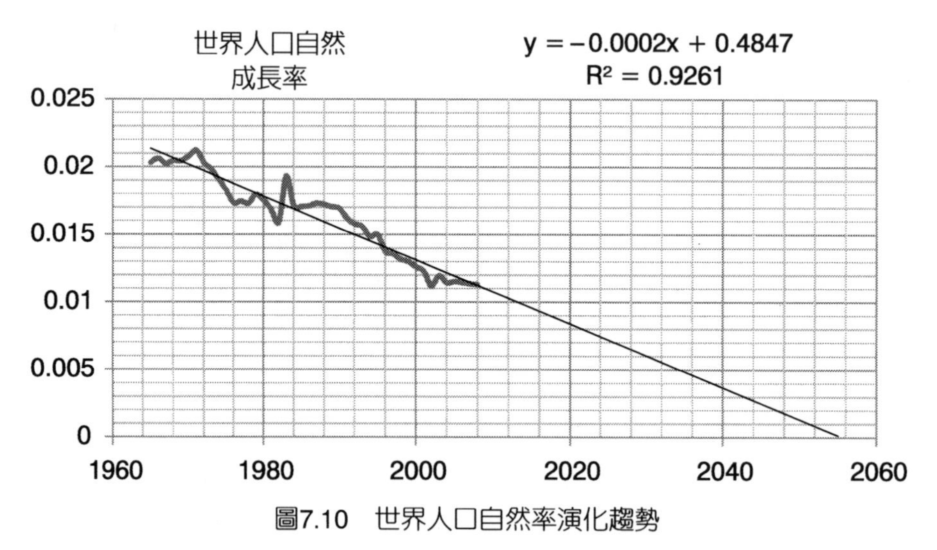

圖7.10　世界人口自然率演化趨勢

數據來源：UN Department of economic and social affairs, Population Division (2013) World population Prospects

按照與上節相仿的步驟構建以下簡單的世界人口模型。

步驟1. 製作流程圖

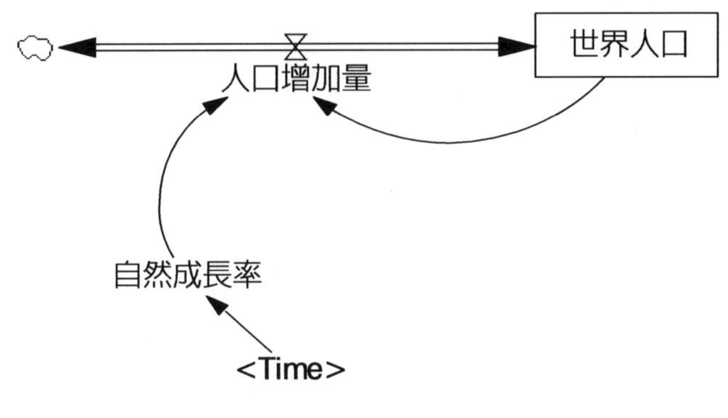

圖7.11　世界人口一階模型流程圖

這個一階的單參數世界人口模型，只有一個存量，模型中標記爲「世界人口」，一個雙箭頭的流量，標記爲「人口增加量」。雙箭頭流量表示流量流動的方向既可以進也可以出，後者表示流量是負值其作用是使存量減少。模型中有一個用表函數表示的輔助變量，標記爲「自然成長率」。

步驟2. 設計自然成長率的表函數

根據圖7.10自然成長率迴歸方程：

$$y = -0.0002x + 0.4847 \qquad (7.3)$$

我們將以每年0.0002的數值設計自然成長率下降的表函數。模型起始年2012年，該年世界人口的自然成長率爲0.011。

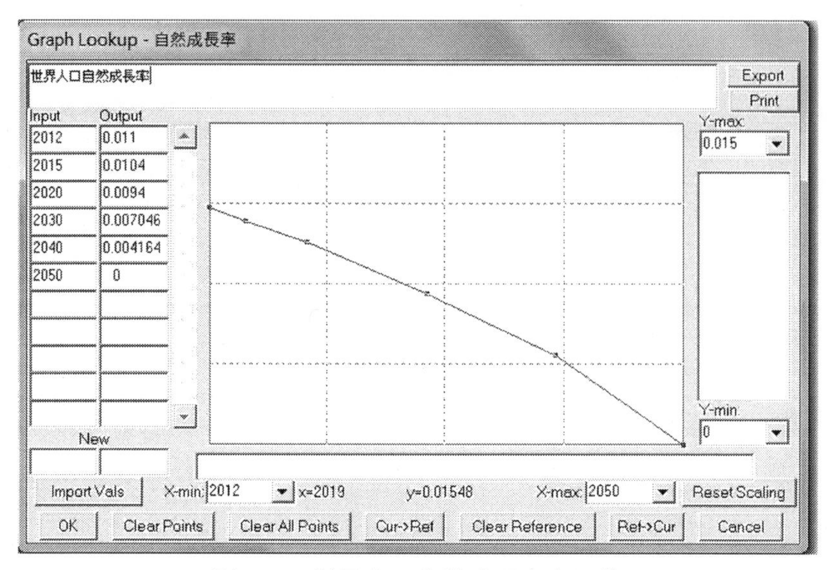

圖7.12　世界人口自然成長率表函數

步驟3. 模擬時間設定為2012年至2055年，存量的初始值：2012年世界人口 = 7,118,280千人。

步驟4. 確定各項等式關係，模擬並輸出模擬結果。

模擬結果請見圖7.13和表7.3。

圖7.13中帶有字符1的曲線是世界人口量，模擬說明大約到2050年人口數量停止增長。圖中帶字符2的曲線是世界人口乾淨增加量，它是逐年下降的，大約到2050年，世界人口增加量為零，圖中帶字符3的成長率曲線逐年下降，2050年降為零。

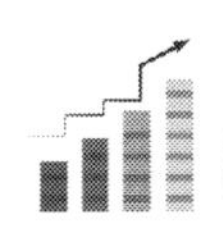

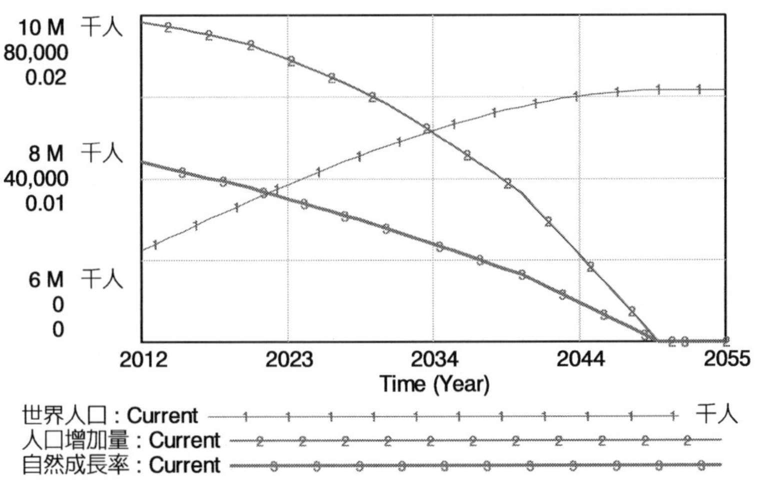

圖7.13　一階世界人口模型模擬結果

模擬輸出的數據如表7.3。

表7.3　一階世界人口模型主要模擬結果

年	世界人口，10億人	人口增加量，千人	自然成長率	年	世界人口，10億人	人口增加量，千人	自然成長率
2012	7.118	78,301	0.011	2035	8.664	47,959	0.0055
2015	7.351	76,455	0.0104	2040	8.882	36,291	0.0041
2020	7.726	72,628	0.0094	2045	9.028	18,444	0.0020
2025	8.077 (7.851)	66,124	0.0082	2050	9.083 (8.919)	0	0
2030	8.393	58,420	0.0070	2055	9.083	0	0

(…)括弧內數字為聯合國2300預測的中間方案，詳見UN(2004).World Population to 2300, p.28, Tab.7.

7.2 高階人口結構模型

多數情況下，人口模型需要反映人口的年齡結構，爲此我們可以把年齡層作爲「存量」，例如「0-14歲」、「15-44歲」、「45-64歲」和「65歲以上」等。圖7.14正是根據以上四個年齡層設計的世界人口模型結構圖。

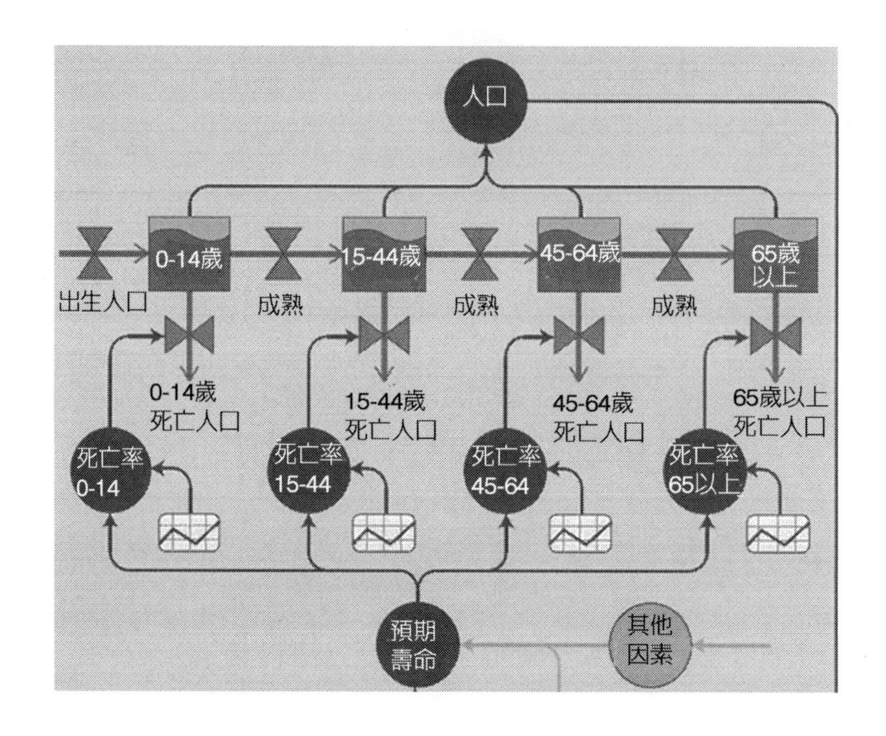

圖7.14　人口結構示意圖

利用圖7.14的人口結構，著名的系統動力學家Tom Fiddaman構造了圖7.15的四階世界人口模型。

這是一個四階串聯模型，每個存量都有一個流入量和兩個流出量，例如第一階的存量「0-14歲人口」，他的流入量是「出生人口」，他的兩個流出量分別爲「0-14歲死亡人口」和「14-15歲人口」。第二階的存量是「15-44歲人口」，他的流入量是「14-15歲人口」，他的兩個流出量分別爲「15-44歲死亡人口」和「44-45歲人口」。第三階的存量是「45-64歲人口」，他的流入量是「44-45歲人口」，他的兩個流出量分別爲「45-64歲死亡人口」和「64-65歲人口」。第四階的存量是「65歲以上人口」，他的流入量是「64-65歲人口」，他的流出量只有一個「65歲以上死亡人口」。

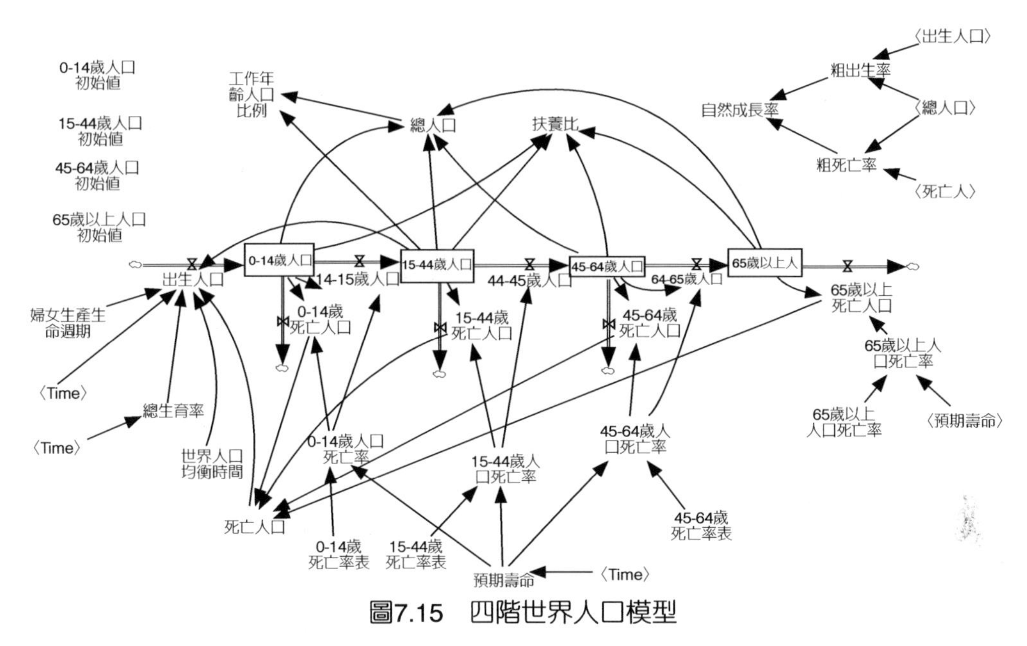

圖7.15 四階世界人口模型

數據來源：Fiddaman, World Model

模型有兩個重要的假定，第一隨時間發展人類的預期壽命增加，並設計爲表函數（圖7.16）。

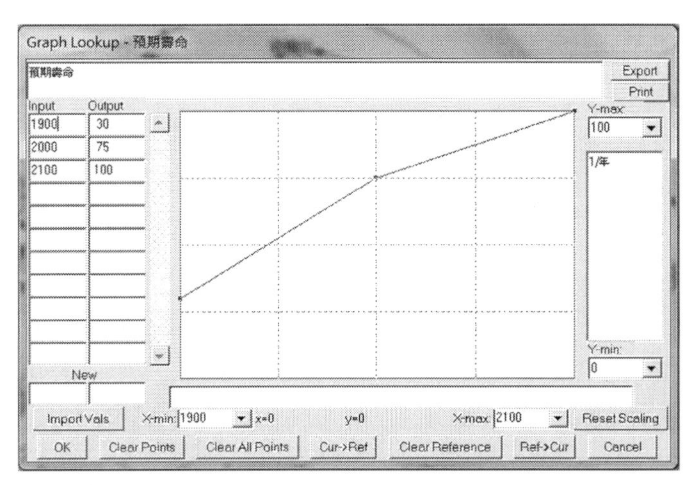

圖7.16 人類預期壽命表函數

模型的第二個重要假定是各個年齡層的死亡率與預期壽命相呼應，例如0-14歲死亡率表函數（圖7.17），該表的橫軸爲預期壽命。可以看出預期壽命愈高0-14歲的死亡率愈低；隨時間發展預期壽命越來越長，因此隨時間發展0-14歲人口的死亡率越來越低。

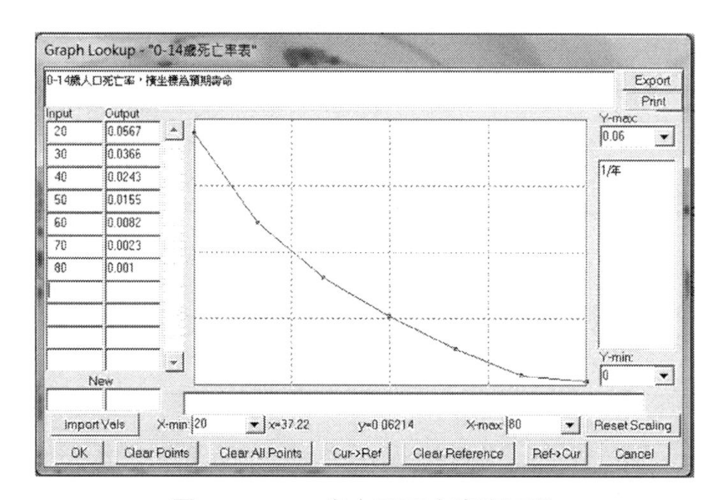

圖7.17　0-14歲人口死亡率表函數

其餘年齡層的死亡率與預期壽命的關係分別如下所述。15-44歲人口死亡率表函數如圖7.18。

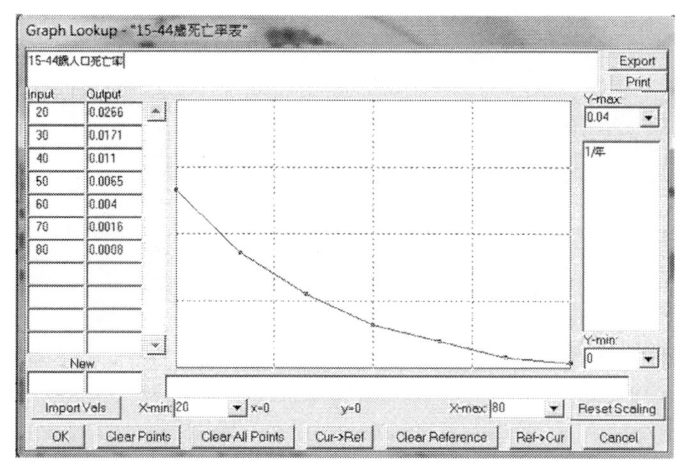

圖7.18　15-44歲人口死亡率表函數

45-64歲人口死亡率表函數如圖7.19。

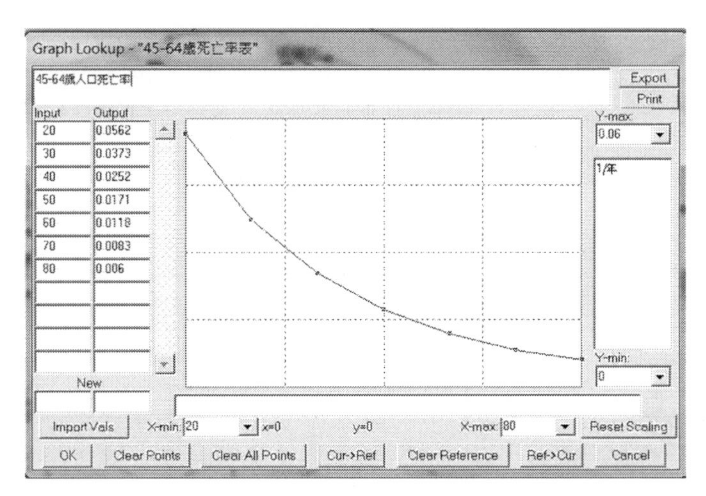

圖7.19　45-64歲人口死亡率表函數

65歲以上人口死亡率表函數如圖7.20。

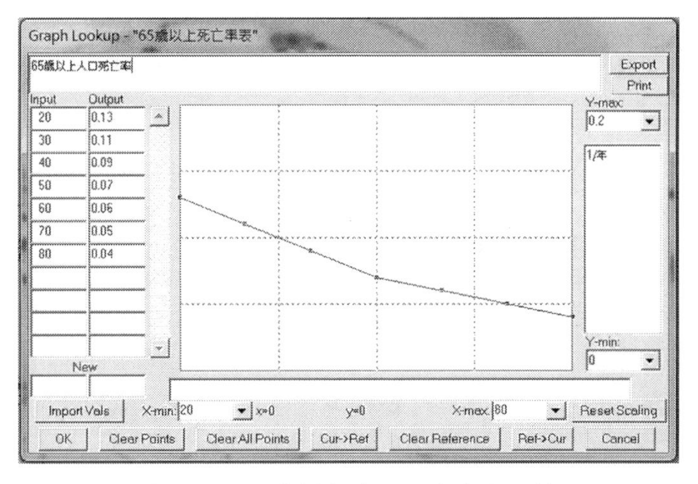

圖7.20　65歲以上人口死亡率表函數

當各年齡層的死亡率已知，各個年齡層的死亡人口很容易計算，即該年齡層的人口數乘所對應的死亡率，例如0-14歲的死亡人口計算如圖7.21。

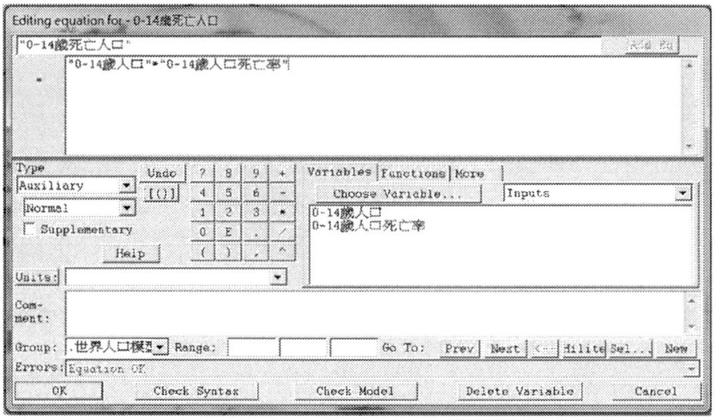

圖7.21　0-14歲死亡人口

其餘各年齡層的死亡人口計算與此相仿。

連接比鄰年齡層的人口流不同於年齡層的人口，後者是存量是一個群組的人口數，前者是流量是某年某個年齡（某歲）的人口數，以連接「0-14歲人口」和「15-44歲人口」的流量「14-15歲人口」為例，他的計算如圖7.22。

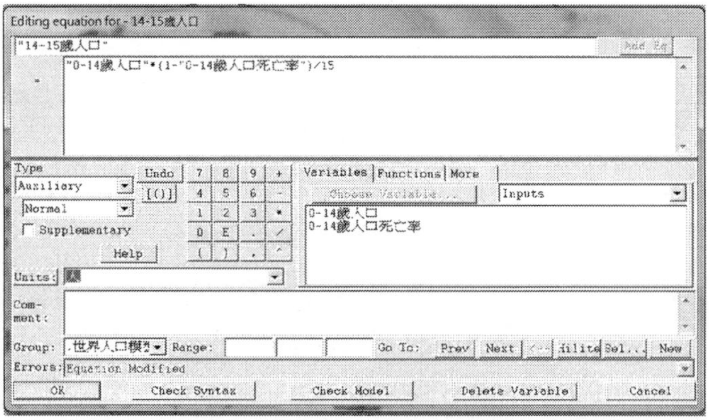

圖7.22　14-15歲人口計算

$$\{14\text{-}15\text{歲人口}\}_t = \frac{\{0\text{-}14\text{ 歲人口}\}_t \times \{1-(0\text{-}14\text{ 歲人口死亡率})_t\}_t}{15} \qquad (7.4)$$

公式（7.4）說明流量計算的時間標（請回顧第4章4節），t時刻的14-15歲人口等於同時刻t的0-14歲全部存活人口除以15年時間。

按照相同的方法求出44-45歲人口，64-65歲人口等。

出生人口取決於育齡婦女（15-45歲）的數量，每個婦女平均的生產率和平均的生育週期。假定世界婦女的總和生產率如以下表函數（圖7.23）。

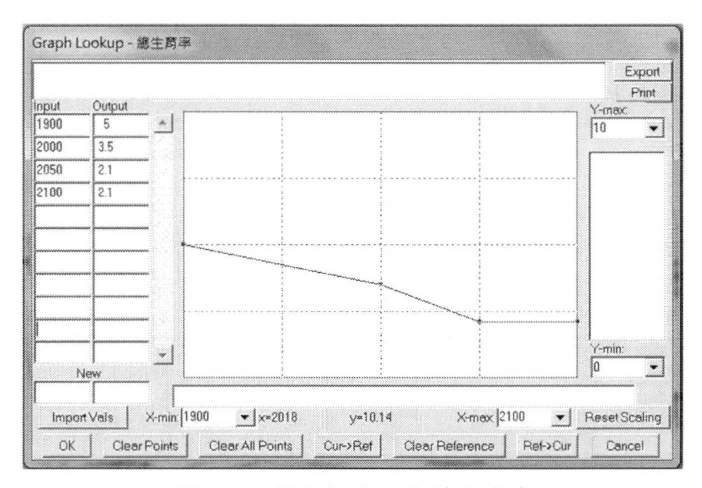

圖7.23　世界婦女平均總生育率

每個育齡婦女在15-45歲的30年間能夠生育的數量稱爲總生育率，它隨時間進展而減少，比如1900年爲5個嬰兒，2000年減到3.5個，2050年以後更減少到2.1個。總生育率乘婦女總數爲全世界婦女生育人口的總數，除以30年則爲平均每年的出生人口。人口中婦女大概占50%，因此可以用0.5×總人口表示女性人口總數。

出生人口的計算公式請見圖7.24。

出生人口的設計有一點巧妙，它是一個IF語句：「如果這樣則如此如此；如果那樣則那般那般」。圖7.22的公式設定了一個特殊的條件，即「世界人口均衡時間」。按照均衡的定義，這一年出生人口就等於該年的死亡人口，因此要知道出生人口，可以利用已經計算好的死亡人口。對於非均衡年份，出生人口等於：

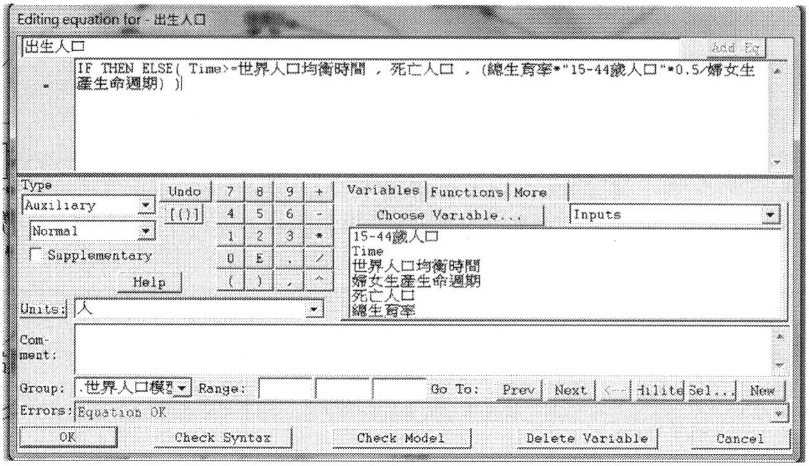

圖7.24　世界出生人口

$$出生人口_t = (總和生育率_t \times 15\text{-}44歲人口_t \times 0.5) / 30 \qquad (7.5)$$

「世界人口均衡時間」的設定給模擬的情景增加了內容，使模型的調節增加了工具，關於此點以後會有討論。

到這裡模型製作的全部過程已經交代，只要輸入各個常數項模型就可以運行，這些常數包括，各個存量的初始值和人口均衡時間：1900年0-14歲人口爲6.5億，15-44歲人口7億，45-64歲人口7.9億，65歲以上人口0.6億。並假定世界人口的均衡時間爲2100年。

模型模擬時間起自1900年終止於2100年，模擬使用Euler算法，步長0.5年。

模擬結果輸出的摘要如表7.4。

表7.4　未來的世界人口

年	人口（億）	出生人口（億）	死亡人口（億）	自然成長率%	工作年齡人口比例%	撫養比%
1900	16.50	0.583	0.513	0.43	42.42	85.39
1950	27.41	0.802	0.434	7.34	47.32	77.19
2000	56.86	7.315	0.469	7.49	39.63	73.14
2010	65.37	7.383	0.529	7.31	39.41	72.93
2020	73.83 (75.40)	7.419	0.588	7.13	39.21	72.30
2030	87.64 (87.30)	7.411	0.694	0.88	38.98	77.54
2040	88.09 (85.94)	7.353	0.798	0.63	38.73	70.64
2050	92.71 (89.19)	7.247	0.895	0.38	38.43	69.79
2060	95.95 (97.14)	7.271	0.981	0.30	37.85	70.01
2070	98.54 (92.08)	7.282	7.057	0.02	37.13	77.59
2080	100.60 (92.16)	7.288	7.113	0.02	36.58	73.06
2090	102.10 (97.62)	7.292	7.158	0.01	36.15	74.43
2100	100.33 (90.64)	7.193	7.192	0.00	35.83	75.52

註：(…)括弧內數字為聯合國2300預測的中間方案，詳見UN (2004).World Population to 2300，p.193,Tab.A7.

模擬結果說明世界人口將在2080年進入高峰與聯合國2300年人口預測的中間方案接近（請見表7.4括弧內的數值）。

根據人口學家W．W湯姆遜的人口轉變理論，人口發展經過四個階段（圖7.25），第一階段，相當於人類早期，人口的出生率高，死亡率也高，整個人口總數不高。第二階段，人類進入工業化時期，出生率仍居高不下而死亡率迅速下降，這是人口快速成長的歷史階段。請注意觀察圖7.25中的總人口數S型曲線的斜率變化。第三階段，相當於工業化成熟期，人口變化的特點是，出生率下降的速度遠大於死亡率的變化，這個階段的人口總數雖然仍舊增加，但增加的速度明顯變慢。第四階段，相當於後工業時期，出生率和死亡率雙雙維持在低水平上，人口總數不變或開始下降。

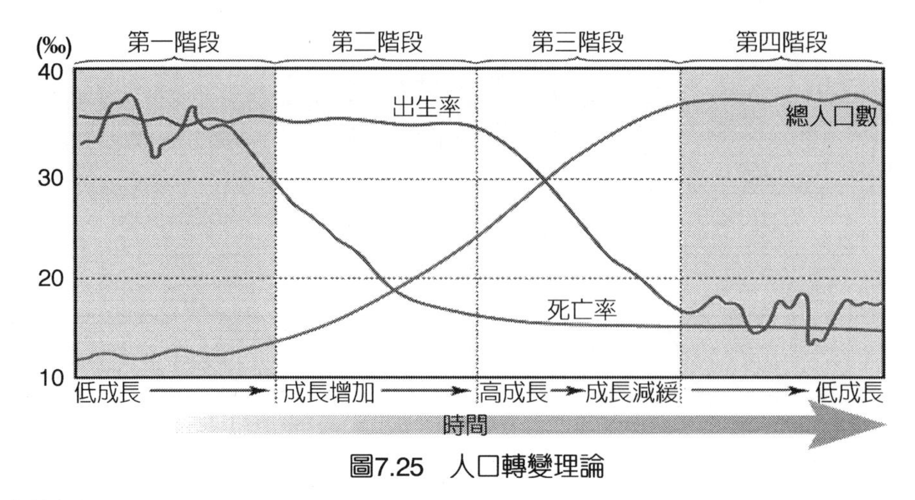

圖7.25 人口轉變理論

資料來源：Demographic Transition Model http://geographyfieldwork.com/DemographicTransition.htm

圖7.25是四階世界人口模型的輸出成果，請與圖7.26比較，圖中帶字符2的曲線是世界人口的粗出生率，它由1900年開始不斷下降；圖中帶字符3的粗死亡率自1900年起也不斷下降，到了2020年以後微微增加，2080年左右粗出生率與粗死亡率十分接近，世界人口基本處於動平衡。圖中帶字符1的曲線是世界總人口，它是一條S型曲線，帶字符4的曲線是自然成長率。

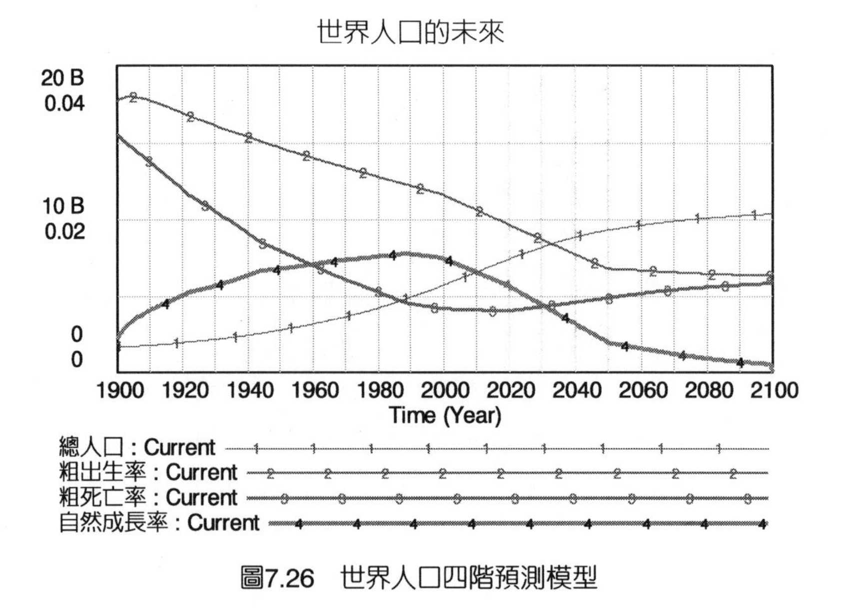

圖7.26 世界人口四階預測模型

如果世界像中國，人口再生產實現「一胎化」，世界人口會怎樣呢？可以通過系統動力學的「政策試驗」，或「情景設計」而了解之。模型中所有的常數甚至是表函數都可以做政策試驗。

現在回到模型情景製作的方法，請點擊工具欄 ，並在模型名稱欄輸入Scenario1：

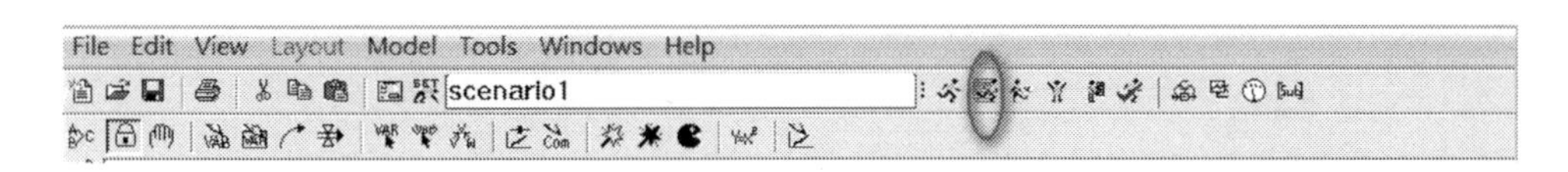

結果工具欄出現新的畫面如下：

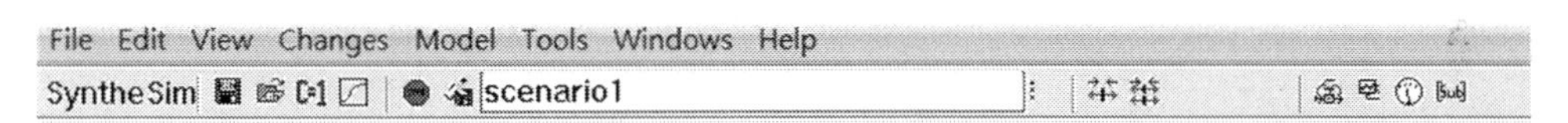

圖7.27　改變參數按鈕

原先的模型流程圖變爲圖7.28，其上有許多供選擇的常數或表函數。

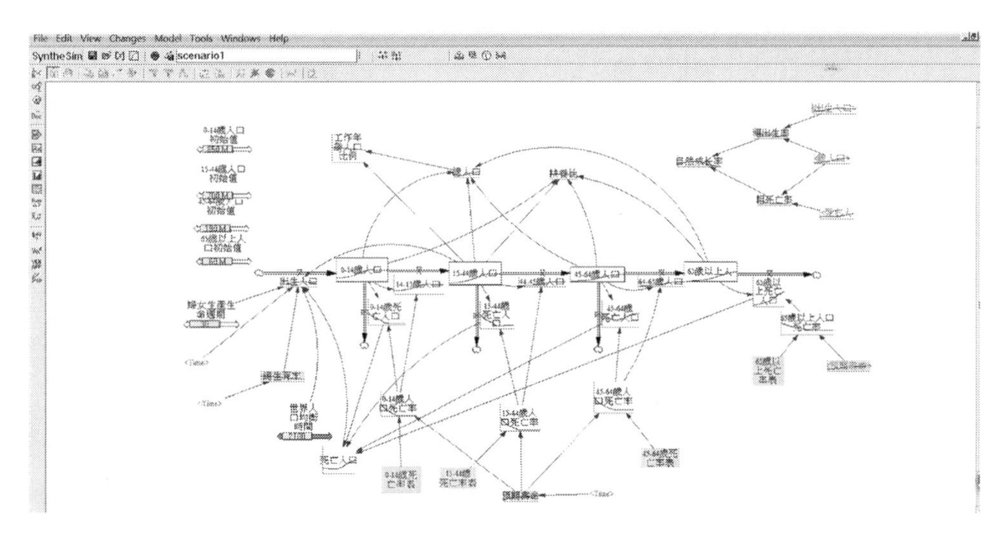

圖7.28　模型的情景設計

如果對世界婦女平均總生育率進行這樣的設計：2015年婦女總生育率降到人口置換水平，設定爲2.1，連續15年逐漸下降，到2030年設計爲1.1（相當於「一胎化」），這種趨勢一直保持到2100年，整個設計如圖7.29。

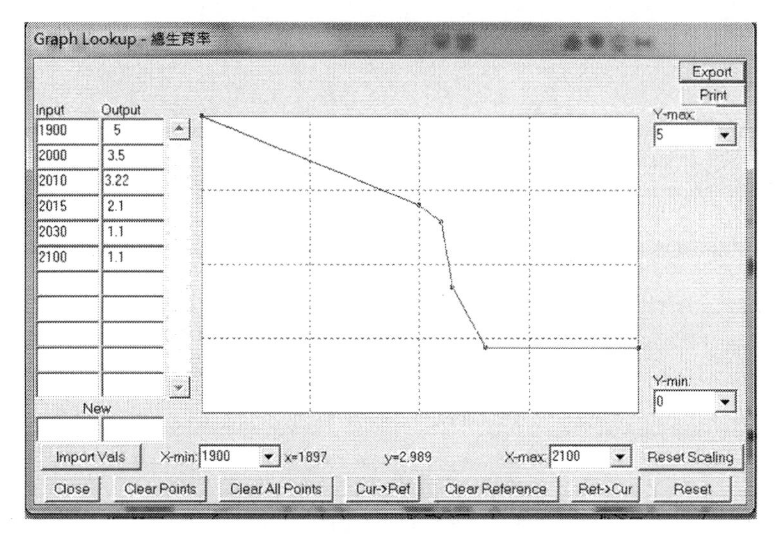

圖7.29 總生育率情景設計

當完成上述情景設計後按工具欄的紅色STOP按鈕，情景模擬即告完成。三個主要的輸出如下：

第一，總人口（帶字符1的曲線是一胎化情景曲線，帶字符2 的曲線是原設計）在2022年達到頂峰70.79億人，以後逐年下降。

第二，工作年齡層人口比例在2030年（40%）後迅速下降。

第三，扶養比是一個大V字，2030年左右降至谷底（60%），然後快速爬高（70%）。從這個例子中我們看出，強制性的人口控制，諸如一胎化政策，雖然能夠把人口的增長壓下來，但結果是人口結構的許多指標惡化。

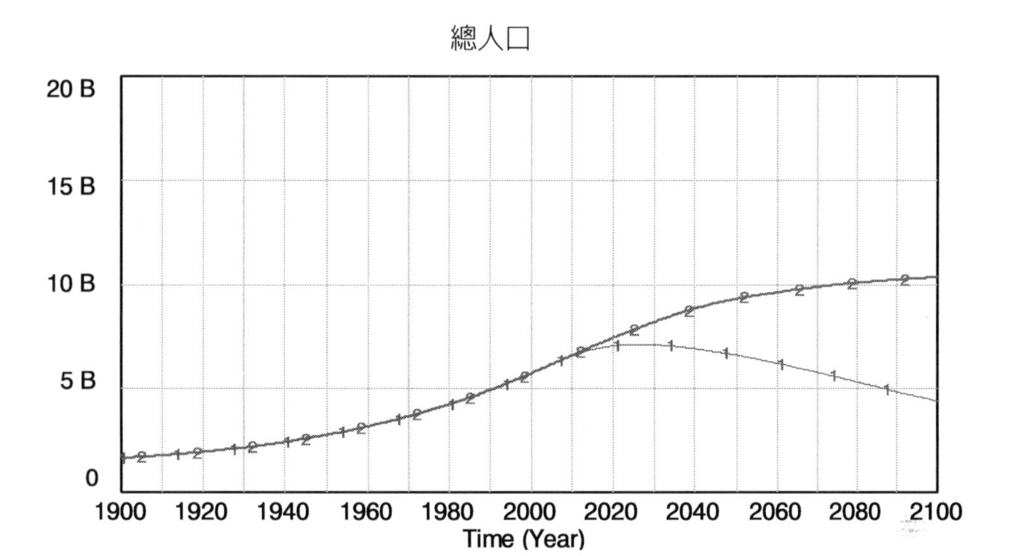

圖7.30　一胎化情景下的世界人口動態

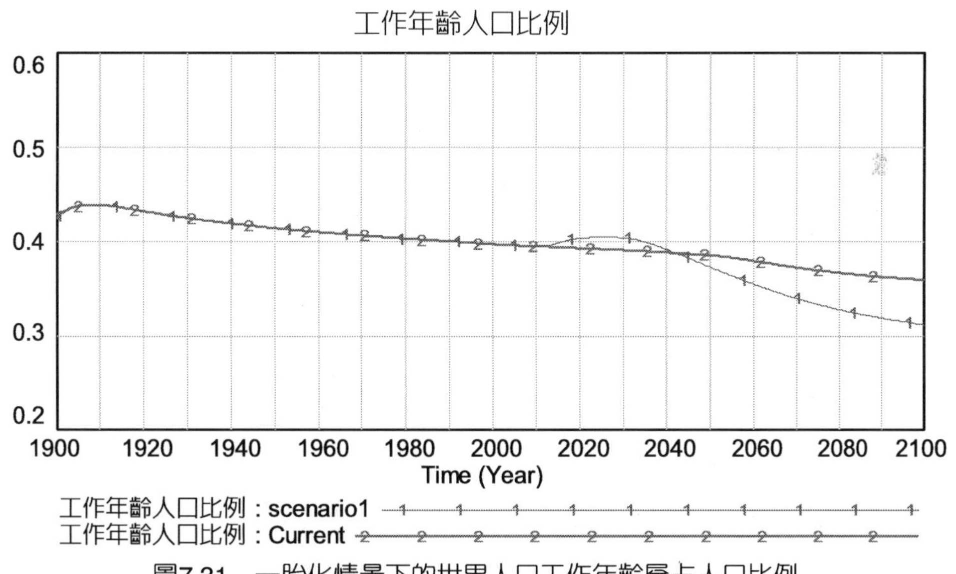

圖7.31　一胎化情景下的世界人口工作年齡層占人口比例

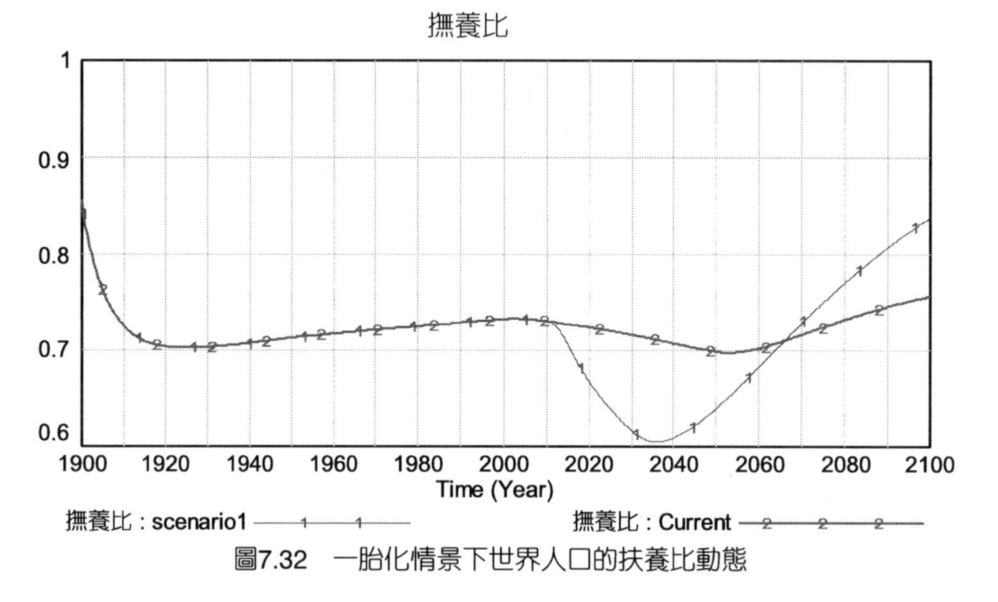

圖7.32 一胎化情景下世界人口的扶養比動態

儘管我們對世界人口的預測技術討論了許多，但實際上我們對人口問題的認知還很膚淺。美國著名的人口學家埃伯斯達特（Nicholas Eberstadt）2011年11月6日在華盛頓郵報上發表一篇文章「世界人口的五個迷思」。埃伯斯達特的五個迷思包括：

一、世界上人口眞的過多嗎？他說，現在有70億以上的人口，是個大數目。但眞正嚴肅認眞的人口統計學家、經濟學家和人口問題專家極少使用「人口過多」這個詞，因爲它沒有一個明確的人口統計學定義。20世紀70年代許多學者試圖估算各國的「最佳人口」，但大多數人最終放棄，因爲不確定因素太多。在20世紀的人口大爆炸時期，世界人口從16億猛增至60億以上，然而大米、玉米和小麥的實際價格急劇下跌，儘管近來出現上漲，但糧食的實際價格比100年前要低。毋庸置疑，如果價格可以準確反映稀缺性；如今的世界人口應該變少而不是增多。

二、所謂人口快速增長窮國難富。1960年，韓國和臺灣還很貧窮，而人口迅速增長。隨後20年裏，韓國人口猛增50%左右，臺灣約65%。人口快速增長並未妨礙這兩隻亞洲「虎」的經濟繁榮。如今，人口增長最快的國家，

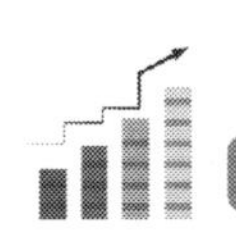

貧困現象最為嚴重。但看不出人口增長是其問題所在，只要衛生和教育方面有好的政策，脆弱的國家沒有理由不出現收入持續上升。

三、中國的獨生子女政策促進了經濟發展嗎？中國的經濟繁榮與獨生子女政策的頒布是同時發生的。均始於上世紀70年代，從那以來，中國的人均收入已經是原來的8倍。但這並不說明兩者息息相關。就在獨生子女政策實施之前，中國的總生育率（每個婦女一生的生育數量）約為2.7，如今在1.6左右，下降了大約40%。以前中國平均每1婦女一生生育5.9人現在減少到2.7人，降幅相當大。但中國的人均GDP年均增長率與之比較要低得多。

四、如果人口減少經濟發展也會減速。19世紀40年代到20世紀60年代，愛爾蘭的人口銳減，從830萬直瀧下降到290萬。然而，同一時期愛爾蘭的人均國內生產總值增長了兩倍。一個國家的收入不僅取決於它的人口規模或人口增長率還取決於生產力、教育、衛生、經營和監管風氣以及經濟政策。人口處於下降趨勢的社會確實有可能走向經濟衰退，但那恐怕不是必然結局。

五、到2100年全世界將有100億人。誰也不可能知道2100年會有多少人活著，因為人口統計學家沒有辦法準確預測長遠的人口數量。聯合國曾經發表過數字完全不同的預測，2011年預言全世界人口到2100年的中位預測為101億，「高位」預測超過150億，低位預測62億。出生率的預測十分複雜。一些低收入國家的人口出生率史無前例地出現下降。例如，短短20年間，阿曼（Oman）的總生育率減少了約5.4，每個婦女一生的生育數量從上世紀80年代末的7.9人減少到近年的2.5人。就在幾年前，聯合國對葉門（Yemen）2050年的「中位」預測還超過1億，而現在下調至6,200萬。

阻止今後幾十年的全球人口增長大概需要一場像《聖經》裏描繪的那種大災難。但我們沒有把握知道2030年世界人口會是多少，更不知道在那以後再過70年會怎樣。

第8章

能源與溫室氣體減量模型

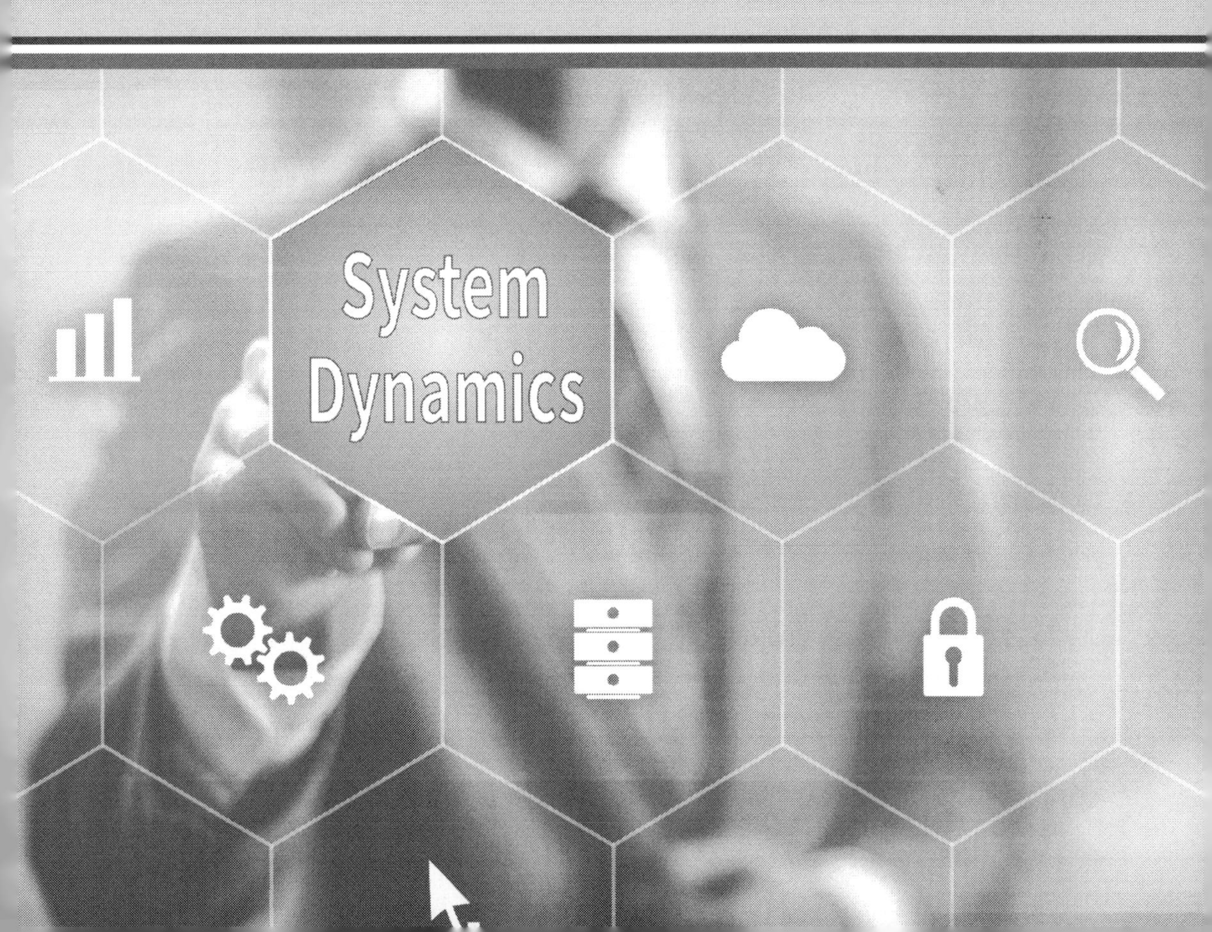

坊間系統動力學能源模型大都與人口、經濟發展等子模型共建 ，變量很多屬於高階「重模型」。模型建構類似積木遊戲，掌握了積木的基本單位拼大就不會太離譜，本章主要介紹「輕模型」。此外還介紹另一類「移花接木」的混合模型，把兩三種計算技術混成在一起，後者基本上脫離了「因果環」的路徑依賴，避免了過多的「細節複雜」（Complexity in detail），使系統動力學的模型多元化。

8.1 非再生能源的基本模型

假定能源是一個獨立而完整的產業，一個最簡單的模型應該包括以下內容：有多少天賦的非再生能源，例如石油，天然氣和煤炭；其中有多少已經探明可以開採，它們的產量是多少，以及能源生產與經濟的發展關係。最後還要回答爲適應全球永續發展的要求，非再生能源減產策略。

圖8.1是一個非再生能源發展的概念設計，第一，不追究能源的種類和它的絕對單位；第二，不考慮能源的進出口；第三，但追究產量高峰；第四，但考慮三個指標：能源彈性、能源強度和儲採比的作用。模型是高階的，但反饋關係簡單的不可再簡單。

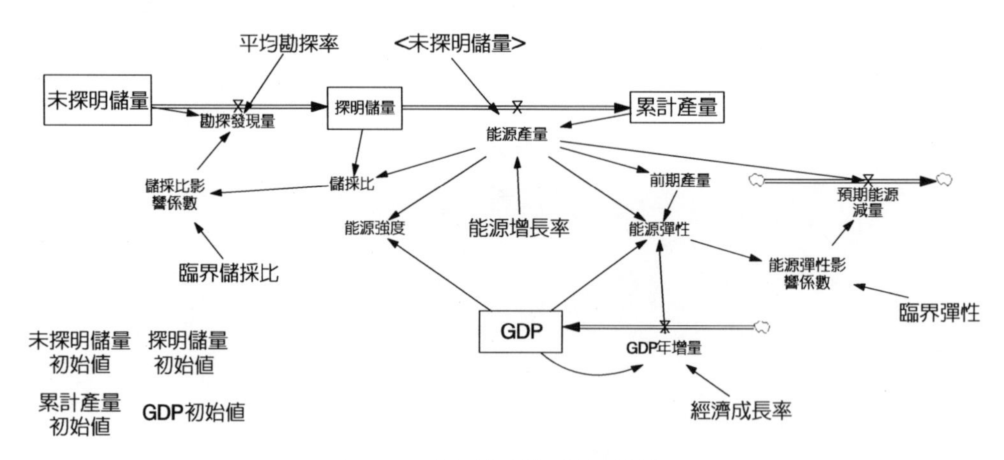

圖8.1　非再生能源發展模型

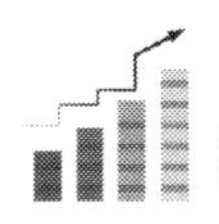

模型的公式和參數見表8.1。

表8.1　非再生能源發展模型公式及設定

類型	變量名稱	公式	單位
L	未探明儲量	初始值100	能源單位
R	勘探發現量	平均發現率*未探明儲量*儲採比影響係數	能源／年
L	探明儲量	初始值10	能源
R	能源產量	能源增長率*累計產量*(1-(累計產量/未探明儲量))	能源／年
L	累計產量	初始值5	能源
L	GDP	初始值150	貨幣單位
R	GDP年增量	GDP*經濟成長率	貨幣／年
A	儲採比	探明儲量/能源產量	無
C	平均勘探率	0.005	1／年
T	儲採比影響係數	橫座標：儲採比/臨界儲採比 (0.5,1.2),(1,1),(1.5,0.7),(2,0.4),(2.5,0.3),(3,0.25),(3.5,0.2),(4,0.15),(4.5,0.1),(5,0.1)	無
C	臨界儲採比	20	無
C	能源增長率	0.035	1／年
A	前期產量	DELAY1(能源產量, 1)	能源
A	能源彈性	((能源產量-前期產量)/能源產量)/(GDP年增量/GDP)	無
T	能源彈性影響係數	橫座標：能源彈性/臨界彈性 (0.5,0.1),(1,0.2),(2,0.3),(3,0.5)	無
C	臨界彈性	0.9	1／年
R	預期能源減量	能源產量*能源彈性影響係數	能源／年
A	能源強度	能源產量/GDP	能源／貨幣
C	經濟成長率	0.03	1／年
dt	年	dt=1, Euler算法，時間1-100年	

所有非再生能源受天所賜，但需經過勘探確定等級和品位方可開採，長期來看礦產資源的勘探率是變化不大的常數，什麼東西會影響這個平均的勘

探率呢？有一項指標起到關鍵作用，這就是儲採比，即探明儲量與能源產量的比值。儲採比，因能源種類不同和國家不同有別，當儲採比低於臨界值時，勘探必然加速。儲採比影響係數是一個表函數，請見圖8.2。

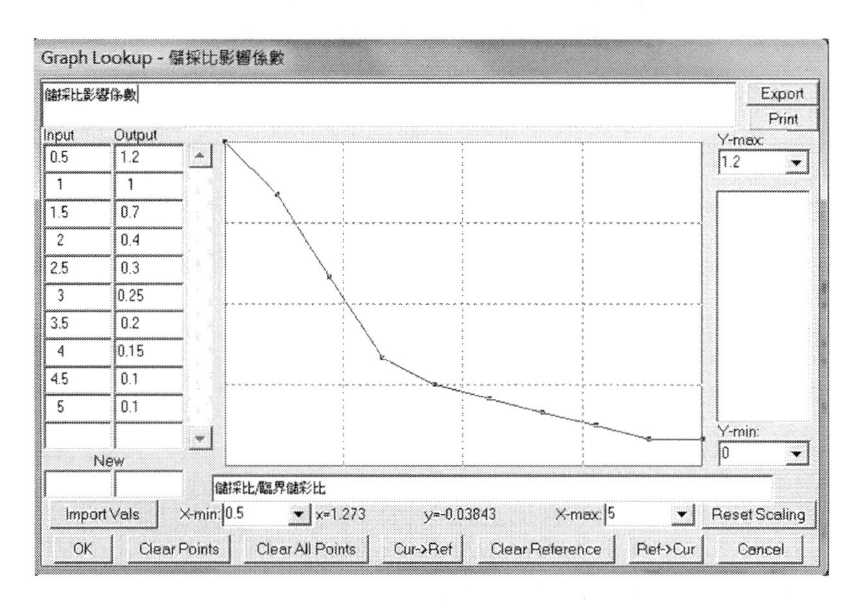

圖8.2　儲採比影響係數

臨界儲採比設定爲20，如果儲採比與臨界值之比爲1，那麼影響係數爲1，也就是平均勘探率保持不變，如果比值爲0.5，係數爲1.2，即平均勘探率將放大1.2倍。

能源成長率與GDP成長率的比值，經濟學上稱爲GDP的能源彈性，如果這個指標大於1，表示爲取得GDP1%的成長，能源的成長率超過1%。能源彈性越大能源應用的效率越低，因而必須啓動能源減量機制。能源彈性對減量的影響與上述儲採比相仿，當能源彈性與臨界值的比越大，減量的影響係數越大，本模型設定臨界能源彈性爲0.9，整個影響係數的設計如圖8.3。

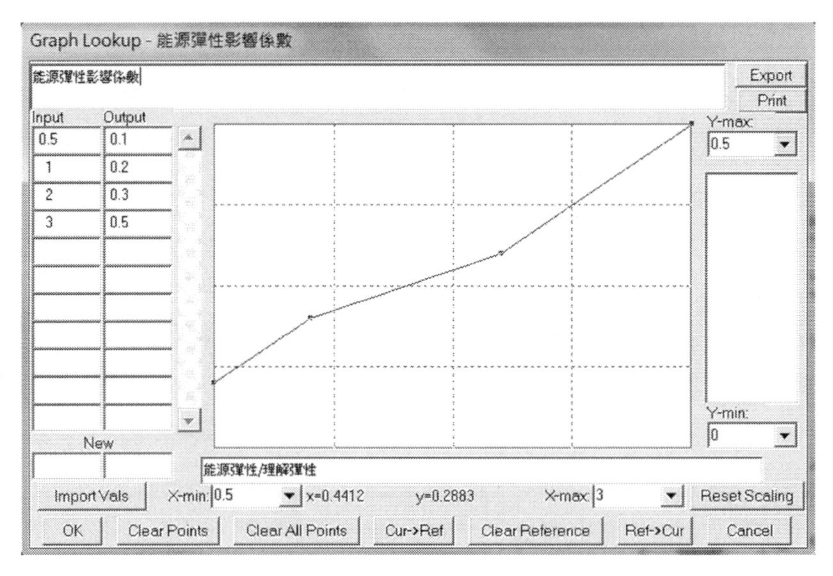

圖8.3　能源彈性影響係數

模擬結果如圖8.4。

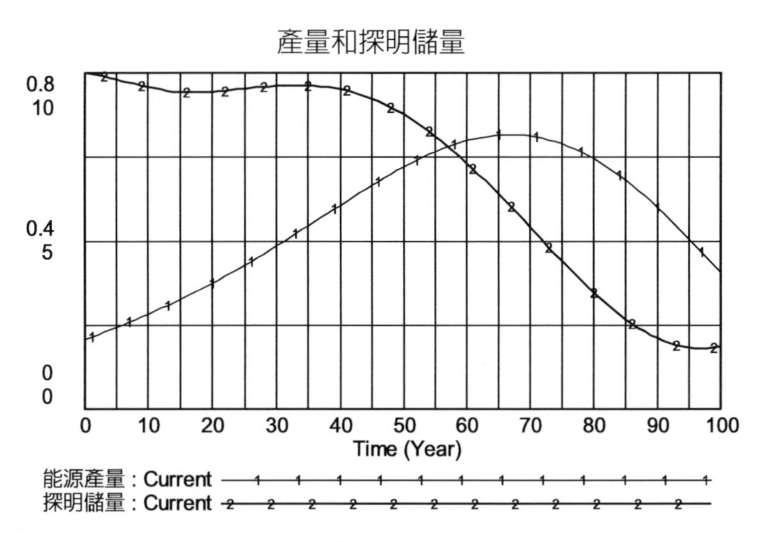

圖8.4　能源產量和探明儲量

許多人以爲隨經濟發展能源產量只會，也只應該單調升高，萬萬沒有想到，無論是能源資源富有或貧瘠的國家，能源產量的長期曲線是一條倒U型曲線。也就是說能源產量有一個高峰，高峰以後無論你有多大的投資能力，產量也起不來，發現這個現象的是美國地質學家哈伯特，後面我們會詳細介紹。

爲了實現同樣成長率的GDP發展，能源彈性大的經濟體消耗的能源多，面對減碳的全球壓力，模型設計了預期能源減量其動態如圖8.5。可以發現減量的波峰在產量波峰的前面。

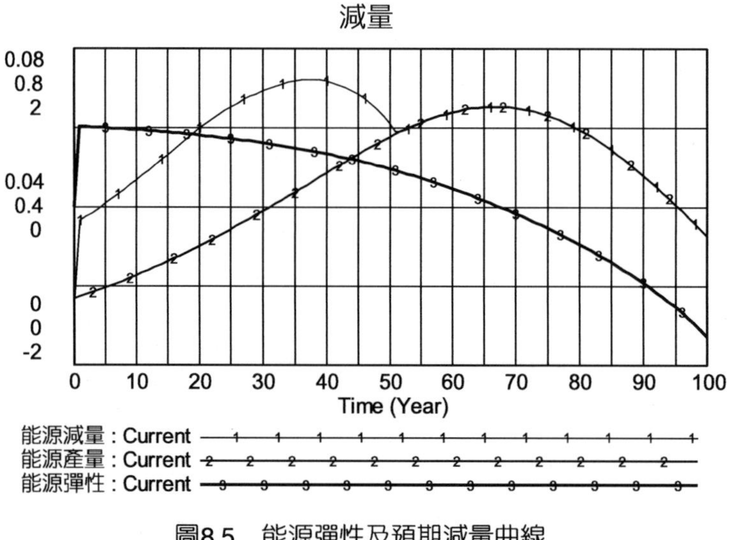

圖8.5　能源彈性及預期減量曲線

最後我們看到能源勘探量是一條發育不好的S型曲線，它經歷三個階段，由慢而快最後達到飽和，這也比較符合各個國家的地質勘探史。總之這個原理模型可以向許多方面延伸，例如通過不同能源的碳係數而計算出溫室氣體排放量。能源價格沒有放進模型，但相關的內容在以後的章節會介紹。

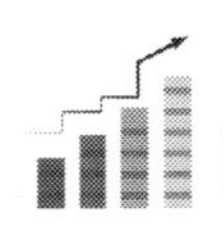

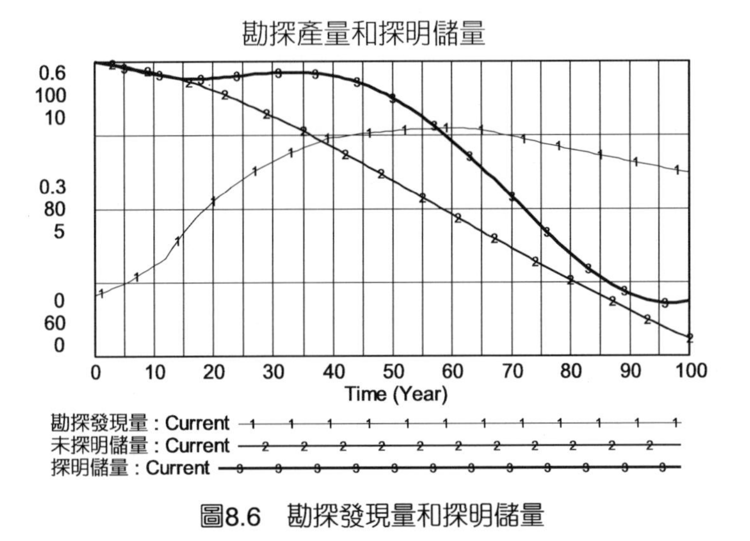

圖8.6　勘探發現量和探明儲量

8.2 哈伯特高峰模型

20世紀中期，投資者們相信石油產量取決於投資多寡這類經濟因素，如果投資不衰退，石油產量也不會衰退，可是1956年美國地質學家哈伯特（Marion King Hubbert, 1903-1989）顛覆了這個表面化的推論。哈伯特在美國石油研究院發表的論文「論核能源和化石燃料」中，預言美國的石油產量（本土48州不含阿拉斯加）將在1965到1970年間達到高峰，之後便不斷萎縮，他強調高峰最可能時間是1970年（圖8.7）。

哈伯特的預測不僅不合當時石油投資者的胃口，也與石油管理者的眼光相左，他們只相信「儲採比」（儲量Reserve與產量Production的比值，R/P）的數值，如果儲採比一直穩定在10以上，即每一年儲量都是產量的10倍，則不必對油井的生產和壽命擔心，當時美國石油業的儲採比十年平均在11以上。1970年突然平地風雲，石油產量確如哈伯特所料，達到了高峰，以後一蹶不振。哈伯特高峰預言後的十多年，哈伯特的名字才重新被人提起，可是哈伯特本人已離開殼牌石油公司去到美國國家地質局，之後又到斯坦福和伯克利大學去當教授了。

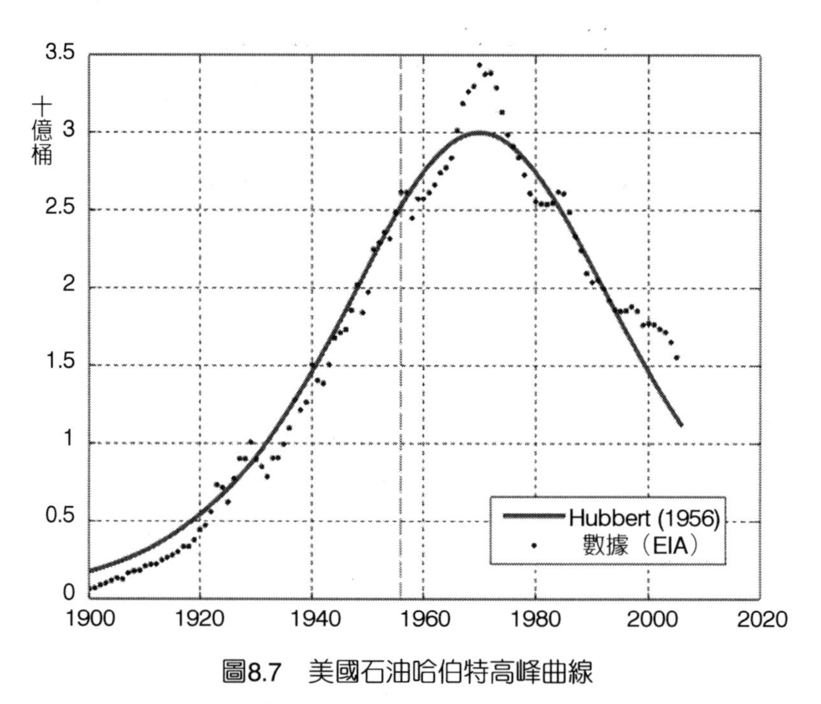

圖8.7 美國石油哈伯特高峰曲線

資料來源：http://www.huffingtonpost.com/dr-philip-neches/the-gulf-oil-spill-what-p_b_595293.html

20世紀後期很多石油生產國相信他們也有哈伯特高峰；何止於此，哈伯特高峰像流行病一樣傳染到其他能源產業，煤炭有哈伯特高峰，天然氣也有。又過了幾十年，所有的人都從思想傳染中悟出一個大道理，非再生資源生命週期問題的核心是哈伯特高峰所表徵的需求與供給的大衝突。

爲什麼哈伯特在六十年前先知先覺獨具慧眼，筆者猜測也許與當時流行的幾何作圖法有關聯，例如經濟學上有名的柯布—道格拉斯（Cobb-Douglas）公式，柯布是數學家，道格拉斯是經濟學家。某日道格拉斯在「對數座標紙」上畫了兩條線，一條是美國勞工，另一條是美國資本 ，發現了經濟產出與勞動和資本的兩項經濟投入要素的對數和關係。現代的年輕學者很少人用「對數座標紙」了，因爲手工作圖討論變量關係的時代過去了。

很可能哈伯特的發現和柯布的故事一樣與幾何作圖有關。如果用P（石油產量）和Q（累計石油產量）的比值（P/Q）做縱座標，以Q做橫座標，把相關的數據畫在二維的座標紙上，這些數據的迴歸線是一條標準的直線（圖8.8），就是這條迴歸直線的公式引導了哈伯特通向了著名的Logistic公式，請看下面的推導。

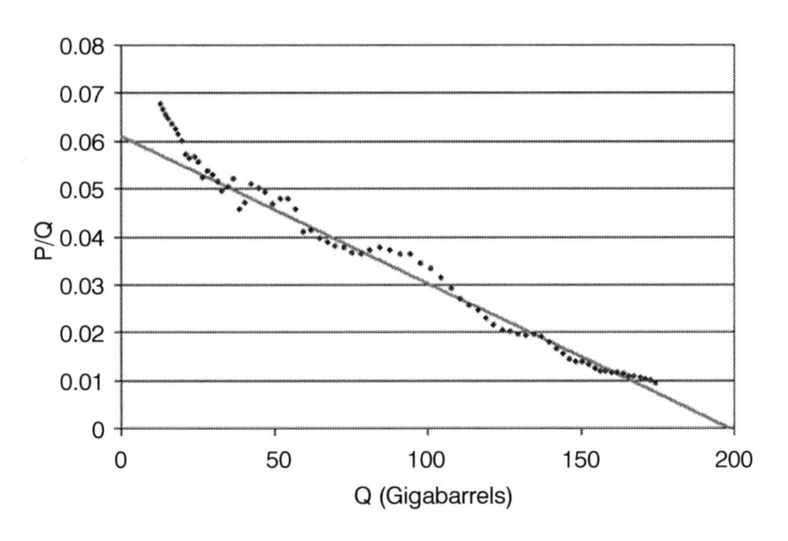

圖8.8　美國石油產量與累計產量的關係

由圖可見美國石油數據的迴歸直線，型式為

$$P/Q = mQ + a \tag{8.1}$$

當Q值為零，則求得直線Y軸的截距為a = 0.061，當縱座標為零則可求直線的斜率m = a/Q，即m = 0.061/200 = 0.0003；當然更準確的方法是統計迴歸。

如果設「極限儲量」為Q_∞，且令Q_∞=a/m，那麼公式（8.1）將改寫為

$$P/Q = aQ/Q_\infty + a$$

稍加整理最後得到

$$P = a(1 - Q / Q_{\infty})Q \quad (8.2)$$

公式（8.2）便是著名的比利時統計學家Verhust所稱謂的邏輯曲線（logistic curve），請與公式（6.2）比較，它是S曲線方程的微分，有關的細節請參閱第6章的討論。

8.2.1 哈伯特曲線的模板

我們設計了兩個模板，都是簡單得不可再簡單的「輕模型」，第一個模板是通用的，第二個模板針對缺乏勘探數據的情況。通用模板一有三個存量（圖8.9）。

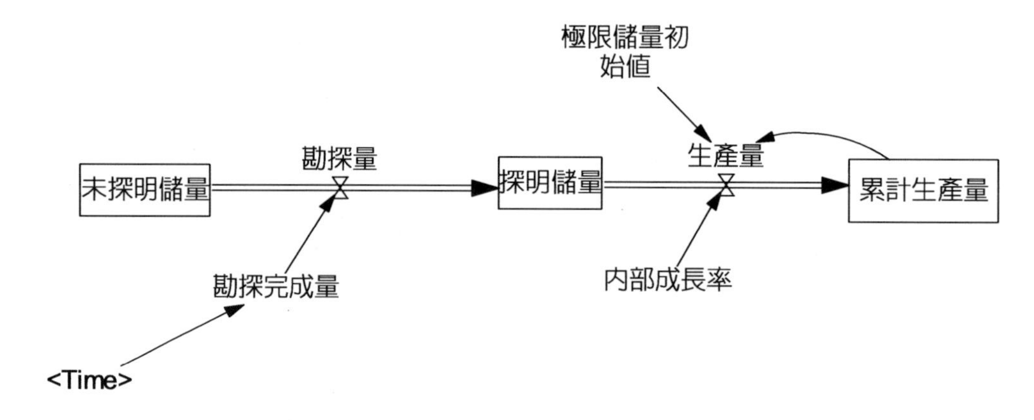

圖8.9 哈伯特高峰系統動力學模板之一

這是一個可以套用的高峰模型，現在用虛擬的數據討論它的一般行為，模型的參數設計如表8.2。

表8.2 哈伯特高峰模型模板虛擬參數

類型	變量	公式	單位
L	未探明儲量	初始值＝極限儲量初始值	噸
R	勘探量	勘探完成量	噸／年

類型	變量	公式	單位
T	勘探完成量	橫軸為Time 0-200 (0,1000),(40,10000),(75,18000),(105,10000),(150,1000)	噸／年
L	探明儲量	初始值=0	噸
R	生產量	內部成長率*累計產量*（1 − 累計產量/極限儲量初值）	噸／年
L	累計生產量	初始值=10	噸
C	內部成長率	0.1	1／年
C	極限儲量初值	1E+07	噸
dt	模型起止	dt=1 ,Euler算法，0到200個時間單位	

勘探完成量的表函數如圖8.10。

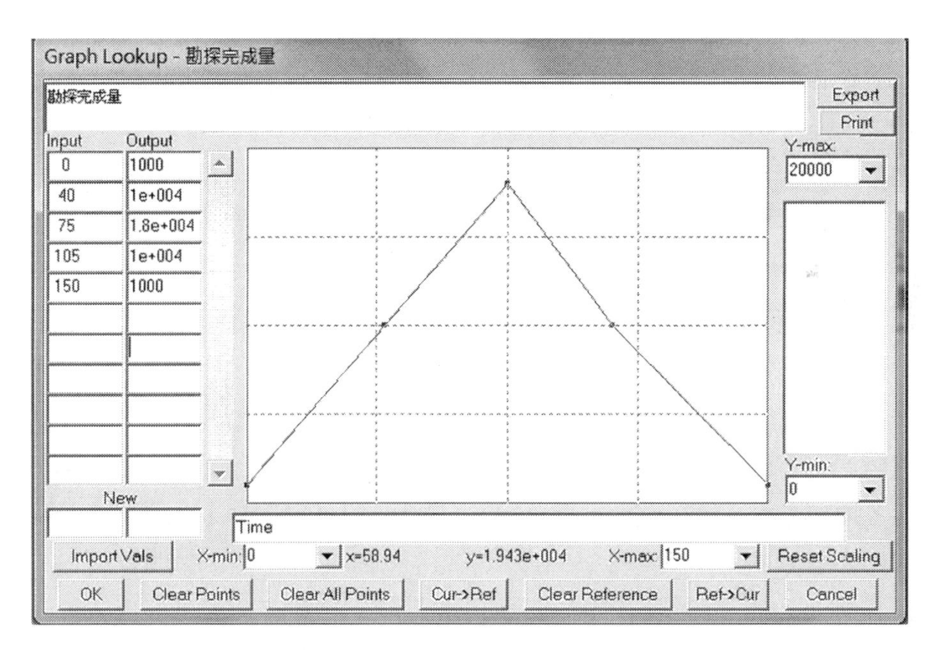

圖8.10　勘探完成量表函數設計

高峰曲線的模擬結果如圖8.11。

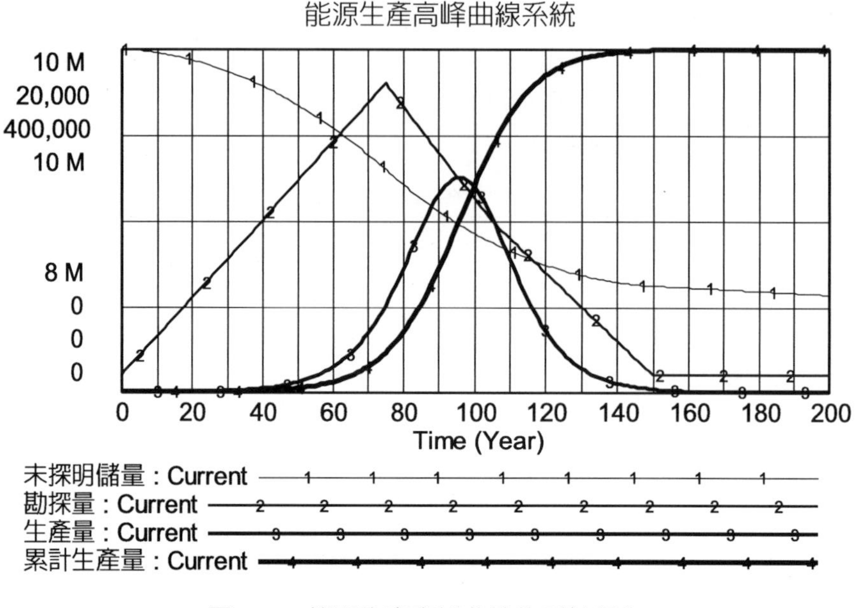

圖8.11 能源生產高峰曲線的系統行為

圖中線條1表示一個未開墾的礦藏，模擬開始時有100萬噸，經過不斷的勘探和開採，剩下未開採的礦產便越來越少，線條1是一個衰退的倒S曲線。線條2表示勘探數量，它有一個數量的高峰，高峰把勘探發現分成兩段，前一段勘探工作由少到多，後一階段勘探工作由多而少，勘探高峰發生在第75個時間單位。線條3 表示該礦產的生產量，它是一個倒U型的曲線，生產高峰發生在第99個時間單位，落後於勘探高峰24個時間單位。在生產高峰之前，產量逐漸增加，過高峰後產量下降。線條4表示累計的產量，它由少而多最後到達某個固定的值，理論上說這個最大值就是礦產勘探發現的總量。累計生產線是一個典型的S曲線，在曲線的轉折點之前累計產量的增長速度很快，過此點後增長速度減緩。S曲線的轉折點與產量線3的高峰點對應。

實際上勘探資料相對於產量統計很不完善，尤其在20世紀初期。但是儲採比資料由於交易的需要，往往比勘探資料容易查到，儘管它並不是精準的數據。針對這種情況作者設計了因陋就簡的第二個模擬高峰曲線的模板。

圖8.12便是用第二種模板討論美國的石油高峰曲線。必須再申明，這個模板是針對資料不足因陋就簡的無奈何設計，但仍舊很好的模擬出美國石油的hubbert曲線。

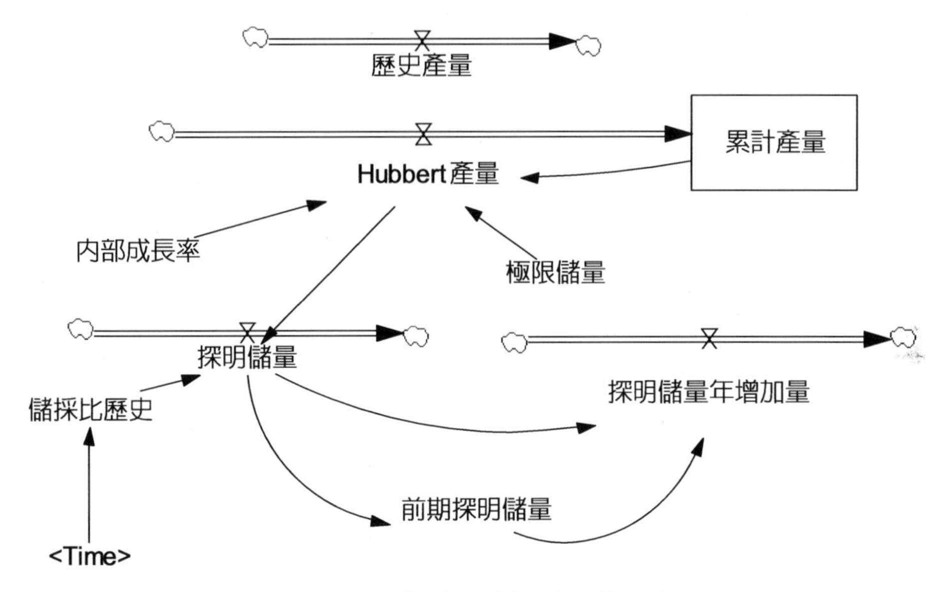

圖8.12　哈伯特曲線系統動力學模板之二

這個模板的唯一存量是「累計產量」，它的流量叫「Hubbert產量」，即石油產量的理論值，它可以與歷史數據對比。模型還有兩個關鍵的參數，一個是「內部成長率」，另一個是「極限儲量」，即公式（8.2）的a和Q_∞。模型有兩個流量，一個是「探明儲量」，另一個是「探明儲量年增加量」。

模型的全部公式如表8.3。

表8.3　美國石油哈伯特高峰模型公式（模板二）

類型	變量	公式	單位
L	累計產量	初始值942	百萬桶
R	Hubbert產量	IF THEN ELSE(Time<=1960，歷史產量，內部成長率*累計產量*（1－累計產量/極限儲量）)	百萬桶／年

類型	變量	公式	單位
T	歷史產量	橫座標Time, 第一段數據1900-1960 63.6, 69.4, 88.8, 100, 117, 135, 126, 166, 179, 183, 210, 220, 223, 248, 266, 281, 301, 335, 356, 378, 443, 472, 558, 732, 714, 620, 771, 901, 901, 1007, 898, 851, 785, 906, 908, 994, 1099, 1278, 1213, 1264, 1503, 1404, 1385, 1506, 1678, 1714, 1733, 1857, 2020, 1842, 1974, 2248, 2290, 2357, 2315, 2484, 2617, 2617, 2449, 2575, 2575, 第二段數據1965-1980 2848, 3028, 3216, 3329, 3372, 3517, 3454, 3455, 3361, 3203, 3057, 2976, 3009, 3178, 3121, 3146	百萬桶 / 年
C	內部成長率	0.065	1 / 年
C	極限儲量	215000	百萬桶
R	探明儲量	Hubbert產量*儲採比歷史	百萬桶
T	儲採比歷史	橫座標：年(1900,45.6), (1905,28.2), (1910,19.6), (1915,19.6), (1920,16.3), (1925,13.7), (1930,15.1), (1935,12.5), (1940,12.7), (1945,12.2), (1950,12.8), (1955,12.1), (1960,12.3)	無
A	前期探明儲量	DELAY FIXED(探明儲量,3,0)	百萬桶
R	探明儲量年增加量	探明儲量 − 前期探明儲量	百萬桶
dt	模擬設定	dt=1，Euler算法，1900-2050年	

主要模擬結果輸出如圖8.13和8.14。

模擬所得的美國石油產量是一條鐘型曲線，累計的產量曲線是一條S曲線，高峰出現在S曲線的轉折點，數量等於最終累積量的一半。與實際數據比較（表8.4），預測的精度並不理想，可是這個簡單的模型卻抓住了哈伯特高峰曲線的兩個特徵數值，一個是高峰出現的時間和高峰產量的數值，就此而言，十分走運，模型預告與實際情況十分吻合。

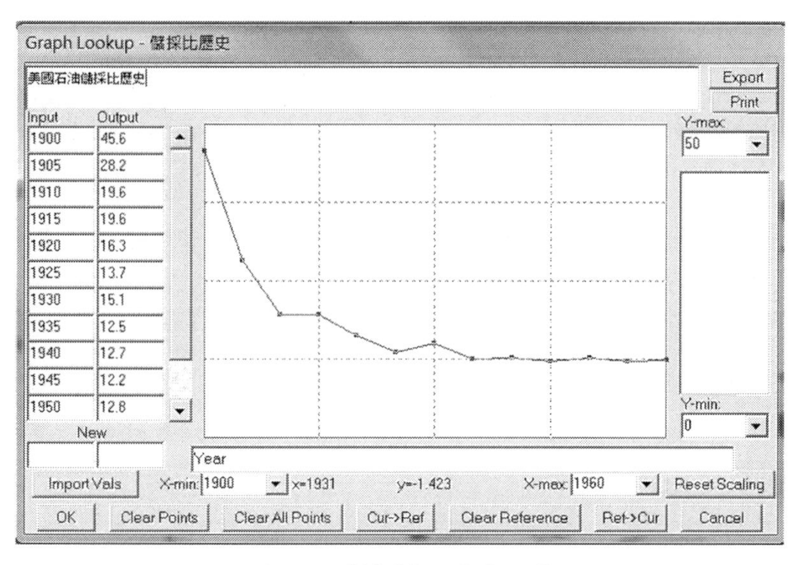

圖8.13 儲採比歷史表函數

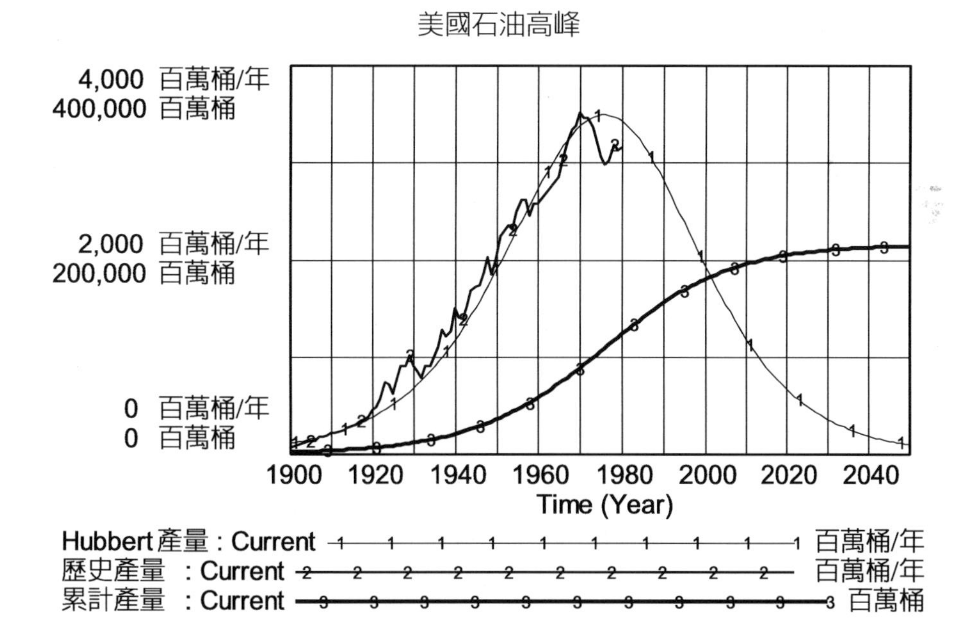

圖8.14 美國石油哈伯特高峰曲線

表8.4 模擬誤差

年	歷史數據	模擬數據	相對誤差	年	歷史數據	模擬數據	相對誤差
1961	2,630	2,959	11.1%	1971	3,454	3,465	0.3%
1962	2,684	3,032	11.5%	1972	3,455	3,482	0.8%
1963	2,739	3,101	11.7%	1973	3,361	3,491	3.7%
1964	2,793	3,165	11.8%	1974	3,203	3,494	8.3%
1965	2,848	3,225	11.7%	1975	3,057	3,488	12.4%
1966	3,028	3,280	8.7%	1976	2,976	3,476	14.4%
1967	3,216	3,330	3.4%	1977	3,009	3,456	12.9%
1968	3,329	3,373	1.3%	1978	3,178	3,429	8.3%
1969	3,372	3,411	1.1%	1979	3,121	3,395	8.1%
1970	3,517	3,441	-2.2%	1980	3,146	3,355	6.2%

本模型利用儲採比推算探明儲量，因此無法模擬勘探量高峰和石油產量高峰的時間差距，不過仍然可以求得年探明儲量的變化（圖8.15）。

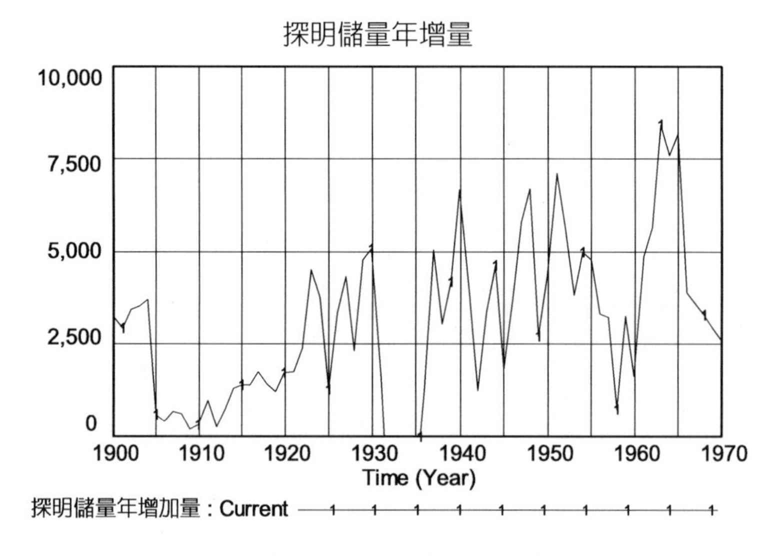

圖8.15 美國石油探明儲量年變化情況

最後我們要談模型的關鍵參數「內部成長率」和「極限儲量」，這兩個數根源於Verhust邏輯曲線的推導，幾十年來儘管有許多折衷的方法進行估計，例如「四點法」，「作圖法」等等，但始終沒有一致的結果。按照公式（8.2）「內部成長率」是指發展初期累計量Q很小時的成長率，這個「內部成長率」應該遠遠大於實際的美國石油產量平均成長率，究竟是多少呢，無人斷言。至於「極限儲量」的估計更是莫衷一是，樂觀的人往數大的方向「猜」，悲觀的人往數小的方向「猜」。統計學家們面對這兩個讓人頭痛的參數只好無奈的說「從來沒有兩個人有相同的估計」，也「從來沒有同一個人在兩個不同的時間有相同的估計」。當然我們仍舊要介紹兩種比較專業的邏輯曲線軟體以對照之，一個是奧地利國際應用系統研究院IIASA的LSM2軟體（Logistical Substitute Model），另一個是美國洛克菲勒的LogLet軟體。模型實做時還是要用「笨」的參數試錯法（Naïve Method）。不過Vensim軟體內建的「敏感性模擬」（sensitivity simulation）多少可以彌補這項缺陷。

Vensim有兩種設置敏感分析的方法，一種是利用控制板中tab來建立控制文件，另一個是使用工具欄的sensitivity按鈕（圖8.16）。

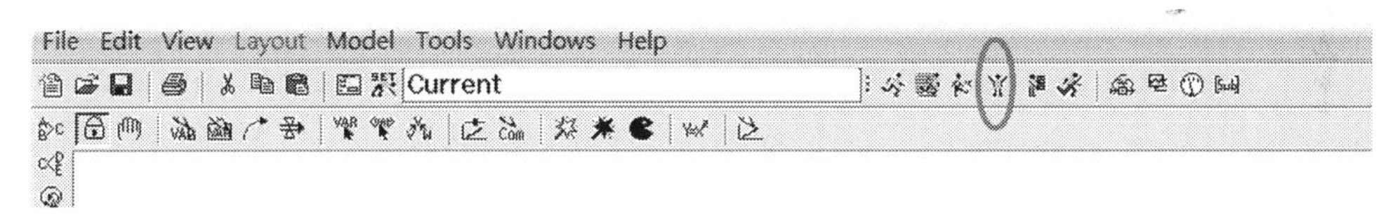

圖8.16 Vensim工具欄的敏感分析鈕

點擊上述敏感分析鈕後將打開一個有關的設定（圖8.17），請填寫「內部成長率」的設定範圍，如最小0.05，最大0.07。當設定完成後按下Finish按鈕。

Sensitivity Simulation Setup

Sensitivity Control. Edit the filename to save changes to a different control file

Filename: 哈伯特模型.vsc | Choose New File... | Clear Settings

Number of simulations 200 | Noise Seed 1234 | Multivariate | Univariate | Latin Hypercube | Latin Grid | File | Sel...

Display warning messages

Currently active parameters (drag to reorder)

Delete Selected

Modify Selected

Add Editing

Distribution

Parameter 內部成長率 | RANDOM_UNIFORM

Model Value	Minimum Value	Maximum Value
0.065	0.05	0.07

< Prev | Next > | Finish | Cancel

圖8.17　敏感分析參數值設定

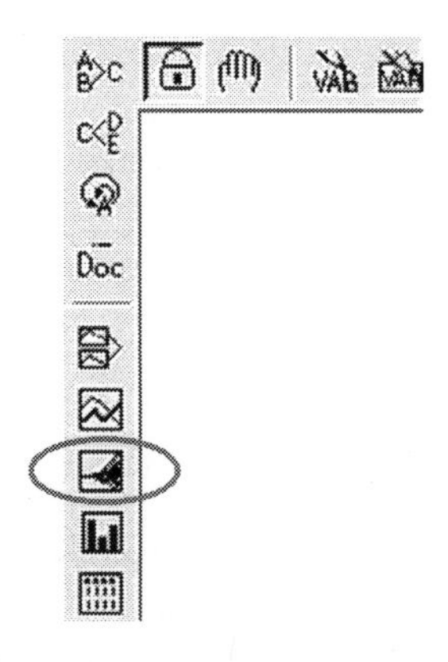

圖8.18　左側的工具欄Sensitivity graph鈕

再點擊左側工具欄的敏感分析按鈕，最終得出本模型的敏感模擬圖解（圖8.19）。

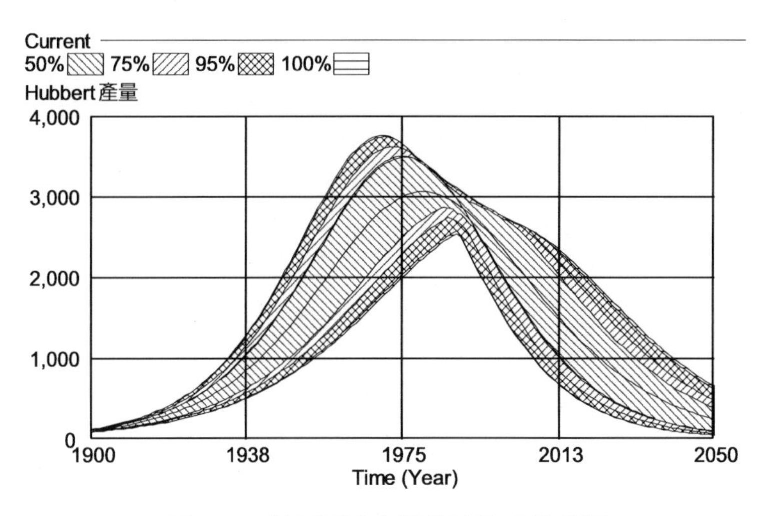

圖8.19　美國石油高峰曲線敏感性分析

上圖是經過200次模擬計算後的四種不同概率輸出，最外圍者爲100%概率，最內圍者爲50%的概率，其他爲75%和95%，中間的線條是平均值。我們可以看出，當內部成長率變化，高峰曲線的形狀變化靈敏，高峰曲線的預測嚴格的說並不適宜看做單值，而宜於看成是群值的域，所以諮詢石油高峰的重點不應該是高峰到來的準確時間，而是發生前後的現象。

8.2.2　中國大陸煤炭和石油高峰曲線

中國是煤炭和石油生產及消費的大國，雖然中國的煤炭100年也開採不完，但能否滿足持續增長的需求有待論證。論證的方法很多，其中一個重要的方法就是產量的哈伯特高峰。作者利用哈伯特曲線計算模板二，計算了中國石油和煤炭的高峰曲線，由於模板簡單曾引起很多討論，有興趣的讀者可查閱國際期刊「Energy Policy」2007年35卷第4期和第6期作者的相關研究。作者2007年所發表的中國煤炭哈伯特高峰情景預測如表8.5和圖8.20。

表8.5　中國煤炭哈伯特曲線模擬結果〈假定極限儲量2,246億噸〉

	情景1	情景2	情景3
內部成長率	0.06	0.068	0.076
高峰時間	2033	2029	2027
最大產量，億噸	33.69	38.17	42.67

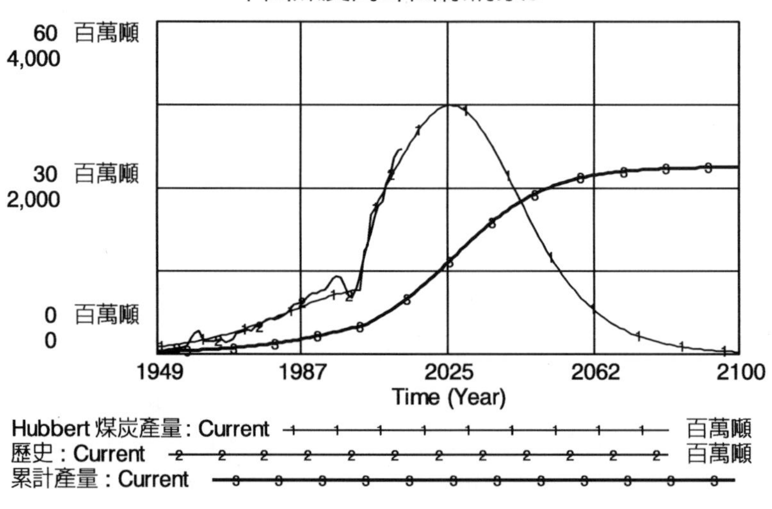

圖8.20　中國煤炭哈伯特高峰情景-3

8.3 因素分解與系統動力學結合的混合模型

坊間能源預測的方法很多，各種方法猶如「八仙過海」各顯神通，其中「因素分解法」算是一「仙」。因素分解與系統動力學混合可以兼具二者優勢，甚至發展出獨具一格的「情景預測」，我們不妨做做試探。

因素分解法用於環境和能源問題，可追溯到1971年美國Ehrlich（1971）和1989年日本Kaya（1989）構建的IPAT環境衝擊分解模型，IPAT模型使複雜的多重回饋問題化為一個簡單的三因素恆等式：

$$人均\ CO_2排放=\frac{GDP}{人口}\times\frac{能源消費量}{GDP}\times\frac{CO_2排放}{能源消費量} \tag{8.3}$$

上式右側的第一項爲人均GDP，它代表經濟因子，第二項爲能源消費強度（Energy Intensity），它代表產業因子，第三項爲消耗單位能源所產生的CO_2，常稱爲二氧化碳排放係數（CO_2 Factor），它代表環境因子。三項因子中任一項的增加均將使左側的人均CO2排放量增加，人均GDP的增加是人類的基本願望，因此要使左側項下降，只有依靠碳排放係數和能源強度不斷下降，前者與能源結構有關，後者與產業結構有關。

爲了下一步計算的方便，可以把公式（8.3）的三因素分解化爲兩個二因素分解公式：

$$人均\ CO_2排放=\frac{GDP}{人口}\times\frac{CO_2排放}{GDP} \tag{8.4}$$

$$\frac{CO_2排放}{GDP}=\frac{能源消耗}{GDP}\times\frac{CO_2排放}{能源消耗} \tag{8.5}$$

我們再重新稱呼一次，公式（8.4）等號右側的第一項稱爲人均GDP，第二項稱爲CO_2強度；公式（8.5）等號右側第一項稱爲能源強度，第二項稱爲CO_2排放係數。我們要研究的是某個因子的變化對結果變量變化的貢獻。設公式（8.4）第一因子人均GDP爲x和第二因子CO_2強度爲y，人均CO_2爲z。如果變量z的增量爲Δz，x的增量爲Δx和y的增量爲Δy，可以求得以下關係：

$$\Delta z=x\cdot\Delta y+y\cdot\Delta x+\Delta x\cdot\Delta y \tag{8.6}$$

z的增加來源於兩個部分，一部分是因子x增加的貢獻X_{ef}，另一部分是因子y增加的貢獻Y_{ef}，即

$$\Delta z=X_{ef}+Y_{ef} \tag{8.7}$$

因此

$$X_{ef}=x\cdot\Delta y+\frac{1}{2}\Delta x\cdot\Delta y \quad (8.8)$$

$$Y_{ef}=y\cdot\Delta x+\frac{1}{2}\Delta x\cdot\Delta y \quad (8.9)$$

以上二式表示某因子增加對總體的貢獻度，等於本因子的獨立貢獻外再加上兩個因子聯合貢獻的各50%。

做好了如上的準備後，我們可以設計人均CO_2排放因素分解的系統動力學模型，如圖8.21。

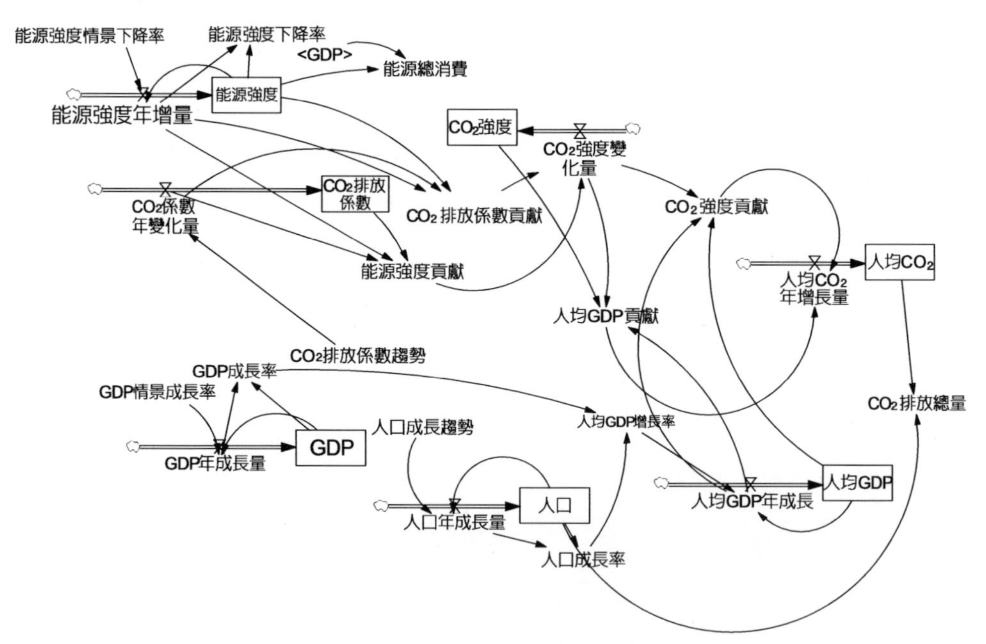

圖8.21　二氧化碳排放量因素分解與系統動力學混合模型（基準方案）

針對公式（8.4）和（8.5）設計了五個相應的存量，即人均CO_2，人均GDP，能源強度，CO_2強度和CO_2排放係數，以及與之相應的五個流量。爲了情景預測的需要還設計了兩個存量，即人口和GDP。模型中的主要因果關聯由公式（8.6）至公式（8.9）所決定。模型主要公式及參數如表8.6。

表8.6　中國人均CO_2混合模型公式一覽

類型	變量	公式	單位
L	人均CO_2	初始值1.73	噸／人
R	人均CO_2年增加量	CO_2強度貢獻＋人均GDP貢獻	噸／人／年
L	CO_2強度	初始值5.13	噸／萬元
R	CO_2強度變化量	CO_2排放係數貢獻＋能源強度貢獻	噸／萬元／年
L	能源強度	初始值2.2883	噸／元
R	能源強度年增量	IF THEN ELSE (Time<＝2008，能源強度年增量歷史，(RANDOM NORMAL(-0.06, -0.04 , 能源強度情景下降率 , 0.005 , 147))*能源強度)	噸／元／年
L	CO_2排放係數	初始值2.2356	噸／元
R	CO_2係數年變化量	CO_2係數趨勢	噸／元／年
L	GDP	初始值43,134	萬元
R	GDP成長率	GDP年成長量/GDP	1／年
L	人口	初始值114,333	萬人
R	人口成長量	人口*人口成長趨勢	萬人／年
L	人均GDP	初始值0.3773	萬元／人
R	人均GDP年成長	人均GDP*人均GDP增長率	1／年
C	能源強度情景下降率	-0.04	噸／元
A	能源強度下降率	能源強度年增量/能源強度	噸／萬元／年
A	能源總消費	能源總消費	萬噸
A	能源強度貢獻	能源強度年增量*CO_2排放係數＋0.5*CO_2係數年變化量*能源強度年增量	噸／萬元／年
A	CO_2強度貢獻	CO_2強度變化量*人均GDP＋0.5*CO_2強度變化量*人均GDP年成長	噸／萬元／年
A	人均GDP貢獻	人均GDP年成長*CO_2強度＋0.5*CO_2強度變化量*人均GDP年成長	噸／萬元／年
A	CO_2排放係數趨勢	RANDOM UNIFORM (-0.01, 0.01, 12)	噸／噸

類型	變量	公式	單位
C	GDP情景成長率	0.075	無
A	GDP成長率	GDP年成長量/GDP	無
A	人均GDP增長率	GDP成長率 − 人口成長率	無
C	人口成長趨勢	0.005	無
A	人口成長率	人口年成長量/人口	無
A	CO_2排放總量	人口*人均CO_2	噸／人

CO_2排放情景不過是碳排放增加因素和碳排放減少因素的巧妙安排，我們把中國減碳情景規定成三種可能：基準、減量和限量，表8.7的模型參數是針對基準情景的。

表8.7　中國減碳情景設計的諸參數

情景方案設計		碳排放減少因素（能源強度貢獻）		
		弱（能源強度下降率負4%）	中（能源強度下降率負5%）	強（能源強度下降率負5.5%）
碳排放增加因素（人均GDP貢獻）	強（GDP增長率8.5%）	循舊（基準）		
	中（GDP增長率8.0%）		中庸（減量）	
	弱（GDP增長率6.5%）			求變（限量）

模擬的三種情景如圖8.22和表8.8。

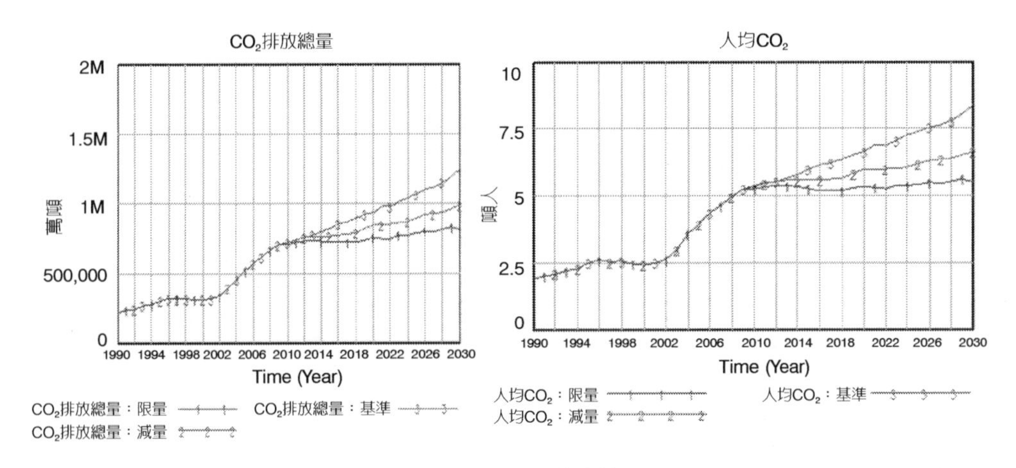

圖8.22　中國大陸減碳情景預測

在基準情景下CO_2排放量由2010年的71.9億噸增加到2030年的81.2億噸，成長1.73倍，平均年成長率2.77%；人均CO_2排放量由2010每人5.4噸成長到至2030年的8.4噸，成長1.56倍，平均年成長率爲2.22%。在減量情景下CO_2排放總量2030年是2010年的1.38倍，平均成長率1.16%；2030年人均排放6.6噸CO_2，平均成長率1.1%。在限量情景下CO_2排放總量2030年是2010年的1.15倍，平均成長率0.7%，2030年每人排放5.5噸，年成長率爲0.02%。

表8.8　中國減碳情景混合法預測結果

	人均CO_2排放（噸／人）			CO_2排放量（萬噸）		
年	限量	減量	基準	限量	減量	基準
2010	5.2635	5.3162	5.3593	706,058	713,132	718,909
2015	5.2388	5.5623	5.9757	720,498	764,989	821,847
2020	5.3475	5.9677	6.6357	754,012	841,469	935,654
2025	5.4082	6.1752	8.3767	781,835	892,715	1,066,408
2030	5.4806	6.6433	8.3861	812,309	984,638	1,242,933

LEAP是目前用於能源情景規劃的通用軟體，在一定程度上本節介紹的混

合模型具備LEAP的某些功能，例如在不同人口和GDP發展情景下預測能源消費和碳排放。用預測成本做評估指標，顯然本節的混合模型占有相對優勢。

8.4 二氧化碳的浴缸模型

如果沒有人類的干擾，大氣中自然碳的循環是穩定的，大約有5,970億噸，每年平均1,200億噸通過光合作用轉變成植物體，後者又把1,196億噸碳送回到大氣中。植物體對碳的「吐納」差值是4億噸碳，換言之，植物體每年可以固定碳4億噸。海洋占地球表面積70%，總體來說，海洋對二氧化碳的呼、吸量是基本平衡的，每年海洋從大氣中吸收700億噸碳，同時釋放706億噸碳。海水表層大約有總量9,000億噸的碳，這些二氧化碳既可能進入大氣，也可能進入深層的海水。陸地和海洋兩個迴路每年循環的碳「流量」達到1,900億噸碳。而大自然中的碳「存量」約爲41兆噸碳。人類的經濟活動打破了碳的這種自然平衡，每年因燃燒化石燃料和生產水泥以及破壞森林和草地而產生大量CO_2，使得空氣中CO_2存量大爲增加，全球氣溫便不斷上升。

史特曼教授（John Sterman）在美國MIT斯隆管理學院對研究生們教授系統動力學，他是系統動力學創始人福雷史特（Jay Forrester）的學生，因2000年出版巨著《事理動力學》（*Business Dynamics*，許多人翻譯爲《商業動力學》）而聞名於世。他對「浴缸動力學」津津樂道，因爲浴缸是領悟系統動力學的最好工具。

史特曼把空氣中的CO_2比喻爲浴缸中的水，浴缸的水位變化取決於下列各種情況：

1. 如果進水龍頭打開放水龍頭關閉，浴缸的水位將越來越高；
2. 如果放水龍頭打開進水龍頭關閉，浴缸的水位將越來越低；
3. 如果進水龍頭進水量大於放水龍頭的放水量，浴缸的水位將越來越高；
4. 如果放水龍頭放水量大於進水龍頭的進水量，浴缸的水位將越來越低；

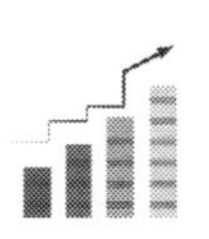

5. 最後，如果放水龍頭放水量等於進水龍頭的進水量，浴缸的水位保持不變。

圖8.23是美國國家地理雜誌根據史特曼的構思所繪製的「CO_2浴缸」，它的「進水量」是各種碳源，每年流入大約91億噸碳，「放水量」是各種碳匯，每年大約只有50億噸爲海洋、植物土壤和岩石所吸收。正如氣候學家David Archer的書《*The Long Thaw* 漫長的解凍》所說，碳的吸收速度很慢，要花幾十年，幾百年時間。

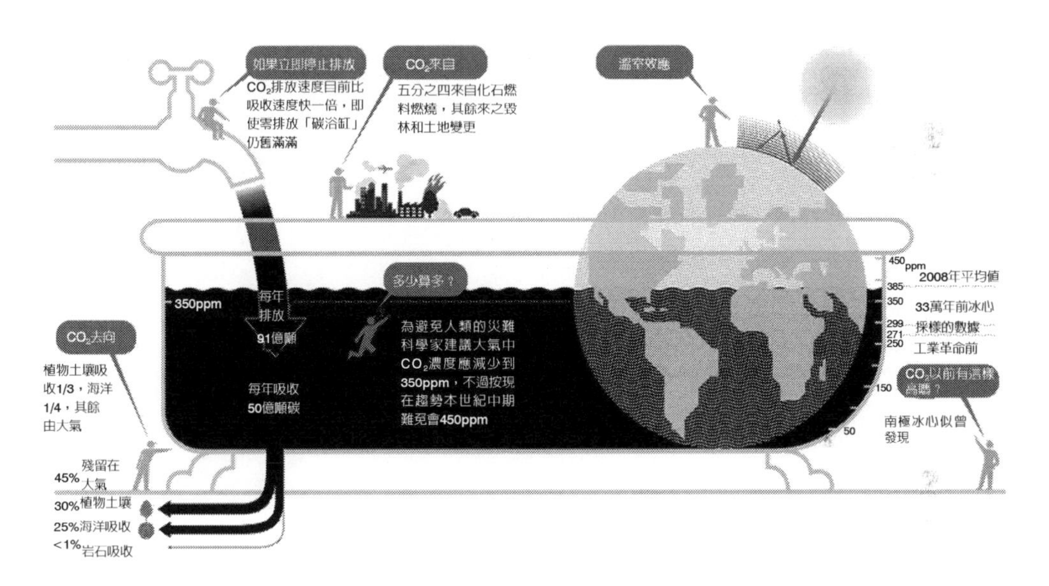

圖8.23　二氧化碳浴缸的可視化數據

資料來源：美國National Geographic,Dec.2009, Carbon Bath http://ngm.nationalgeographic.com/big-idea/05/carbon-bath

請看圖的左部分，每年流入CO_2浴缸的91億噸碳中，4/5爲化石燃料所貢獻，但每年大約只有50億噸爲海洋、植物土壤和岩石所吸收，45%殘留在大氣中，CO_2浴缸的水位逐年增加。再請看圖的右部分，如果把CO_2的重量折算成體積濃度，工業革命前大約爲280ppm，每年大約增加2-3個ppm，2008年CO_2浴缸中的二氧化碳濃度已經達到385ppm（ppm爲百萬分之一）。爲了避免2050年達到臨界量450ppm，減碳的政策目標應該如何設計呢？對於這個題目的討論，史特曼教授說，大部分學生簡單的認為碳排放停止成長，大氣中的二氧化碳立即下降，他們忘記了水位從開始下降到預期的水位出現在時間上是滯後（Delay）的。史特曼很遺憾的感歎道，如果MIT的研究生都不懂這個道理，政治家和選民就可能更不懂了。「他們頭腦中的溫室氣體濃度比實際的情況簡單得多」他這樣說道。

美國卡內基梅隆大學（Carnegie Mellon University）的Varun Dutt和Cleotilde Gonzalez，針對史特曼的碳浴缸提出了一個簡單的系統動力學模型（圖8.24），有興趣的讀者請查看他們的〈Human Perceptions of Climate Change〉論文。

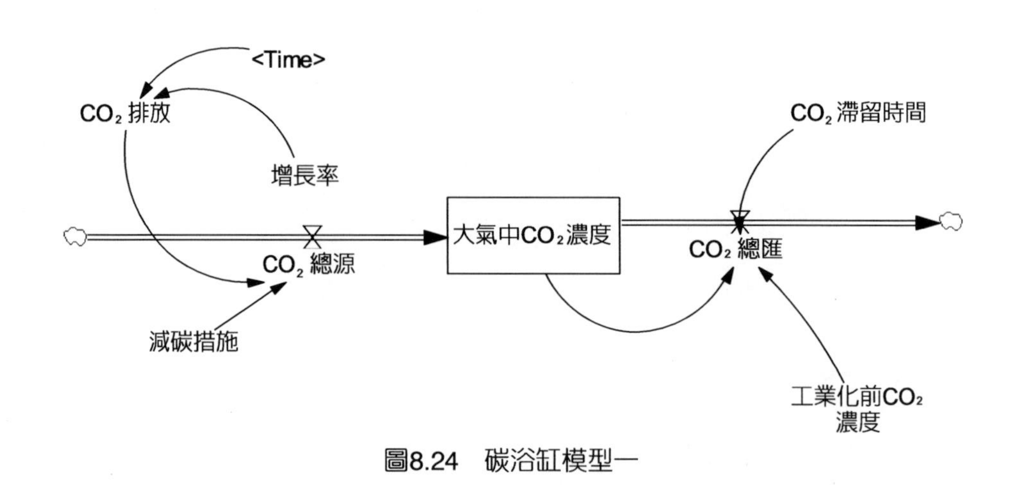

圖8.24　碳浴缸模型一

這個模型的核心構思是流出量的設計，Dutt的設計如下：

CO_2總匯.KL＝（大氣中CO_2濃度.K－工業化前CO_2濃度）／CO_2滯留時間　（8.10）

公式（8.10）假設工業革命後大氣CO_2濃度加速提高，原因是CO_2的流出量減少，CO_2在大氣中的滯留時間增加，CO_2浴缸的水位上升。Dutt雖然在論

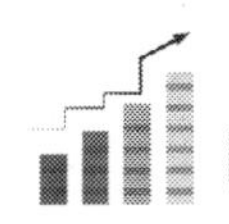

文中陳列了公式，但沒有數據，模型無法運轉。針對這種情況作者設計了兩個碳浴缸模型，表8.9是浴缸模型（一）。

表8.9　碳浴缸模型（一）的基本公式

類型	變量名	公式	單位
L	大氣中CO_2濃度	初始值	ppm
R	CO_2總源	CO_2排放-減碳措施*CO_2排放	GtC/年
A	CO_2排放	(7*(1+增長率) ^ (Time-2000))/2.12	GtC
C	增長率	0.01	GtC/年
A	減碳措施	30%	無
R	CO_2總匯	(大氣中CO_2濃度−工業化前CO_2濃度)/CO_2滯留時間	GtC/年
C	工業化前CO_2濃度	280	ppm
A	CO_2滯留時間	50	年
時間	2000-2100年	年，dt=0.25，模擬用歐拉算法	

如果主要參數的變化範圍如下：

- CO_2滯留時間由30年到50年，
- 減碳措施由0.3到0.55，
- 增長率由0.0015到0.015。

最後我們得到碳浴缸模型（一）的模擬結果（圖8.26）。

模擬結果說明，如果各國進行30-50%的碳排放減量，到2050年以後大氣中的CO_2濃度將穩定在400-420ppm左右，即便如此仍有50%的可能2100年CO_2濃度在450ppm以上。

「CO_2 Now」機構（http://co2now.org/）提供了CO_2均衡數據，使我們有可能製作另一種碳浴缸模型。表8.10是該機構2009年公布的全球CO_2均衡資料。

Sensitivity Simulation Setup
Sensitivity Control Edit the filename to save changes to a different control file
Filename: 大氣的CO2濃度.vsc | Choose New File... | Clear Settings
Number of simulations: 200 | Noise Seed: 1234
Multivariate | Univariate | Latin Hypercube | Latin Grid | File | Sel...
Display warning messages
Currently active parameters (drag to reorder)
CO2滯留時間=RANDOM_UNIFORM(30,50)
減碳措施=RANDOM_UNIFORM(0.3,0.55)
增长率=RANDOM_UNIFORM(0.005,0.015)
Delete Selected | Modify Selected | Add Editing
Parameter | Distribution: RANDOM_UNIFORM
Model Value: – | Minimum Value | Maximum Value
< Prev | Next > | Finish | Cancel

圖8.25 敏感分析的參數設定

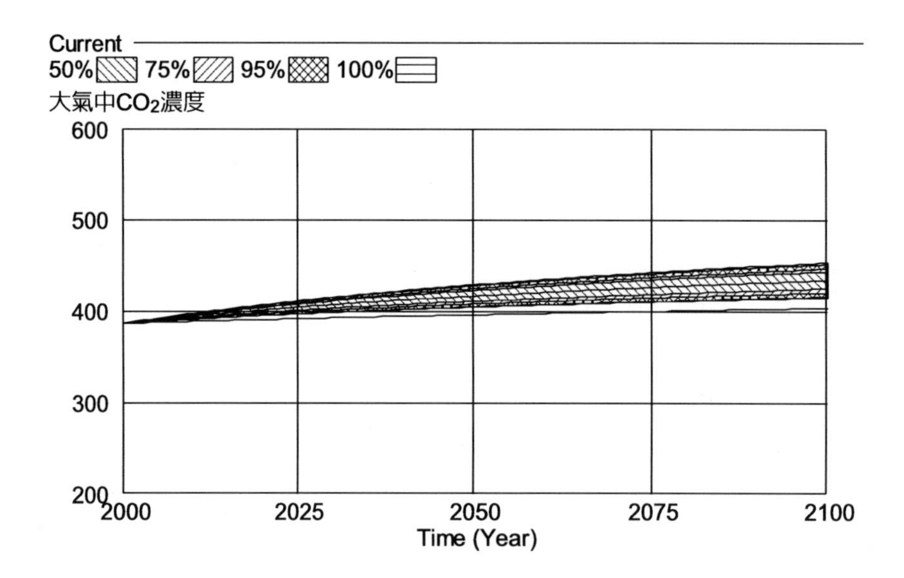

圖8.26 碳浴缸模型（一）的模擬結果

表8.10　全球碳平衡資料 單位GtC（10億噸碳）

編號	年代	燃料+水泥	森林和土地	海洋吸收	陸地吸收	大氣中增加量
1	1960-69	3.1	1.52	-1.53	-1.29	+1.8
2	1970-79	4.69	1.34	-1.74	-1.61	+2.69
3	1980-89	5.48	1.43	-2.02	-0.53	+3.37
4	1990-99	6.37	1.52	-2.22	-2.52	+3.31
5	2000-09	8.7	1.06	-2.33	-2.38	+4.05
6	2010-19	6.37	1.06	2.33	2.38	+2.72
7	2020-29	5.48	1.06	2.33	2.38	+1.83
8	2030-39	4.69	1.06	2.33	2.38	+1.04
9	2040-49	3.1	1.06	2.33	2.38	-0.55

表8.10是每十年的平均數，例如編號1的數列表示1960-1969年的平均數，第一項是化石燃料和生產水泥的年平均排放量爲3.1GtC（31億噸碳），第二項是森林和土地的年平均排放量爲1.52GtC（15.2億噸碳）；第三項是海洋吸收CO_2的年平均量爲1.53GtC（15.3億噸碳），第四項是陸地吸收CO_2的年平均量爲1.29GtC（12.9億噸碳）。因爲排放量大於吸收量，故1960-1969年十年，大氣中CO_2年平均增加1.8GtC（18億噸碳）。表8.10列出的數據到編號5即2009年，編號6至編號9是作者碳浴缸模型（二）的模擬結果。

根據表8.10的結構，作者設計了碳浴缸模型（二）。

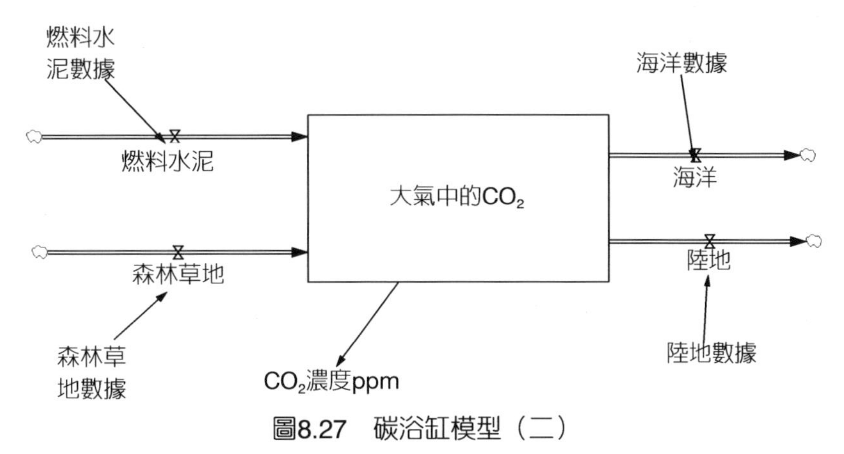

圖8.27　碳浴缸模型（二）

這個模型有一個存量和兩個並列的流入變量各代表燃料和水泥的碳排放和森林草地的碳排放。模型還有兩個並列的流出變量各代表海洋的吸納量和陸地的吸納量。

表8.10時間編號6（2010-2019年）至編號9（2040-2049）的數據爲模型（二）所設計，在兩個流入量方面以2000-09爲對稱中心，數量逐漸下降，例如2010-19的數據與1990-99相等，2020-29的數據與1980-89相等。在流出量方面保持住2010年的最低數據。模型二的公式見表8.11。

表8.11　碳浴缸模型（二）的基本公式

類型	變量名	公式	單位
L	大氣中CO_2濃度	初始値50	GtC
R	燃料水泥	燃料水泥數據	GtC/年
R	森林草地	森林草地數據	GtC/年
A	燃料水泥數據	GET XLS DATA	GtC/年
A	森林草地數據	GET XLS DATA	GtC/年
R	海洋	海洋數據	GtC/年
R	陸地	陸地數據	GtC/年
A	海洋數據	GET XLS DATA	GtC/年
A	陸地數據	GET XLS DATA	GtC/年
A	CO_2濃度ppm	326+大氣中的CO_2	ppm

模擬結果如圖8.28和表8.12。

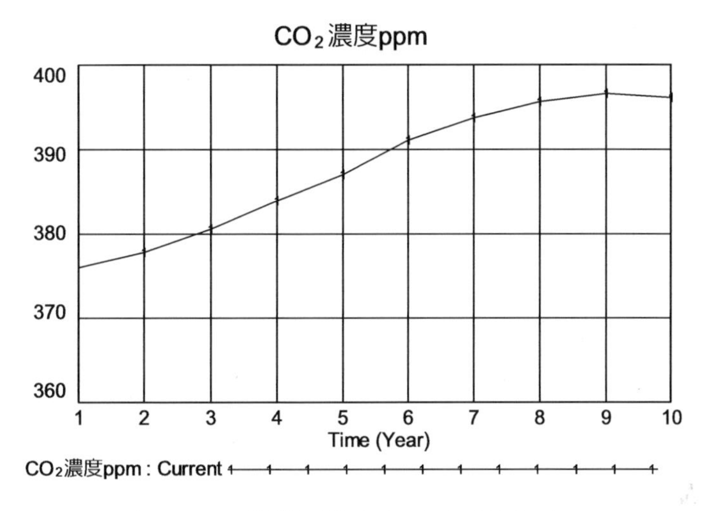

圖8.28 碳浴缸模型（二）的模擬結果

表8.12 碳浴缸模型（二）的模擬結果

編號	年	大氣中的 CO_2 GtC	燃料水泥 GtC	森林草地 GtC	海洋 GtC	陸地 GtC	CO_2濃度 ppm
1	1960-69	50	3.1	1.52	1.53	1.29	376
2	1970-79	51.8	4.69	1.34	1.74	1.61	378.80
3	1980-89	54.48	5.48	1.43	2.02	1.53	380.48
4	1990-99	58.84	6.37	1.52	2.22	2.52	383.84
5	2000-09	60.99	8.7	1.06	2.33	2.380	386.99
6	2010-19	65.04	6.37	1.06	2.33	2.380	391.04
7	2020-29	68.76	5.48	1.06	2.33	2.380	393.76
8	2030-39	69.59	4.69	1.06	2.33	2.380	395.59
9	2040-49	70.63	3.1	1.06	2.33	2.380	396.63
10	2050-59	70.08	3.1	1.06	2.33	2.380	396.08

8.5 溫室氣體減量情景評估

溫室氣體減量不外二途，一改變能源結構，少用碳排放係數大的髒能源，如煤炭；二改善產業結構，降低能源強度，如增加服務業比重。圖8.29是一個描述能源結構和產業結構改變的情景模型。

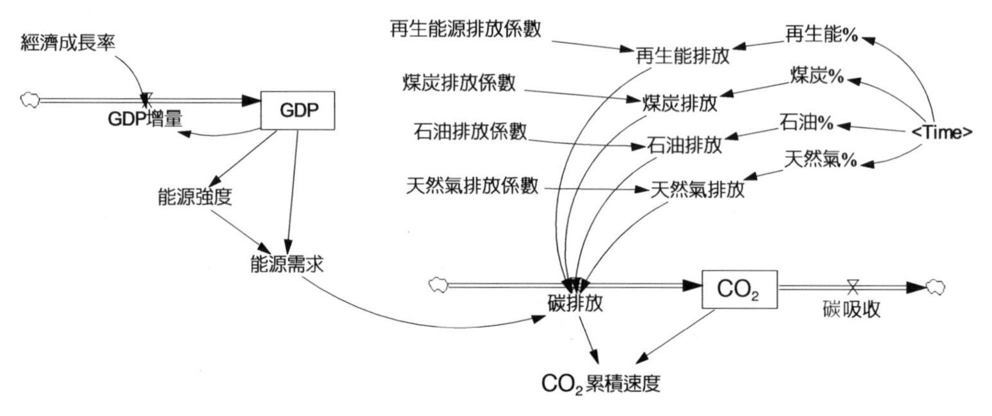

圖8.29　CO_2減量情景模型

模型結構十分簡單，關鍵的是流量「碳排放」，它由各種使用能源的碳排放量所組成。而每種能源的碳排放等於該種能源的碳排放係數乘能源使用量。每種能源的使用比例設定爲兩種情景2010年前和2010年之後，並用IF語句定義，分別如下：

1. 再生能%

   2010年前爲10%，以後爲30%

   IF THEN ELSE (Time<=2010,0.1,0.3)

2. 煤炭%

   2010年前爲50%，以後爲20%

   IF THEN ELSE (Time<=2010,0.5,0.2)

3. 石油%

   IF THEN ELSE (Time<=2010,0.2,0.2)

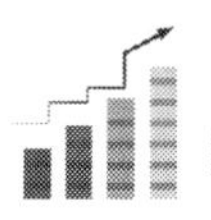

4. 天然氣%

IF THEN ELSE(Time<=2010,0.2,0.5)

能源結構的兩種情景如表8.13，在2010年前碳排放係數高的能源占能源結構的比例高，如煤炭爲50%，在2010年後碳排放係數低的能源比例上升，如再生能源上升到30%。

表8.13　能源結構兩種情景

能源	2010年之前　%	2010年之後　%
再生能源	10	30
石油	20	20
天然氣	20	30
煤炭	50	20

各種能源的碳排放係數如表8.14。

表8.14　碳排放係數

能源	碳排放係數
再生能源	接近0
石油	$2CO_2$/kw
天然氣	$1CO_2$/kw
煤炭	$3CO_2$/kw

流量碳排放和碳吸收的計算如下：

碳排放.KL＝能源需求.K×（再生能源排放.K＋煤炭排放.K＋石油排放.K＋天然氣排放.K），CO_2/年

碳吸收.KL＝1250，CO_2/年

能源需求.K＝能源強度×GDP.K

其餘變量計算公式如下：

GDP初始值 = 1,000，元

經濟成長率 = 1%

能源強度是表函數如圖8.30。

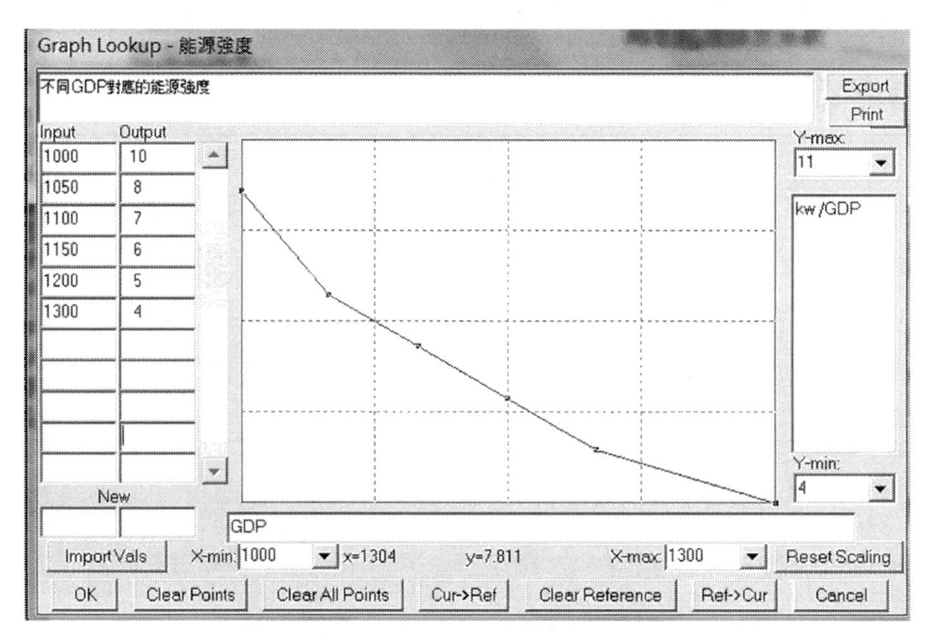

圖8.30 能源強度

由上圖可見，假定GDP1,000元時能源強度是10，GDP增加到1,300元時能源強度下降到4，相應的能源彈性是負的。模型並沒有討論怎樣的產業結構轉變和怎樣的能源新技術才能保證這樣的理想情景。

模擬時間2010-2030年，時間單位年，dt = 1，Euler算法，模擬結果如圖8.31。

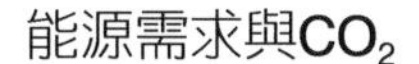

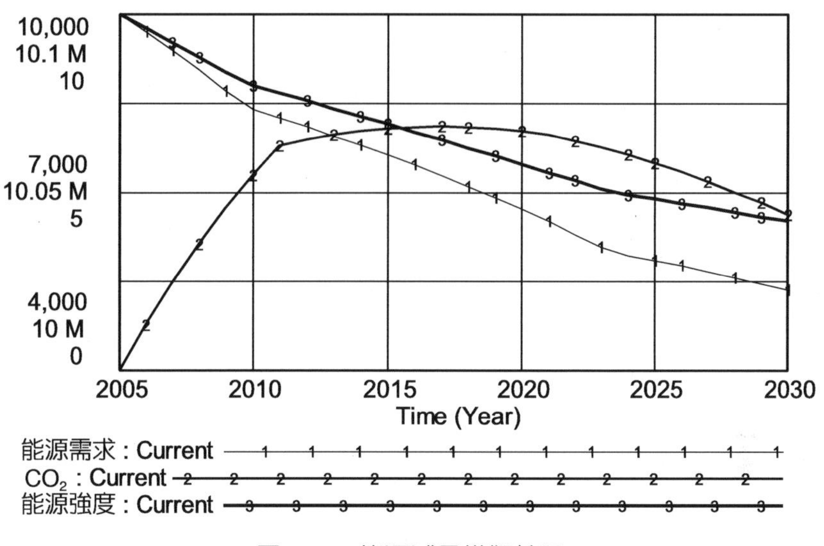

圖8.31　能源減量模擬結果

能源和CO_2減量何其不易，由模擬結果可以看出，即便改變了能源結構，減少了髒能源的比例，即便改變了產業結構，減少了能源的使用強度；經過近20年的努力，CO_2僅僅做到由初始值的10 + E06（CO_2單位）改變到2030年10.5 + E06（CO_2單位），原因是我們無法改變大自然對CO_2吸收能力。

第 9 章

生態與環境模型

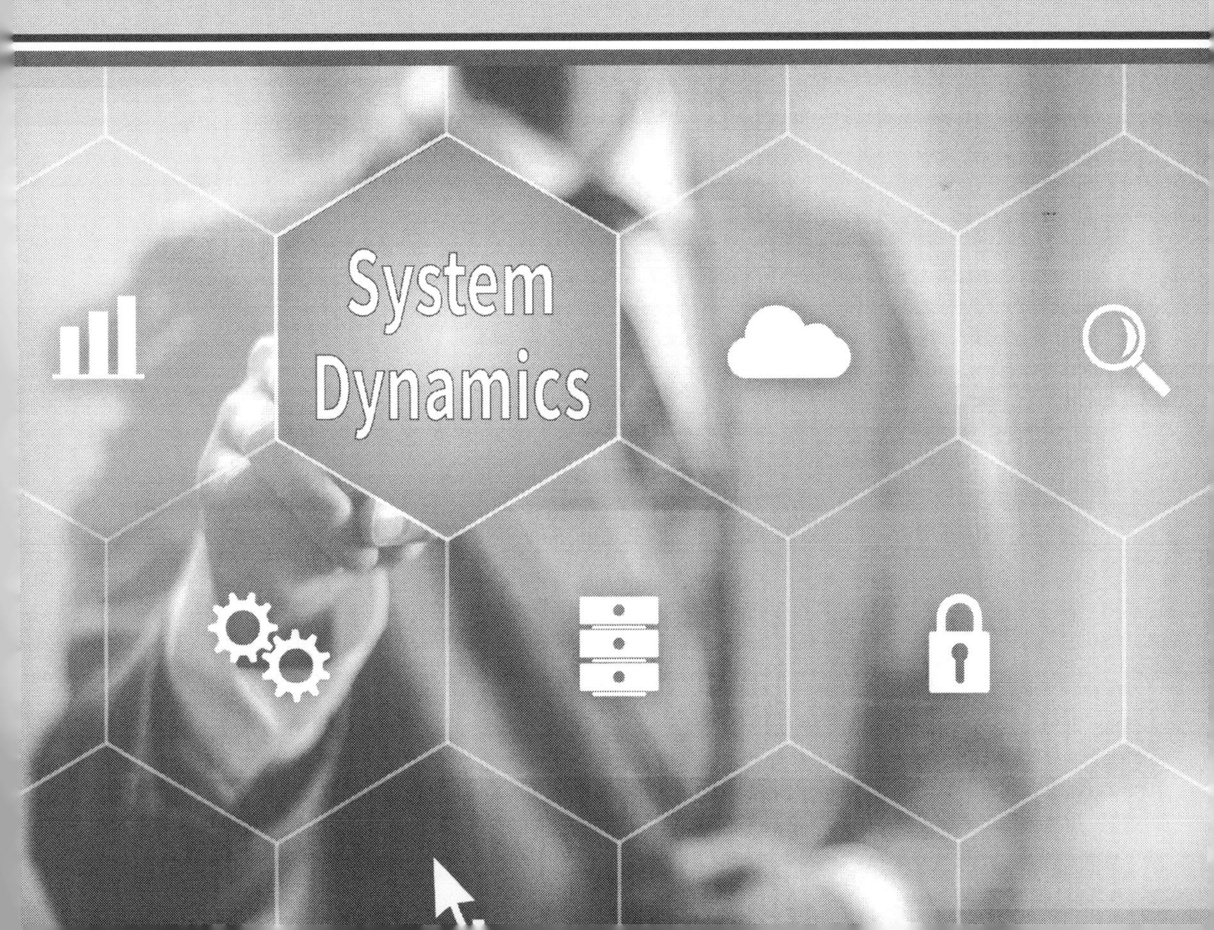

9.1 生態模型

本節討論兩個有名的案例，一個是19世紀末20世紀初加拿大的山貓和野兔的生物振盪，另一個案例是20世紀初美國凱巴布高原鹿群振盪。

9.1.1 加拿大的山貓與野兔

自從Lotka-Volterra 公式問世後，科學家都想試一試公式有多大能耐，其中一項考驗就是1845年後的一百年期間加拿大山貓（Lynx）和野兔（Snowshoe hare）波動的計算。

據稱加拿大山貓的食物來源70%是野兔，有關的數據是間接的，不是統計部門的檔案，而是加拿大海灣公司收購皮毛的記錄，MacLulich 1937年將此記錄整理成圖（圖9.1）。由圖可見山貓與野兔大約以10年爲週期的振盪。

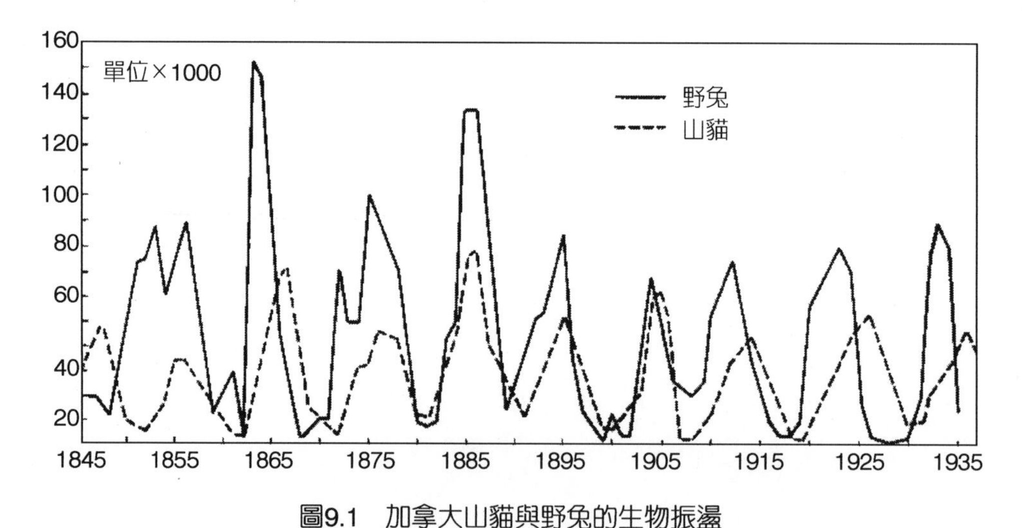

圖9.1　加拿大山貓與野兔的生物振盪

資料來源http://www.bu.edu/gk12/peter/mathinscience.htm

不少數理學派的生態學者用數値積分的LVR方法成功的計算了這類題目，發現加拿大山貓和野兔的振盪週期果然爲10年。1990年代起系統動力學派的學者也開始LVR模型的研究，但數量有限。不少人以爲只要把LVR方程

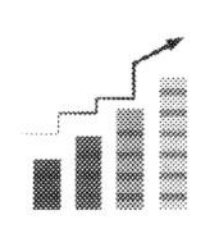

的參數準確掌握，系統動力學模型便一蹴而就。其實不然，第一，至今也沒有好的統計方法挖掘出LVR的參數，第二，即便有了參數，套進模型後也不一定靈，因爲LVR模型不僅對參數敏感，對初始值也非常敏感，第三，系統動力學方法確定和調整參數的過程自由度太大。好像條條道路通羅馬，可是有的路線會喪失生命，對「條條道路通羅馬」很打臉。

下面介紹MIT的Joseph G.Whelan設計的方法，他的LVR模型不是「參數依賴」的，而是表函數依賴的，先請看圖9.2的流程。

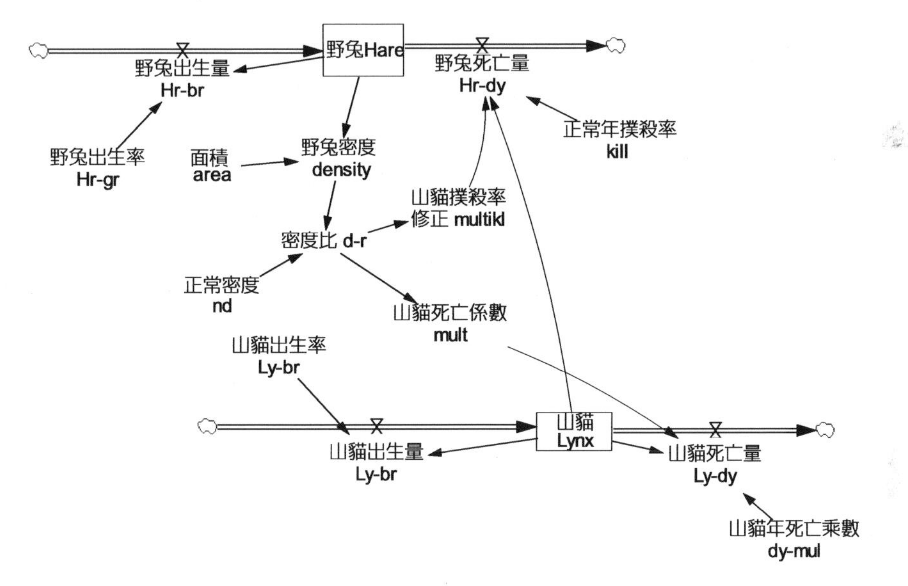

圖9.2　加拿大山貓與野兔的振盪模型

資料來源：MIT System Dynamics Education Project, D-4421-2

模型設計了兩個存量，兩個存量分別由各自的流入、流出所控制，也可以把流入和流出合併，用一個可正可負的淨流量表示。提請注意，傳統LVR模型的核心是微分方程的參數，系統動力學LVR的核心卻是表函數和它產生的可調整的參數。

關於野兔死亡量設計，Whelan並沒有用常數定義撲殺係數，而是隨密度變化的表函數。密度不同撲殺率不一樣，這非常合理，獵物者撲殺獵物成功的機率本來就是因獵物密度不同而不同。山貓死亡量也是通過表函數形式的死亡係數來計算。

整個模型的公式和參數設計請見表9.1。

表9.1　加拿大山貓與野兔生物振盪模擬模型公式

類型	名稱	公式	單位
L	野兔	初始值 = 50,000	隻
R	野兔出生量	野兔*野兔出生率	隻 / 年
R	野兔死亡量	山貓撲殺率修正*山貓*正常年撲殺率	隻 / 年
L	山貓	初始值 = 1,250	隻
R	山貓出生量	山貓*山貓出生率	隻 / 年
R	山貓死亡量	山貓 *山貓死亡係數*山貓年死亡乘數	隻 / 年
C	野兔出生率	1.25	1 / 年
A	野兔密度	野兔/面積	隻 / 公頃
C	面積	1,000	公頃
A	密度比	野兔密度/正常密度	隻 / 公頃
C	正常密度	50	隻 / 公頃
T	山貓撲殺率修正	橫座標為密度比 (0,0),(1,1),(2,2.5),(5,9),(7,10),(10,10)	無
C	正常的年撲殺率	50	獵物 / 獵物者 / 年
C	山貓出生率	0.25	1 / 年
T	山貓死亡係數	橫座標為密度比 (0,1),(0.5,0.33),(1,0.185),(2,0.07),(5,0.01)	無
C	山貓年死亡乘數	1	1 / 年
dt	模擬設定	dt=0.25，RK4算法，模擬時間1845-1935	年

歷史上並沒有可靠的數據記錄，模型有關的參數設計其實是「模糊」的，表9.1所列的參數就是這樣的。1.山貓和野兔的初始值，大致符合1845年的數據，2.野兔和山貓的出生率25%，雖然偏低，但也無妨，3.每年每隻山貓

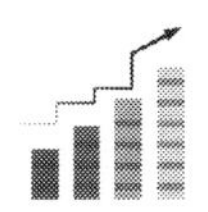

撲殺50 隻野兔，也大致符合實際。爲什麼系統動力學模型一開始對參數要模糊處理呢？缺乏準確數據當然是一個原因，其實即使數據完整你也不能一成不變。做模型是試錯的摸著石頭過河，參數就是石頭，一旦微調參數後系統行爲符合了參考模式，對於已經微調了的參數只好承認，有人說這是系統動力學模型的缺點，其實這正是系統動力學的特點。

本例的兩個表函數設計如圖9.3和9.4。

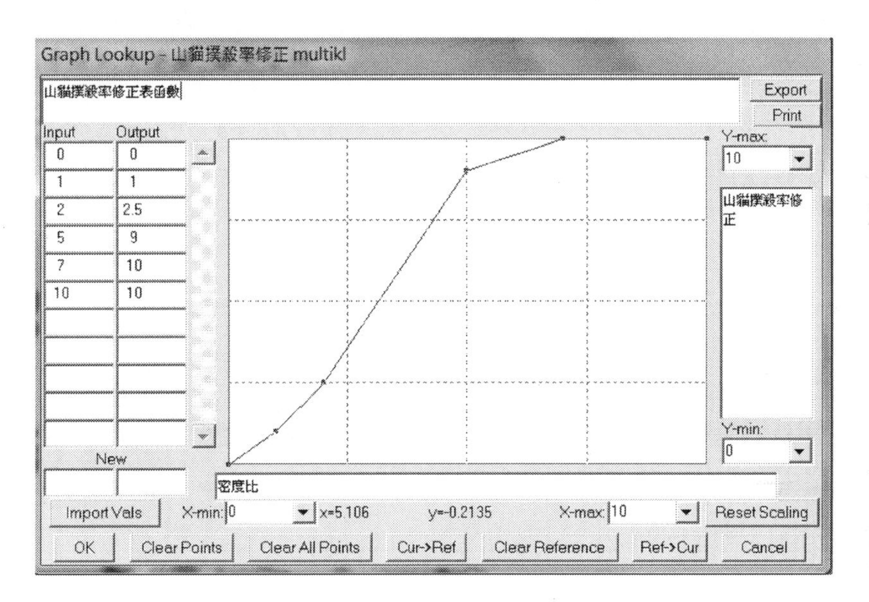

圖9.3　山貓撲殺率修正

圖9.3的橫軸是密度比，即某個時刻野兔的密度與初始值的比值。當密度比1時，修正係數爲1，即對原先設定的正常撲殺率不修正，山貓的撲殺效率等於正常的撲殺率50。當密度比升爲2時，修正係數是2.5，撲殺率是正常值的2.5倍，即2.5×50 = 125。密度比再加大修正係數再升高，但修正係數到10就封頂了。

相反密度比越大山貓的死亡係數越小，因爲山貓撲獲野兔的數量加大壽命延長。密度比與山貓死亡係數的表函數見圖9.4。

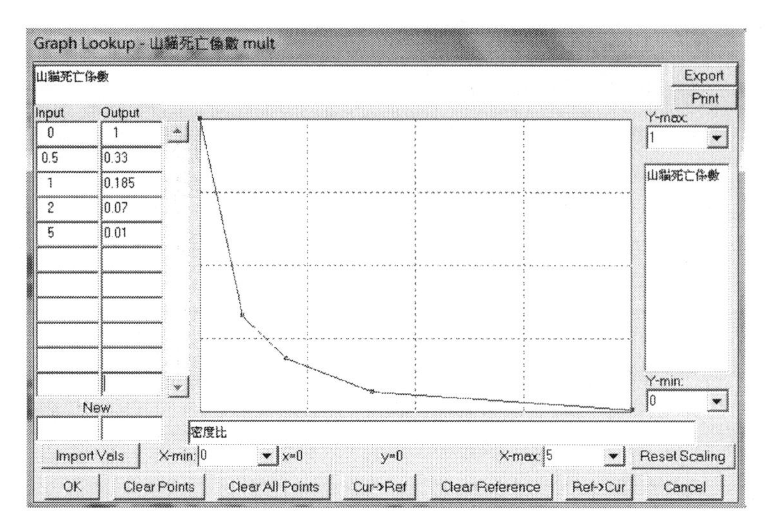

圖9.4　山貓死亡係數

如果密度比等於零也就是沒有野兔，那麼山貓死亡係數爲1，如果密度比增加到0.5，死亡係數這下降到原先的1/3。密度比進一步提高，死亡係數進一步下降。

模型的運行結果如圖9.5。

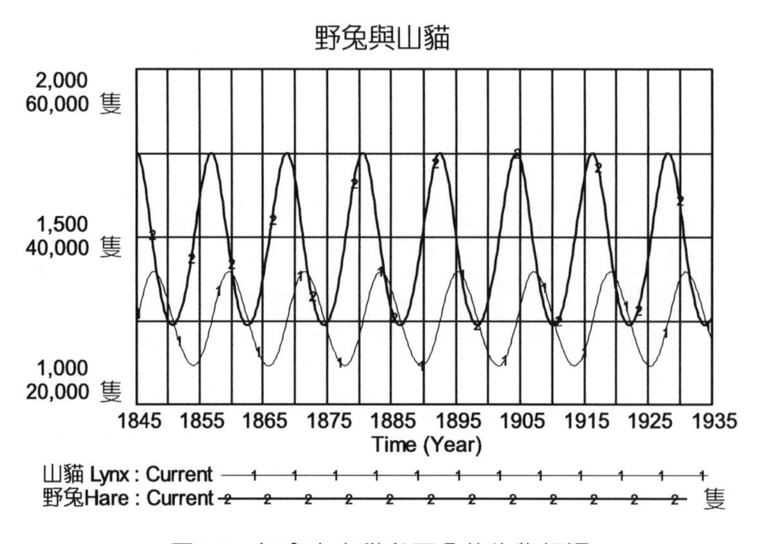

圖9.5　加拿大山貓與野兔的生物振盪

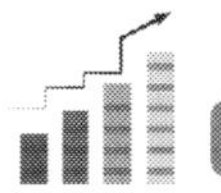

模擬的主要數據輸出見表9.2，山貓與野兔數量振盪的週期大約為10年，這正是我們想看到的結果。

表9.2　加拿大山貓與野兔生物振盪的模擬數據

年	山貓	野兔	年	山貓	野兔
1845	1,250	50,000	1895	1,394	40,473
1855	1,132	44,075	1905	1,295	49,372
1865	1,128	34,464	1915	1,156	46,778
1875	1,222	29,576	1925	1,117	37,020
1885	1,346	31,608	1935	1,202	29,923

與參考模型（圖9.1）比較，模擬結果並沒有反映1860年野兔數量意外上升的情況。如何模擬這種意外呢，一個最簡單的做法是在「山貓死亡量」原方程上增加一項PULSE函數，修正後的DYNAMO公式如下：

R. Lydy. KL = Lynx .K×mult .K×dymul .K + Lynx .K/2×PULSE (15,1)（9.1）

公式（9.1）英文名稱的意義見圖9.2中的各項變量的中、英對照名稱。

利用修正後的公式再模擬，結果如圖9.6。新的模擬結果是1860年山貓死亡量突然增加了一半，因為天敵減少野兔的生存數量就突然上升。1860年以後，外來的衝擊消失，系統行為又回到正常。這是利用外生政策變量做實驗的結果，如果想要追究為什麼，需要對模型結構改造使外生變量內部化，這將是另一個題目。

本模型建構出加拿大北美野兔和天敵山貓之間的長期模式是此起彼伏的振盪，不是野兔或山貓滅種的模式。瓦特（Kenneth Watt, Ecology and resource management, New York McGraw Hill, 1968）曾經指出，兇殘的撲食動物都是高效能的毀滅機器，他們不會把獵物殺光，而是從年老體弱下手，當獵物的密度低到一定程度便罷休，這樣不至於太累，然後去尋求另外的獵物。

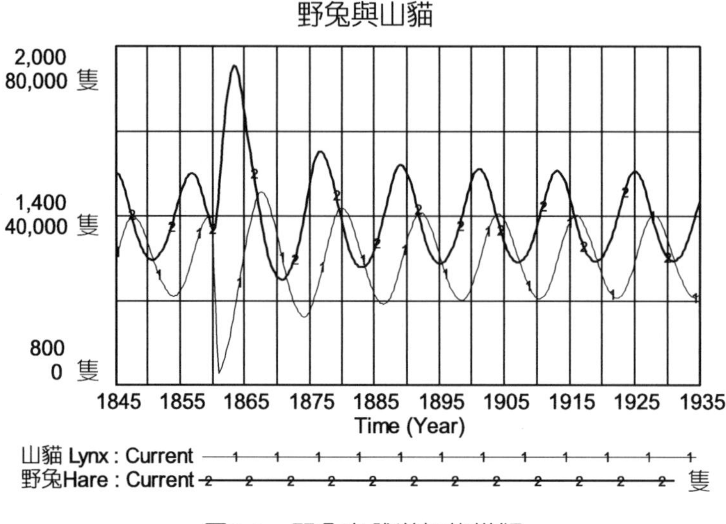

圖9.6 野兔突然增加的模擬

表面上看這個模型和經典的LVR公式使用的函數關係不同，如果把表函數後面的隱藏變量揭穿，兩套方法並無二致。按LVR公式，每年每隻山貓如果平均撲殺50隻野兔，那麼每年野兔的平均死亡量等於50×山貓×野兔。本模型的野兔死亡量等於山貓撲殺率修正×山貓×正常年撲殺率，這個等式表面上少了LVR的第二個自變量「野兔」。事實上，「山貓撲殺率修正」是「密度比」的函數，而「密度比」是「密度」的函數，「密度」就是變量「野兔」的函數。可見LVR模型和系統動力學模型公式所用的自變量是相同的。眞正的差別在於，LVR公式是兩個自變量（山貓和野兔）乘一個常數（本例爲50）；而表函數表示的野兔死亡量是用一組由表函數確定的常數乘兩個變量，換句話用一組常數替代某個固定的常數，這是區別，這更是優點。利用表函數的修正來微調模擬行爲，是模型成功的最有效途徑，做模型要有耐心並勇於試錯，這是忠告也是經驗。

9.1.2 美國凱巴布高原鹿群振盪

某個物種的密度突然增加稱爲「種群爆發」（Population outbreaks），種群爆發的因素很多，諸如氣候突變、天敵解除、食物變化等等。本節試圖用系統動力學的方法討論美國凱巴布高原鹿群爆發的原因。

美國凱巴布高原（Kaibab Plateau）大約100萬英畝，位於大峽谷（Grand Canyon）北部。1907年羅斯福總統決定成立美國大峽谷國家公園，凱巴布高原包含其內。為了保護生態禁止獵鹿，但鼓勵獵撲美洲豹、北美野狼、美洲野貓、山獅和鹿群的其他天敵，這項政策很快奏效，1910年至少有500隻美洲豹落入陷阱或獵殺，鹿的天敵減少鹿群高速成長，15年內鹿群由1907年的5,000隻增長到50,000隻。當時森林管理機構警告，鹿群這樣瘋長必定耗盡高原上鹿群賴以為生的食物。果然1924到1925年冬，凱巴布高原上60%的鹿群餓死，自此之後鹿群不斷下降，1940年大約穩定在10,000頭。如何模擬這段生態歷史，我們舉兩個例子，一個是西班牙加西亞的模型，另一個是美國福特的模型。

1. 加西亞的模型

西班牙系統動力學專家加西亞博士（Juan Martin Garcia）用三個連續的模型說明凱布高原鹿群爆起爆落的故事，我們把它合在一起。加西亞住在西班牙，他說因為時間和飛行成本的原因，沒有必要到所在地對鹿群的歷史細節調查，比如鹿的成長率究竟是多少。他說只有母鹿才產仔，難道因此必須去調查那個時期凱布高原鹿群的性別比例。他比較喜歡諮詢專家，他做模型的態度比較實際。

加西亞的模型設計了兩個存量，一個是鹿群，另一個是食物。他把撲食者當做外生變量處理，因此嚴格說，加西亞的模型並非標準的LVR模型。與上一節Whelan的山貓和野兔模型相仿，加西亞的模型也是把與密度有關的表函數視為核心。加西亞設計了兩個表函數，一個用於撲食者的撲殺效率，另一個用於食物供給與鹿群增長的關係，整個設計請見圖9.7。

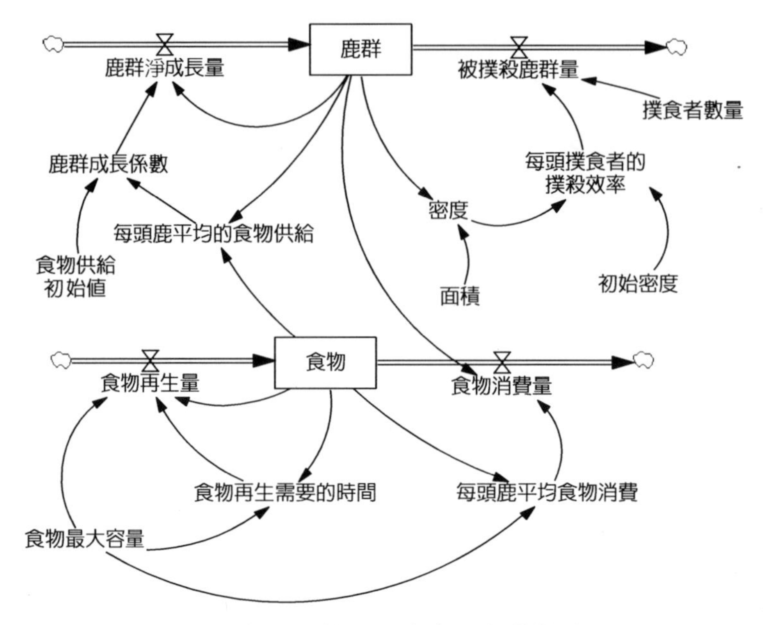

圖9.7　加西亞的凱巴布高原鹿群模型

模型的參數和公式如表9.3。

表9.3　凱巴布高原鹿群加西亞模型公式表

類型	名稱	公式	單位
L	鹿群	初始值 = 5,000	頭
R	鹿群淨成長量	鹿群*鹿群成長係數	頭／年
R	被撲殺鹿群量	每頭撲食者的撲殺效率*撲食者數量	頭／年
L	食物	初始值 = 100,000	噸
R	食物再生量	（食物最大容量 − 食物）／食物再生需要的時間	噸／年
R	食物消費量	鹿群*每頭鹿平均食物消費	噸／年
A	每頭鹿平均的食物供給	食物／鹿群	噸／頭
C	食物供給初始值	20	噸／頭
T	鹿群成長係數	橫座標為「每頭鹿平均的食物供給／食物供給初始值」(0,-0.6),(0.05,0),(0.1,0.2),(1,0.2)	1／年

類型	名稱	公式	單位
A	密度	鹿群 / 面積	頭 / 英畝
C	面積	1,000,000	英畝
C	初始密度	0.005	頭 / 英畝
T	每頭撲食者的撲殺效率	橫座標密度 / 初始密度 (0,0),(1,2),(2,4),(4,6),(20,6)	1 / 年*捕食者
A	撲食者數量	500-STEP(500,1910)	頭
C	食物最大容量	100,000	噸
T	食物再生需要的時間	橫座標食物 / 食物最大容量 (0,40),(0.5,1.5),(1,1)	年
T	每頭鹿平均食物消費	橫座標食物 / 食物最大容量 (0,0),(0.2,0.4),(0.4,0.8),(1,1)	噸 / 年 / 鹿
dt	模擬設定	dt = 1，Euler算法，模擬時間1900-1950	年

加西亞說凱巴布高原鹿群問題很複雜，但要從簡單的地方下手，比如從聽故事開始。他聽專家們說，在白人進到凱巴布高原之前，鹿群是穩定的，每年鹿群的增加量與天敵美洲豹所獵殺的數目大致相等，1900年鹿群的初始值大約爲5,000頭。鹿群中一半爲母鹿，如果母鹿一年一胎，「鹿群成長係數」可以取爲0.5，但考慮到有的母鹿太小有的太老，打個折扣「鹿群成長係數」爲0.3。鹿的準確的預期壽命也不清楚，估計是10年，所以去掉自然死亡，淨「鹿群成長係數」應該是0.2。以鹿群5,000頭計，每年大約增加1,000頭鹿。1,000頭鹿這個數字就是被美洲豹每年吃掉的鹿數。有多少美洲豹呢，也不知道，每隻豹一年可以撲殺兩隻鹿，由此推算撲食者的數目是500頭。這一番故事梗概決定了基本參數和初始值的輪廓。

加西亞的下一步是建立與核心概念——密度有關的表函數，第一個表函數是撲食者的撲殺率（圖9.8）。該圖的橫座標是密度與初始密度的比值，縱座標是每頭撲殺者的撲殺效率。初始密度是個定數0.005，如果密度爲零橫座標必爲零，那麼撲殺效率也必爲零。如果橫座標爲1，這就還原到初始狀態，撲殺效率爲2。假設密度增加到原始密度的1倍，那麼撲殺效率也增加1倍，即4頭鹿。如果密度再增加效率提高得更快，橫座標到4，撲殺效率也就達到最高值了。

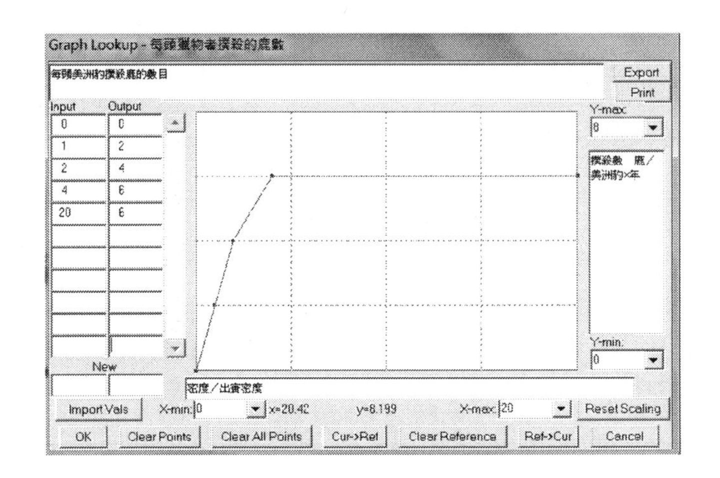

圖9.8　每頭撲殺者的撲殺效率表函數

第二個表函數是鹿群的每年淨增加量，前面提到的淨成長係數0.2，只是一個平均的靜態概念，實際上鹿群的淨增加量與鹿群的食物是否充足有關聯，圖9.9是食物與鹿群成長係數的關係。

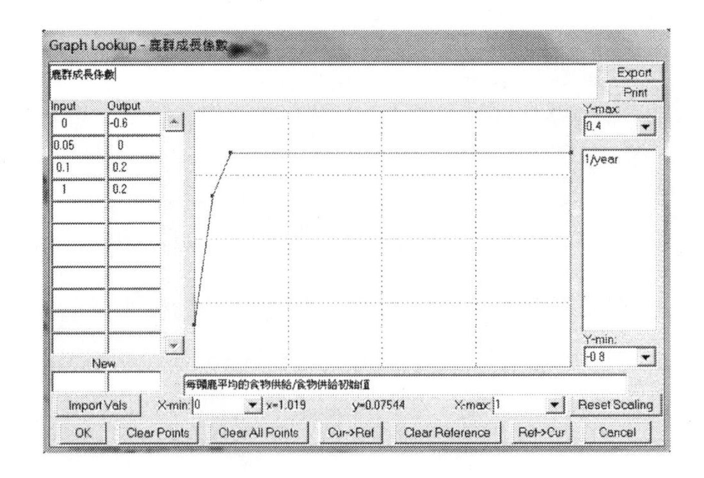

圖9.9　鹿群成長係數表函數

圖9.9的橫座標是鹿的平均食物供給量與初始供給量的比，縱座標是鹿群成長係數。請注意鹿的食物供給量並不是鹿的食物消費量，後者是鹿吃掉的，前者是鹿能夠看到的可供食用的植物，比如樹林的幼枝，樹皮或草場（包括雜草、禾草、各種蘑菇等）。從圖9.9左側最下面一組數看起，當橫座標等於1，即初始狀態，鹿的平均成長係數爲0.2，當食物的供給能力下降到初始的1/10，鹿的成長係數仍舊爲0.2。如果供給能力下降到初始値的5%時，那麼成長係數爲零，鹿群的成長停止。如果供給能力下降到零，那麼鹿群開始負成長，即每年死亡的鹿大於出生的鹿。

第三個表函數是鹿的平均食物消費，請見圖9.10。表的橫座標是食物與食物最大容量的比値，縱座標是每頭鹿平均的食物消費量。所謂食物最大容量是指食物供給的最大可能値，這個指標表示食物的絕對豐富程度，而食物與食物最大容量的比値稱爲食物的相對豐富程度，後面這個指標的數字越大，鹿的食物消費量就越高，這很合理，食物越豐盛，食物的消費量就越大。

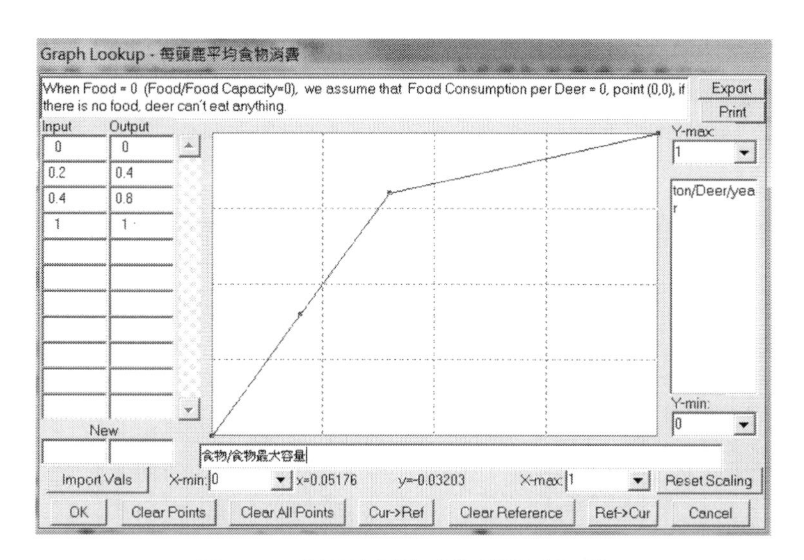

圖9.10　每頭鹿平均食物消費表函數

加西亞模型的模擬結果如圖9.11，1900-1950年的半個世紀間，凱巴布高原鹿群的數量發展好像一個大寫的A字孤獨的站在那裡。1900年有5,000頭，10年後也還是5,000頭。1911年開始快速崛起，1923年發展到高峰共45,048頭，此後迅速衰落，1930年跌到11,044後再也沒有起來（表9.4）。

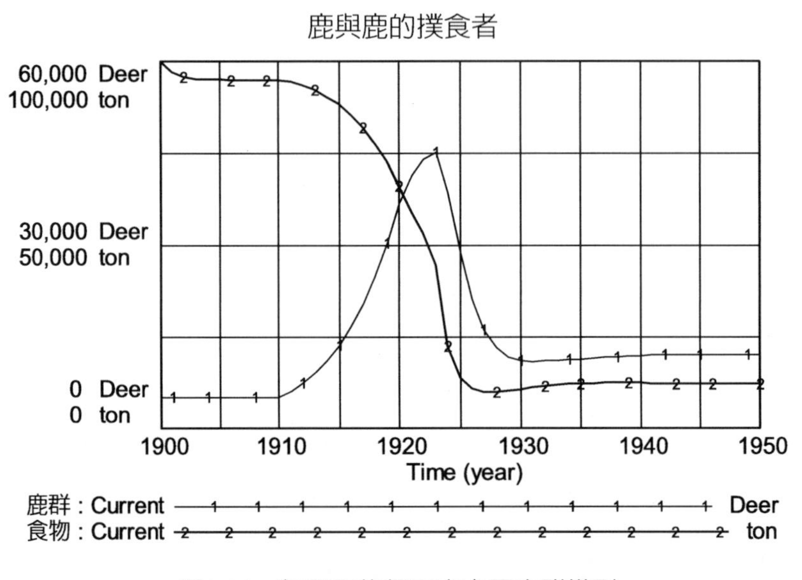

圖9.11　加西亞的凱巴布高原鹿群模型

表9.4　加西亞的凱巴布高原鹿群模型的主要數據

年	鹿群數（頭）	食物（噸）	食物消費量（噸）
1900	5,000	100,000	5,000
1910	5,000	94,833	4,947
1920	36,665	65,920	32,500
1923	45,048　高峰	53,085	36,690
1930	11,044	10,509	2,321
1940	11,882	12,197	2,899
1950	11,977	11,960	2,865

模擬結果說明凱巴布高原鹿群的興衰，原因是鹿的食物而非鹿與天敵的

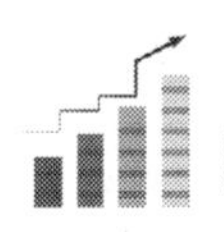

競爭，一開始相對於5,000頭鹿而言，在凱巴布高原上鹿的食物足夠，但是該地的食物增長落後於食物的消費，最後食物的供給能力只是初始值的1/10，消費量只有初始值的一半左右。這樣，鹿與自然兩敗俱傷，凱巴布高原的樹林被鹿破壞殆盡，鹿也餓死光。

2. 福特的模型

福特教授（Andrew Ford）長期任教於華盛頓州立大學並講授系統動力學，他的知名著作「*Modeling the Environment : An Introduction to System Dynamics Modeling of Environment*」，其中第18章凱巴布高原上獵物與獵物者振盪。

福特的模型非常簡明，他選擇兩個狀態變量，一個是鹿群，一個是撲食者；而加西亞選擇的是鹿群與食物，在準確意義上福特的模型是LVR型的。

福特模型的流程如圖9.12，不過需要說明一點，流程圖中「鹿淨出生率」原設計是一個比較複雜的「最小函數」，本書作者將其改爲常數，模擬所得的系統行爲基本一致。

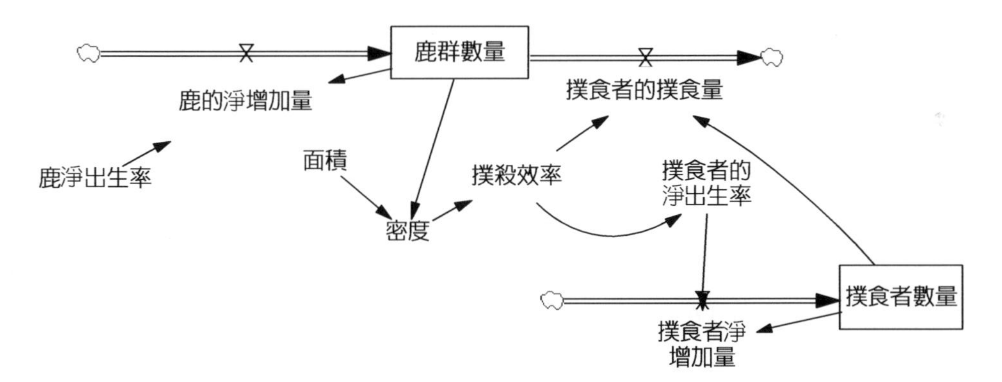

圖9.12　福特的凱巴布高原鹿群模型

福特模型的公式如表9.5。

表9.5　福特凱巴布高原鹿群模型公式

類型	名稱	公式	單位
L	鹿群數量	初始值 = 4,000	頭
R	鹿的淨增加量	鹿淨出生率*鹿群數量	頭 / 年
R	撲食者的撲食量	撲殺效率*撲食者數量	頭 / 年
L	撲食者數量	初始值 = 50	頭
R	撲食者淨增加量	撲食者的淨出生率*撲食者數量	頭 / 年
A	密度	鹿群數量/面積	頭/畝
C	面積	800	1000英畝
T	撲殺效率	橫座標為密度 (0,0),(1,15),(2,25),(3,30),(4,35),(5,40),(6,45),(7,50),(8,55),(9,60),(10,60)	1 / 撲食者*年
T	撲食者的淨出生率	橫座標為撲殺效率 (0,-0.6),(10,-0.45),(20,-0.3),(30,-0.15),(40,0),(50,0.15),(60,0.3),(70,0.4),(80,0.45)	1 / 年
A	密度	鹿群/面積	頭 / 英畝
dt	模擬設定	dt = 0.25，RK4 Fixed算法，模擬時間1900-1935年	

兩個模型的基本參數和初始值有很大不同，加西亞模型1900年鹿群的初始值5,000頭，而福特模型是4,000頭。至於鹿群的棲息面積，加西亞模型的數據是100,000英畝而福特模型的數據是800,000英畝。

兩個模型都以密度爲核心建立相關的表函數，但函數關係不同，下面是福特模型的撲食者撲殺效率表函數。

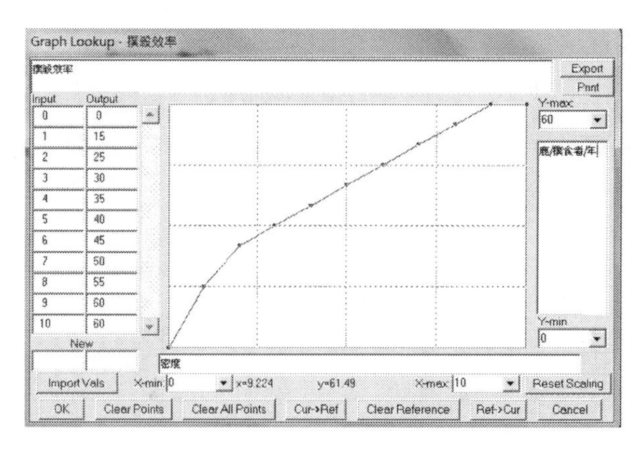

圖9.13　撲食者撲殺效率表函數

上圖的橫座標是鹿群棲息密度，縱座標是每個撲食者每年撲殺的鹿隻數目，例如密度爲1個單位時撲殺效率爲15 頭鹿，密度增加，撲殺效率再增加，撲殺效率的極限是60頭。

加西亞模型視鹿群的撲食者爲外生變量，不參與因果環的鏈接；而福特視鹿群的撲食者爲內部變量，參與因果環的互動。福特模型將撲食者的淨出生率看做撲殺效率的表函數，如圖9.14。

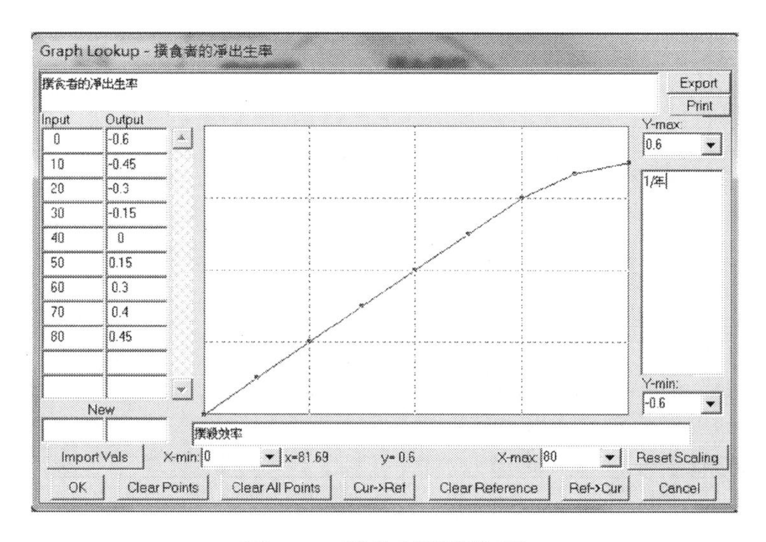

圖9.14　撲食者淨出生率

當撲殺效率爲零時，撲食者的淨出生率爲-0.6，即撲食者因獵物不足，死亡率高於出生率。撲殺效率即使到30，撲食者仍然是負成長，當撲殺效率達到50，撲食者淨出生率才轉爲正的0.15。

福特模型的模擬結果請見圖9.15。

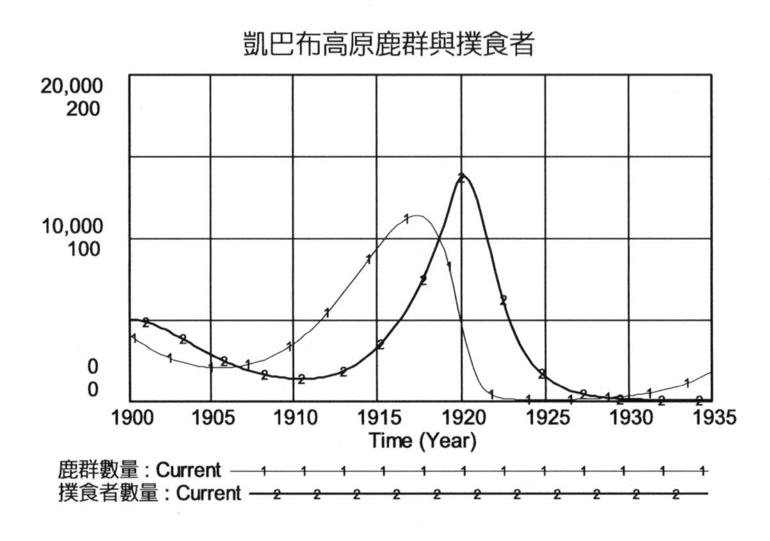

圖9.15　福特凱巴布高原鹿群模型模擬結果

表9.6　福特凱巴布高原鹿群模型新主要輸出數據

年	鹿群	撲食者
1900	4,000	50
1910	3,520	14
1917	11,379	64
1930	332	1

9.1.3　撲食者獵物草場三合一模型

上面介紹了加西亞的獵物與草場的模型和福特的撲食者與獵物的模型；加西亞把撲食者外部化，福特把草場外部化。下面介紹菲達曼撲食者獵物和草場三位一體的互動模型，流程圖請見圖9.16。

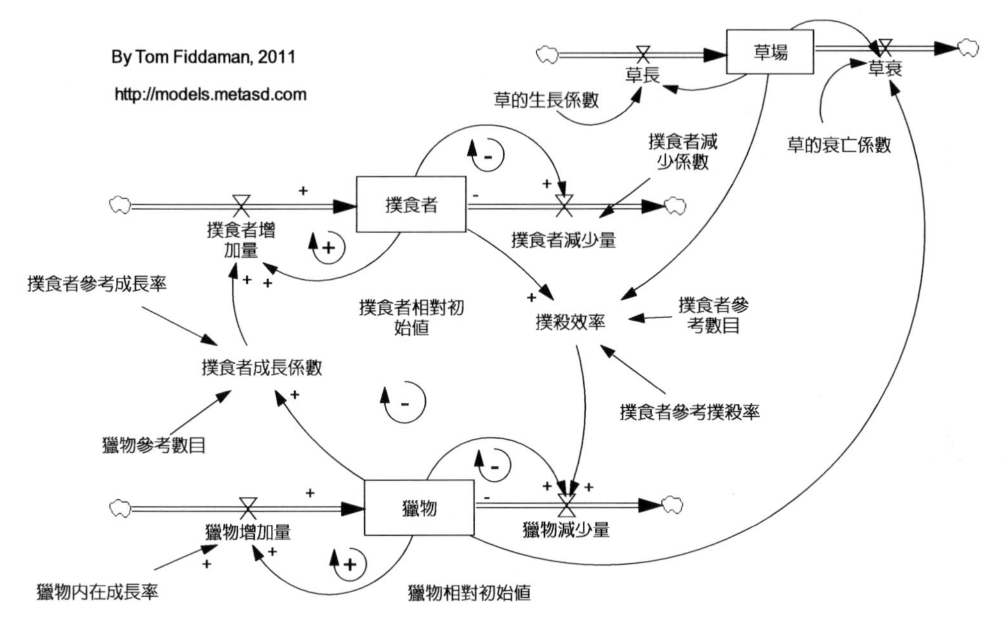

圖9.16　菲達曼的撲食者獵物和草場模型

資料來源：http://models.metasd.com

菲達曼模型的公式請見表9.7。

表9.7　菲達曼撲食者獵物和草場模型公式

類型	名稱	公式	單位
L	草場	初始值 = 50,000	面積
R	草長	草場*草的生長係數	面積 / 時間
R	草衰	獵物*草場*草的衰亡係數	面積 / 時間
C	草的生長係數	0.07	1 / 時間
C	草的衰亡係數	0.001	1 / 時間
L	撲食者	初始值 = 撲食者相對初始值*撲食者參照數目	撲食者
N	撲食者相對初始值	1	撲食者

類型	名稱	公式	單位
C	撲食者參考數目	10	無
R	撲食者增加量	撲食者*撲食者成長係數	撲食者／時間
R	撲食者減少量	撲食者*撲食者減少係數	撲食者／時間
A	撲食者成長係數	撲食者參照成長率*（獵物／參照的獵物數目）	1／時間
C	撲食者減少係數	0.1	1／時間
C	撲食者參考成長率	0.2	1／時間
C	獵物參考數目	100	無
L	獵物	獵物相對初始値*參照的獵物數目	獵物
N	獵物相對初始値	1	獵物
R	獵物增加量	獵物內在成長率*獵物	獵物／時間
R	獵物減少量	獵物*撲殺效率	獵物／時間
C	獵物內在成長率	0.3	1／時間
A	撲殺效率	撲食者參考撲殺率*（撲食者／撲食者參考數目）*（1／草場）	1／時間
C	撲食者參考撲殺率	0.1	1／時間
dt	模擬設定	dt = 0.125，RK4 Auto算法，模擬時間0-20 Time	

請注意菲達曼的技巧，他沒有用表函數，但他使用了「參考値」，一共有四個參考値：撲食者參考數目、撲食者參考成長率、撲食者參考撲殺率和獵物參考數目。

撲食者參考數目和獵物參考數目是模型運行的標準條件，撲食者的撲殺效率和撲食者的成長係數是兩個與標準條件有關的參數。菲達曼用這種辦法取得表函數的功能，好處是簡單，不足是沒有表函數自由。

菲達曼模型的系統行爲如圖9.17。

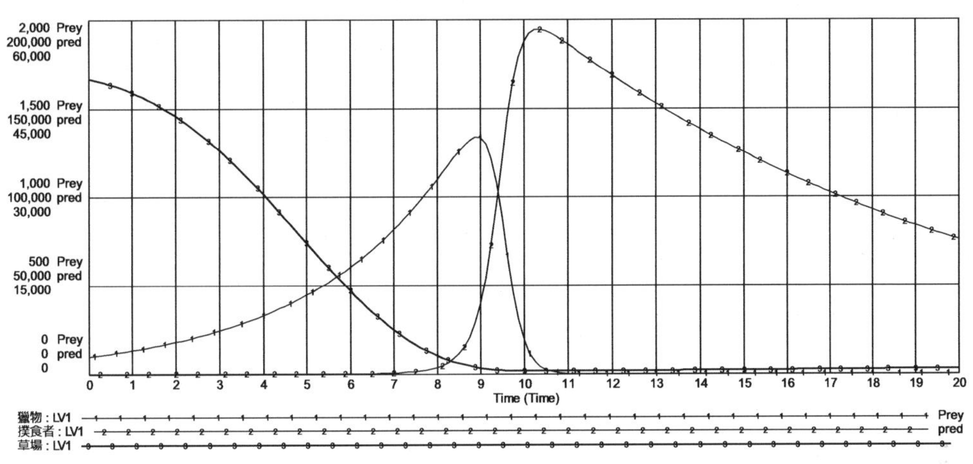

圖9.17　撲食者獵物和草場模擬結果

這是一個三敗模型，草場最後消失，獵物絕種，撲食者殘存一半，推論得知該撲食者為雜食動物，否則應該在獵物絕種後不久也死光光。

9.2 臺灣垃圾量與人均GDP

臺灣的垃圾量（表9.8）自2000年起不斷下降，如果以臺灣的人均GDP做橫軸以垃圾量為縱軸，得出一個倒U型曲線（圖9.18），這就是所謂的Kuznets環境曲線。

表9.8　臺灣人均GDP和垃圾量

年	人均GDP 百萬新臺幣	垃圾量 百萬噸	年	人均GDP 百萬新臺幣	垃圾量 百萬噸
1986	0.152	5.09	2000	0.465	7.85
1987	0.170	5.28	2001	0.453	7.28
1988	0.181	5.88	2002	0.476	6.74
1989	0.200	6.26	2003	0.494	6.16
1990	0.220	6.84	2004	0.524	5.85

年	人均GDP 百萬新臺幣	垃圾量 百萬噸	年	人均GDP 百萬新臺幣	垃圾量 百萬噸
1991	0.244	7.24	2005	0.551	5.53
1992	0.270	7.98	2006	0.579	5.03
1993	0.296	8.22	2007	0.614	4.87
1994	0.320	8.49	2008	0.617	4.36
1995	0.346	8.71	2009	0.605	4.22
1996	0.373	8.71	2010	0.668	4.07
1997	0.401	8.88	2011	0.691	3.61
1998	0.428	8.88	2012	0.703	3.37
1999	0.444	8.57	2013	0.717	3.3

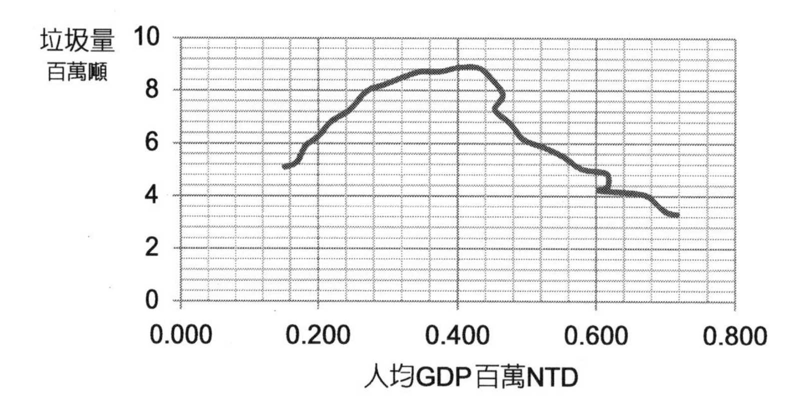

圖9.18　臺灣垃圾與人均GDP的Kuznets曲線

諾貝爾經濟學獎得主Kuznets認爲，當經濟收入由低而高發展時，環境退化和資源消耗的速度超過環境淨化和資源再生的速度，因此，隨著人均收入增加，環境問題愈演愈烈。但是當經濟發展到一定水準後，產業結構向服務業轉變，社會環境意識增強，法規逐漸完善，環境問題減緩；由圖可見，人均GDP 40萬新臺幣，是臺灣垃圾問題的臨界點。Kuznets是一個樂觀派，在他的概念中只要經濟發展起來，環境不會成爲最終問題。然而十分遺憾，全球實證結果與Kuznets的判斷並不一致，至今也沒有找到多少項眞正符合Kuznets曲線的環境指標，臺灣垃圾是難得的一個案例。

求證Kuznets曲線，有統計學的方法，也有經濟學的方法，現在我們用更簡單的系統動力學的LVR方法。請回憶第6章表6.9物種有不同的五種生態關係，端視LVR方程中各項係數的正負符號而定，當係數b和d均爲負時，即爲表中第一種關係「競爭」。臺灣人均GDP和垃圾量的關係，看起來確實很適合「競爭」型的LVR，理由很簡單，因爲人均GDP要提高必須以減少垃圾量爲條件，而垃圾量一定會隨人均GDP的提高而頑強增長，它們互別苗頭，互相鬥爭。假設「人均GDP」和「垃圾」可以物種化，那麼它們很可能是一對「競爭」的物種。

現在列出「人均GDP」的LVR的微分方程：

$$dx = ax + bx^2 + cxy \qquad (9.1)$$

以及「垃圾量」的LVR微分方程：

$$dy = ey + dy^2 + fxy \qquad (9.2)$$

對（9.1）兩端除變量x，則

$$\frac{dx}{x} = a + bx + cy \qquad (9.3)$$

對（9.2）兩端除變量y，則

$$\frac{dy}{y} = e + dy + fx \qquad (9.4)$$

利用表9.8的數據和Excel的常規迴歸方法很容易求出（9.3）和（9.4）的六個係數，結果如下（表9.9）。

表9.9　LVR方程的各項係數

係數	值	標準誤	t值	係數	值	標準誤	t值
a	0.1226	0.038	3.170	d	0.1708	0.0561	3.040
b	-0.1388	0.040	-3.386	e	-0.0052	0.0054	-0.9498
c	-8.7E-10	3.77E-09	-0.230	f	-0.3495	0.0595	-5.8702

上表數據說明臺灣人均GDP和垃圾量確實是互相競爭的。現在我們用「解析式」的模式構建臺灣人均GDP和垃圾量的系統動力學的LVR模型，所謂解析式模式就是不用傳統的事理因果關係，而用方程式的等號關係。圖9.19是它的流程圖。

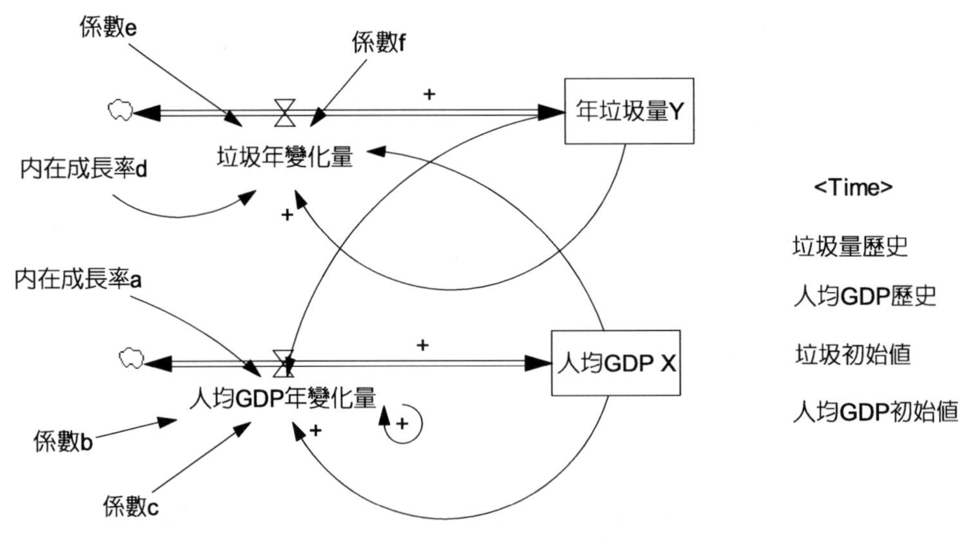

圖9.19　臺灣人均GDP和垃圾量的LVR系統動力學解析式模型

模型的結構關係如表9.10。

表9.10　臺灣人均GDP—垃圾量LVR模型的等式關係

類型	名稱	公式	單位
L	人均GDP x	初始值=0.152	新臺幣，10萬
R	人均GDP年變化量	人均GDP X*內在成長率a+係數b*人均GDP X*人均GDP X+係數c*年垃圾量Y*人均GDP X	新臺幣／年
C	內在成長率a	0.122	1／年
C	係數b	-0.1388	1／GDP*年
C	係數c	-8.7e-010	1／GDP*噸*年
L	垃圾量 y	初始值=5.09321	噸，百萬
R	垃圾年變化量	年垃圾量Y*內在成長率d+係數e*年垃圾量Y*年垃圾量Y+係數f*年垃圾量Y*人均GDP X	噸／年
C	內在成長率d	0.17	1／年
C	係數e	-0.0052	1／噸*年
C	係數f	-0.3491	1／GDP*噸*年
dt	模擬設定	dt=1，RK4 Fixed算法，模擬時間1986-2020年	

模擬結果如圖9.20至圖9.22。

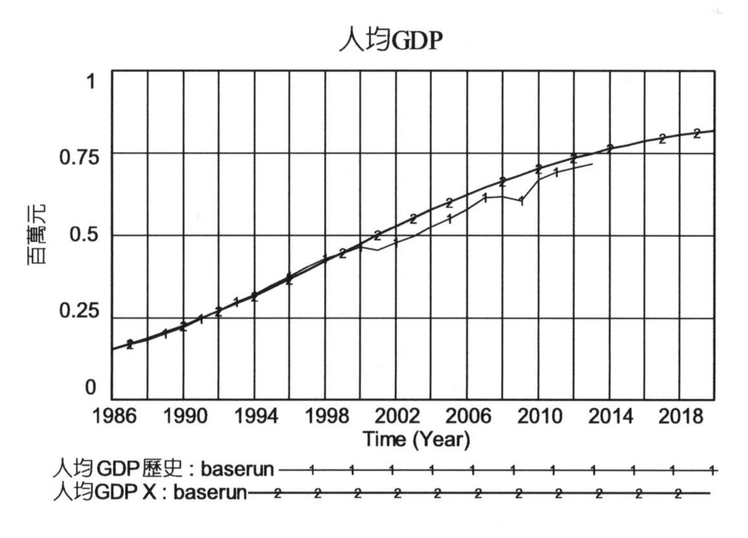

圖9.20　人均GDP模擬值與歷史數據比較

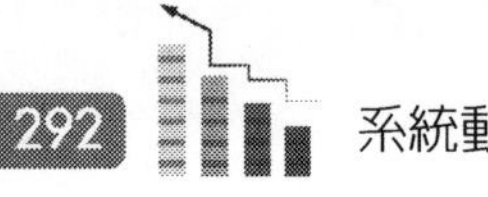

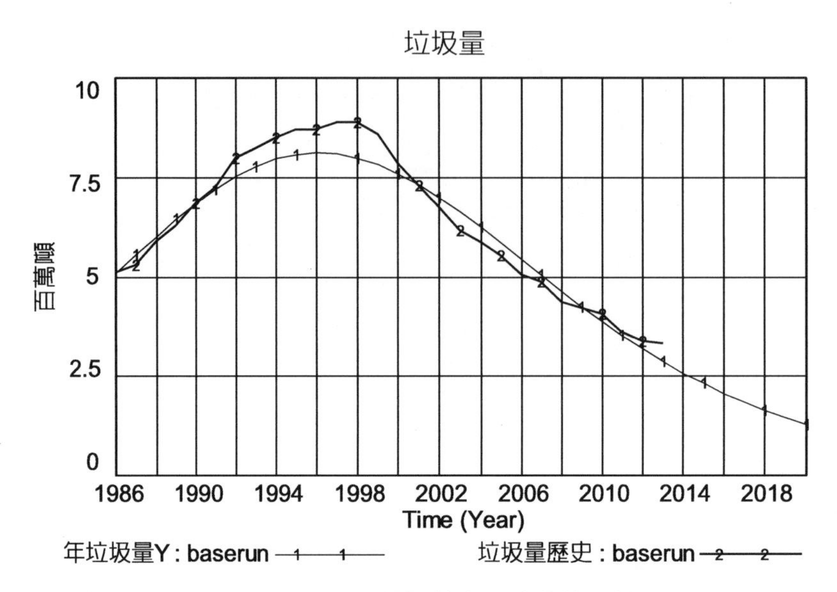

圖9.21 垃圾量模擬值與歷史數據比較

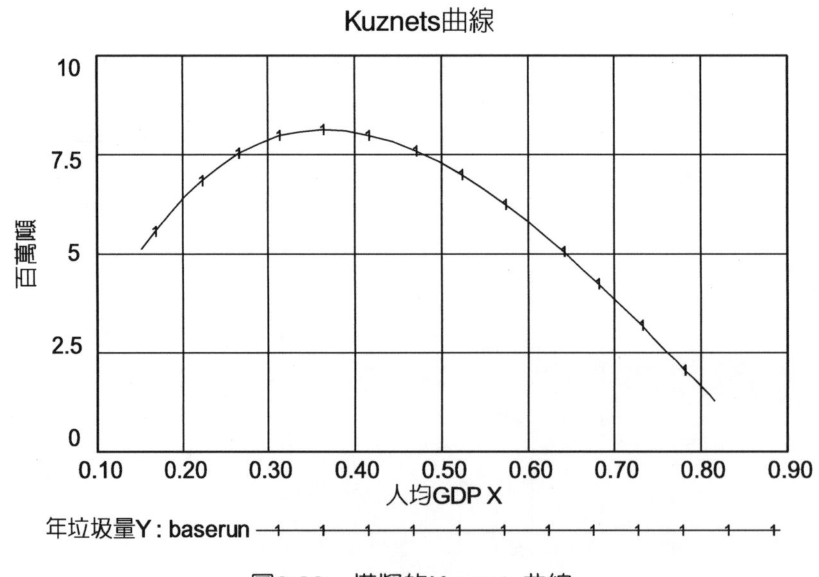

圖9.22 模擬的Kuznets曲線

模擬結果說明，解析式的系統動力學模型的優點是簡單。與一般的解析

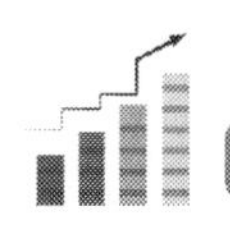

式數值模型比較除了簡單之外，結果輸出多元和可視化程度高，因此我們不僅需要繼續發展傳統的事理因果的「重」模型，還應該發展解析式的「輕」模型。

9.3 太平洋塑膠垃圾

全球環境基金科學技術諮詢部Scientific and Technical Advisory Panel（STAP）將環境問題分爲四大範疇：大消費、全球暖化、土地利用和人體毒素，STAP認爲污染環境的10大物質分別爲：塑膠、煤炭、瓦斯、石油、木/紙、脂肪／魚、穀物、鋼鐵、其他金屬和水泥／石材等，它們對環境危害的權重各異。以塑膠爲例，它在全球暖化中權重爲10%左右，但它在人體毒素的危害中權重30%，它在所有環境危害中的總權重爲10%左右。

2014年聯合國環境規劃署發布「全球環境新問題」（UNEP Year Book 2014: Emerging Issues in Our Global Environment），列出世界十大環境新問題，其中第八項爲海洋塑膠垃圾。

與陸地的點狀污染源或線狀污染源的相對穩定比較，海洋垃圾是流動的而且是環狀流動的。以北太平洋環流爲例，它是一個由北赤道暖流、黑潮、北太平洋暖流、加利福尼亞寒流構成的順時針環形系統。當垃圾途經這裏被捲入便形成垃圾環流（由塑膠，玻璃，金屬，聚苯乙烯，橡膠，廢棄漁具組成。其中塑膠估計60%至80%）。一把在舊金山海岸丟棄的牙刷，隨著加利福尼亞寒流一路向南，到了墨西哥一帶再藉著北赤道暖流流向亞洲，到達日本海域，遇上黑潮，轉而向東匯入北太平洋暖流，經過夏威夷最終到達太平洋「垃圾帶」，整個旅程大概需要幾年。海洋科學家認爲全世界一共有11個海洋環流，其中太平洋塑膠垃圾環流最爲人注意。

但是海洋塑膠垃圾究竟有多少，眾說紛紜，有的說「像一座島俯拾皆是」，有的說「像一鍋丸子湯水多料少」。到了晚近總算有了學術報告，2015年2月13日美國科學期刊「Science」，發表美國佐治亞大學詹娜·詹姆貝克等人的「由陸地進入海洋的塑膠垃圾計算報告」（Jambeck 2015）。

Jambeck的方法實際上是塑膠生產消費生命週期模型的延伸，該模型把海洋廢棄塑膠量置於問題的後端，上游是塑膠產量、消費和拋棄。

Jambeck團隊的研究人員選取了全球192個沿海國家，以各國海岸線50公里以內的居住人口爲基準，計算每年因管理不當而流入海洋的塑膠垃圾。統計處理的數據包括：該地區每年每人產生的垃圾的重量、塑膠垃圾占所有垃圾的百分比、處理不當的塑膠垃圾占所有塑膠垃圾的百分比，估計各國進入海洋的塑膠垃圾的總重量。所謂處理不當的垃圾是指亂丟亂放以及掩埋場的流失。

Jambeck團隊估計，2010年192個沿海國家一共產生2.75億噸塑膠垃圾，其中不當管理的廢棄塑膠共有31,865萬公噸，其中又有480萬噸到1,270萬噸進入了海洋。若以中位數800萬噸計算，相當於192沿海國家，每一英寸的海岸線上有5個購物袋的塑膠垃圾。如果垃圾處理設施沒有得到改進，估計到2050年，進入海洋的塑膠垃圾累計量將增加一個數量級，預測的數據請見表9.11。

表9.11 Jambeck 海洋塑膠垃圾量估計

年	陸地不當管理的廢棄塑膠量 百萬噸／年	15%流入海洋／百萬噸	25%流入海洋／百萬噸	40%流入海洋／百萬噸
2010	31.9	4.8	8.0	12.7
2015	36.5	5.5	9.1	14.6
2020	41.3	6.2	10.3	16.5
2025	69.9	10.5	17.5	28.0
累計	618.7	92.8	154.7	247.5

資料來源：Jenna R. Jambeck et. Plastic waste inputs from land into the ocean. Science, 13 February 2015,Vol 347, Issue 6223

2015年臺灣永續發展能源研究基金會承接一項「淨化太平洋塑膠垃圾袋可行性方案」的研究案，整個研究計畫由基金會董事長前環保署長簡又新博士主持，本書作者負責太平洋塑膠垃圾的系統動力學模型。

太平洋塑膠垃圾模型的流程圖如圖9.23。

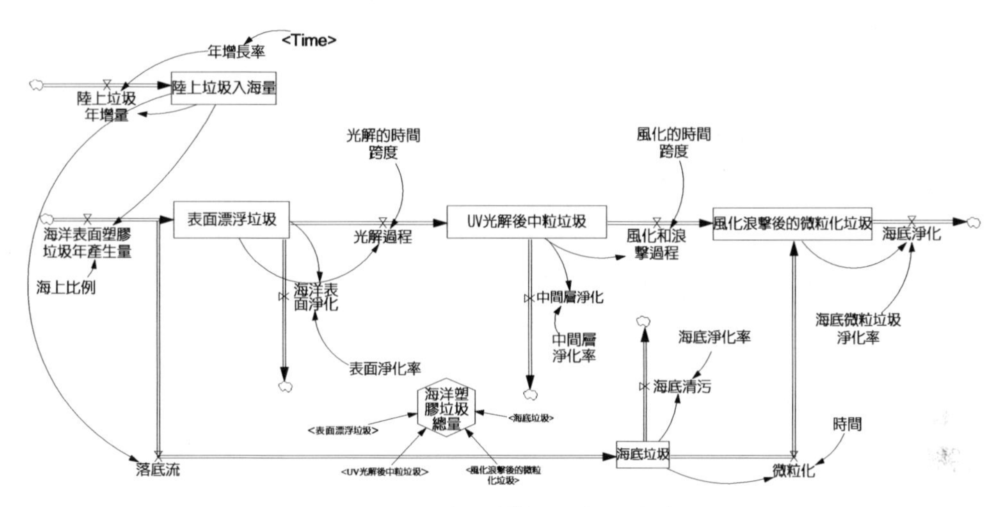

圖9.23　太平洋塑膠垃圾模型

這個模型有五個存量：

- 第一個存量「陸上垃圾入海量」，它的流入量是陸上垃圾年增加量；沒有流出量，因而該存量在模擬期內只有增長的表現。
- 第二個存量「表面漂浮垃圾」，它的流入量是海面塑膠垃圾年產生量，流出量兩個，一爲海洋表面淨化，另一爲光解過程。
- 第三個存量紫外線「UV光解後的中粒垃圾」。
- 第四個存量「風化浪擊後的微粒化垃圾」。
- 第五個存量「海底垃圾」。

整個模型的結構公式請見表9.12。

表9.12　太平洋塑膠垃圾模型的公式和設定

類型	名稱	公式	單位
L	陸上垃圾入海量	初始值=4	噸，百萬

類型	名稱	公式	單位
R	陸上垃圾年增量	年增長率*陸上垃圾入海量	噸／年
T	年增長率	表函數，橫軸為時間 (1975,0.018),(1983,0.020),(1984,0.021),(1995.,0.023),(1996,0.023),(1998,0.024),(2002,0.024),(2007,0.025),(2010,0.026),(2015,0.030),(2015,0.030),(2020.,0.035),(2023,0.035),(2025,0.035),(2030,0.034),(2035,0.030),(2044,0.025),(2050,0.023)	1／年
L	表面漂浮垃圾	初始值=0.001	噸，百萬
R	海洋表面塑膠垃圾年產生量	(陸上垃圾入海量*(1+海上比例))*0.3	百萬噸／年
C	海上比例	0.2	1／年
R	光解過程	表面漂浮垃圾/光解的時間跨度	百萬噸／年
R	海洋表面淨化	表面漂浮垃圾*表面淨化率	百萬噸／年
C	光解的時間跨度	10	年
C	表面淨化率	0.1	1／年
L	UV光解後中粒垃圾	0	百萬噸
R	風化和浪擊過程	UV光解後中粒垃圾/風化的時間跨度	百萬噸／年
R	中間層淨化	UV光解後中粒垃圾*中間層淨化率	百萬噸／時間
C	風化的時間跨度	50	1／年
C	中間層淨化率	0.01	1／年
L	風化浪擊後的微粒化垃圾	初始值=0	百萬噸
R	海底淨化	海底微粒垃圾淨化率*風化浪擊後的微粒化垃圾	百萬噸／年
C	海底微粒垃圾淨化率	0.1	1／年
L	海底垃圾	初始值=0	百萬噸

類型	名稱	公式	單位
R	海底清污	海底垃圾*海底淨化率	百萬噸 / 年
C	海底淨化率	0.003	1 / 年
R	落底流	0.7*陸上垃圾入海量	百萬噸 / 年
R	微粒化	海底垃圾/時間	百萬噸 / 年
C	時間	40	年
A	海洋塑膠垃圾總量	表面漂浮垃圾＋UV光解後中粒垃圾＋風化浪擊後的微粒化垃圾＋海底垃圾	百萬噸
dt	模擬設定	dt＝1，Euler算法，模擬時間1975-2100年	

由陸地流入海洋的塑膠垃圾在海洋域內的累積量有四種不同的存在形式：1. 表面漂浮垃圾，2. UV（紫外線）光解後中粒垃圾，3. 風化浪擊後的微粒化垃圾，4. 海底垃圾。前三種是串聯的鏈結構，好像年齡的鏈結構一樣，最後一類海底塑膠垃圾是指由海洋表面直接緩慢落到海底的塑膠垃圾。這四種海洋塑膠垃圾累積，如果人類沒有減量措施其指數成長的模擬結果如圖9.24。

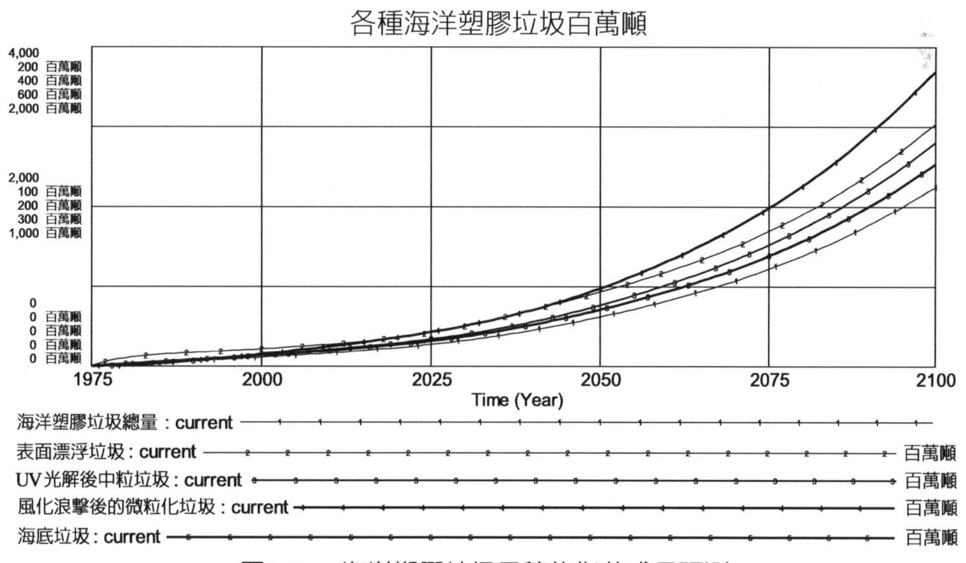

圖9.24　海洋塑膠垃圾累積的指數成長預測

表9.13是模擬輸出的主要數據。

表9.13　海洋塑膠垃圾主要數據輸出

年	系統動力學模型模擬結果			Jambeck模型
	海面垃圾年發生量／百萬噸	塑膠垃圾沉落海底年發生量／百萬噸	塑膠海洋垃圾年發生量／百萬噸	不當管理係數15-25%時海洋塑膠垃圾年發生量／百萬噸＊
1975	1.44	2.8	4.24	n.a
2000	2.44	4.77	7.21	n.a
2010	3.12	6.06	9.18	4.8-8.00
2015	3.57	6.95	10.52	5.5-9.10
2020	4.19	8.14	12.33	6.2-10.3
2025	4.99	9.70	14.69	10.5-17.5

上表的第五欄數據是Jambeck團隊的研究結果。

我們可以把未來分爲兩種情景，一種是「無作爲」情景，世界各國對海洋塑膠垃圾聽之任之，第二種情景是世界各國對塑膠商品減量。在「無作爲」情景下，從2015年到2100年的85年間，兩個主要有關的垃圾流量：陸上塑膠垃圾年增量和陸上垃圾入海量呈現指數式增長。後者由目前的10.52百萬噸增加到91.95百萬噸（圖9.25）。

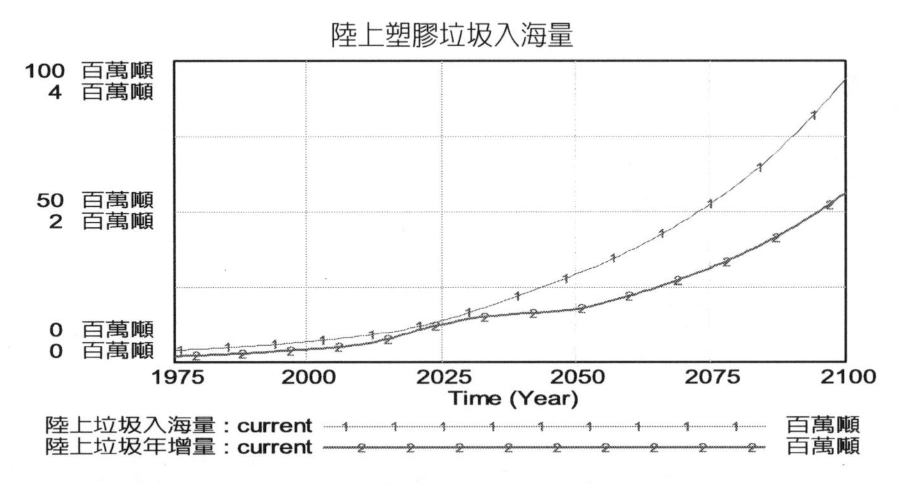

圖9.25　「無作為」情景的陸上塑膠垃圾入海量指數增長

第二種情景是5R減量，世界各國尤其是沿海192國對塑膠商品立即實行：Reduce ,Reuse, Recycle, Recover和Redesign。這項政策試驗的設計如圖9.26。其實很簡單，只要在原先「陸上垃圾入海量」存量的右側加一個「5R」的流出量，5R是一個斜坡函數，這個附加的流出量的DYNSMO公式如下：

5R.KL = RAMP(slope, 2015 , 2050)

C. slope = 0.015

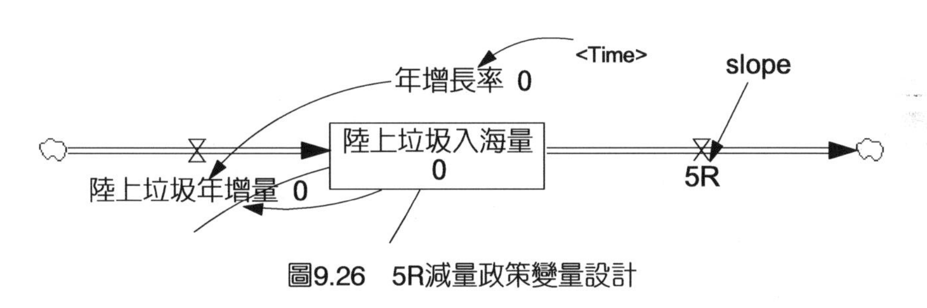

圖9.26 5R減量政策變量設計

5R減量試驗的結果是「陸上塑膠垃圾入海量」不再是無限制的指數增長（圖9.27）。圖9.27中帶有字符1的曲線表示「無作爲」情景的入海垃圾量，帶有字符2的曲線表示「5R」減量情景的入海垃圾量。

減量情景第二個重要的結果是陸上塑膠垃圾入海量倒U型增長的高峰出現在2031年，該年由陸地進入海洋的塑膠垃圾估計高達1,400萬公噸（2010年的1.8倍），相當於2010年-2011年全世界塑膠生產品全部傾倒入海洋！如圖9.28所示，圖中帶字符1的曲線是陸上塑膠垃圾入海流量，帶字符2的折線是5R政策變量線。

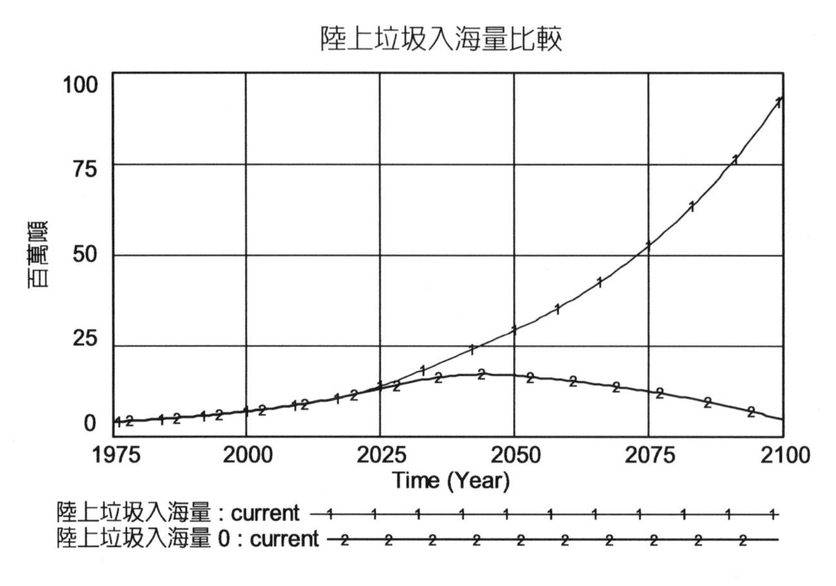

圖9.27　陸上塑膠垃圾入海量兩種情景比較

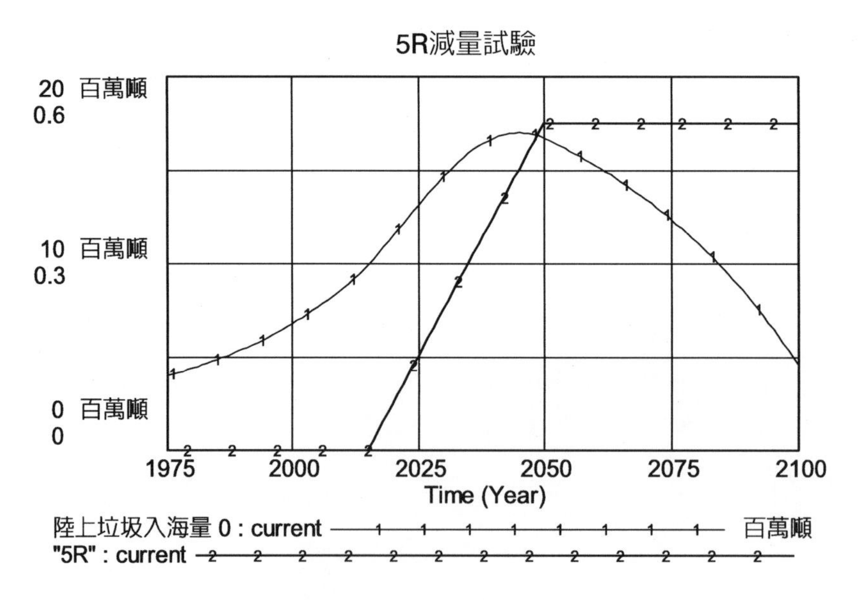

圖9.28　5R減量情景的陸上塑膠垃圾入海量高峰

模擬計算說明海洋塑膠垃圾的累計量最大爲2.5億噸，大家知道海洋對塑膠的淨化能力爲零，即使陸上流入海洋的塑膠垃圾爲零，但這些沉積在海洋的大小塑膠什麼時候才能消失呢？沒人能回答，至少現在還不可能準確回答。

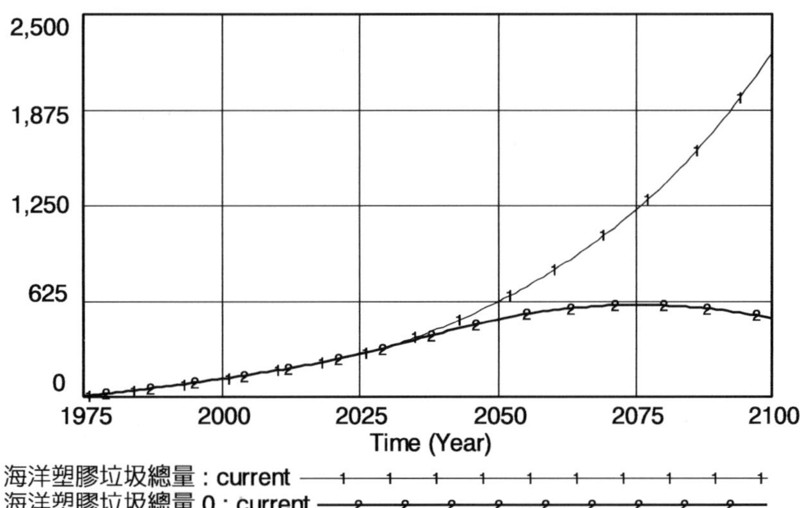

圖9.29　海洋塑膠垃圾減量效果

第10章

經濟及旅遊模型

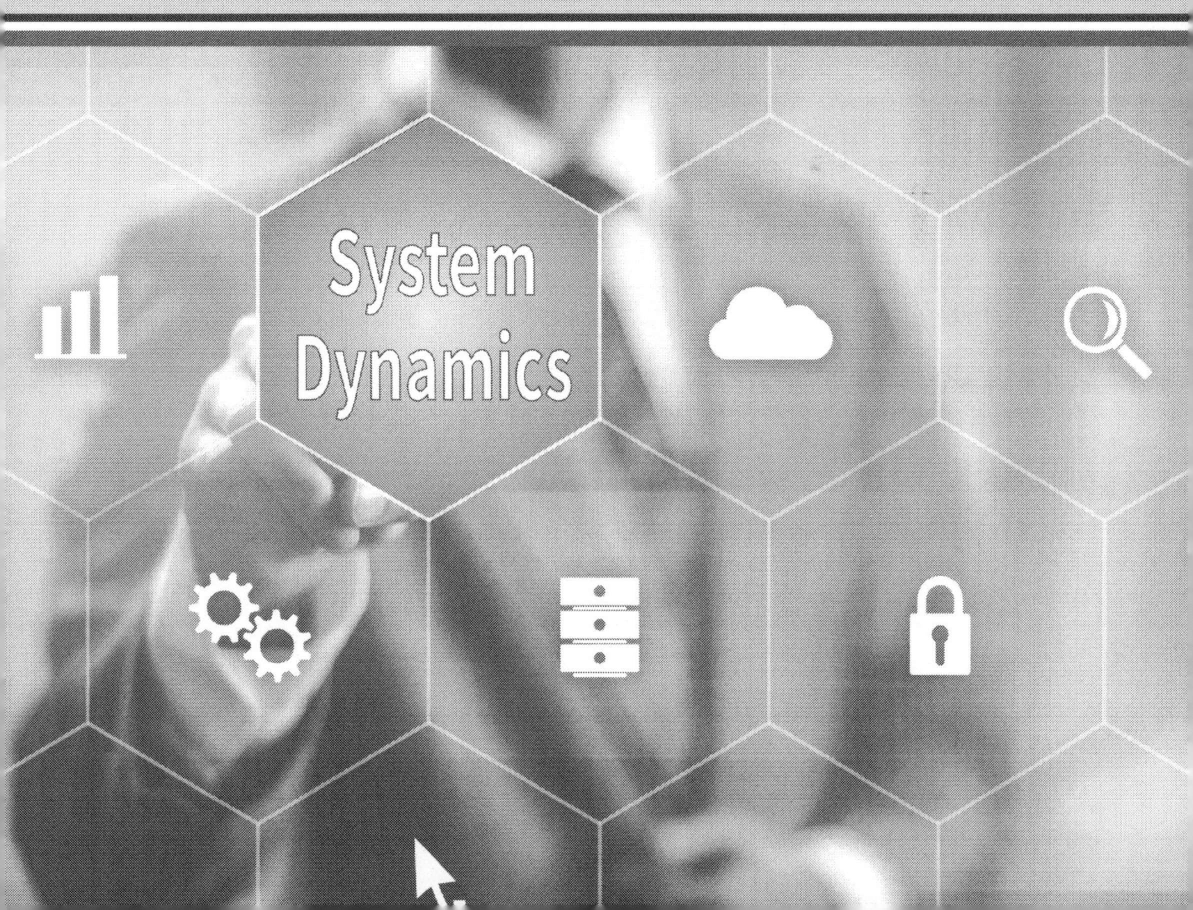

10.1 存貨振盪

經濟的表現通常可以用「波動」來形容，爲什麼有波動，學問很多，其中之一是「康德拉捷夫長波理論Kondratiev Long Waves」。康德拉捷夫認爲經濟的波動來源於技術革命的週期性。其實如果不去追究大背景，僅就生活中的經濟現象討論，波動來源於生產和銷售的非均衡。許多人以爲均衡是常態，其實錯了，生產和銷售怎麼可能時時刻刻相等呢，「不相等」就是非均衡，這才是經濟的常態。「倉庫」因產銷不均衡而誕生，倉庫衍生出存貨控制，存貨多了會虧本；存貨少了會供不應求，最後還是虧本。不想虧就要隨時隨地做調整，調整的過程就是波動。

儘管本節的名稱叫存貨振盪，其實目的比這個名稱大，目的是要藉此研究事物的波動，我們希望這種方法論不僅適用於存貨，也適用於價格，甚至也適用於貨幣。

本節介紹直接與存貨有關的四個基礎模型，第一，存貨振盪原理，第二、存貨與公司員工持續振盪，第三、存貨與員工衰減振盪，第四，存貨與價格機制。這些模型一定程度上反映了經濟學思想，尤其是第四個模型，差不多就是亞當斯密的「一隻看不見的手」。

10.1.1 存貨振盪原理模擬

利用微分方程和穩定性分析，我們可以判斷經濟系統在怎樣的條件下會波動以及如何的波動。

設E爲居民消費支出（元／年），A爲自發性消費（元／年），c爲消費的邊際傾向，邊際傾向大於零而小於一，$0 < c < 1$。同時設Y爲國內總產出（元／年），則：

$$E = A + cY \tag{10.1}$$

又假設S爲存貨總量並以貨幣爲單位（元），則存貨變化率爲：

$$dS/dt = Y - E \qquad (10.2)$$

如果預期存貨與預期銷售（即居民消費E）存在某種比例關係，則：

$$S^* = hE^* \qquad (10.3)$$

式中，S^*是預期存貨（元）；h是預期存貨比，$h > 0$；E^*是預期（或計畫）銷售（元）。

現在把以上三個關係式合起來。

第一：假定國內產出滿足預期的銷售以及預期的調節量，則有：

$$Y = E^* + \mu(S^* - S) \qquad (10.4)$$

式中，μ是一個比例常數（$\mu > 0$），單位爲1／時間。

第二，如果實際的銷售與預期不符，則預期銷售應按實際的量進行調整，適應性預期的公式如下：

$$\frac{dE^*}{dt} = \lambda(E - E^*) \qquad (10.5)$$

式中，dE^*/dt表示單位時間內預期銷售的變化量，單位爲（元／時間／時間）；λ爲比例常數，單位爲（1／時間），則如下之微分方程組成立：

$$\frac{dY}{dt} = -\{(1-c)(\lambda+\mu) - ch\lambda\mu\}\left\{Y - \frac{A}{(1-c)}\right\} - \lambda\mu\{S - hA/(1-c)\} \qquad (10.6)$$

$$\frac{dS}{dt} = \{1-c\}\{Y - A/(1-c)\} \qquad (10.7)$$

由上述方程組可得到以下特徵方程：

$$\rho^2 + \{(1-c)(\lambda+\mu) - ch\lambda\mu\}\rho + (1-c)\lambda\mu = 0 \tag{10.8}$$

該方程有兩個特徵根ρ_1和ρ_2如下：

$$\rho_1, \rho_2 = 1/2\{(1-c)(\lambda+\mu) - ch\lambda\mu\} \pm 1/2\sqrt{[\{(1-c)(\lambda+\mu) - ch\lambda\mu\}^2 - 4(1-c)\lambda\mu]} \tag{10.9}$$

最終求得該組方程的通解：

$$Y(t) = A/(1-c) + B_1 e(\rho_1 t) + B_2 e(\rho_2 t) \tag{10.10}$$

$$S(t) = hA/(1-c) + C_1 e(\rho_1 t) + C_2 e(\rho_2 t) \tag{10.11}$$

式中，Y(t)爲t時間的總產出；S(t)爲t時間的存貨；B_1、B_2、C_1、C_2取決於產出、存貨基始値的常數；e爲自然對數之底。

如果該系統是均衡的，則應滿足兩個條件，即：

$$Y_{均衡} = A/(1-c) \tag{10.12}$$

$$S_{均衡} = hA/(1-c) \tag{10.13}$$

滿足穩定的條件如下：

$$(1-c)(\lambda+\mu) - ch\lambda\mu > 0 \tag{10.14}$$

所謂滿足穩定條件，有兩種可能情況，一、兩個特徵根皆爲負實數；二、兩個根的共軛複數均帶有負實數。在前一種情況下，系統直接進入穩定狀態，在後一種情況下，系統經過衰減振盪而逐漸進入穩定狀態，其相圖如圖10.1。

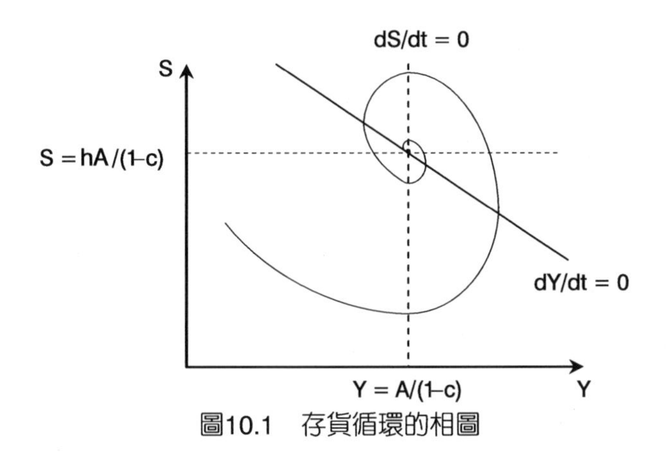

圖10.1　存貨循環的相圖

如果$(1 - c)(\lambda + \mu) - ch\lambda\mu < 0$，系統是不穩定的，此時兩個特徵根或均為正的實數，或共軛複數帶有正實數。

如果$(1 - c)(\lambda + \mu) - ch\lambda\mu = 0$，系統表現為持續振盪，此時特徵根均無實數部分，持續振盪系統歸類為不穩定系統。

系統動力學的模擬方法與以上複雜艱澀的數學解析法完全不同，下面的圖10.2是系統動力學簡單的二階存貨模擬流程。

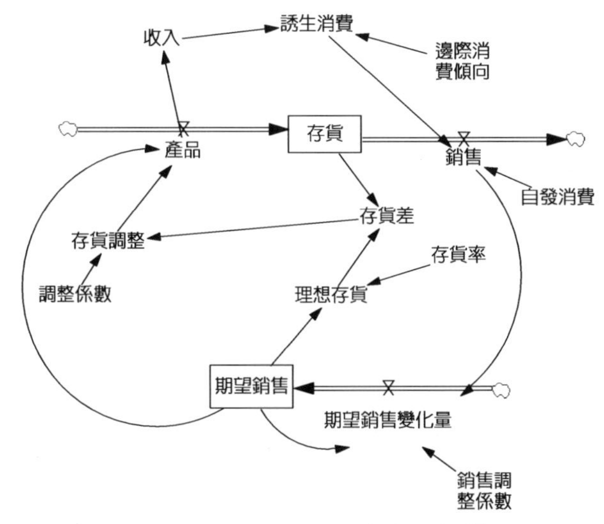

圖10.2　簡單的二階存貨振盪模型

模型有三部分，第一部分是預期銷售與生產的反饋關係，第二部分是銷售預期作用下存貨如何反應，第三部分是需求與銷售如何擴張。模型的公式請見表10.1。

表10.1 二階存貨振盪模型公式和設定

類型	名稱	公式	單位
L	存貨	初始值 = 理想存貨	貨幣
R	產品	期望銷售 + 存貨調整	貨幣／時間
R	消費	自發消費 + 誘生消費	貨幣／時間
A	收入	產品	貨幣
A	誘生消費	收入*邊際消費傾向	貨幣
C	邊際消費傾向	0.85	無
L	期望銷售	自發消費／（1 − 邊際消費傾向）	貨幣
R	期望銷售變化量	（銷售 − 期望銷售）／銷售調整係數	貨幣／時間
C	銷售調整係數	1	1／時間
A	存貨調整	存貨差*調整係數	貨幣／時間
C	調整係數	0.25	無
A	存貨差	理想存貨 − 存貨	貨幣
A	理想存貨	期望銷售*存貨率	貨幣
C	存貨率	0.25	無
A	自發消費	100	貨幣／時間
dt	模擬設定	dt = 1, Euler算法，1-100月	

儘管這個模型的結構十分簡單，但模擬結果證明確實複製了現實的存貨週期。模型要做得成功，最好找到不容易出現的系統的「定態」（Steady State），定態也常稱爲「均衡態」。舉個例子，水箱的水位，如果水箱的進水量和出水量相等，儘管水流不斷，但因進出流量相等，水箱的水位不再變化。看起來水箱靜止了，但是水箱中水的成分並沒有停止運動，舊水走新水進，這就是「定態」的靜中有動和動中有靜。

就本例而言如果「存貨」兩端的兩個流量相等，以及「期望銷售」的淨流量等於零，此時，兩個存量（存貨及期望銷售）的數值等於常數，好像水箱中的水位沒有變化，可以說存貨系統處在定態。大多數人習慣把存量的初始值設定爲某個相應的常數，但也可以設定爲其他條件，目的是容易導入動平衡的定態。模型的其餘關鍵參數的確定都與滿足定態要求有關。如果模型參數「自發消費」爲100，滿足了產品和銷售相等的定態要求，模型跑起來以後的情況如圖10.3，果然產品和存貨這兩個存量都是不變的定值。

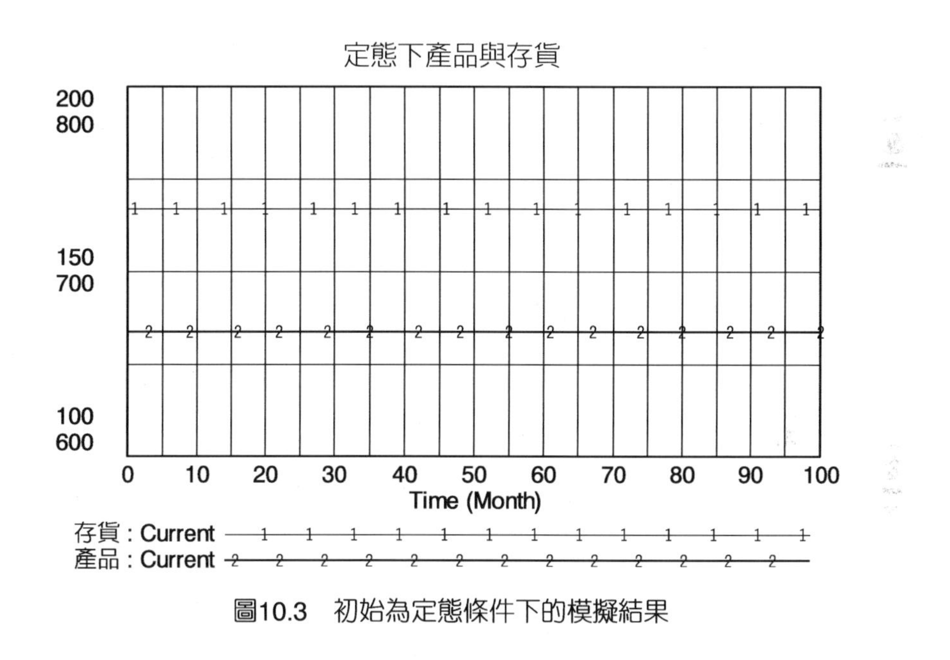

圖10.3　初始為定態條件下的模擬結果

初始定態下「存貨」的模擬解爲167，「產品」爲667。現在我們要設法打破平衡讓模擬的數值動起來，這個步驟稱爲啓動，辦法很簡單，將某種測試函數加入輔助變量「自發消費」中，改變它作爲100的常數狀態，例如在模型起跑後的第4個月突然躍升25%，即「自發消費」的公式改爲

$$100 + STEP(25,4)$$

其中STEP為「階躍」測試函數。

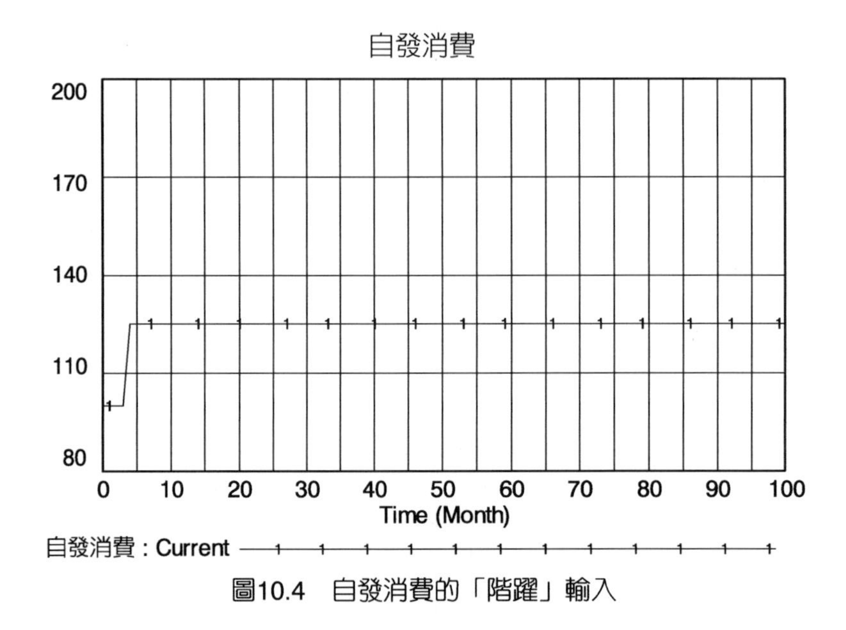

圖10.4 自發消費的「階躍」輸入

當測試函數輸入後，模型跑了起來，模擬的動態如圖10.5。

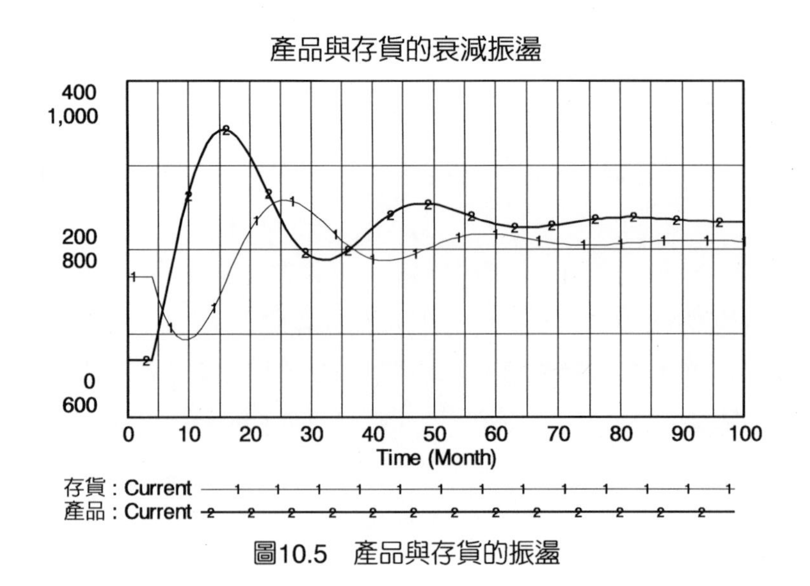

圖10.5 產品與存貨的振盪

由圖可見在模擬的第4個時間單位，外部輸入發生作用後，激起了存貨之振盪，但振盪逐漸衰減，最後趨於穩定，屬於公式（10.14）的類型。

衰減振盪的最後歸宿如相空間圖所示，系統的運動軌跡線最後縮捲在某個不動點（圖10.6），這個點就是解析法的微分方程解。

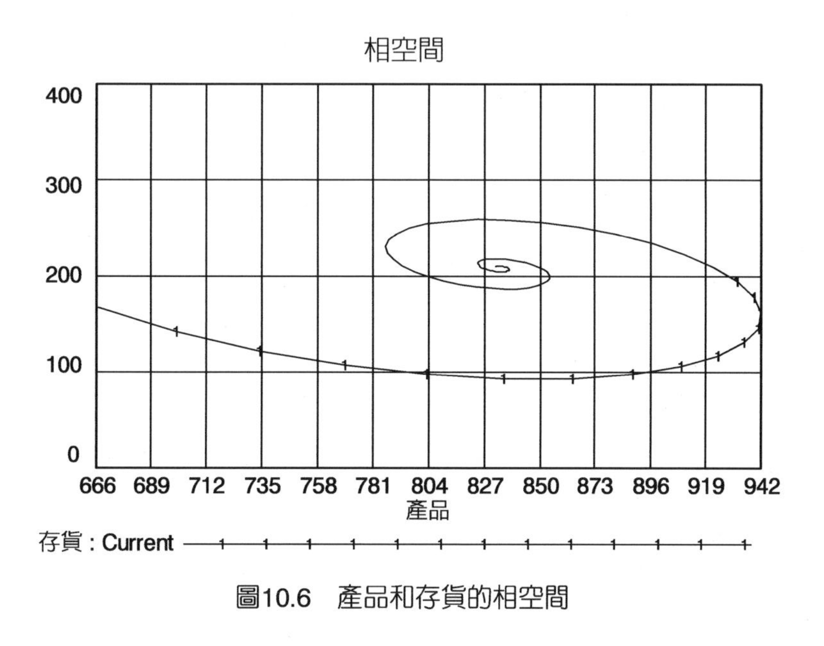

圖10.6 產品和存貨的相空間

我們曾經指出觀察存量的振盪可以從流量入手，例如流量「期望銷售變化」，如果它是衰減的，那麼對應的存量也會是衰減的振盪。除此之外，還可從某些控制參數觀察，例如輔助變量「存貨差」，它也應該是衰減的振盪。圖10.7就是上述過程的模擬說明，可以明顯的看出，模擬的參數經過前10個月的劇烈振盪後，逐漸消失。

振盪系統對參數變化是否敏感，通過敏感性試驗可以測量。本模型有許多參數可以做敏感分析，以「邊際消費傾向」最宜。圖10.8是「邊際消費傾向」0.75到0.95的敏感性分析結果。

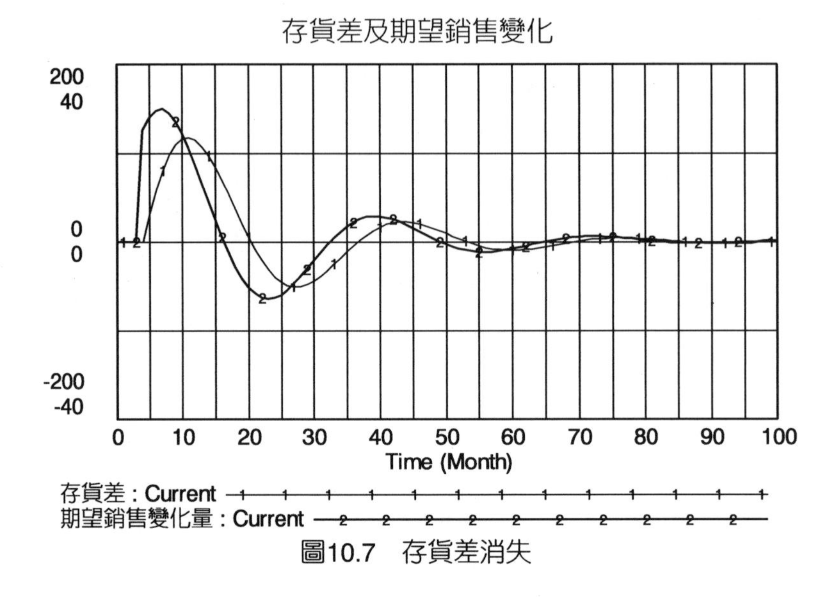

圖10.7　存貨差消失

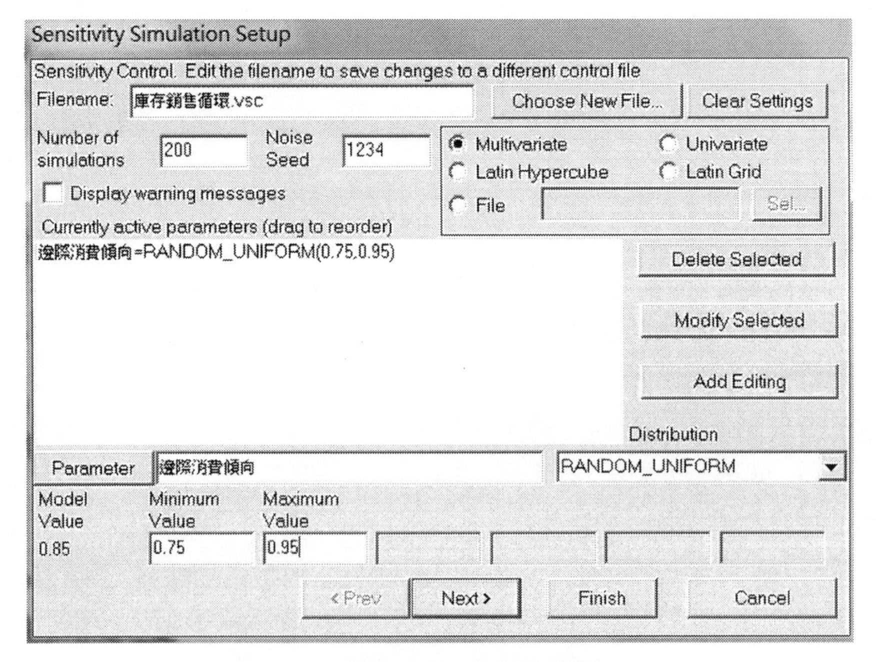

圖10.8　邊際消費傾向敏感試驗設定

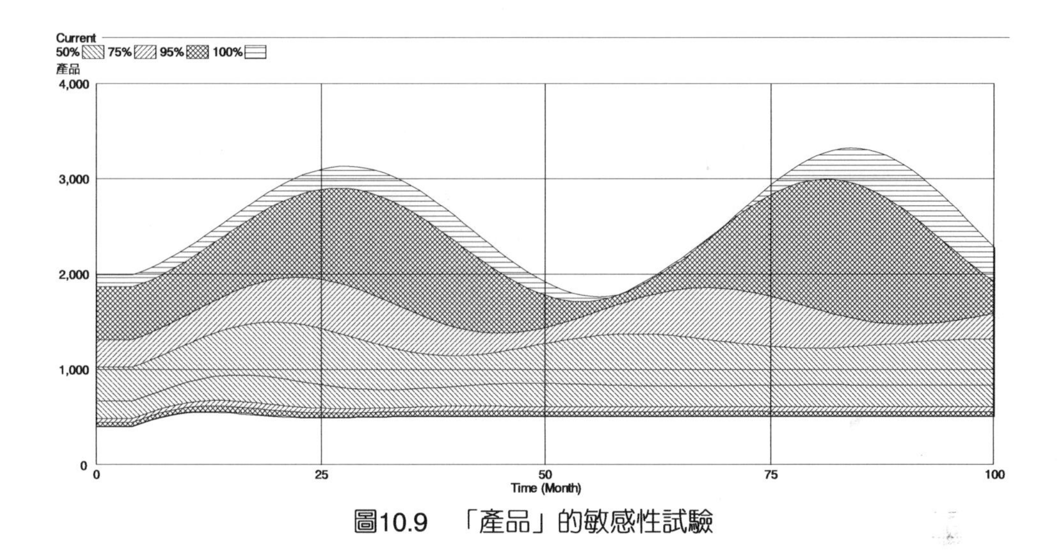

圖10.9 「產品」的敏感性試驗

這個模型有幾個重點說明：

第一、存量的初始值設定未必用常數，可以用輔助變量，甚至包括輔助變量和常數組成的公式，目的是便於變化設定和處置均衡態條件。

第二、因爲流量是存量的微分，而存量是流量的積分，因此流量的幾何形態與存量的系統行爲有一定的映射關係。了解系統振盪，從流量下手比較簡單，例如流量是水平線，表示每個單位時間流動同一個數量，那麼它的積分一存量應該是一條傾斜的直線。流量如果是一條向上的直線，它的積分應該是指數曲線等等。圖10.10是一個綜合的例子，如果把時間軸分割爲A,B,C,D,E,F六段，帶字符1的折線表示不同時間段的不同淨流量，帶字符2的是與之一一對應的存量曲線。這張圖的六段流量是六條不同的折線，它們的存量看起來好像一條不太光滑的正態分布曲線。

- 在時間段A：流量是正的向上的斜線，存量是正指數曲線。
- 在時間段B：流量是正的水平線，存量是正的向上的斜線。
- 在時間段C：流量是正的向下的到0的斜線，存量是上凸曲線的左翼。
- 在時間段D：流量是由0向下的斜線，存量是上凸曲線的右翼。
- 在時間段E：流量是負的向上的斜線，存量是向下的指數曲線。

➢ 在時間段F：流量是負的水平線，存量是向下的直線。

如果淨流量是規則的振盪曲線，如正弦曲線、餘弦曲線或其他週期曲線，那麼存量也是規則的週期曲線，圖10.11是二者對應的情況。案例研究中，觀察存量好似霧裡看花，如果把焦點聚在有關的流量上，往往會「柳暗花明又一村」，流量如果是振盪的，通常存量也是振盪的。你要設計出振盪的存量，你就要會設計出會振盪的流量。

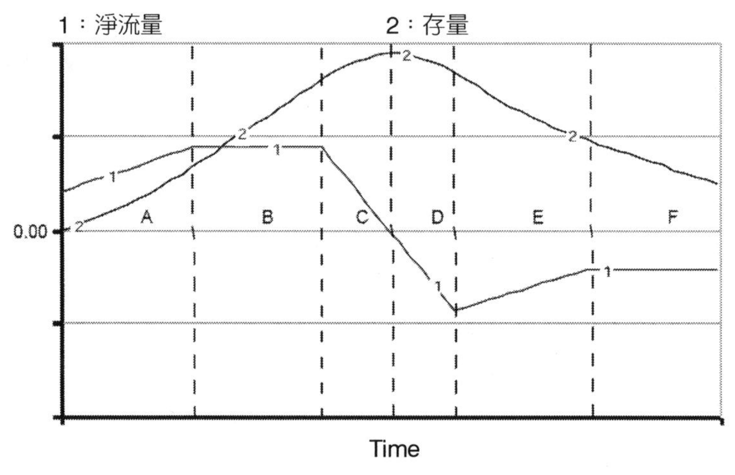

圖10.10　用作圖法表示的存量

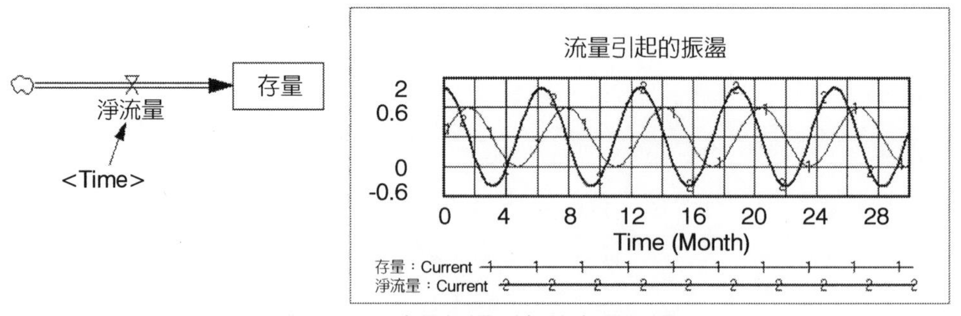

圖10.11　流量振盪引起的存量振盪

10.1.2　庫存持續振盪模型

我們不希望生產過程的持續振盪，但有時就會出現，現在來討論，爲什麼會出現持續振盪。假定有一個工廠，其生產模式是「以銷定產」，即銷售多少生產多少，同時產量取決於生產能力和員工數目，模型的流程圖如下。

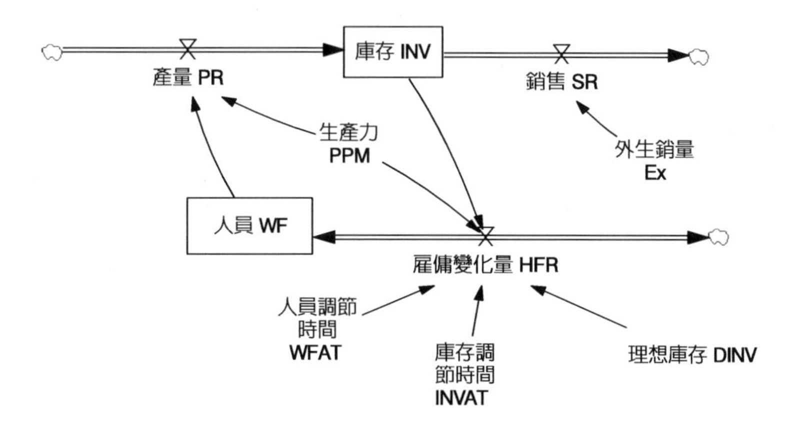

圖10.12　庫存與人員的二階振盪模型

這個模型共有兩個存量，三個流量和五個輔助變量，模型的公式設計見表10.2。

表10.2　庫存與人員的二階振盪模型公式

類型	名稱	公式	單位
L	庫存INV	初始值 = 理想庫存	件
R	產量PR	生產力*人員	件／月
R	銷售SR	外生銷量	件／月
L	人員WF	初始值 = 銷售／生產力	人
R	雇傭變化量HFR	（理想庫存 － 庫存）／（庫存調節時間*生產力*人員調節時間）	人／月
A	生產力PPM	10	件／人
A	外生銷量Ex	5+STEP(10, 5)	件／月

類型	名稱	公式	單位
C	人員調節時間WFAT	2	月
C	庫存調節時間INVAT	2	月
C	理想庫存DINV	25	件
dt	模擬設定	dt = 0.015625, RK4 Auto算法，1-50月	

如果一開始所有存量的淨流量爲零，該系統處於定態，模型的行爲是穩定的。我們已經談過，鑒別淨流量是否爲零可以從流量方程下手。例如「人員WF」的淨流量HFR。由上表公式可知，當理想庫存等於庫存時，HFR爲零。同時算得人員WF的初始值，它等於銷售量SR與生產力PPM的比（SR/PPM），即5/10 = 0.5。所以「人員WF」一開始保持在0.5的定態。

再來看庫存INV，它的初始值等於理想庫存，即25。它的淨流量是流入與流出的差，根據上表公式，流入量PR等於生產力乘人員，即10×0.5 = 5。流出量恰好爲5，因此庫存的淨流量爲零，「庫存INV」也處於動平衡。

模型設定的「銷量SR」是外生的「階躍函數」並等於5 + STEP(10, 5)，這就是說模擬開始的前5個時間單位取值5，以後突然跳到15直到模擬的完成。當銷售量突然垂直式上升，起初的平衡被破壞，產量低於了銷量，於是庫存開始下降並降低到小於理想值。爲了產量能追趕銷量，人員雇傭的數量增加，人員增加後產量加多，實際與理想庫存距離縮小，產量越接近銷量，庫存的下降速度減緩。雇傭變化量的最大値出現在庫存最低點，越過此點後庫存又恢復增長，人員變化量下降，從而形成持續振盪（圖10.13）。

此模擬不宜用Euler算法，而應用RK算法，模擬的步長越小越好。本例是一種持續振盪，這不是所樂見的。

10.1.3 衰減振盪

針對上面的持續振盪模型，怎樣可以將它改造爲衰減振盪模型呢。衰減振盪（Damped Oscillation）也稱減幅振盪或阻尼振盪，即振盪的幅度逐漸減小直至爲零，下面是衰減振盪模型的流程設計。

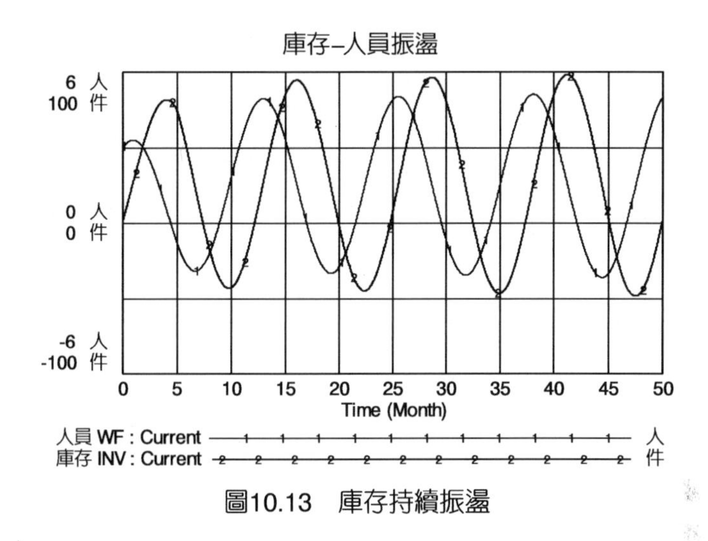

圖10.13　庫存持續振盪

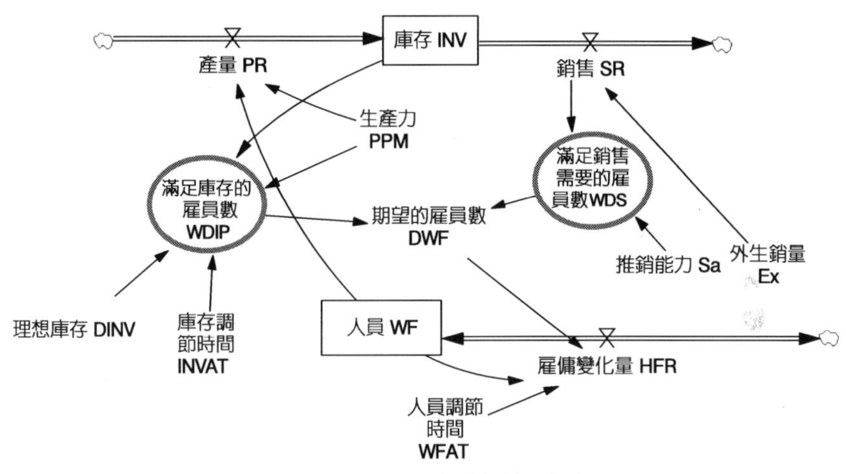

圖10.14　庫存衰減振盪模型

衰減振盪模型與持續振盪模型的主要區別在於僱傭變化量HFR的設計，改良模型把僱員分成兩部分，一部分是銷售人員，另一部分是生產人員。模型的其餘部分可以保持不動。

表10.3　庫存衰減振盪模型公式及設定

類型	名稱	公式	單位
L	庫存INV	初始值 = 理想庫存	件
R	產量PR	生產力*人員	件／月
R	銷售SR	外生銷量	件／月
L	人員WF	初始值 = 銷售／生產力	人
R	雇傭變化量HFR	（期望的雇員數 − 人員）／人員調節時間	人／月
A	生產力PPM	10	件／人
A	外生銷量Ex	5+STEP(10, 5)	件／月
C	人員調節時間WFAT	2	月
C	庫存調節時間INVAT	2	月
C	理想庫存DINV	25	件
A	滿足庫存的雇員數WDIP	（理想庫存 − 庫存）／（庫存調節時間*生產力）	人
A	滿足銷售需要的雇員數WDS	銷售／推銷能力	人
C	推銷能力Sa	15	件／人
A	期望的雇員數 DWF	滿足庫存的雇員數 + 滿足銷售需要的雇員數	人
dt	月	dt = 0.015625, RK4 Auto算法，1-50月	

如果減幅振盪模型的流量方程「雇傭變化量」名爲HFR1，持續振盪庫存模型的流量方程「雇傭變化量」名爲HFR2，減幅振盪模型的流量方程雇傭變化量比持續振盪庫存模型的流量方程雇傭變化量多一項（SR.JK/Sa），

HFR2.KL = HFR1.KL + (SR.JK/Sa)

當SR > PR時，由於PR = WF*PPM

所以 SR > WF*PPM

因此 SR/PPM > WF

即(SR/PPM) − WF > 0，((SR/PPM − WF)/WFAT) > 0是正値，

當SR < PR時，((SR/PPM-WF)/WFAT) < 0是負值。

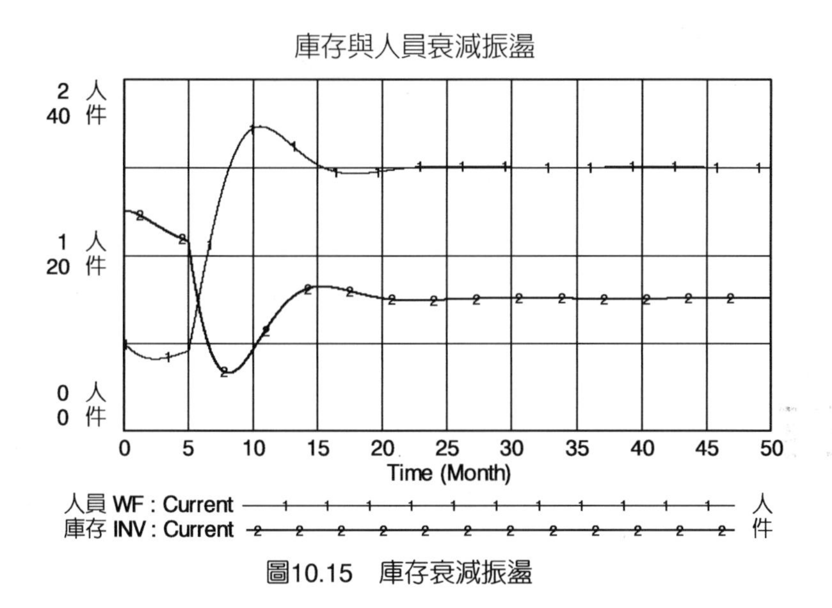

圖10.15　庫存衰減振盪

10.1.4　價格機制

價格是亞當斯密的「一隻看不見的手」，它調節供、需兩造。我們設想一個單一產品的襯衫市場，襯衫的價格決定了買賣雙方的意向，如果價格過高襯衫的供給大於需求，倉庫的存貨將增加，相反如果價格過低需求大於供給則倉庫的存貨不足。經營者憑藉長期的經驗，對大致的理想庫存量心中有數。經營者根據理想庫存和實際庫存的對比，調整襯衫的定價，極力促進供給與需求的新均衡。圖10.16是Joseph Whelan，Kamil Msefer（1996）設計的系統動力學價格機制模型。

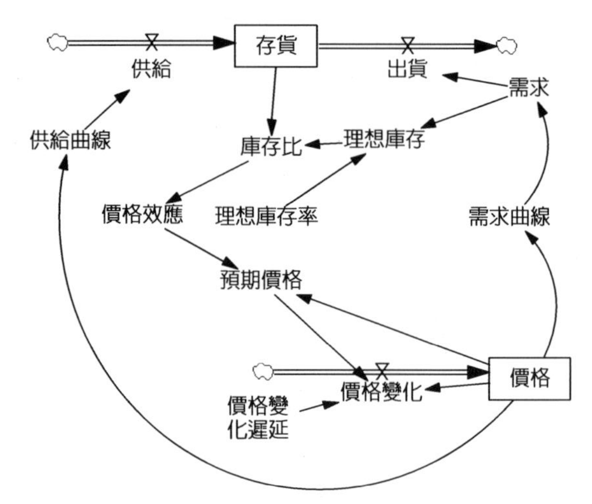

圖10.16　系統動力學價格機制模型

資料來源：Whelan, Msefer (1996), Economic Supply & Demand, MIT System Dynamics in Education Project, D-4388

該模型的公式和設定請見表10.4。

表10.4　價格機制模型的公式及設定

類型	名稱	公式	單位
L	存貨	初始值 = 理想庫存	件
R	供給	供給曲線	件／周
R	出貨	需求	件／周
L	價格	初始值 = 15	美元／件
R	價格變化	（預期價格 − 價格）／價格變化遲延	價格／周
C	價格變化遲延	15	周
T	供給曲線	橫座標為價格 (0,0),(5,0),(10,40),(15,57),(20,68),(25,77),(30,84), (35,89),(45,97),(50,100)	件／周
A	需求	需求曲線+STEP(10,10)	件／月
T	需求曲線	橫座標為價格 (5,100),(10,73),(15,57),(20,45),(25,35),(30,28),(35,22), (40,18),(45,14),(50,10)	件／月

類型	名稱	公式	單位
A	庫存比	存貨 / 理想庫存	無
A	理想庫存	理想庫存率*需求	件
C	理想庫存率	4	無
T	價格效應	橫軸為庫存比 (0.5,2),(0.6,1.8),(0.7,1.55),(0.8,1.35),(0.9,1.15),(1,1),(1.1,0.875),(1.2,0.75),(1.3,0.65),(1.4,0.55),(1.5,0.5)	無
A	預期價格	價格效應*價格	美元 / 件
dt	周	dt = 0.125, RK4 Auto算法，1-150周	

三個表函數的設計如下。

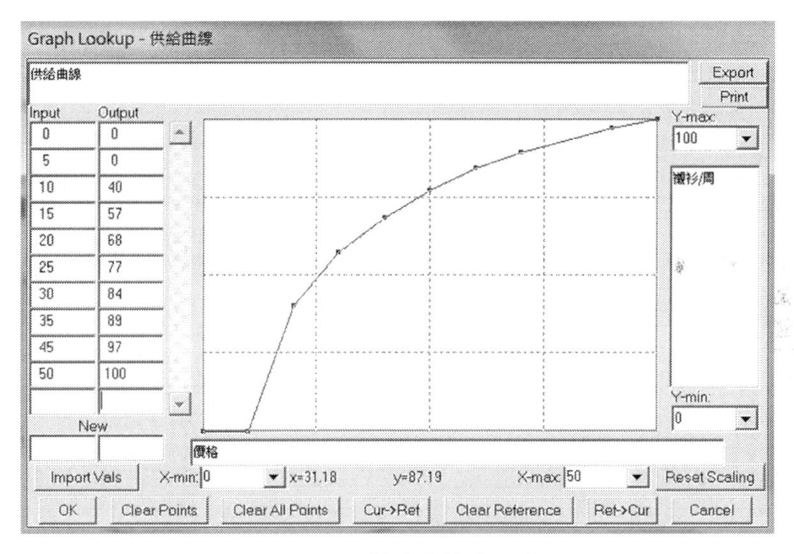

圖10.17　供給曲線表函數

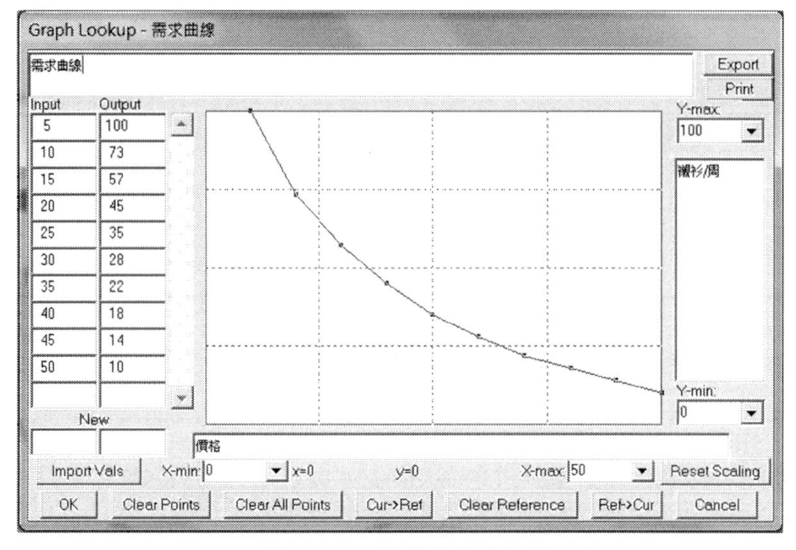

圖10.18　需求曲線表函數

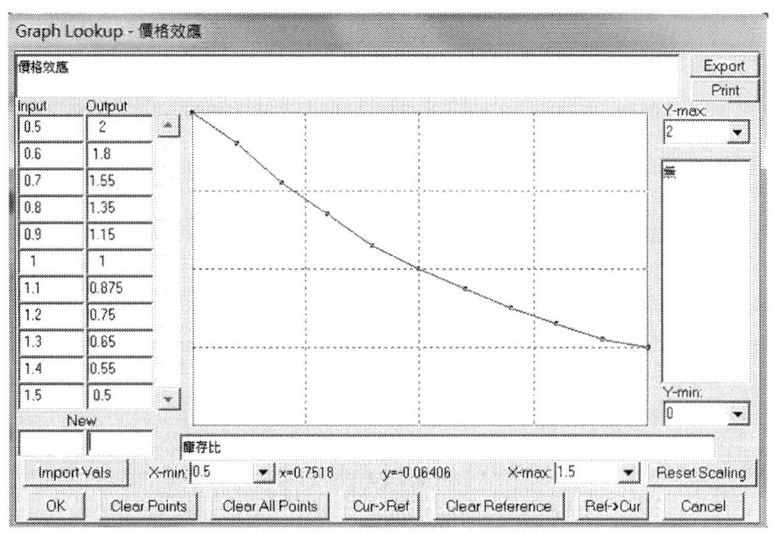

圖10.19　價格效應表函數

本模型啓動時處於均衡態，即「存貨」及「價格」兩個存量的淨流量爲零，第10周，需求由原先的57件突然增加到67件，初始的均衡破壞，於是發生一系列調整，15周後價格由原先的15元升高到16.81元，庫存由初始的228

件下降到197件等等，這種振盪大約在90周後穩定下來，與初始狀態比較，價格由15元漲到17元，供給和需求由原先的57件增加到90周後的62件，大體上說90周後確定了新的均衡（圖10.20）。

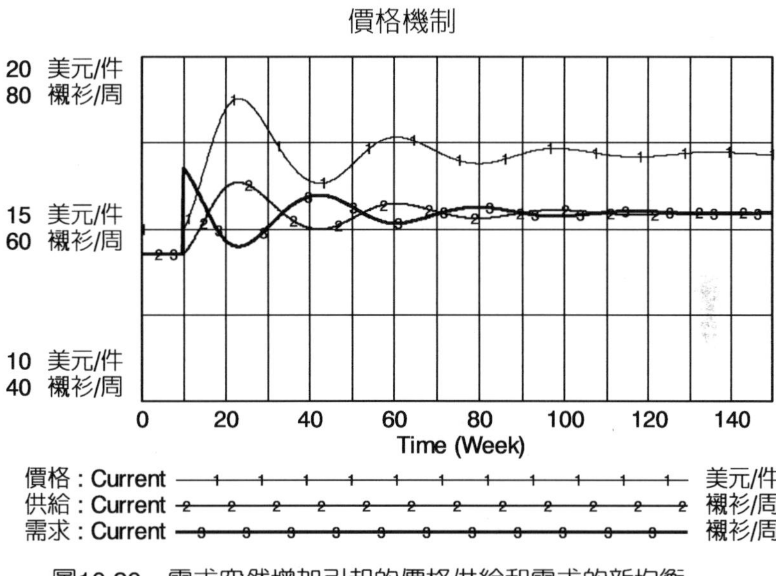

圖10.20 需求突然增加引起的價格供給和需求的新均衡

價格調整的原因是因爲存貨變動改變了庫存比，從而在價格效應的作用下爲了保持理想庫存，價格具有調整能力。這個模型符合經濟演化論的概念，價格如果不能適應需求環境的變化，經濟便失去競爭能力。

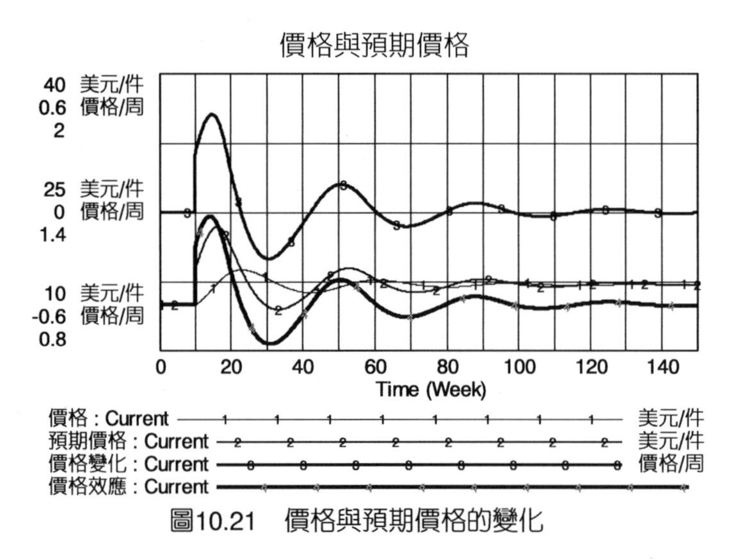

圖10.21 價格與預期價格的變化

模型內還有一些參數既可以用做政策實驗，也可以用做敏感性分析。例如改變「理想庫存率」以觀察價格行爲的變化。

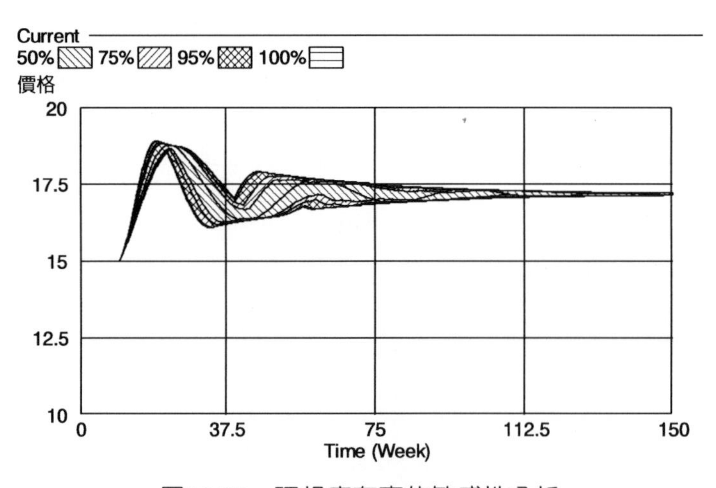

圖10.22 理想庫存率的敏感性分析

模型設定的「理想庫存率」爲4，如果變小到2和變大到6，對價格有什麼影響呢？上圖說明儘管改變理想庫存率會影響到價格的數量變化，但對價格波動的收斂性並沒有意外的干擾，說明這個模型的結構是穩健的（Rubost）。

10.2 薩繆爾森乘數加速模型

薩繆爾森（Paul A.Samuelson）（1915-2009）的偉大貢獻在於創造了經濟學乘數和加速的概念和理論，他簡單明瞭地證明「乘數原理」，即總消費是消費啓動額的某種倍數。他也證明了加速數原理，即收入或消費需求的變動引起投資的再變動。

薩繆爾森的乘數—加速模型的基本方程如下：

$$Y_t = C_t + I_t + G_t \quad (10.15)$$

$$C_t = \alpha Y_{t-1} \qquad 0 < \alpha < 1 \quad (10.16)$$

$$I_t = \alpha Y_t + \beta(C_t - C_{t+1}) \qquad \beta > 0 \quad (10.17)$$

公式（10.15）是總體經濟收入的三大組成：當期的消費C_t，投資I_t和政府支出G_t。公式（10.16）爲乘數原理，式中α爲邊際消費傾向，Y_{t-1}是上一期的收入，α大於0而小於1。公式（10.17）爲加速原理，β是資本與產出的比值，它大於0。

將公式（10.16）的C_t代入公式（10.17），則

$$I_t = \alpha Y_t + \alpha\beta(Y_{t-1} - Y_{t-2}) + G_t \quad (10.18)$$

根據（10.18）式使用不同的α與β數值及政府支出G（1美元），薩繆爾森算得如下的國民收入序列（表10.5）。

表10.5 不同α和β的國民收入系列

時間	α=0.5 β=0	α=0.5 β=2	α=0.6 β=2	α=0.8 β=4
1	1.0	1.0	1.0	1.0
2	1.5	2.5	2.8	5.0

時間	α =0.5 β =0	α =0.5 β =2	α =0.6 β =2	α =0.8 β =4
3	1.75	3.75	4.84	17.8
4	1.875	4.125	6.352	56.2
5	1.938	3.438	6.626	169.84
6	1.969	2.032	5.307	500.52
7	1.984	0.914	2.596	1459.59
8	1.992	−0.117	−0.692	4227.70
9	1.996	−0.218	−3.603	12241.12

表10.5第二欄表示邊際消費傾向$\alpha = 0.5$，$\beta = 0$（沒有加速作用），如果政府每個時期均注入1美元做政府開支（G），則如乘數原理所云，到第9個時期國民收入的值接近於乘數理論的理論值〔$Y_9 = 1$美元／（1 − 0.5）= 2美元〕。由於沒有加速作用，國民收入逐年增加，但沒有波動。表中第三欄說明，$\alpha = 0.5$，$\beta = 2$，政府支出仍舊爲1美元，由於不僅有乘數同時也有加速作用，國民收入快速成長但伴隨衰減波動。表中第四欄說明，$\alpha = 0.6$，$\beta = 2$，因爲乘數作用加大，波動的幅度也不斷擴大。表中的第五欄說明，$\alpha = 0.8$，$\beta = 4$，在這種條件下，國民收入不再呈現上下波動，而是以巨大的增長率猛烈增長。

針對乘數加速方程，菲達曼設計了一個巧妙的系統動力學模型（圖10.23）。模型的公式和設定請見表10.6。

請注意本模型的設計很特別，很巧妙，它有兩個存量，可是沒有任何與之相關的流量，而且存量的數值的計算，不是針對當期的，而是前一期的數值，這與傳統做法大相逕庭。當然你也可以按傳統思路來設計，但會複雜的多。

當alpha = 0.5，beta = 1，模擬的國民收入如圖10.24。

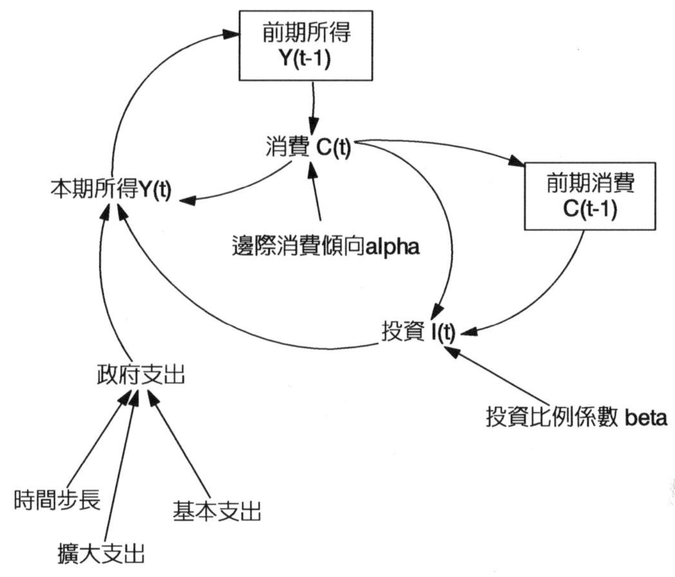

圖10.23　乘數加速模型

資料來源：http://models.metasd.com

表10.6　乘數加速原理的系統動力學模型

類型	名稱	公式	單位
L	前期所得 Y(t − 1)	初始值 = 0，公式： （本期所得Y(t) − 前期所得Y(t − 1)）/TIME STEP	元
A	本期所得Y(t)	投資I(t) + 消費C(t) + 政府支出	元
A	消費 C(t)	邊際消費傾向alpha*前期所得 Y(t − 1)	元
C	alpha	0.5	無
L	前期消費 C(t − 1)	初始值 = 消費C(t)，公式： (消費C(t) − 前期消費C(t − 1))/TIME STEP	元
A	投資 I(t)	投資比例係數beta*（消費C(t) − 前期消費C(t − 1)）	元
C	beta	1	無
A	政府支出	基本支出 + 擴大支出*PULSE(時間步長, TIME STEP）	元
C	時間步長	4	年
C	擴大支出	0	年
C	基本支出	1	元 / 年

類型	名稱	公式	單位
dt	年	dt = 1, Euler算法，模擬時間1-20年	

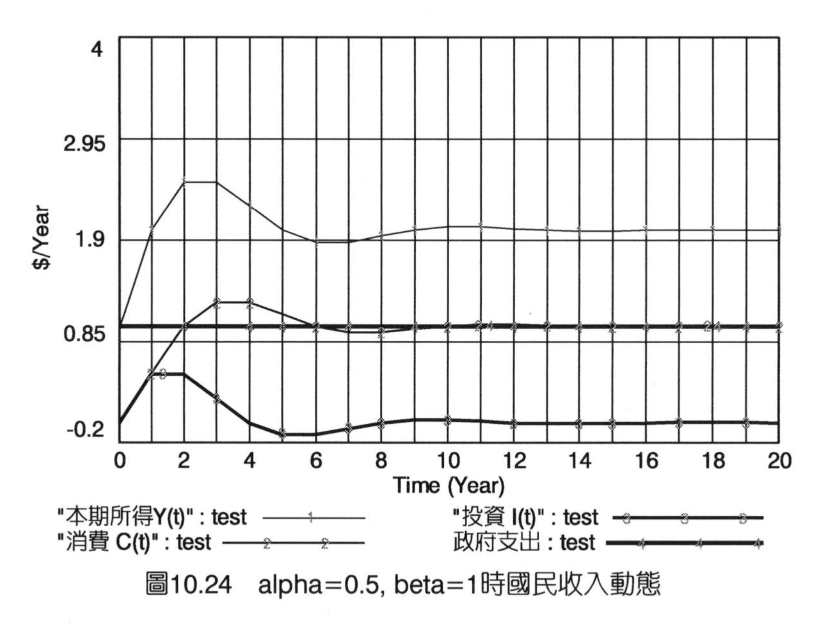

圖10.24 alpha=0.5, beta=1時國民收入動態

如果兩個參數都放大alpha = 0.6，beta = 2，即表10.5的第四欄，模擬的國民收入如圖10.25。

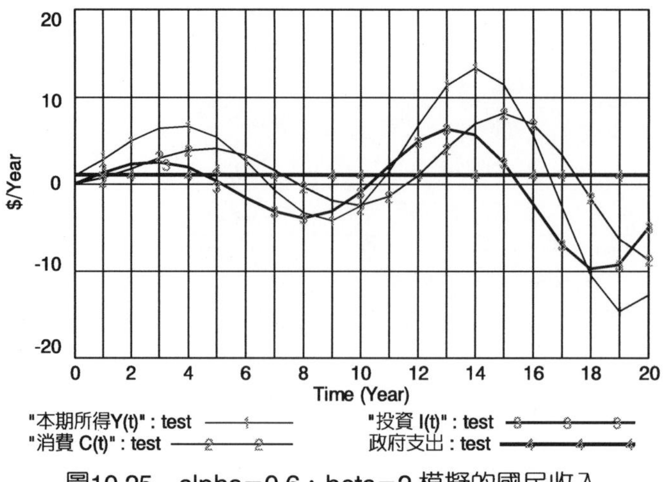

圖10.25 alpha=0.6，beta=2 模擬的國民收入

由上圖可見，alpha和beta不斷增加，國民收入出現持續振盪。如果alpha = 0.8，beta = 4也就是表10.5第五欄的情況，模擬結果如圖10.26。

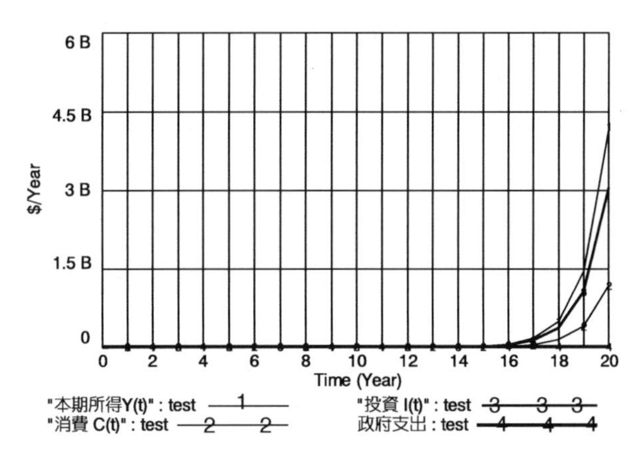

圖10.26 alpha=0.8，beta=4 瘋狂的指數增長

本模型的「政府支出」公式如下：

{基本支出 + 擴大支出*PULSE（時間步長, TIME STEP）}

如果想模擬Keynes的政府干預，可以把上述公式中的參數「擴大支出」由原先的0設定爲2，即政府消費增加了「基本支出」的2倍，模擬的結果如圖10.27。

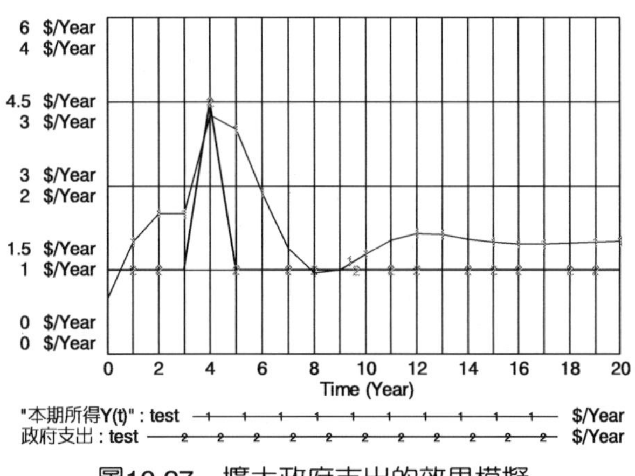

圖10.27 擴大政府支出的效果模擬

試驗說明，第4年政府支出擴大到3$／年，引起國民收入的向上波動，而且餘波盪漾十幾年，可見薩繆爾森的加速原理確實說明了Keynes所思所想。

10.3 產品和技術競爭

產品和技術發展的研究高潮大約在20世紀60年代，那時比較流行擴散理論和傳染病理論，強調廣告和口碑的感染。不久之後Lotka-Volterra的撲食者和獵物的模型引入技術和產品競爭的研究，實證的案例增加。其實還有一個未被注意的派別，S型邏輯斯帝曲線派，利用不同技術市場占有率的S曲線，研究技術替代的比例和趨勢。本節雖然介紹LVR關係方程的技術競爭模型，其實和邏輯斯帝學派的方法是相通的。

10.3.1 兩種技術的LVR

請回憶第6章生物振盪模型，其中表6.9物種的生態關係，羅列出物種之間五種可能的生態關係：競爭、獵物與撲食者、寄生與寄主、共生和互利。技術與技術之間的關係和物種關係相仿，圖10.28是兩種成熟技術競爭的系統動力學模型結構。

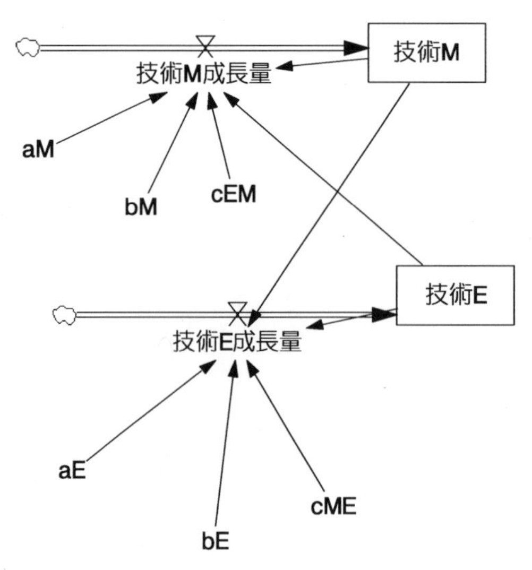

圖10.28　兩種互相競爭的技術發展LVR模型

如果M表示成熟技術M的市場水準，E表示成熟技術E的市場水準，根據競爭型Lotka-Volterra公式，則

$$\frac{dM}{dt}=M(a_M-b_MM-c_{ME}E)\qquad a_M>0, b_M>0, c_{ME}>0 \qquad (10.19)$$

$$\frac{dE}{dt}=E(a_E-b_EM-c_{EM}M)\qquad a_E>0, b_E>0, c_{EM}>0 \qquad (10.20)$$

式中係數：

a_M 表示技術M的內在成長率，b_M 表示技術M的市場擴張阻力係數，c_{ME} 表示技術E對技術M的排擠係數。

a_E 表示技術E的內在成長率，b_E 表示技術E的市場擴張阻力係數，c_{EM} 表示技術M對技術E的排擠係數。

M 的初始值 $=10$；$a_M=0.15, b_M=0.001, c_{ME}=0.001$

E 的初始值 $=50$；$a_E=0.1, b_E=0.001, c_{EM}=0.02$

模型的公式請見表10.7。

表10.7　兩種技術互相競爭的LVR模型的公式和設定

類型	名稱	公式	單位
L	技術M	初始值 = 10	單位
R	技術M成長量	aM*技術M − bM*技術M ^ 2 − cEM*技術E*技術M	單位 / 時間
L	技術E	初始值 = 50	單位
R	技術E成長量	aE*技術E − bE*技術E ^ 2 + cME*技術M*技術E	單位 / 時間
C	aM	0.15	1 / 時間
C	bM	0.001	1 / 時間
C	cEM	0.001	1 / 時間
C	aE	0.1	1 / 時間
C	bE	0.001	1 / 時間

類型	名稱	公式	單位
C	cME	0.02	1 / 時間
dt	模擬設定	dt = 1, Euler算法，模擬時間1-20年	

模擬結果說明兩個成熟的技術，市場占有率互別苗頭，但最後穩定在共生共存之中，誰也取代不了誰。這個模型的困難在各個係數的確定。

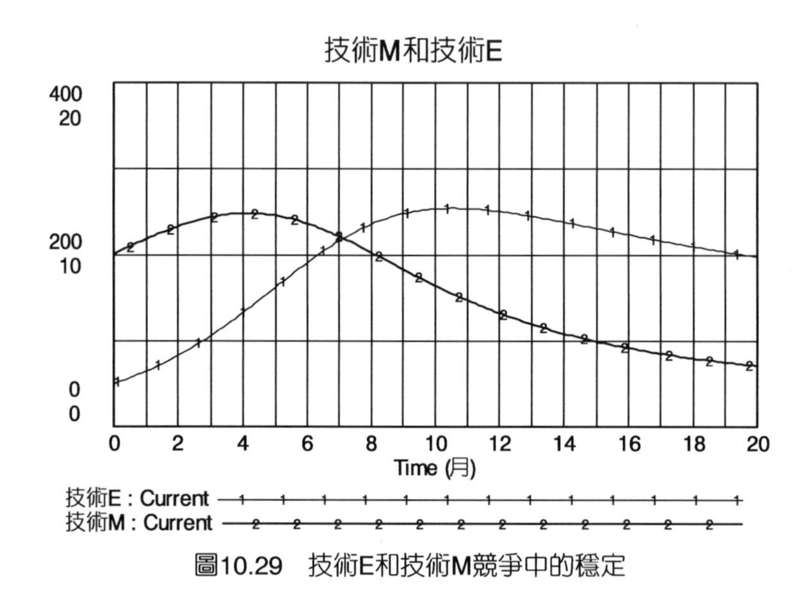

圖10.29 技術E和技術M競爭中的穩定

10.3.2 三種技術的LVR

如果有三種技術B，E和M，關係錯綜複雜，技術M是技術B的獵物，技術B又是技術E的獵物，它們的LVR方程如下：

$$\frac{dM}{dt}=M(a_M-b_MM-c_{MB}B-c_{ME}E) \qquad a_M>0, b_M>0, c_{MB}>0, c_{ME}>0 \quad (10.21)$$

$$\frac{dE}{dt}=E(a_E-b_EE-c_{EM}M+c_{EB}B) \qquad a_E>0, b_E>0, c_{EM}>0, c_{EB}>0 \quad (10.22)$$

$$\frac{dB}{dt}=B(a_B-b_BE+c_{BM}M-c_{BE}E) \qquad a_B>0, b_B>0, c_{BM}>0, c_{BE}>0 \quad (10.23)$$

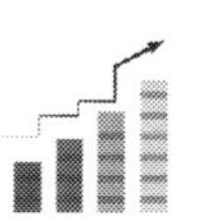

M的初始值 = 10，各係數$a_M = 0.15, b_M = 0.0001, c_{MB} = 0.001, c_{ME} = 0.001$

E的初始值 = 10，各係數$a_E = 0.1, b_E = 0.01, c_{EM} = 0.01, c_{EB} = 0.1$

B的初始值 = 10，各係數$a_B = 0.1, b_B = 0.01, c_{BM} = 0.01, c_{BE} = 0.1$

三種技術競爭的模型流程如圖10.30。

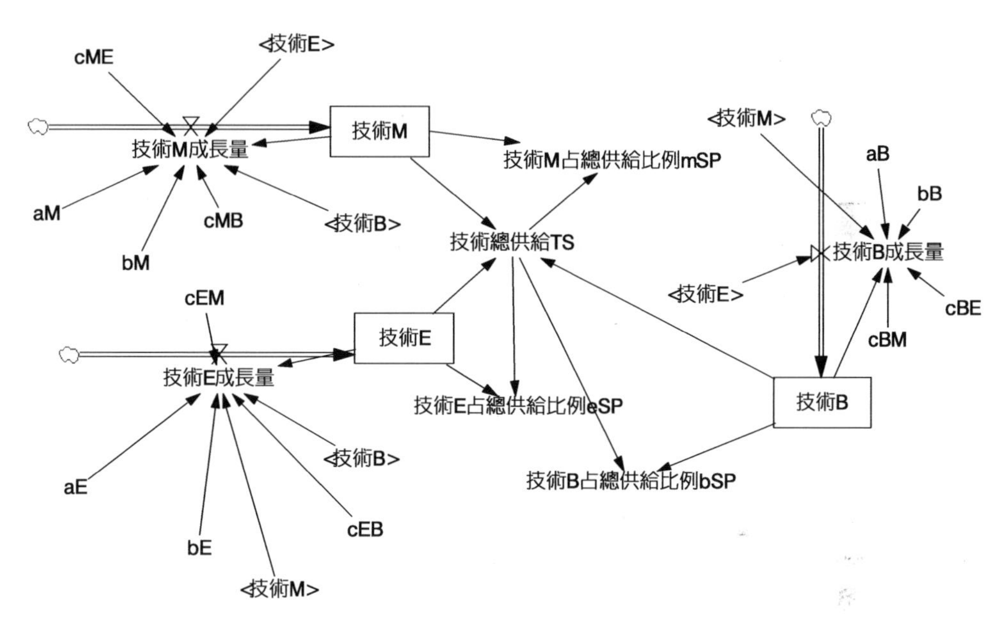

圖10.30　三種技術競爭LVR模型

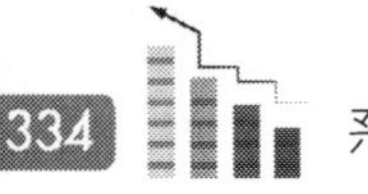

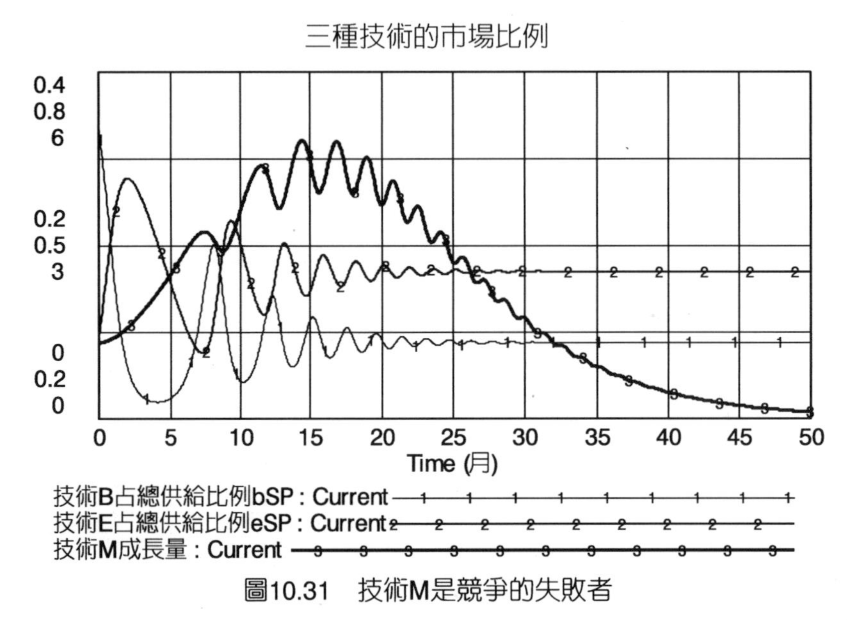

圖10.31　技術M是競爭的失敗者

10.4 旅遊目的地競爭

旅遊目的地的研究的各類模型層出不窮，但是利用系統動力學的LVR模型研究旅遊目的地的案例還沒有看到，當然在旅遊研究中LVR模型不過是非主流的插曲，但仍然值得介紹，因爲不僅簡單，往往非常明瞭。例如臺灣日月潭和阿里山遊客市場研究，常常爭論不休一個問題，它們是互補的，你多了我也多了，還是彼此挖牆腳，你多了我就少了。這兩個市場2008年至2012年的月資料數據如表10.8和圖10.32。

表10.8　臺灣日月潭阿里山遊客數目2008-2011年，月，人

時間	日月潭	阿里山	時間	日月潭	阿里山	時間	日月潭	阿里山
08年1月	29,656	134,694	09年5月	191,135	385,939	10年9月	293,061	80,715
2月	348,023	187,380	6月	96,828	180,906	10月	425,710	163,967
3月	97,147	509,234	7月	150,385	291,127	11月	403,707	221,183

時間	日月潭	阿里山	時間	日月潭	阿里山	時間	日月潭	阿里山
4月	49,909	382,475	8月	145,362	63,548	12月	376,086	200,806
5月	31,680	149,969	9月	176,821	14,162	11年1月	252,449	174,365
6月	36,860	116,417	10月	189,347	12,544	2月	790,838	276,710
7月	32,111	181,265	11月	194,155	28,498	3月	476,228	424,695
8月	85,116	199,356	12月	214,153	50,658	4月	447,556	539,318
9月	74,822	77,342	10年1月	487,209	59,767	5月	302,800	184,675
10月	229,891	130,798	2月	719,906	88,165	6月	236,974	159,336
11月	126,629	150,385	3月	640,769	213,879	7月	449,010	173,209
12月	146,911	160,989	4月	729,404	142,386	8月	701,090	185,306
09年1月	296,169	291,231	5月	633,353	96,042	9月	379,484	157,178
2月	541,517	229,415	6月	493,517	67,290	10月	492,307	272,405
3月	201,753	778,507	7月	594,874	133,933	11月	432,344	331,655
4月	222,510	484,988	8月	584,031	108,853	12月	376,283	324,861

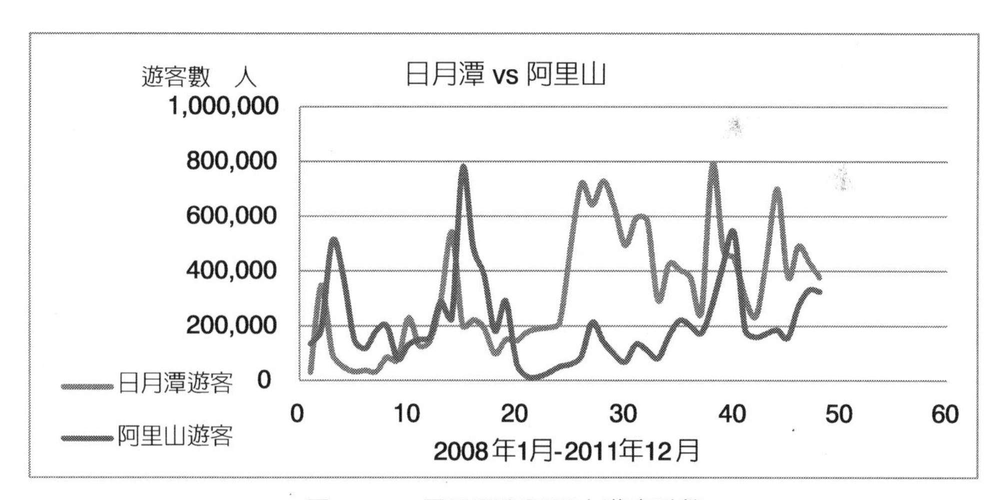

圖10.32 日月潭和阿里山遊客動態

利用一般的統計分析很難判斷這兩套數據的迴歸關係，但是利用LVR的方法找出答案應該不難。設日月潭的遊客數為R，阿里山的遊客數為A，它們的LVR方程是：

$$dR = \alpha_1 R + \beta_1 R^2 + \gamma_1 AR \qquad (10.24)$$

$$dA = \alpha_2 A + \beta_2 A^2 + \gamma_2 RA \qquad (10.25)$$

以上兩個公式中的6個係數的正負符號決定了它們的關係，這項工作留給系統動力學的「試錯法」來解決，上述方程的系統動力學流程圖如圖10.33

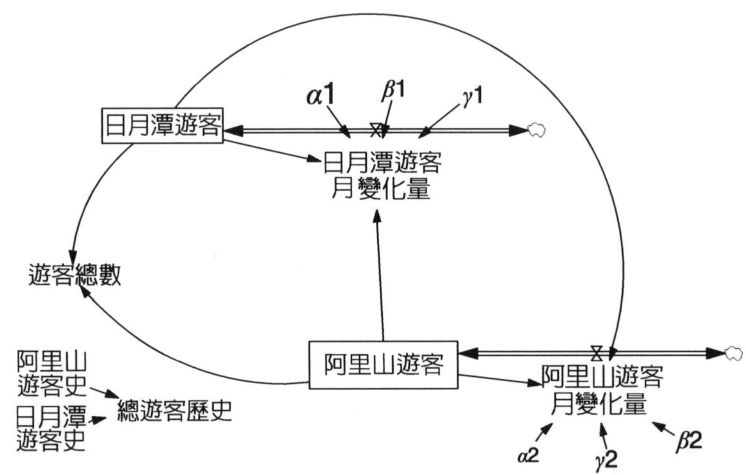

圖10.33　日月潭和阿里山遊客LVR的系統動力學模型

模型的公式和設定請見表10.9。

表10.9　日月潭和阿里山遊客市場的LVR系統動力學模擬公式

類型	名稱	公式	單位
L	日月潭遊客	初始值＝29,656	人
R	日月潭遊客月變化量	α_1*日月潭遊客+β_1*日月潭遊客*日月潭遊客+γ_1*日月潭遊客*阿里山遊客	人／月
L	阿里山遊客	初始值＝134,694	人
R	阿里山遊客月變化量	α_2*阿里山遊客+β_2*阿里山遊客*阿里山遊客+γ_2*日月潭遊客*阿里山遊客	人／月

類型	名稱	公式	單位
A	遊客總數	日月潭遊客 + 阿里山遊客	人
C	α_1	0.25	1／月
C	β_1	-1*10^-6.5	1／月
C	γ_1	5*10^-6	1／月
C	α_2	0.08	1／月
C	β_2	-4*10^-6	1／月
C	γ_2	9*10^-8	1／月
dt	模擬設定	dt=0.125, Euler算法，模擬時間1-60月	

從上表得知六個係數的正負符號，α_1和α_2都是正的，這說明它們不可能是撲食者和獵物的關係，請回顧公式（6.8），撲食者的內部成長率是負的。β_1和β_2都是負的，說明這兩個市場都有規模效應，發展太快受到牽制。γ_1和γ_2也都是正的，說明彼此互利。

模擬結果如圖10.34，以五、六年的中程發展而言，日月潭和阿里山兩個旅遊目的地的未來市場各自保持相對穩定的份額，大致上平分秋色。帶字符1的曲線表示總遊客，帶字符2的曲線表示日月潭的遊客數，帶字符3的曲線表示阿里山的遊客數。

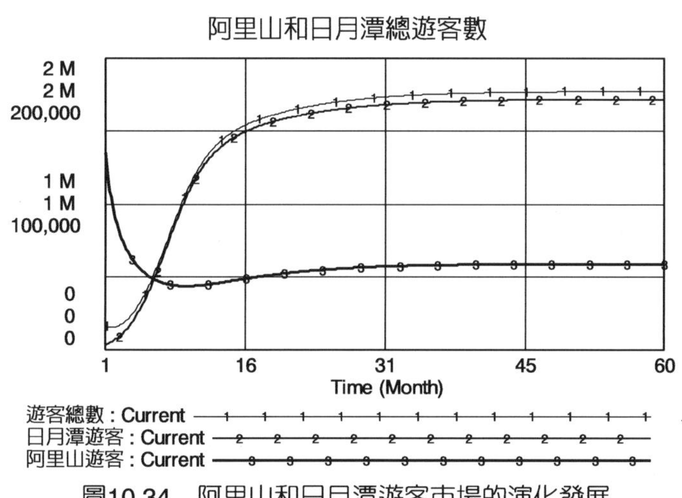

圖10.34　阿里山和日月潭遊客市場的演化發展

10.5 旅遊目的地生命週期

只要觀察的時間足夠長，旅遊目的地興衰的生命週期便呈現無遺。旅遊目的地遊客的起伏取決於當地的景觀，旅遊設施和服務的週期性變化，圖10.35是一個包括目的地吸引力，旅遊設施，自然資本的旅遊生命週期模型。

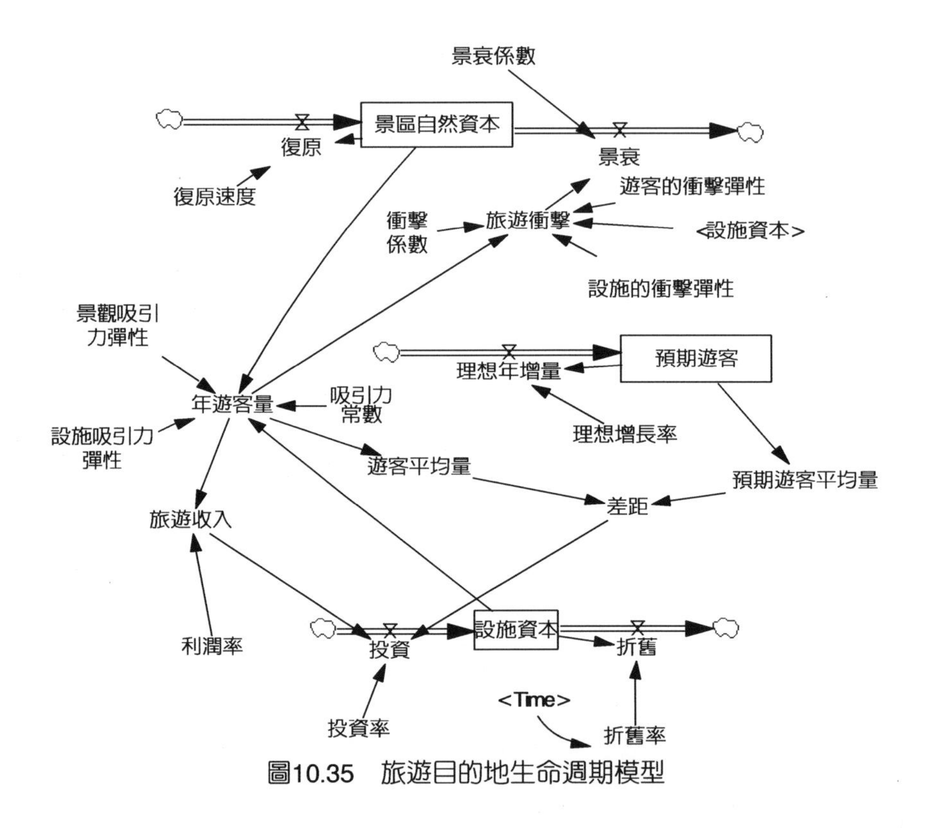

圖10.35　旅遊目的地生命週期模型

這個模型比較有特點的地方是預期遊客的設計，它反映了管理和經營部門的主觀判斷，這項判斷會影響當地的旅遊設施投資並折射到年遊客量，詳細的關係請看表10.10的公式。

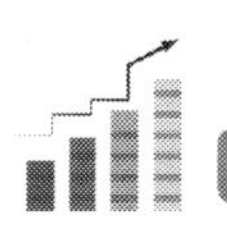

表10.10 旅遊目的地生命週期模型的參數和公式

類型	名稱	公式	單位
L	景區自然資本	初始值 = 9*10^6	自然資本
R	復原	景區自然資本*復原速度	自然資本／年
C	復原速度	2*10^-7	1／年
R	景衰	旅遊衝擊*景衰係數	自然資本／年
C	景衰係數	0.5	1／年
A	旅遊衝擊	衝擊係數*（年遊客量^遊客的衝擊彈性）*（設施資本^設施的衝擊彈性）	自然資本
C	遊客的衝擊彈性	0.2	無
C	設施的衝擊彈性	0.3	無
C	衝擊係數	1	無
L	設施資本	初始值 = 1000	資本
R	投資	（投資率*旅遊收入+（差距））*投資率	資本／年
R	折舊	設施資本*折舊率	資本／年
C	投資率	0.05	1／年
C	折舊率	0.8	1／年
A	年遊客量	吸引力常數*（景區自然資本^景觀吸引力彈性）*（設施資本^設施吸引力彈性）	人
C	景觀吸引力彈性	0.7	無
C	設施吸引力彈性	0.3	無
C	吸引力常數	1	無
A	遊客平均量	SMOOTH3（年遊客量, 4）	人
A	旅遊收入	利潤率*年遊客量	元
C	利潤率	0.1	元／人
L	預期遊客	初始值 = 年遊客量	人
A	預期遊客平均量	SMOOTH3（預期遊客, 5）	人
R	理想年增量	理想增長率*預期遊客	人／年
C	理想增長率	0.1	1／年
C	差距	預期遊客平均量 − 遊客平均量	人

類型	名稱	公式	單位
dt	模擬設定	dt = 0.125, Euler算法，模擬時間1-10	年

「旅遊衝擊」和「年遊客量」這兩個輔助變量都使用了Cobb-Douglas生產函數，其中「年遊客量」是投資報酬率等於1的生產函數，景觀吸引力彈性（0.7）和設施吸引力彈性（0.3）的和等於1。「旅遊衝擊」是投資報酬率小於1的生產函數，遊客的衝擊彈性（0.2）和設施的衝擊彈性（0.3）的和小於1。

第一個要討論的模擬結果是年遊客量與景觀自然資本和旅遊設施投資的關係（圖10.36）。

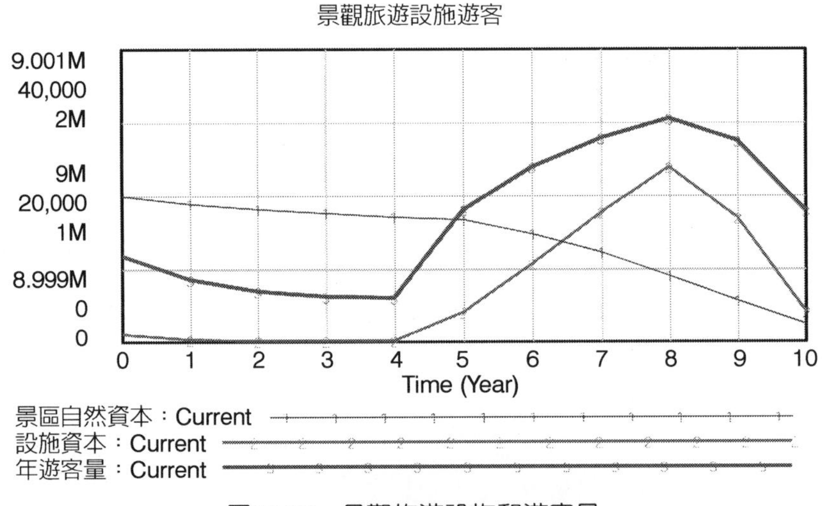

圖10.36　景觀旅遊設施和遊客量

從圖10.36觀察到旅遊產業的三階段生命週期，第一階段，開創，遊客很少，旅遊設施的投資也很少，但是景區的自然資本因經濟活動而不可逆的下降。第二階段，旅遊產業蓬勃發展，設施資本快速成長，遊客量指數上升。第三階段，景氣衰退；這個階段景區自然資本磨損加劇，旅遊設施投資和客流量出現高峰和轉折。

第二個要討論的模擬結果是預測的遊客量和預期的遊客量的關係，圖10.37說明預期的遊客量好像是預測的年遊客量的平均線，恰好把偏離平均線的上下兩部分平均化。在邏輯上這很有道理，可是也有人存疑，是否爲參數的巧合？可以通過「理想增長率」敏感性分析來檢驗。圖10.38是敏感性分析結果圖，可以看出不同的「理想增長率」可以改變年遊客量的數值，但不能改變年遊客量的行爲即高峰曲線的本質，由此說明模型的設計很有特點。

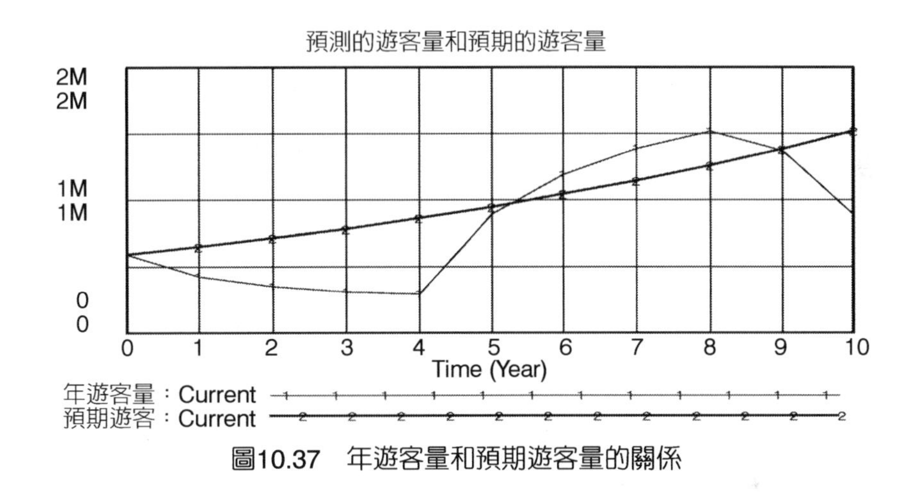

圖10.37　年遊客量和預期遊客量的關係

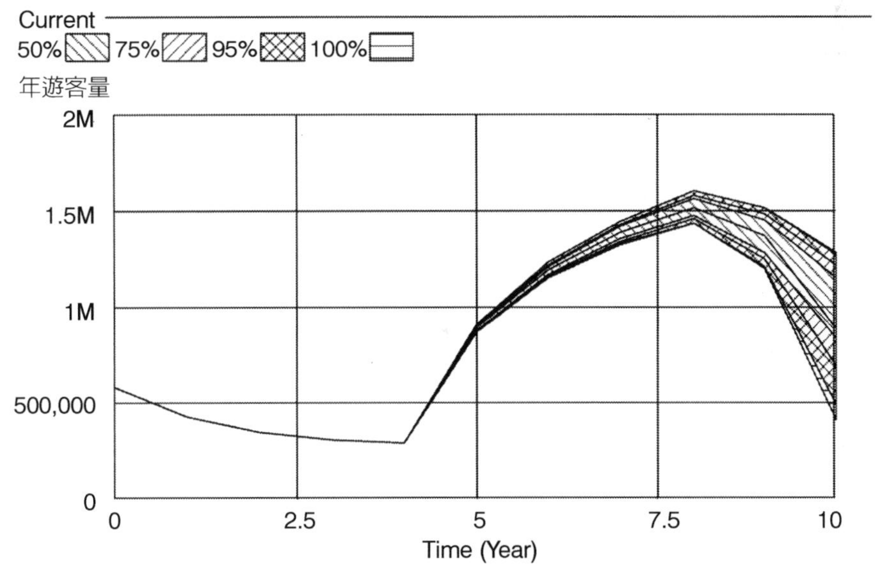

圖10.38　理想增長率（0.05-0.15）對年遊客量的敏感性分析

10.6 過載與崩潰

一塊鐵在壓力機下受壓，開始變形產生力學中所謂的位移，最後因爲超過它所能承受的極限而斷裂，鐵的這種破壞應力稱爲鐵的材料強度。一艘船超過它的吃水線，無疑最終沉沒海底。當然，地球這種物理性毀滅不可能發生，然而地球的生態性毀滅卻大有可能出現，如何模擬資源、環境的過載（Overshoot）和崩潰（Collapse），就是本節的內容。

10.6.1 鹿群消失的模型

本模型可用於許多物種消失的模擬，模型設兩個存量，一爲鹿群的數目（Deer），另一爲鹿的食物（Vegetation），結構如圖10.39。

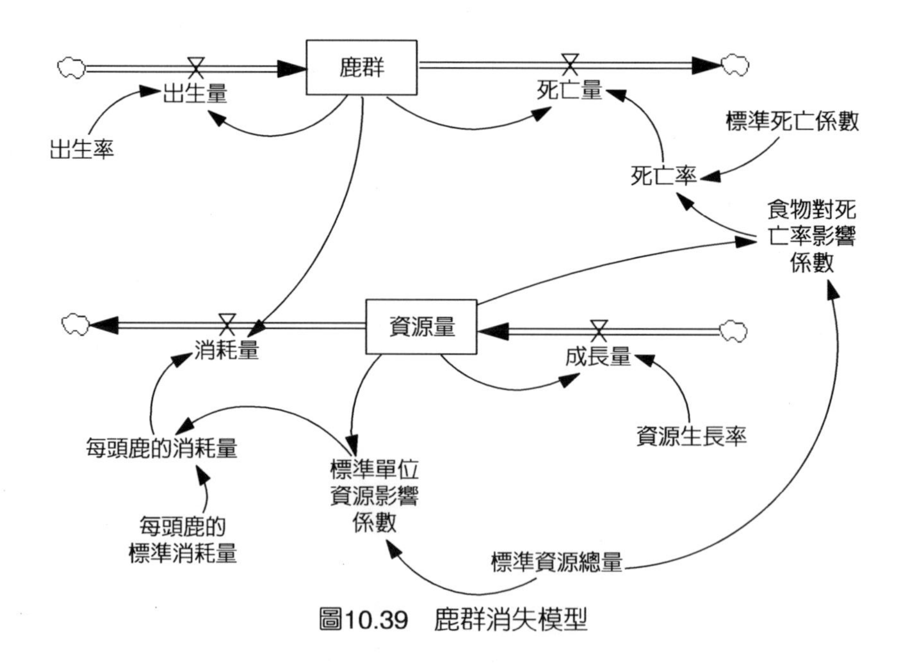

圖10.39　鹿群消失模型

本模型並不考慮鹿群的天敵，但鹿群仍可能因過度繁殖或人類侵略引起的資源圈縮小，而威脅到根本的生存，人類經濟活動對鄰近生物族群的影響已經日益嚴重。

從以上眾多的模型設計中，讀者已經悟出，要使一個常數形態的模型參數變成隨時間變化的變量，最簡單的方法就是設定某個變準值和修正它的表函數。本模型中有兩個變準值，「標準死亡係數」和「每頭鹿的標準消耗量」以及與它們對應的兩個表函數。模型的公式和設定如表10.11。

表10.11 鹿群消失模型公式和設定

類型	名稱	公式	單位
L	鹿群	初始值 = 100	頭
R	出生量	出生率*鹿群	頭／年
C	出生率	0.5	1／年
R	死亡量	死亡率*鹿群	頭／年
A	死亡率	標準死亡係數*食物對死亡率影響係數	1／年
C	標準死亡係數	0.1	無
T	食物對死亡率影響係數	橫座標：資源量／標準資源總量 (0,10),(0.1,7.15),(0.2,5.05),(0.3,3.15),(0.4,2.15),(0.5,1.6),(0.6,1.35),(0.7,1.15),(0.8,1.05),(0.9,1),(1,1)	無
L	資源量	初始值 = 10000	單位
R	消耗量	每頭鹿的消耗量*鹿群	單位／年
R	成長量	資源生長率*資源量	單位／年
C	資源生長率	0.1	1／年
A	每頭鹿的消耗量	標準單位資源影響係數*每頭鹿的標準消耗量	單位／鹿／年
C	每頭鹿的標準消耗量	1	1／年
T	標準單位資源影響係數	橫座標：資源量／標準資源總量 (0,0),(0.1,0.305),(0.2,0.545),(0.3,0.72),(0.4,0.835),(0.5,0.905),(0.6,0.945),(0.7,0.97),(0.8,0.985),(0.9,1),(1,1)	無
C	標準資源總量	10000	單位
dt	模擬設定	dt=0.25, Euler算法，模擬時間0-20	年

模擬結果如圖10.40。

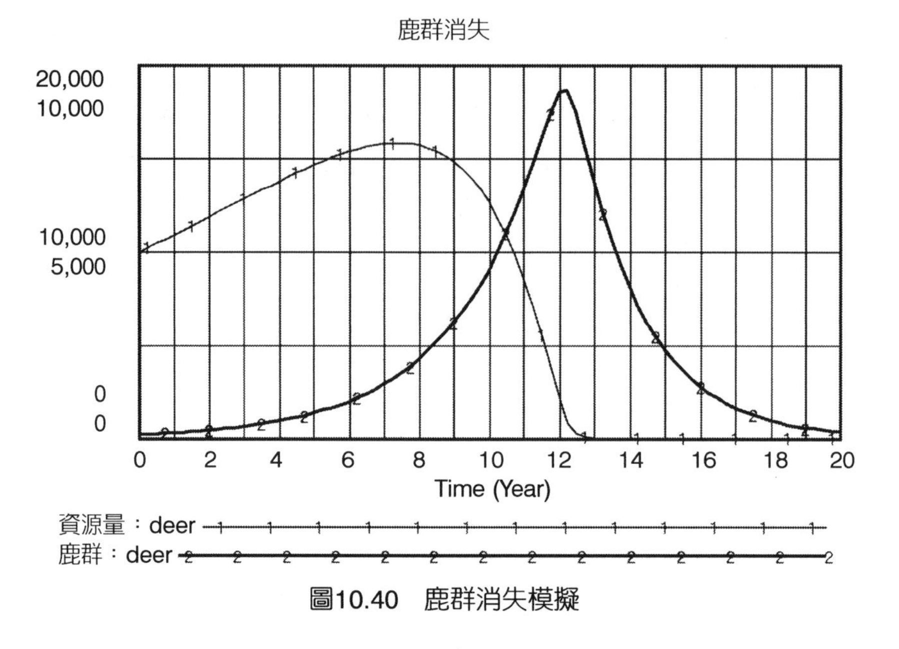

圖10.40　鹿群消失模擬

10.6.2　石油耗竭

本模型和第8章的哈伯特高峰模型有異曲同工之妙，模型的流程圖如圖10.41。

工作油井，即噴油井是石油油田的最基本生產單位。在油田的生命週期內，工作油井的數目是一條倒U型曲線，由少而多到達某個高峰後則由多而少。工作油井的數目很像人口，一端是增加，另一端是減少。根據經驗，每年增加的鑽井數目和每年報廢的鑽井數目和油井總數有一定比例關係，因而可以找出鑽井比率和封井率平均數作爲計算的參數。

石油是非再生資源，因此隨著油井數目的增加、石油開採量的增加，資源逐漸枯竭。當下的石油儲量和石油儲量的初始值的比值越小，衰竭度越高，勘探越難，需要對標準的鑽井比率修正的越多；與此相應，資源衰竭度越高，油井的壽命越老，需要對標準的封井率修正的越多。

模型的公式和設定請見表10.12。

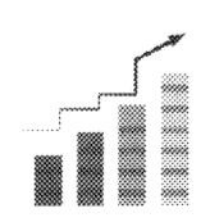

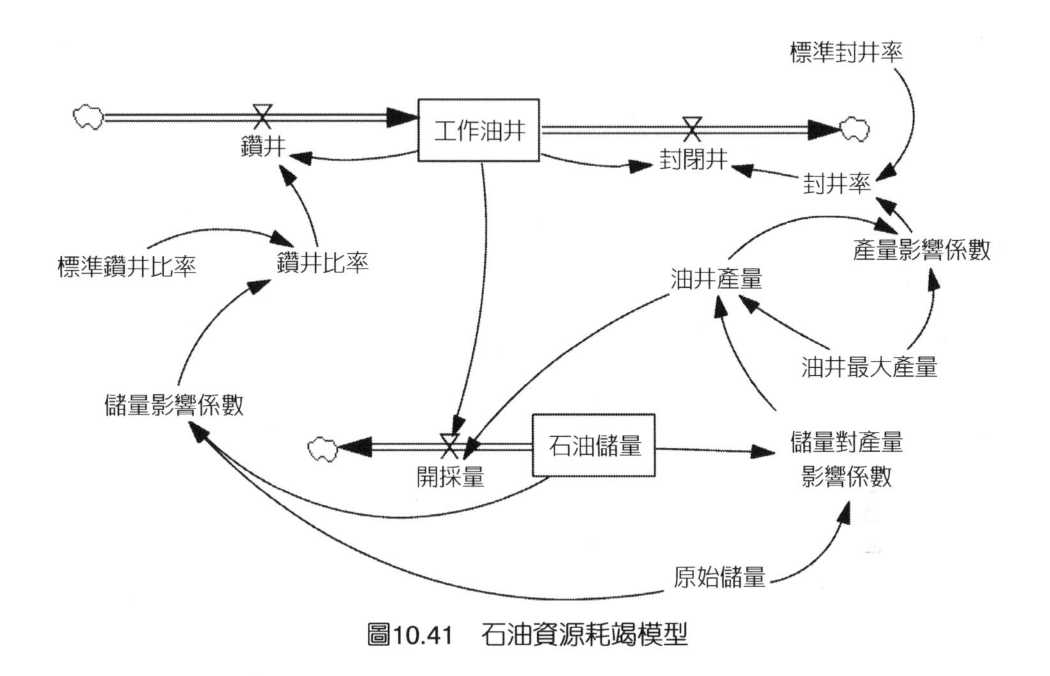

圖10.41 石油資源耗竭模型

表10.12 石油耗竭模型的公式和設定

類型	名稱	公式	單位
L	工作油井	初始值 = 1	個
R	鑽井	工作油井*鑽井比率	個 / 年
R	封閉井	工作油井*封井率	個 / 年
A	鑽井比率	儲量影響係數*標準鑽井比率	1 / 年
C	標準鑽井比率	0.25	1 / 年
T	儲量影響係數	橫座標：石油儲量 / 原始儲量 (0,0),(0.1,0),(0.2,0),(0.3,0),(0.4,0.41),(0.5,0.695), (0.6,0.84),(0.7,0.935),(0.8,0.98),(0.9,0.995),(1,1)	無
A	封井率	標準封井率*產量影響係數	1 / 年
C	標準封井率	0.05	無
A	油井產量	儲量對產量影響係數*油井最大產量	單位 / 年
C	油井最大產量	1e+006	單位

類型	名稱	公式	單位
T	產量影響係數	橫座標：油井產量／油井最大產量 (0,20),(0.1,19.9),(0.2,19.8),(0.3,18.8),(0.4,11.1),(0.5,4.6),(0.6,2.3),(0.7,1.4),(0.8,1.05),(0.9,1),(1,1)	無
L	石油儲量	初始值=1e+006	單位
R	開採量	工作油井*油井產量	單位／年
T	儲量對產量影響係數	橫座標：石油儲量／原始儲量 (0,0),(0.05,0),(0.1,0),(0.15,0),(0.2,0),(0.25,0),(0.3,0),(0.35,0),(0.4,0),(0.45,0),(0.5,0),(0.55,0),(0.6,0.005),(0.65,0.045),(0.7,0.15),(0.75,0.37),(0.8,0.725),(0.85,0.92),(0.9,0.985),(0.95,0.995),(1,1)	無
C	原始儲量	10^9	單位
dt	模擬設定	dt=0.25, Euler算法，模擬時間0-30	年

模擬結果如圖10.42。

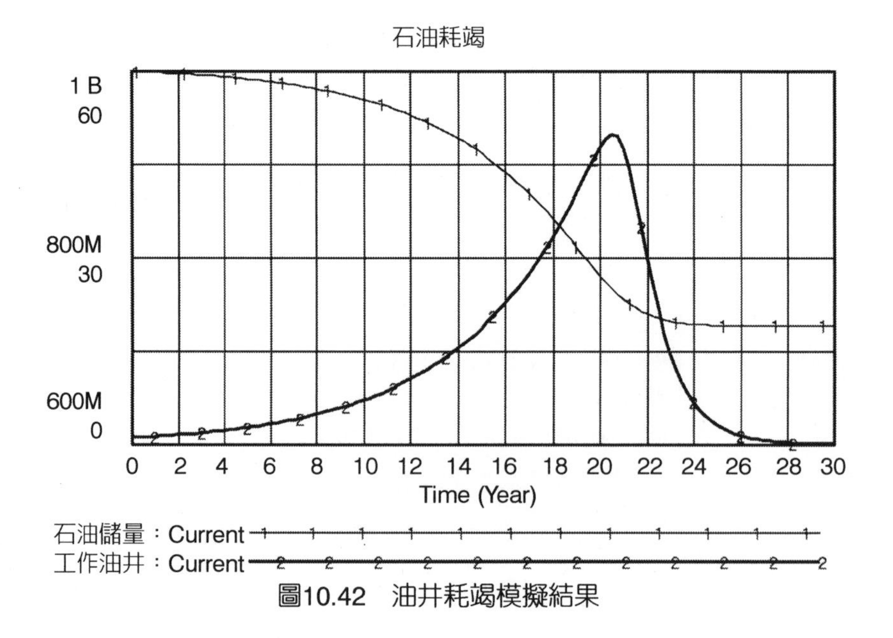

圖10.42　油井耗竭模擬結果

第 11 章

管理及其他

11.1 公司的生產力

一般的生產力模型，很難分解生產力變化的長期因素和短期因素，本模型能達到此目的，請看圖11.1。

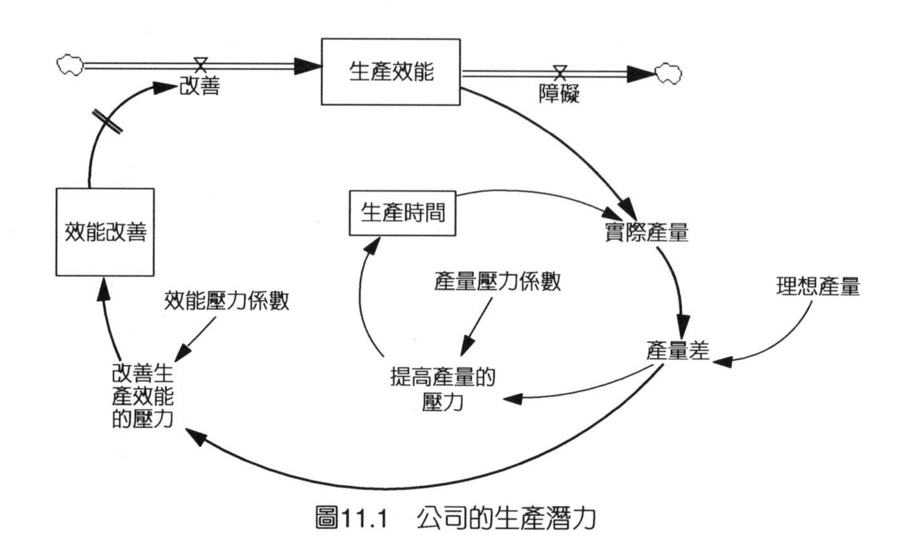

圖11.1 公司的生產潛力

圖11.1有兩個基本的負反饋環，一個是用細線表示的小環和另一個用粗線表示的大環。小環反應生產力變化的短期因素，大環反應生產力的長期因素。圖中的生產效能即單位時間的生產量是一個長期變量，它有兩個流量，改善是流入量，障礙是流出量，如果改善大於障礙，長期的生產效能提高，如果障礙大於改善，生產效能下降。圖中的實際產量等於生產效能乘生產時間，生產時間設計爲存量，當實際產量和理想產量不符合形成產量差，後者構成公司的短期壓力，它將促進生產時間的提高。

模型的參數和公式請見表11.1。

表11.1 公司生產力模型公式和設定

類型	名稱	公式	單位
L	生產效能	初始值 = 100	產品單位

類型	名稱	公式	單位
R	改善	DELAY3I（效能改善, 20, 5）	產品單位 / 時間
R	障礙	5-STEP(1,5)	產品單位 / 時間
L	等效生產時間	初始值 = 10	時間
L	效能改善	初始值 = 0	時間
A	實際產量	生產時間*生產效能	生產單位
A	產量差	理想產量 － 實際產量	生產單位
A	理想產量	3,500	生產單位
A	提高產量的壓力	產量差*產量壓力係數	單位
A	改善生產效能的壓力	產量差*效能壓力係數	單位
C	產量壓力係數	1.5	無單位
C	效能壓力係數	1.1	無單位
dt	模擬設定	dt = 0.125, RK4-Auto算法，模擬時間0-100	

提請注意「生產時間」是存量而且是一個沒有流量的存量，這種情況是第二次出現，第一次出現在Samuelson模型。請注意圖11.1細線表示的小循環圈，如果「生產時間」設計爲一般的輔助變量，軟體會發出錯誤的警告，因爲這是循環定義（生產時間→實際產量→產量差→提高產量的壓力→生產時間）。循環定義無法計算。如果「生產時間」設計爲存量，它是有記憶和累積的，所以模擬的iteration不存在問題。

生產時間的具體設計見圖11.2。

存量「效能改善」也是一個沒有流量的存量，具體設定請見圖11.3。

模擬的結果見圖11.4。

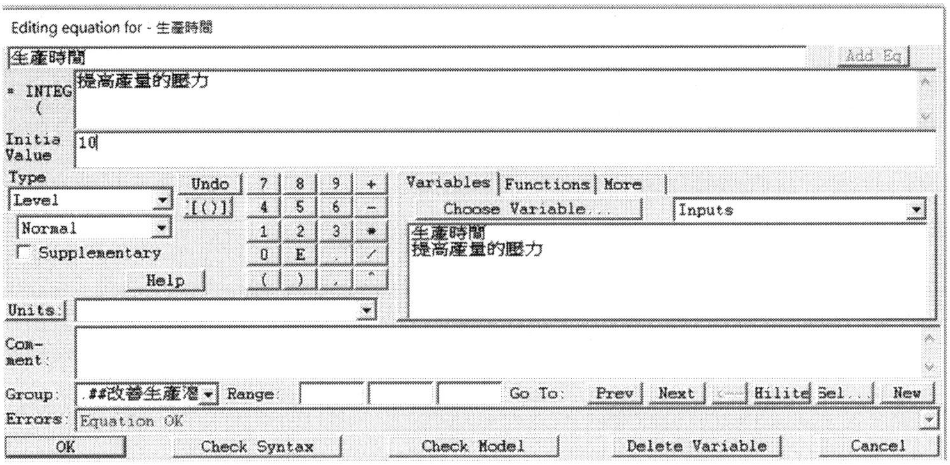

圖11.2　沒有流量的存量「生產時間」的設定

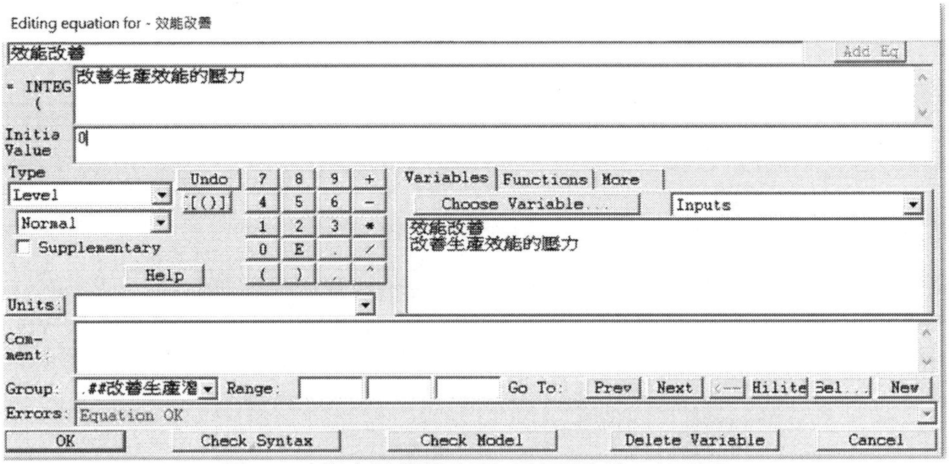

圖11.3　沒有流量的存量「效能改善」的設定

這個模型告訴管理者，不僅要對完成當下的工作有壓力感，對於長期的任務也要存在壓力感。管理者要學會長程和短程兼顧。模擬揭示了上面的原理，請看圖11.4生產時間和公司生產效能之間變化的關聯，一開始生產效能平平，當模擬時間10個單位後生產效能逐漸提高，而公司用於生產的時間逐漸減小，並在50個時間單位時生產效能達到最高值，以後減緩並進入穩定。

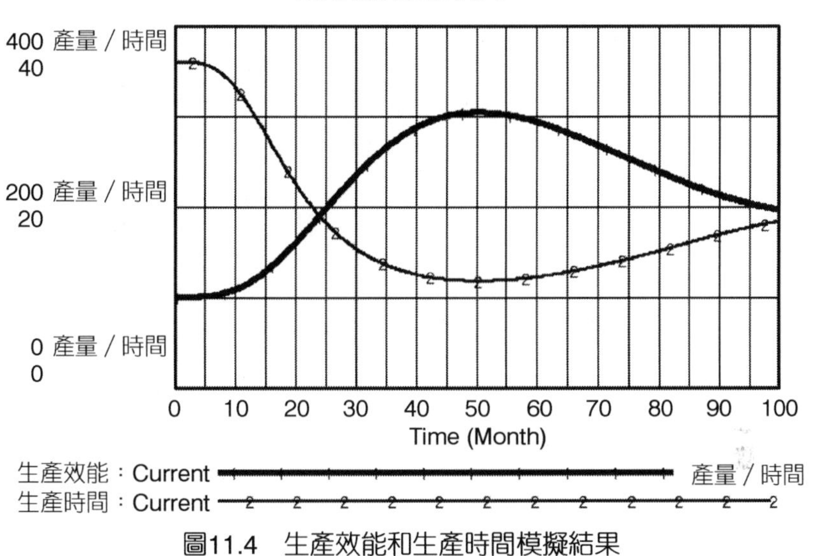

圖11.4　生產效能和生產時間模擬結果

這個模型對進一步的策略測試留有餘地，例如可以試驗提高「理想產量」，系統會如何反映。也可以用其他測試函數，如PULSE，或RAMP函數。還可以對流量「改善」測試，觀察它的提高或下降對系統行爲的影響。

11.2　豬肉價格

庫存振盪無處不在，豬肉價格是又一重要例證，本節介紹西班牙系統動力學專家加西亞（Juan Martín García，2011）設計的西班牙豬肉庫存模型。

從根本上說，豬肉價格的波動與豬肉庫存直接關聯，當庫存量超過需求量肉價下降，相反如果庫存量低於需求量肉價將升高。豬肉庫存的上游是屠宰市場，屠宰市場的上游是幼豬市場。

據加西亞調查西班牙每個月要屠宰750,000頭豬，每頭豬重100公斤，屠宰後的豬肉大概有原先的八成重量，每頭生豬大約可以提供80公斤的肉，每個月屠宰的75萬頭豬大約可以向消費市場提供6,000萬公斤的豬肉。

西班牙人平均每個月消費1.5公斤的豬肉，因此4,000萬西班牙人每個月將消費1.5*4,000 = 6,000萬公斤的豬肉，供與求基本平衡。

豬肉的價格取決於肉豬的價格，肉豬的價格取決於屠宰戶的需求，通常屠宰戶需要保存兩周需求量的肉豬，如果庫存不足屠宰戶願意用更高的價格購得肉豬，如果庫存過大屠宰戶沒有購買肉豬的意願，肉豬的價格下滑。假定屠宰戶以每公斤3歐元的出價買到肉豬，他再以每公斤7歐元的豬肉價格附加給豬肉消費者，換句話豬肉消費者將以每公斤10歐元的價格買到豬肉。以上基本數據滿足模型的初始狀態爲定態，模型初步確定後，在適當的外部參數中掛上任何一種測試函數，模型便跑起來。

圖11.5是加西亞的西班牙豬市場模型的完整設計，一共有三個存量：豬肉庫存、肉豬場和幼豬場。

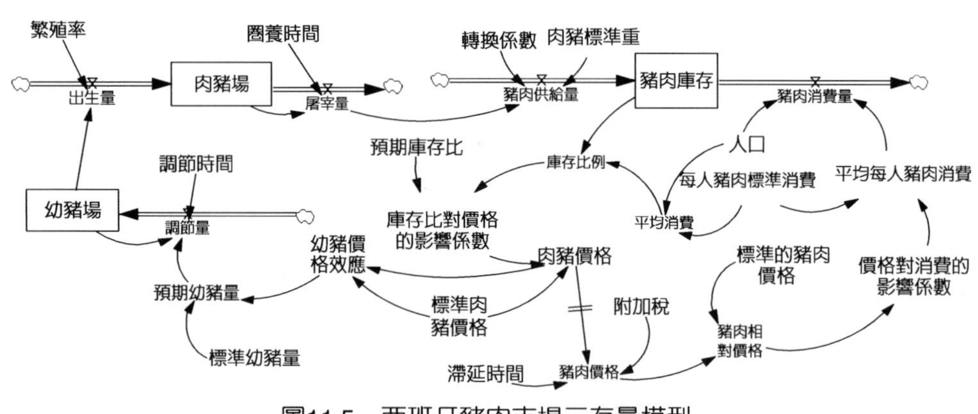

圖11.5　西班牙豬肉市場三存量模型

加西亞建議三個存量中，豬肉庫存的模型可以獨立，而且先完成它，這樣做對於初學者比較容易。

按照上面提供的數據可以很快的建構完獨立的庫存模型，同時滿足啓動時定態要求。接下來在變量「屠宰量」原先定義的基礎上增加測試函數PULSE(6,6)*10000模型就跑起來了。所有公式和參數請見表11.2。

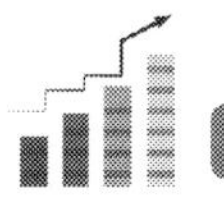

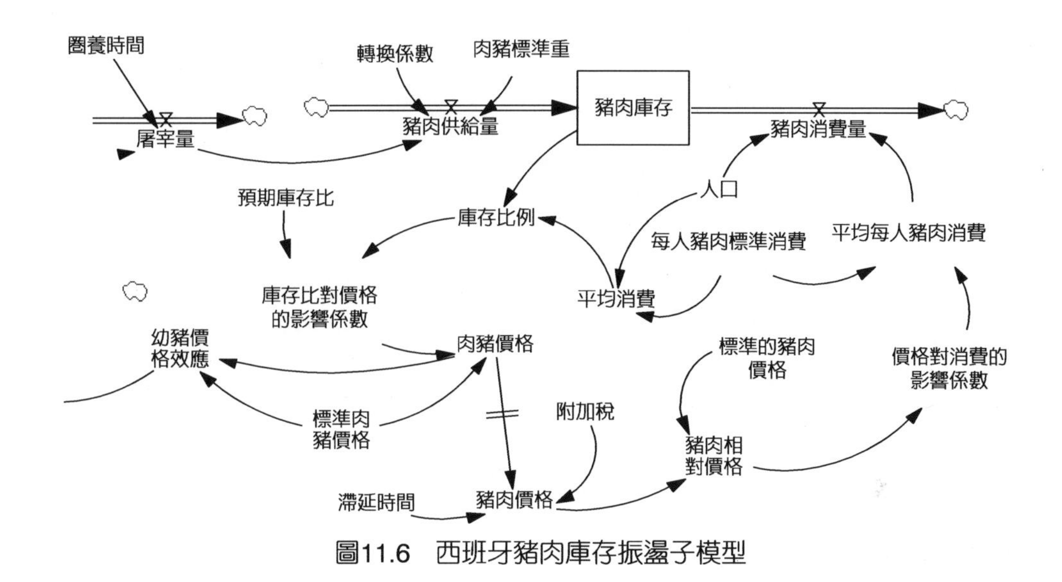

圖11.6 西班牙豬肉庫存振盪子模型

表11.2 西班牙豬肉市場模型參數及公式設定

類型	名稱	公式	單位
L	豬肉庫存	初始值 = 3e+007	公斤
R	豬肉供給量	屠宰量*肉豬標準重*轉換係數	公斤 / 月
R	豬肉消費量	人口*平均每人豬肉消費	公斤 / 月
R	屠宰量	（肉豬場 / 圈養時間）+PULSE(6,6)*10000	公斤 / 月
C	轉換係數	0.8	無
A	肉豬標準重	100	公斤 / 豬
A	庫存比例	豬肉庫存 / 平均消費	無
C	預期庫存比	0.5	無
T	庫存比對價格的影響係數	橫座標為：庫存比例 / 預期庫存比 (0.4,1.5),(0.9,1.2),(1,1),(1.6,0.9),(1.8,0.8),(2,0.5)	無
A	肉豬價格	庫存比對價格的影響係數*標準肉豬價格	歐元 / 公斤
C	標準肉豬價格	3	歐元 / 公斤
A	豬肉價格	SMOOTH（肉豬價格+附加稅，滯延時間）	歐元 / 公斤
C	滯延時間	3	月

類型	名稱	公式	單位
C	附加稅	7	歐元／公斤
C	人口	4e+007	人
A	平均消費	人口*每人豬肉標準消費	公斤
C	每人豬肉標準消費	1.5	公斤／人／月
C	平均每人豬肉消費	價格對消費的影響係數*每人豬肉標準消費	豬／人
T	價格對消費的影響係數	橫座標：豬肉相對價格 (0.5,1.5),(1,1),(1.5,0.9),(2,0.75)	無
A	豬肉相對價格	豬肉價格／標準的豬肉價格	無
C	標準的豬肉價格	10	歐元／公斤
L	肉豬場	初始值 = 4.5e+006	豬
R	出生量	幼豬場*繁殖率	豬／月
C	繁殖率	1.5	1／月
C	圈養時間	6	月
L	幼豬場	初始值 = 500000	豬
R	調節量	（預期幼豬量 – 幼豬場）／調節時間	豬／月
C	調節時間	3	月
C	標準幼豬量	500000	豬
T	幼豬價格效應	橫座標：肉豬價格／標準肉豬價格 (0,0.2),(0.3,0.4),(1,1),(2,1.2),(3,1.8)	無
A	預期幼豬量	幼豬價格效應*標準幼豬量	豬
dt	模擬設定	dt = 0.125, RK4-Auto算法，模擬時間0-50月	月

模擬結果：1.豬肉庫存和肉豬飼養的容量以及豬仔市場的規模呈現規則的減幅振盪（圖11.7），2.豬肉庫存的振盪引起豬肉和肉豬價格的波動（圖11.8），3.西班牙豬肉價格波動滯後庫存的波動大約半年，而且價格波動的衰減速度較庫存快。

本模型不僅適用於西班牙，也適合其他地區；不僅適用於豬肉庫存，原則上說，也適用於其他肉品市場。

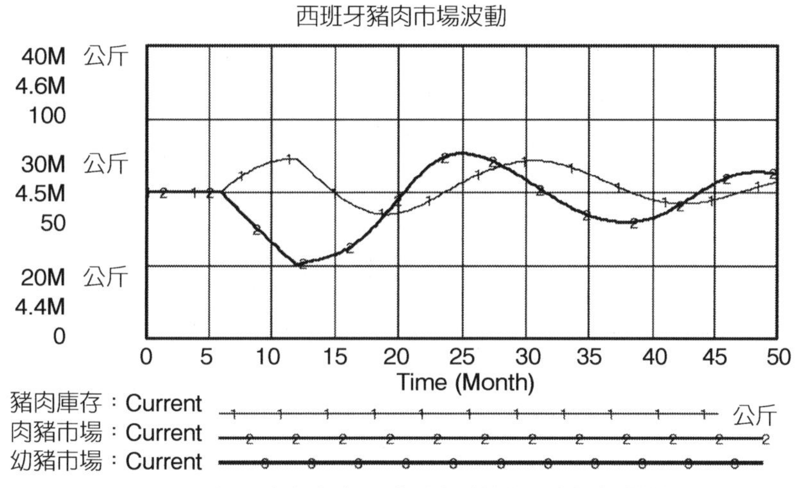

圖11.7 西班牙豬肉庫存和肉豬飼養以及豬仔規模的關係

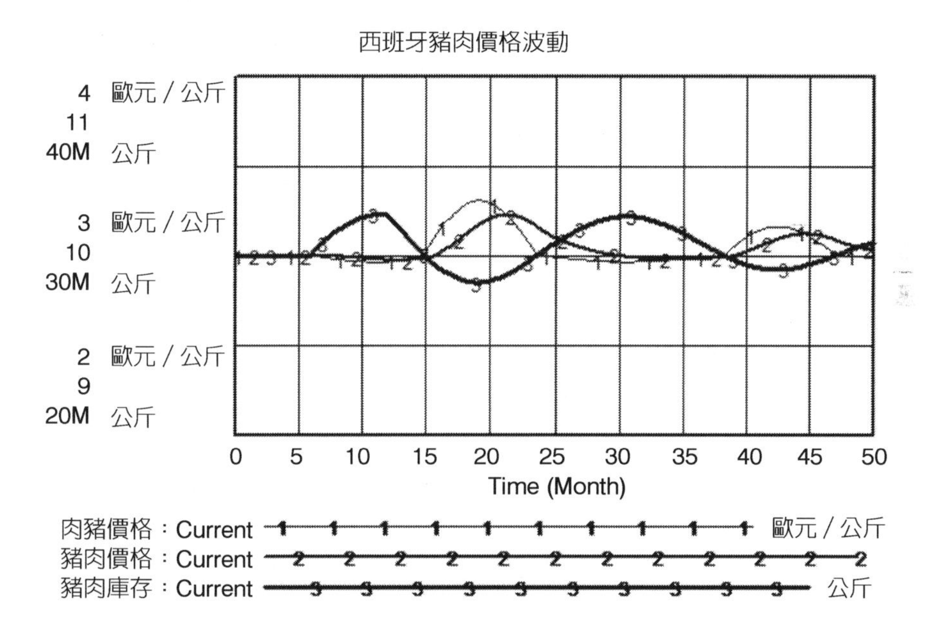

圖11.8 西班牙肉豬價格和豬肉價格的關係

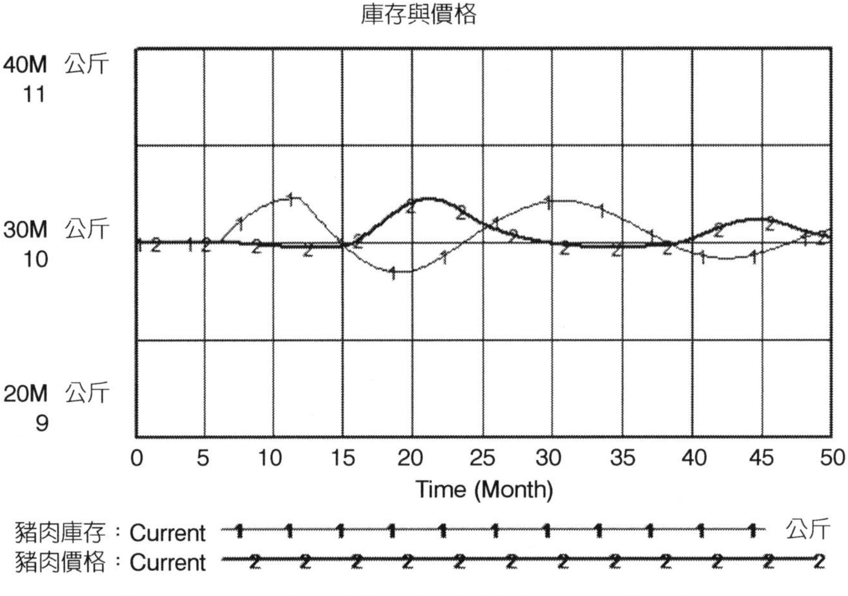

圖11.9　西班牙豬肉價格振盪的衰減速度快於庫存振盪

11.3 流浪狗

臺灣流浪狗問題嚴重，每千人口大約有3-5隻流浪狗，城市流浪狗平均5,000-8,000隻。流浪狗若處理失當，增長數量驚人，後果不堪設想。

假定某地有6,500隻流浪狗，其中500隻已經絕育手術，還有6,000隻沒有動手術，又假設未絕育處理的狗群中有50%的母狗，它們每年產3隻小狗，每年流浪狗的增加量爲6,000×0.5×3 = 9,000隻。假定每年流浪狗公家收容和私人認領的比例60%，做絕育手術的比例80%，自然死亡的比例10%，這三部分的總數正好也是9,000隻，在這種情況下，未絕育的「一般流浪狗」處於均衡狀態，每年維持在6,000隻。可是已經絕育的流浪狗雖然不再生產，但每年還有4,800隻來自未絕育的流浪狗，因此流浪狗總數仍然增加。要使流浪狗下降，如果不用極端的撲殺政策，只有不斷提高收容和認養率及絕育率。何種措施更好，可以通過模擬模型做判斷，模型設計如圖11.10。

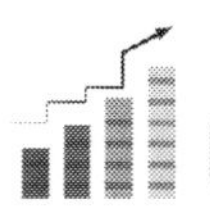

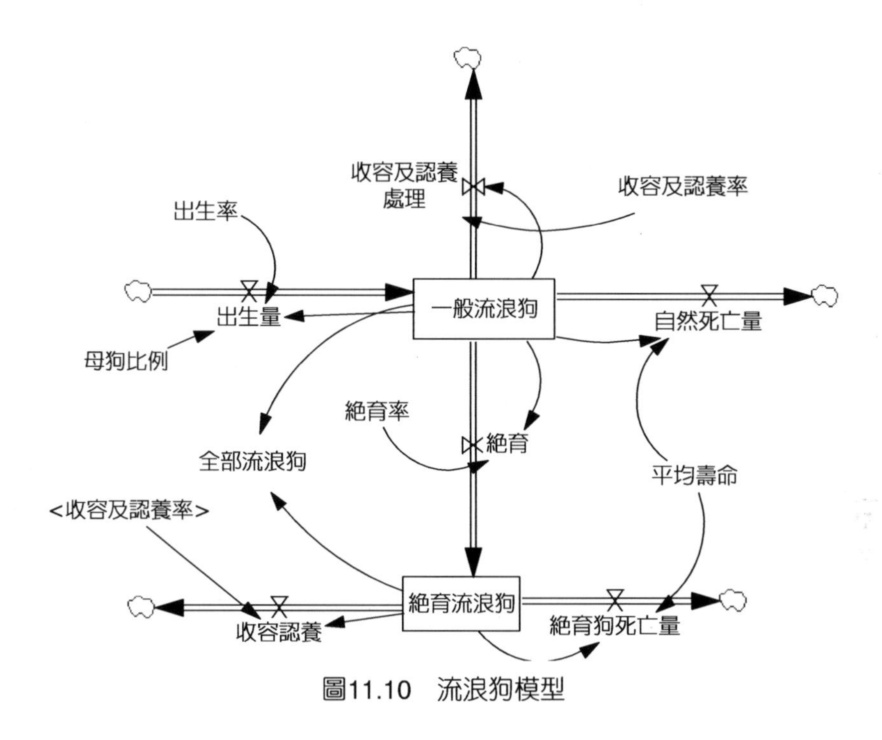

圖11.10　流浪狗模型

模型參數及設定如表11.3。

表11.3　流浪狗模型參數及公式設定

類型	名稱	公式	單位
L	一般流浪狗	初始值= 6000	隻
R	出生量	出生率*一般流浪狗*母狗比例	隻／年
C	母狗比例	50%	無
R	自然死亡量	一般流浪狗／平均壽命	隻／年
R	收容及認養處理	收容及認養率*一般流浪狗	隻／年
R	絶育	絶育率*一般流浪狗	隻／年
C	出生率	3	隻／年
C	收容及認養率	0.6+STEP(0.2, 2020)	隻／年
C	絶育率	0.8	隻／年
C	平均壽命	10	年

類型	名稱	公式	單位
L	絕育流浪狗	初始值 = 500	隻
R	收容認養	絕育流浪狗*收容及認養率	隻 / 年
R	絕育狗死亡量	絕育流浪狗 / 平均壽命	隻 / 年
A	全部流浪狗	絕育流浪狗+一般流浪狗	隻
dt	模擬設定	dt = 1, Euler算法，模擬時間2010-2050	年

如果收容和認養比例維持在60%，絕育率80%，死亡比例10%的初始狀態，那麼一般流浪狗將維持在6,000隻不變，絕育流浪狗由2015年的500隻逐漸增加到2023年的6,857隻後才穩定下來。全部流浪狗由2015年的6,500隻增加到2023年的12,857隻，並穩定下來（圖11.11和表11.4）。這種情景出乎許多人所料，他們以爲只要堅持執行高絕育率和高認養率，幾年下來，流浪狗就絕跡了。

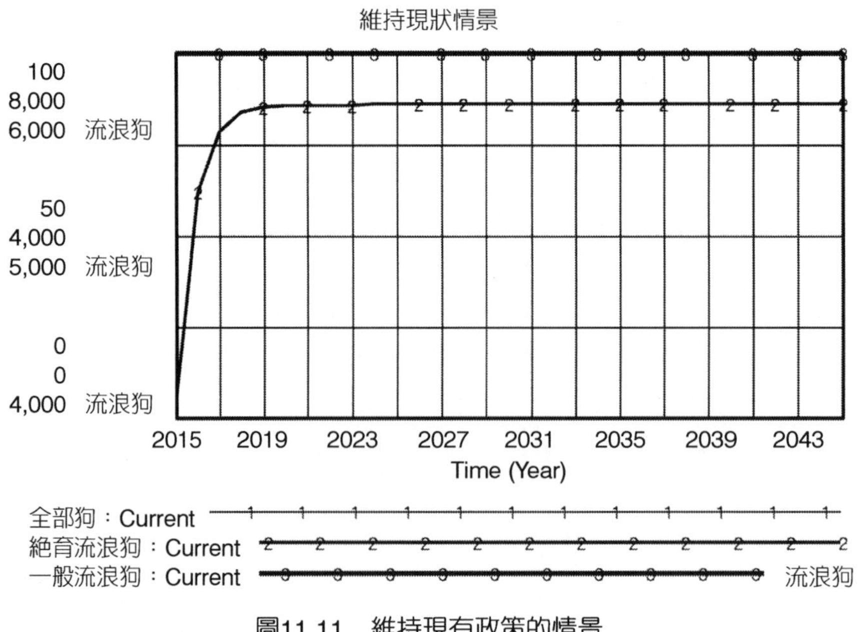

圖11.11　維持現有政策的情景

表11.4　維持現有政策的情景

年	全部流浪狗	絕育流浪狗	一般流浪狗	年	全部流浪狗	絕育流浪狗	一般流浪狗
2015	6,500	500	6,000	2020	12,842	6,842	6,000
2016	10,950	4,950	6,000	2021	12,853	6,853	6,000
2017	12,285	6,285	6,000	2022	12,856	6,856	6,000
2018	12,685	6,685	6,000	2023	12,857	6,857	6,000
2019	12,806	6,806	6,000	2024	12,857	6,857	6,000

要達到流浪狗減量，必須打破定態的平衡，也就是模型中的流出量大於流入量，例如將收容和認養率自2020年起在原先的基礎上再提高20%，即0.6+STEP(0.2, 2020)。實施新的高收容和認養率後，原來的平衡打破了，而且流出量大於流入量，於是從2020年開始流浪狗就不斷減少，到2050年就剩下16隻了（圖11.12）。

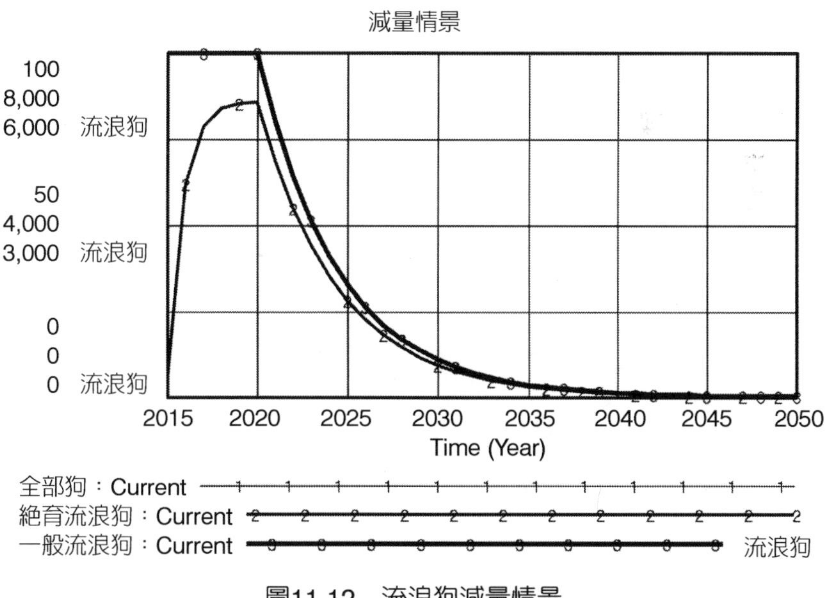

圖11.12　流浪狗減量情景

11.4 住房建設

爲什麼住房問題是一個永恆的話題，上一代人爲之困擾，這一代人也爲之困擾，下一代人仍舊會爲之困擾，原因在於它是一個振盪系統，它永遠有高峰和低谷。圖11.13是三段論的住房流程。

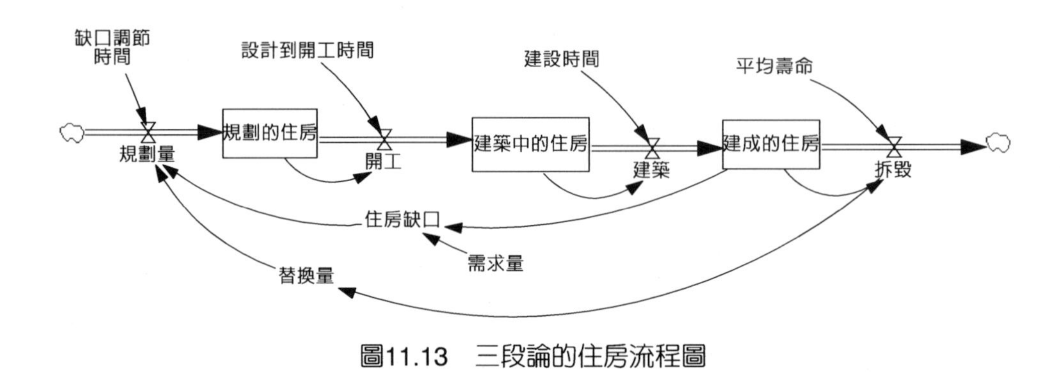

圖11.13　三段論的住房流程圖

第一段規劃，規劃中的住房數量取決於兩個因素，1.需求量和現有住房量之間的缺口，2.拆屋搬遷的新舊房替換量。第二段建築，第三段建成交屋。

模型的參數和公式設計見表11.5。

表11.5　住房模型參數和公式

類型	名稱	公式	單位
L	規劃的住房	初始值= 規劃量*設計到開工時間	房
R	規劃量	MAX（0，替換量+（住房缺口／缺口調節時間））	房／年
A	替換量	拆毀	房／年
C	缺口調節時間	8	無
C	住房缺口	需求量 − 建成的住房	房
A	需求量	5000+STEP(50,10)	房
R	開工	規劃的住房／設計到開工時間	房／月

類型	名稱	公式	單位
C	設計到開工時間	3	月
L	建築中的住房	開工*建設時間	房
R	建築	建築中的住房 / 建設時間	房 / 月
C	建設時間	18	月
L	建成的住房	5000	房
C	平均壽命	1200	月
R	拆毀	建成的住房 / 平均壽命	房 / 月
dt	模擬設定	dt = 0.25, Euler算法，模擬時間0-100	月

這個模型十分簡潔，只是提請注意第一，MAX函數的使用是爲了避免規劃量出現負的數字。第二，存量「規劃的住房」和「建築中的住房」的初始值是公式不是某個數字。第三，「需求量」和存量「建成的住房」初始值之間的巧妙呼應。換言之，模擬開始時「住房缺口」爲0，於是整個系統啓動時處於「定態」。

模擬結果請見圖11.14。

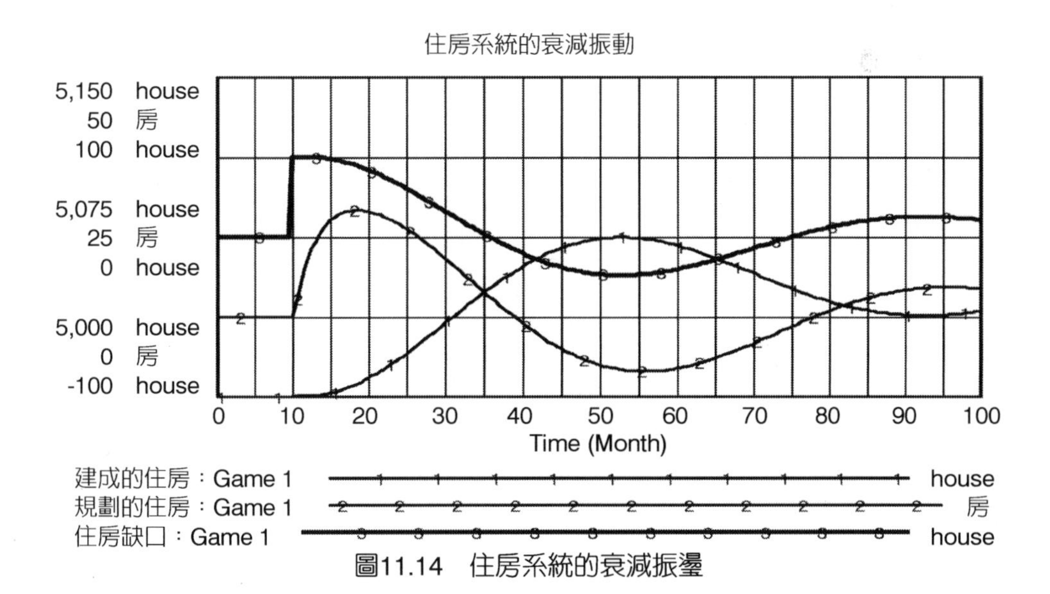

圖11.14　住房系統的衰減振盪

請看字符3代表的住房缺口變量，模擬開始需求量和建成房的數量相等，缺口爲0，第10月需求突然增加，缺口增大，以後隨著建成的住房（字符1的曲線）增加而減少。住房系統振盪的始作俑者是需求量的增加，有幾點要解釋，首先，模型變量的賦値往往與系統行爲的表現並不一致，例如「缺口調節時間」賦値爲8個月，實際上模擬得到的缺口爲0的時間經歷了25個月。爲了避免語義的誤導，可以把變量「缺口調節時間」改爲「缺口調節時間因子」。

第二個問題，三個與系統振盪有關的時間參數：缺口調節時間，設計到開工時間和建設時間，對系統行爲的影響可以通過縮短工期的情景分析得出結論。

縮短工期的情景參數如下，缺口調節時間由8個月縮短爲6個月，設計到開工時間由3個月縮短爲2個月以及建設時間由18個月縮短爲12個月。

模擬說明，縮短工期對三個存量均有正面的影響，尤其對建成的住房的影響，建房振盪週期由原先的30個月縮短爲25個月。

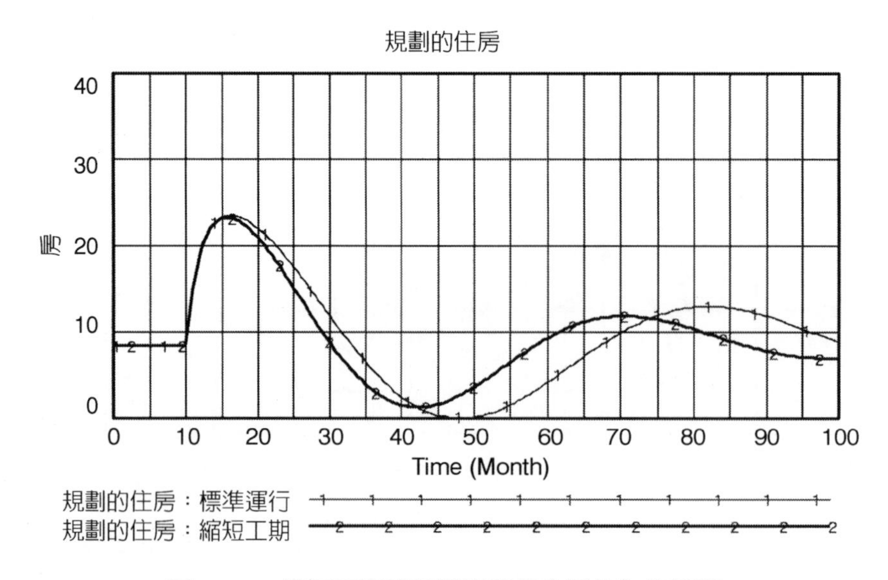

圖11.15 縮短工期情景對規劃的住房行為的影響

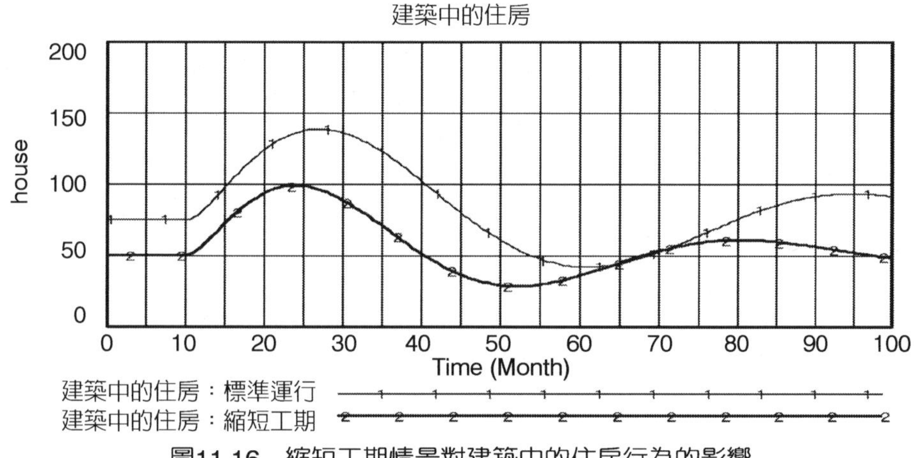

圖11.16 縮短工期情景對建築中的住房行為的影響

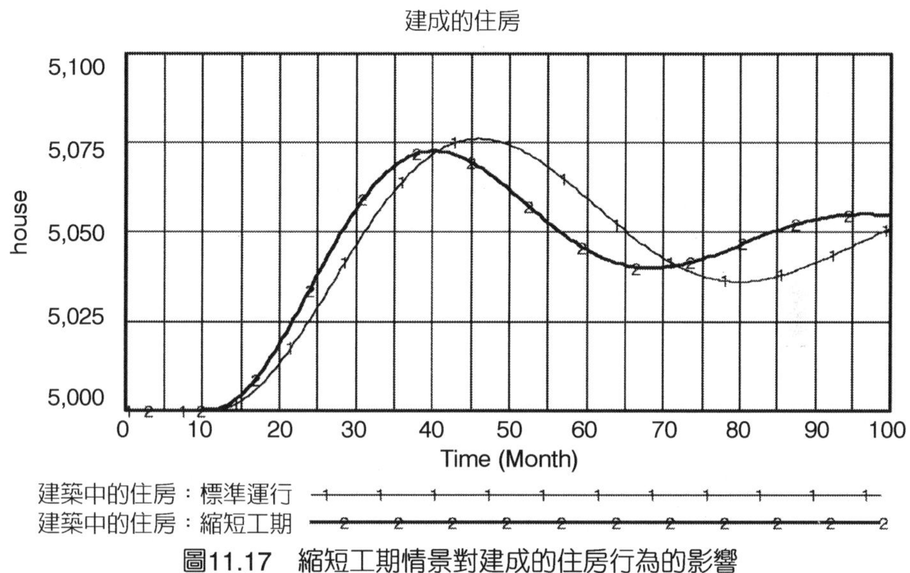

圖11.17 縮短工期情景對建成的住房行為的影響

11.5 產品競爭

本模型以經濟學原理爲背景，假設是完全競爭的商品市場，有兩種不同品牌的產品，當其他條件相同時，產品的市場份額取決於不同的需求函數。

圖11.18是模型的流程圖。

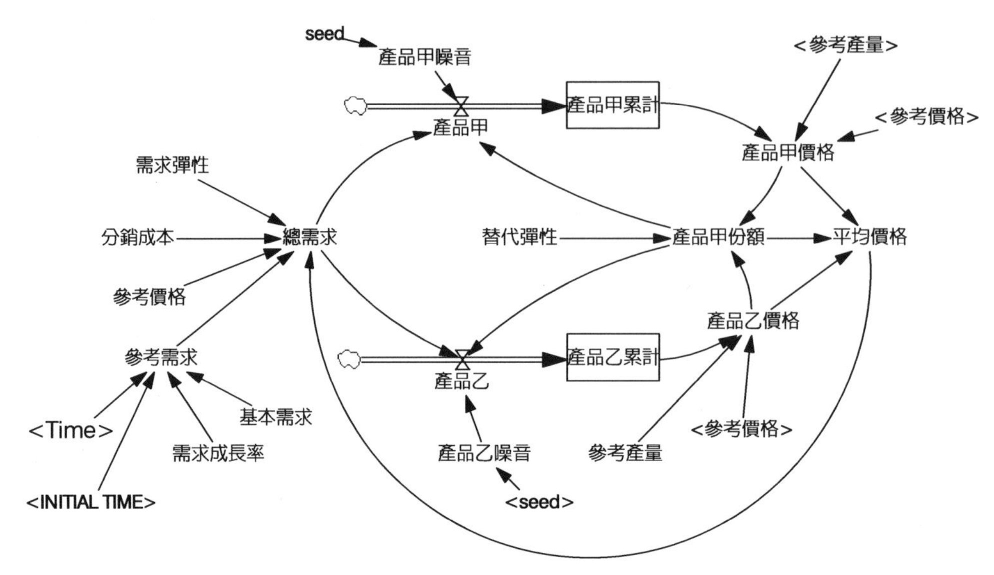

圖11.18　完全競爭市場的兩種產品發展

模型的公式和設定如表11.6。

表11.6　完全競爭市場的兩種產品發展模型公式

類型	名稱	公式	單位
L	產品甲累計	初始值= 0	產品
R	產品甲	總需求*產品甲份額*產品甲噪音	產品／年
A	產品甲噪音	EXP(RANDOM NORMAL(-6,6,0,0.05,seed))	無
C	seed	1237	無
A	總需求	參考需求*（（平均價格+分銷成本）／（參考價格+分銷成本））^需求彈性	產品／年
C	需求彈性	-1	無
C	分銷成本	1	元／產品
C	參考價格	1	元／產品
A	參考需求	基本需求*EXP（需求成長率*（Time-INITIAL TIME））	產品／年

類型	名稱	公式	單位
C	基本需求	1	產品／年
C	需求成長率	0.03	無
L	產品乙累計	0	產品
R	產品乙	總需求*（1－產品甲份額）*產品乙噪音	產品
A	產品甲噪音	EXP(RANDOM NORMAL(-6,6,0,0.05,seed))	無
A	產品乙價格	參考價格／（1+LN(1+產品乙累計／參考產量））	元／產品
C	參考產量	5	產品
A	產品甲份額	1／（1+（產品甲價格／產品乙價格）^替代彈性）	無
C	替代彈性	6	無
A	產品甲價格	參考價格／（1+LN（1+產品甲累計／參考產量））	元／產品
A	平均價格	產品甲份額*產品甲價格+（1－產品甲份額）*產品乙價格	元／產品
dt	模擬設定	dt = 0.125, Euler算法，模擬時間0-100	年

模型標準運行的結果如圖11.20。

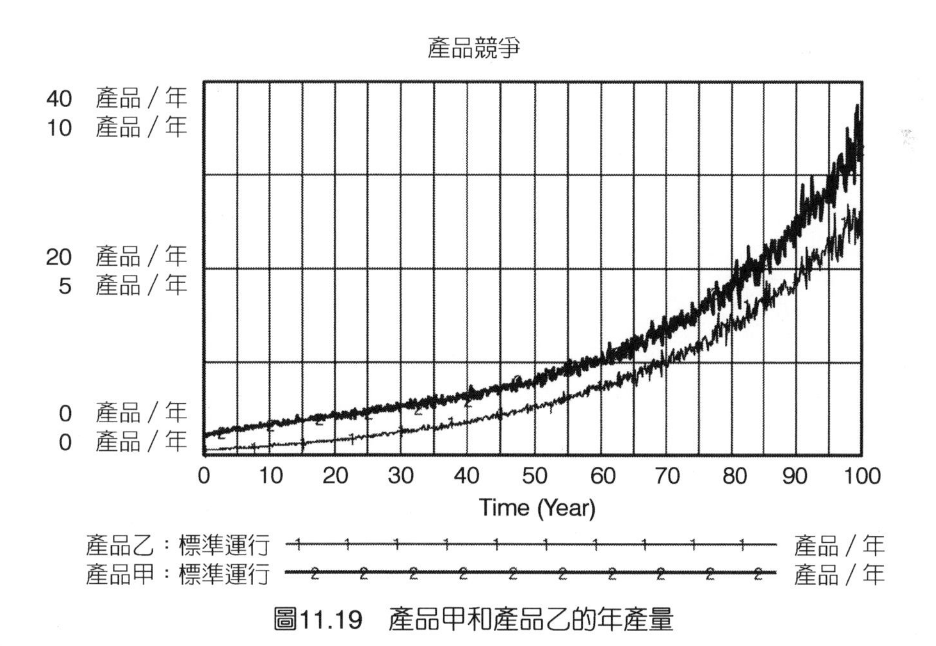

圖11.19 產品甲和產品乙的年產量

由上圖可見產品乙和產品甲的年產量雖然不等，但卻是平行發展的，但從市場份額觀察，產品甲失敗得很慘，圖11.20告知，產品甲的市場份額由50%一直跌到25%左右。這是令人費解的，起跑的條件完全相等，爲什麼產品甲競爭力不足？

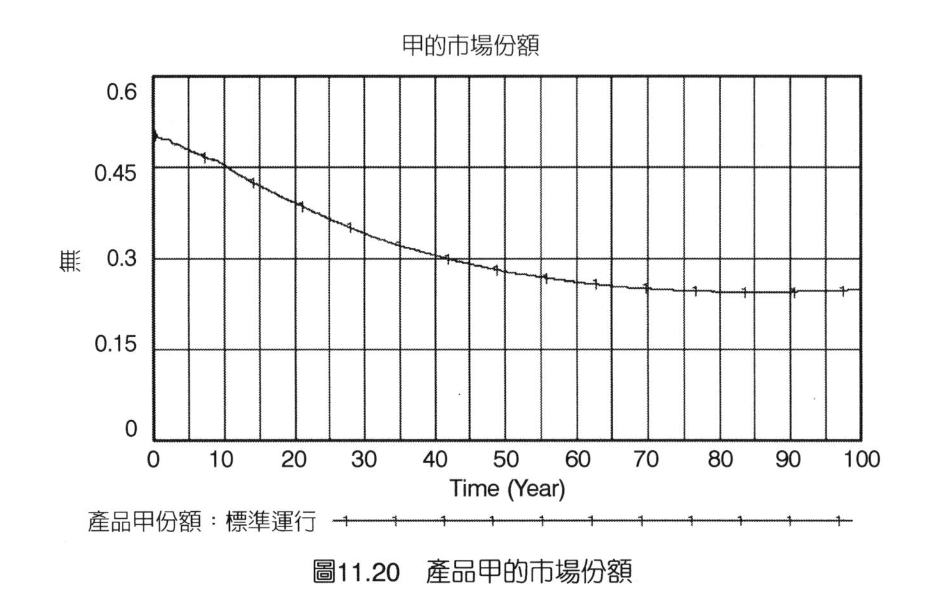

圖11.20　產品甲的市場份額

利用價格和產品數量的相互關係可以建立兩個產品的需求函數，圖11.21是產品乙的需求函數，圖11.22是產品甲的需求函數。

儘管兩個產品在完全相同的外部條件下發展，但是它們生存的「利基」（niche）還是不同，經過需求函數的查證，最後發現產品乙具有價格優勢，這種優勢短期看並不明顯，但卻有長尾的長期效果，這是產品甲市場份額一直下滑的原因。

產品甲在怎樣的情景下可以改善市場份額呢，如果市場的基本需求提高，如果產品甲替代彈性下降。這兩個條件都是產品甲追趕的機會，前一個條件是經營者可遇不可求的外部性，後一個則是經營者可以自組織的創造性。模型的情景試驗說明，當市場的基本需求由1提高到2時，最終可以把產品甲的市場份額恢復到30%。如果產品甲的替代彈性由6下降到5，那麼產品甲的市場份額可與產品乙平分秋色，各占50%（圖11.23）。

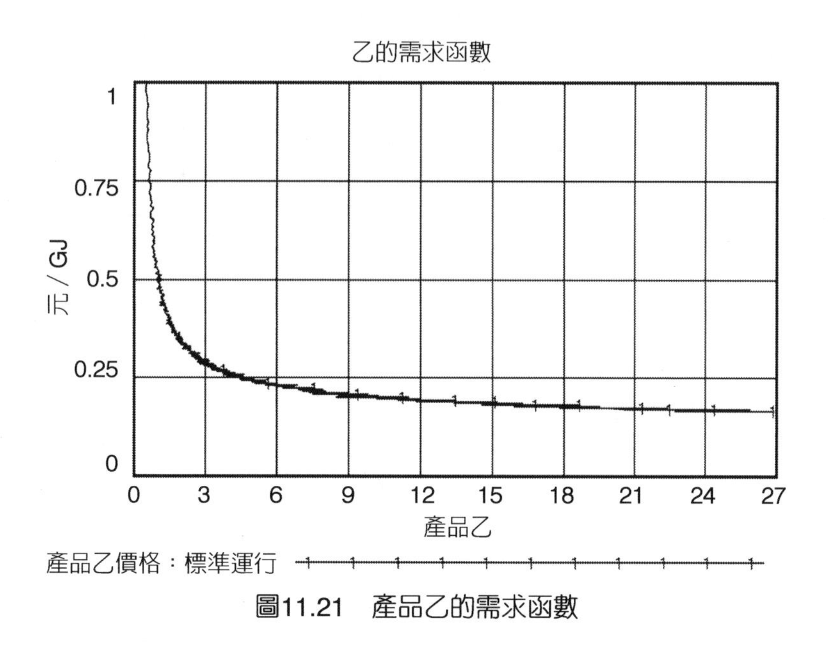

圖11.21　產品乙的需求函數

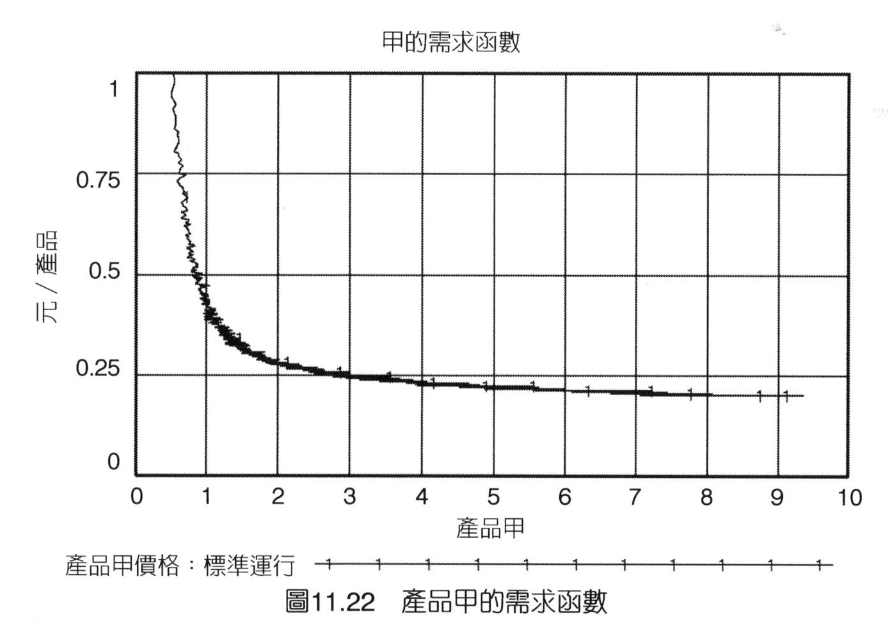

圖11.22　產品甲的需求函數

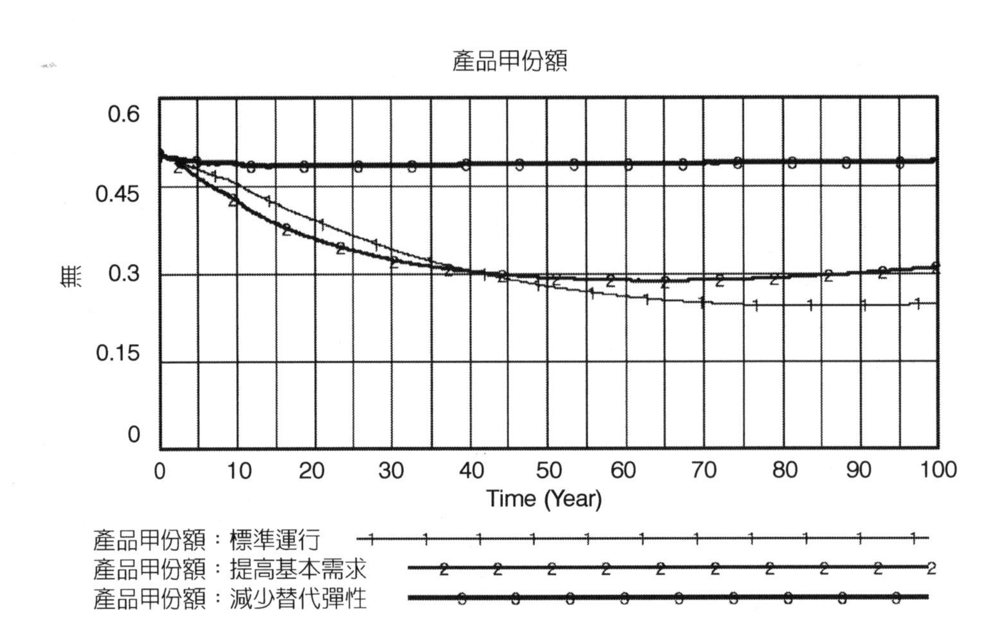

圖11.23 產品甲提高市場份額的情景分析

11.6 宗教與信徒模型

威爾遜等宗教社會學家（Wilson, 1985; Dobbelaere, 1981）認爲，隨著近代社會之成熟與發展，人們對宗教的信仰將淡化，宗教在社會中的地位將下降。其實威氏的思想可以追溯到佛洛依德（S. Freud）和哈利遜（J. Harrison）心理學理論。佛氏說：宗教是種過渡性社會神經病（B. K. Malinowski, 1936）。他認爲人們之所以信仰宗教乃因面對殘酷的現實需要有安全感的寄託，他並相信，當人類逐漸被教育養成如何面對現實的有效方法後，人類便從這種神經病中解脫出來。哈氏認爲，信仰起於不滿的欲望，當本能需求的緊張，情感經驗的強烈都可以通過宗教的途徑得到解決。那麼臺灣宗教發展處於哪個階段呢，有關的的定量研究報告並不多見，本模型是一種嘗試，模型完成於1999年是本書作者參加宗教學術會議的一篇學術報告。

模型的流程圖請見圖11.24

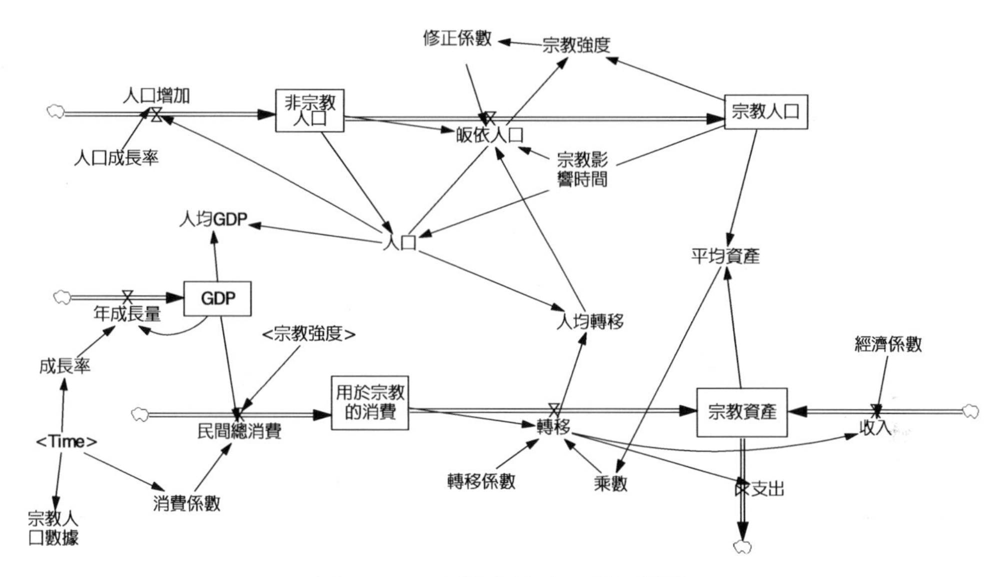

圖11.24　臺灣宗教人口發展模型

如果不去區分信仰的宗教類別，我們把有信仰的人口統稱爲宗教人口。宗教人口來源於非宗教人口，如果不區分年齡，非宗教人口增加來源於人口的增加。模型的關鍵變量是非宗教人口轉變爲宗教人口的轉變量，即皈依人口。在一般的系統動力學模型中，狀態轉變的中間流量，例如健康人口轉變到病患人口的傳染人口，都是通過概率和接觸率計算的，請回顧第6章傳染病模型和馬丁路德模型。可是本模型的計算以經濟和財富著眼，將皈依人口視爲人口平均的宗教消費的函數，同時認爲宗教人口占全部人口比例的宗教強度有「乘數」作用。

模型根據消費傾向調查中的宗教消費比重計算宗教財產的成長，同時認爲宗教的平均財產對皈依人口流量有間接影響。

爲了避免「細節複雜性」，模型的邊界有許多限定，如人口成長率，GDP成長率等均爲外生參數，它們的準確度對模型的行爲並不產生影響。模型的參數和公式請見表11.7

表11.7　臺灣宗教人口模型公式及參數設定

類型	名稱	公式	單位
L	非宗教人口	初始值 = 15469	千人
R	皈依人口	非宗教人口*修正係數*人均轉移 / 宗教影響時間	千人 / 年
L	宗教人口	初始值 = 2724	千人
R	人口增加	人口*人口成長率	千人 / 年
C	人口成長率	0.007	無
C	人口	宗教人口+非宗教人口	千人
A	宗教強度	宗教人口 / 人口	1 / 年
T	修正係數	橫座標：宗教強度 (0,10),(0.1,10),(0.2,10),(0.3,10),(0.4,10), (0.5,0),(0.6,0),(0.7,0),(0.8,0),(0.9,0),(1,0)	無
A	宗教影響時間	1	1 / 年
L	用於宗教的消費	初始值 = 168	1 / 年
L	宗教資產	初始值 = 200	百億元
R	轉移	用於宗教的消費*轉移係數 / 乘數	百億元 / 年
R	支出	轉移	百億元 / 年
R	收入	0.05*轉移*經濟係數	百億元 / 年
A	轉移係數	0.1	1 / 年
A	人均轉移	轉移 / 人口	
T	乘數	橫座標：平均資產 (0,1),(1,1.34),(2,1.54),(3,1.88),(4,2.04),(5,2.48), (6,2.84),(7,3.26),(8,3.78),(9,4.18),(10,5)	無
R	民間總消費	GDP*消費係數*宗教強度	百億 / 年
T	消費係數	橫座標：Time (1981,0.52),(1984,0.51),(1987,0.48),(1990,0.53), (1993,0.56),(1996,0.6),(1999,0.6),(2002,0.6), (2005,0.6),(2008,0.6)	
L	GDP	初始值 = 2216	百億
R	年成長量	GDP*成長率	
T	成長率	橫座標：Time (1981,0.06),(1984,0.051),(1987,0.12),(1990,0.13), (1993,0.08),(1997,0.05),(2000,0.05),(2003,0.01), (2006,0.03)	1 / 年

類型	名稱	公式	單位
A	人均GDP	GDP／人口	百億／人
A	平均資產	宗教資產／宗教人口	百億／人
A	經濟係數	1.01	1／年
dt	模擬設定	dt = 0.125, Euler算法，模擬時間1986-2020年	

宗教人口和非宗教人口及宗教強度的模擬結果如圖11.25，由圖可見，1981年至1994年是臺灣宗教大規模運動的十三年，信徒人口增加五倍左右，由二百七十多萬增加到一千一百多萬。人口平均的國民所得正好也增加五倍左右，1981年人平GDP爲2,443美元（當年價），1994年增加到10,556美元（當年價）。這期間也正是臺灣社會進一步民主與開放的階段，可見，臺灣宗教大規模拓展並非偶然，具備經濟和社會的必要條件。1994年以後臺灣宗教規模趨於穩定，宗教強度（信徒占人口比率）不再大變化，1981年宗教強度15%左右，到了1994年這個比率上升到49%。

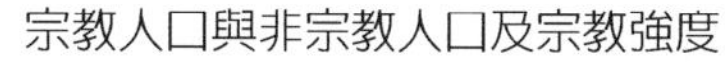

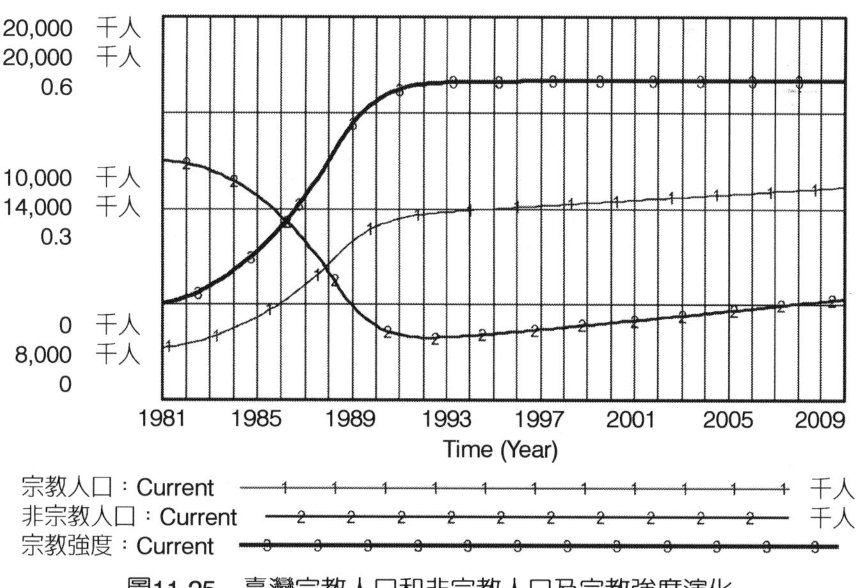

圖11.25　臺灣宗教人口和非宗教人口及宗教強度演化

宗教勢力是一個很難準確界定的概念，通常把它分成幾個向度：文化的、經濟的和政治的。如果我們只談宗教的文化力量，用現代理論的名詞來說這叫做宗教文化基因（meme）寄主（host）人口（或者說信徒人口）的力量。然而勢力是個相對的概念建築在比較的意義上，因此宗教的文化勢力比喻爲宗教文化基因的寄主人口與非寄主人口的比率似乎更爲恰當。這個比率通常被想成是線性的單調關係，實則不然，它是非線性的，存在某個臨界點即關係變化的分水嶺。

圖11.26橫座標表示宗教人口（宗教文化基因的寄主人口），單位爲千人；圖的縱座標表示非宗教人口，單位也爲千人。我們看出這是一個V字的圖形，字型頂端相應的信徒人口數爲一千萬人，這就是宗教勢力的臨界點。

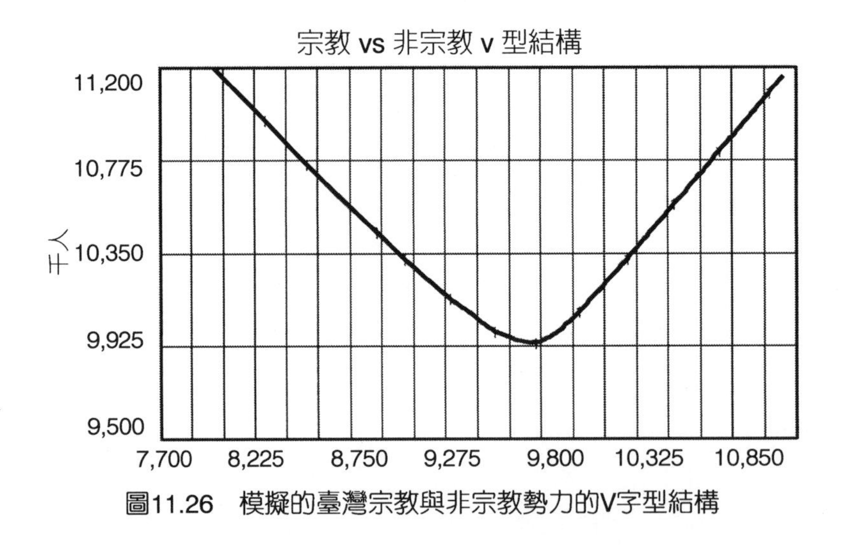

圖11.26　模擬的臺灣宗教與非宗教勢力的V字型結構

由上圖可見，在臨界點左側，曲線的斜率（Slope）是負值，這就是說，隨著宗教文化基因的寄主人口的擴張，非宗教人口下降，在這個階段宗教的文化勢力是擴張的。在臨界點右側，曲線的斜率是正的常數，隨著宗教文化基因的寄主人口的擴張，非宗教人口增加，在這個階段非宗教的文化勢力也是擴張的。這說明隨著臺灣社會經濟水準的提高，宗教文化與非宗教文化兩隻船同時水漲船高。

11.7　佛洛依德心理學模型

佛洛依德（Sigmund Freud）在他所創立的精神分析學理論中，曾經提出三重精神器官的分析方法——本我（Id）、自我（Ego）、超我（Superego）。所謂本我是指無組織、無意識的本能衝動；自我是指在外界的直接影響下，本我中發生變化的那一部分，並代表理性和常識；超我是自我中產生自我批評、自我反責和自我怨恨的一部分；或者用價值論的說法是人的自然價值、社會價值和自我實現三種價值的心理基礎。

「自我」能用防禦機制把「超我」無法接受的本我衝動加以控制，每當自我遭到這一衝動威脅時便產生焦慮的危險信號。

現在，讓我們根據渥德曼（C. Wortman）對佛氏《本我論》中的基本要點建立模型。按照渥德曼的看法，所謂「本我」是指佛氏的心理能（Psychic Energy），這個心理能是由人類的基本生理需求（水、食物、性滿足等）構造成的大池塘。「本我」是一種無意識的力量，它僅尋找一樣東西，這就是生理需求得到滿足時的壓力釋放。

於是我們可以選擇心理能、生理的本能需求（Bodily Needs）和壓力（Tension）三項最基本因素作爲模型的存量，請見圖11.27

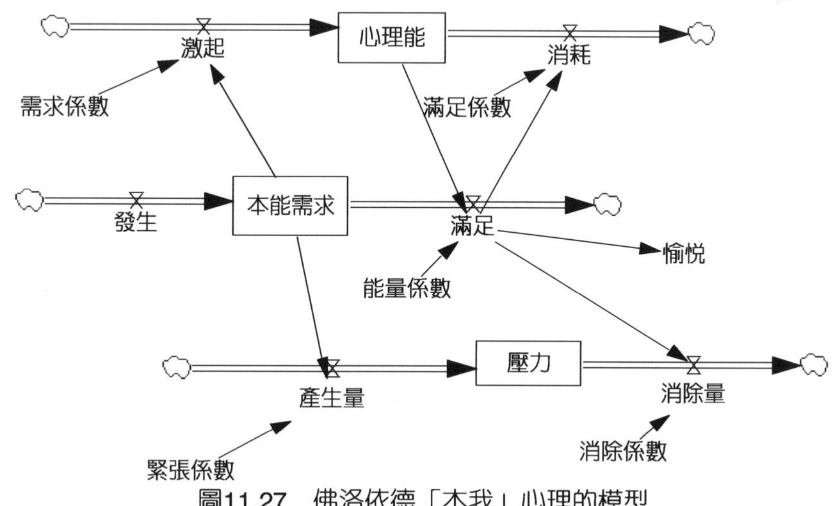

圖11.27　佛洛依德「本我」心理的模型

佛洛依德本人對心理能的定義和解釋很不詳細，他只是說本能需求的滿足產生和激勵了心理能，但並未說明心理能的消耗，如果心理能這個模型中的存量只有流入，而無流出，它就會無限增長，故在心理能存量的右側設計了一個流出量，這就是心理能的耗散。

什麼是心理能的耗散呢？是滿足感，本能需求的滿足不僅製造了愉悅，同時使心理能消耗。心理能的耗散量等於「滿足」乘以「滿足係數」。

本能需求的發生設計爲外生的階梯函數STEP，需求的滿足等於「心理能」乘上「能量係數」（單位心理能的平均需求量）。滿足所形成的愉悅由表函數表示，並假設滿足量0.5時愉悅爲1.0。

情緒壓力隨壓力發生量增加而增加，假設這個發生量等於「緊張係數」乘本能需求。壓力的消除在於滿足，消除量等於每一次需求製造出的壓力並假設爲常數1。

模型中的三個存量均是實際上不能測量的量，因此與其花功夫精密設計它們的數值，遠不如使它們的對比關係保持邏輯上的一致性，因此，三個存量設計值的範圍爲0.00至1.00，基始值相等均爲0.5，其餘參數的設計原則是模型起跑的條件滿足基始定態的要求。

既然模型起跑在定態條件下，若加以突然的衝擊情況會如何呢？比如突然把一個人放在不正常的缺水、缺吃之環境中，對該人的衝擊影響是需要回答的。本能需求的流入量即本能需求的提高量設計爲常數0.25加STEP（1,5）。

表11.8 佛洛依德「本我」模型公式和設定

類型	名稱	公式	單位
L	心理能	初始值 = 0.5	單位
R	激起	需求係數*本能需求	單位／天
R	消耗	滿足係數*滿足	單位／天
L	本能需求	初始值 = 0.5	單位
R	發生	0.25+STEP(1,5)	單位／天

類型	名稱	公式	單位
R	滿足	能量係數*心理能	單位／天
T	愉悅	橫座標：滿足 ((0,0),(0.05,0.025),(0.1,0.06),(0.15,0.13),(0.2,0.19),(0.25,0.285),(0.3,0.4),(0.35,0.72),(0.4,0.89),(0.45,0.96),(0.5,1)	單位／天
L	壓力	初始值 = 0.5	單位
R	產生量	本能需求*緊張係數	單位／天
R	消除量	消除係數*滿足	單位／天
C	需求係數	0.5	1／天
C	滿足係數	1	1／天
C	能量係數	0.5	1／天
C	緊張係數	0.5	無
C	消除係數	1	1／天
dt	模擬設定	dt = 0.125, Euler算法，模擬時間1-20天	

愉悅的表函數設計如圖11.28。

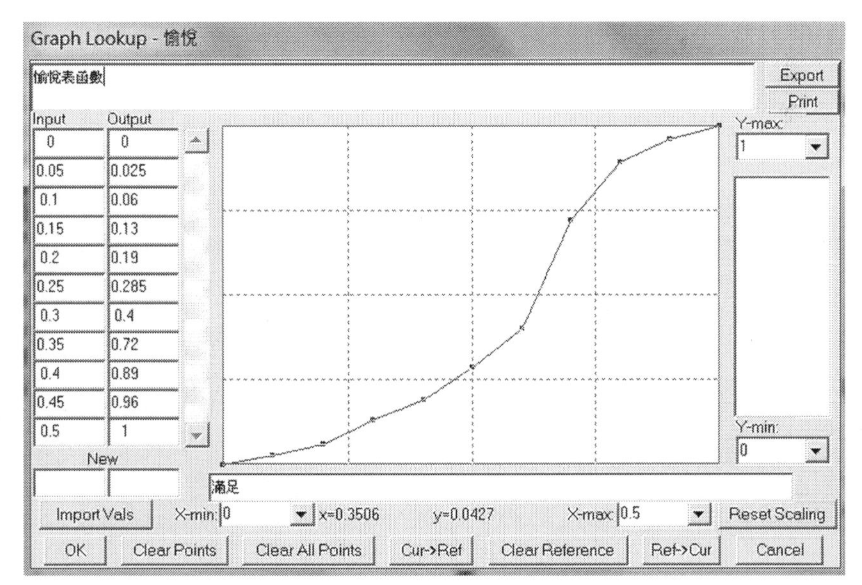

圖11.28　愉悅表函數設計

模擬結果如圖11.29。

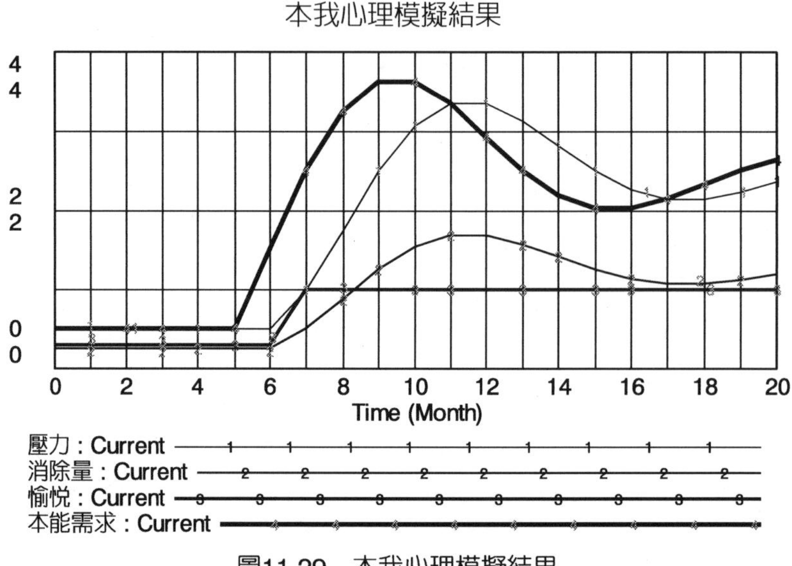

圖11.29　本我心理模擬結果

由上圖可以看出，在第5天之前，一切處於均衡之定態，從第5天開始，本能需求增加了0.1個單位，於是壓力和心理能跟著開始增加，與此相應滿足感提高，繼而使心理的耗散、壓力的釋放以及愉悅增高，最終由於滿足感的增加而本能的需求下降。

大約在第10天左右，本能需求達到最高值，同時心理能和壓力持續提高，最後由於滿足感連續增加而本能需求開始下降，愉悅隨著滿足逐漸成長。

試將上述模擬結果與佛氏關於愉悅的判斷做比較，佛氏認爲，「本我」追逐一件事，那就是伴隨著本能需求得以滿足時壓力的釋放，換句話說，本我只追逐愉悅。可是模擬卻說明，愉悅的高峰也正是壓力形成和壓力釋放最高的時候，並非如佛氏認爲單一的壓力釋放最高的時候。

11.8 企業發展預測模型

企業發展通常以短、中、長程區分，本節介紹企業一、兩年發展的中程預測，假設這是一個不算小的網上公司，現有22,000名會員，每個月大約有120-170名新增會員，同時又有大約100-150名會員流失。大體上說進多去少，公司打算通過廣告和促銷的方式擴大客戶群。圖11.30是模型設計的流程。

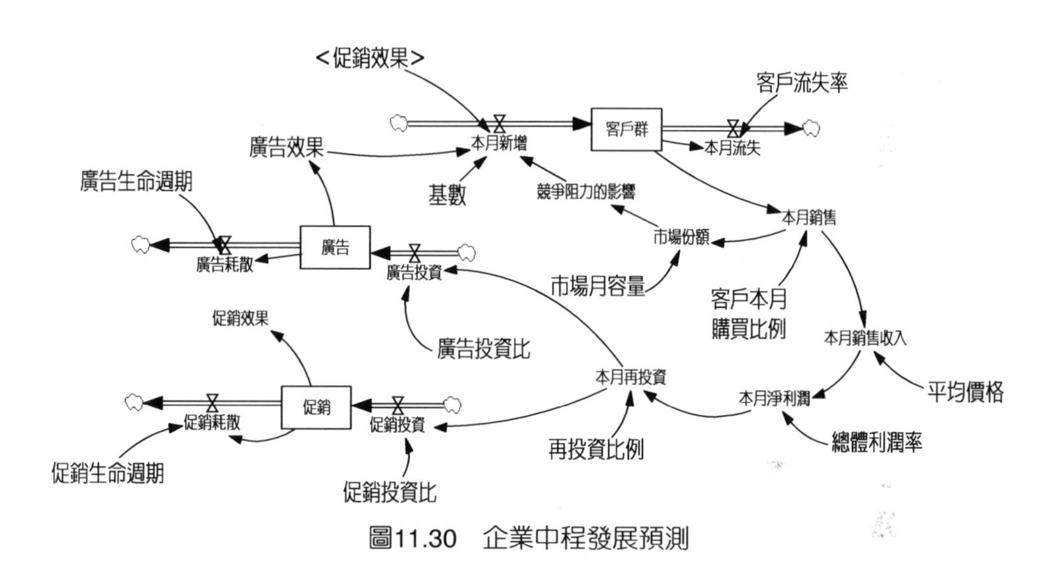

圖11.30　企業中程發展預測

模型的參數設計請見表11.9。

表11.9　企業中程發展預測模型公式設定

類型	名稱	公式	單位
L	客戶群	初始值= 22000	人
R	本月新增	基數*競爭阻力的影響*促銷效果*廣告效果	人/月
R	本月流失	客戶流失率*客戶	人/月
C	基數	120	人/月

類型	名稱	公式	單位
T	競爭阻力的影響	橫座標：市場份額 (0.05,1),(0.06,1),(0.07,1),(0.08,1),(0.09,1),(0.1,0.9),(0.11,0.85),(0.12,0.8),(0.15,0.75),(0.2,0.7)	無
T	廣告效果	橫座標：廣告 (2000,1.5),(2500,1.4),(5000,1.4),(7500,1.3),(10000,1.3),(15000,1.2),(17500,1.1),(20000,1)	無
L	廣告	0	元
R	廣告投資	廣告投資比*本月再投資	元／月
R	廣告耗散	廣告／廣告生命週期	元／月
A	廣告生命週期	12	月
L	促銷	初始値 = 0	元
R	促銷投資	促銷投資比*本月再投資	元／月
R	促銷耗散	促銷／促銷生命週期	元／月
T	促銷效果	橫座標：促銷 (500,1),(1000,1.1),(1500,1.1),(2000,1.15),(2500,1.2),(3000,1.2),(4000,1.25),(5000,1.3)	無
C	促銷生命週期	2	1／月
C	廣告投資比	0.05	無
C	促銷投資比	0.01	無
A	本月銷售	客戶本月購買比例*客戶群	元／月
A	市場份額	本月銷售／市場月容量	無
C	市場月容量	15000	人／月
C	客戶本月購買比例	0.07	無
A	本月銷售收入	平均價格*本月銷售	元／月
C	平均價格	10000	元
A	本月淨利潤	本月銷售收入*總體利潤率	元／月
C	總體利潤率	0.1	無
A	本月再投資	IF THEN ELSE（本月淨利潤>0，再投資比例*本月淨利潤，0）	元／月
C	再投資比例	0.01	無
dt	模擬設定	dt = 0.25, Euler算法，模擬時間0-24	月

如滿足上列條件，該企業中程發展是樂觀的，客戶增長如圖11.31。

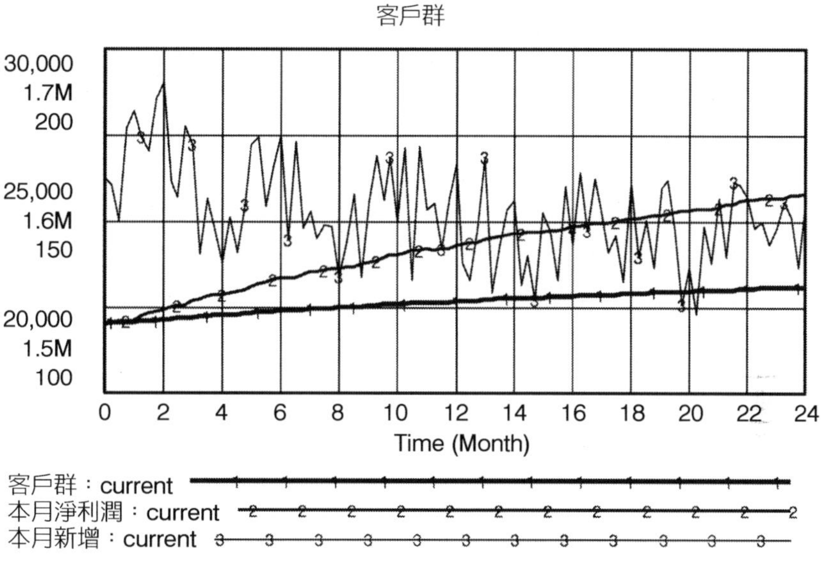

圖11.31　企業中程發展預測結果

企業往後看，歷史可以告訴每月新增客戶的平均數，但往前看，不知所云。可是本模型提供了基本工具，第一你可以從競爭的角度評估歷史平均數修改的方向，邏輯上說，當市場份額擴張時，增加新客戶的難度增加，表函數「競爭阻力的影響」（圖11.32）描述了市場份額由5%擴大到20%時修正係數由大到小的變化。第二還可以從廣告的效果評估以及從促銷的效果評估，這兩項因素作用的大小反映在圖11.33和圖11.34。

上述三項因素對「本月新增」客戶基數的修正，模擬結果如圖11.35。

實際狀態和本模型的設計估計會有出入，此時可以根據需要的「參考模型」逐項再修正。

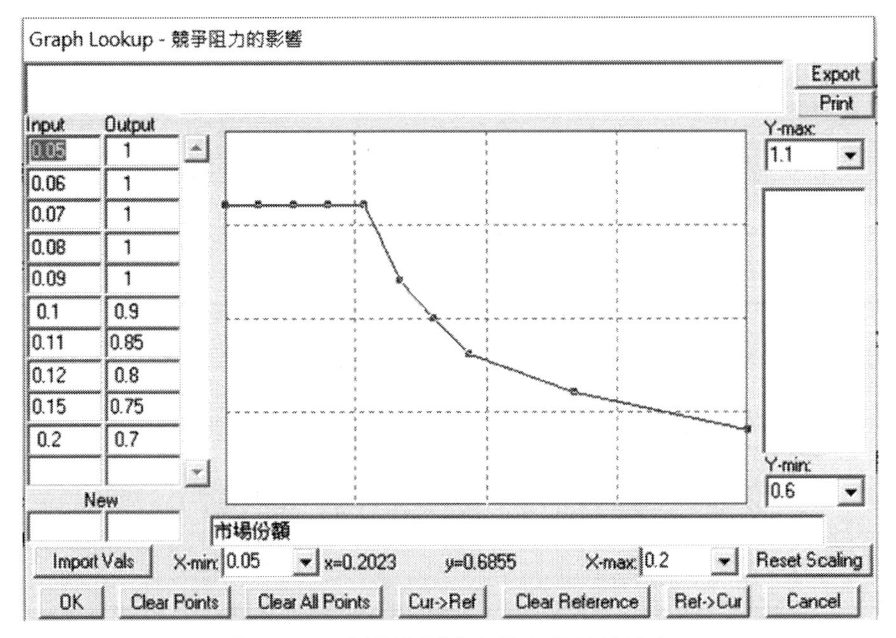

圖11.32 市場份額擴大帶來的競爭助力

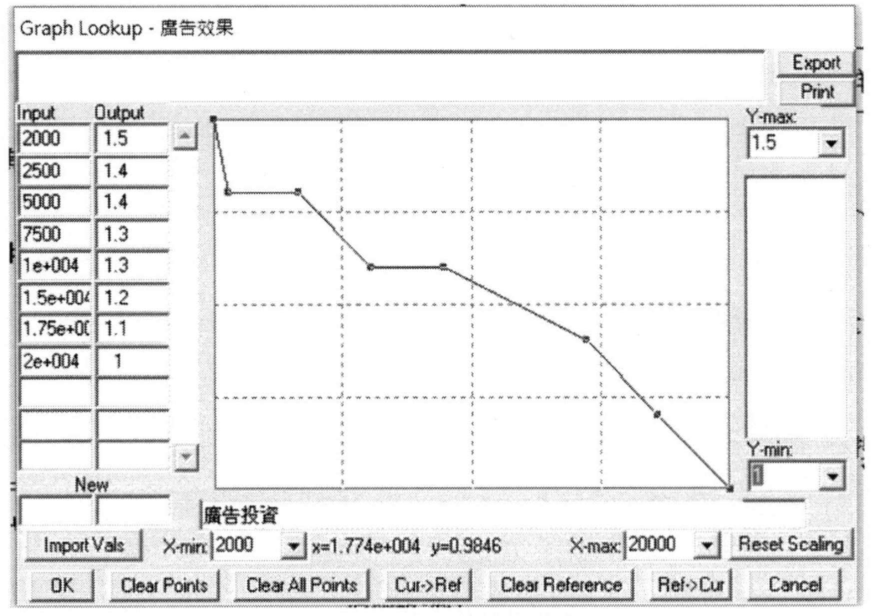

圖11.33 廣告的邊際效應

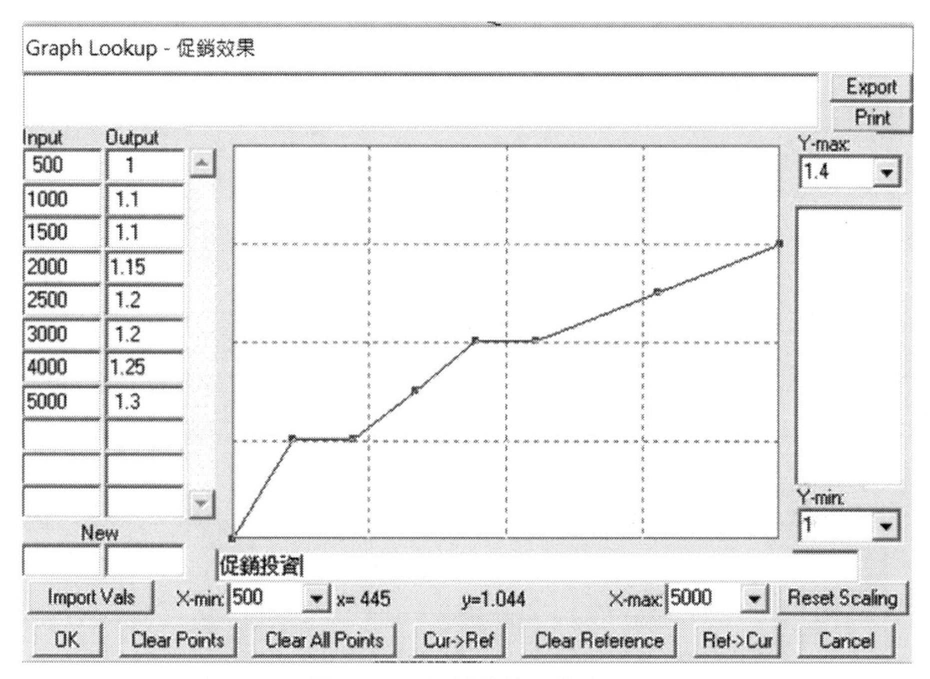

圖11.34　促銷的邊際效應

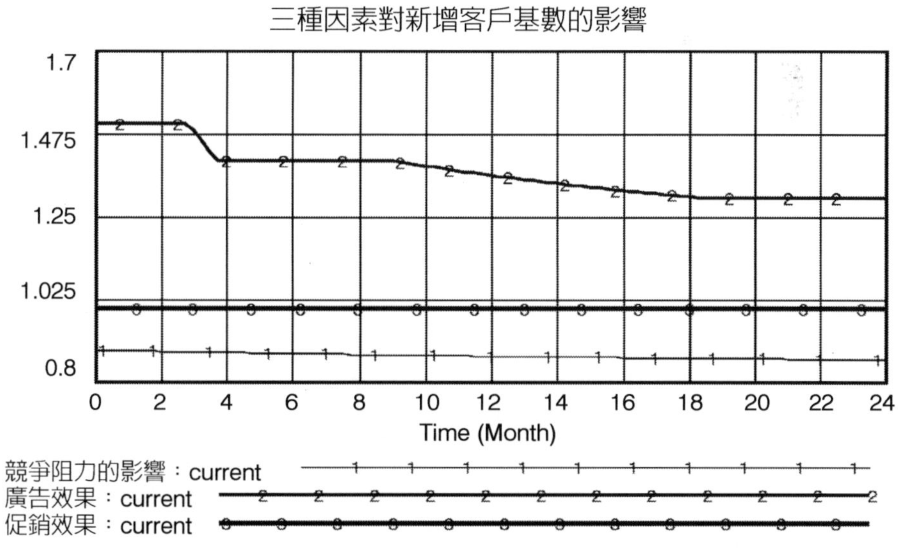

圖11.35　競爭、廣告和促銷對新增客戶「基數」的修正

第 12 章

世界模型

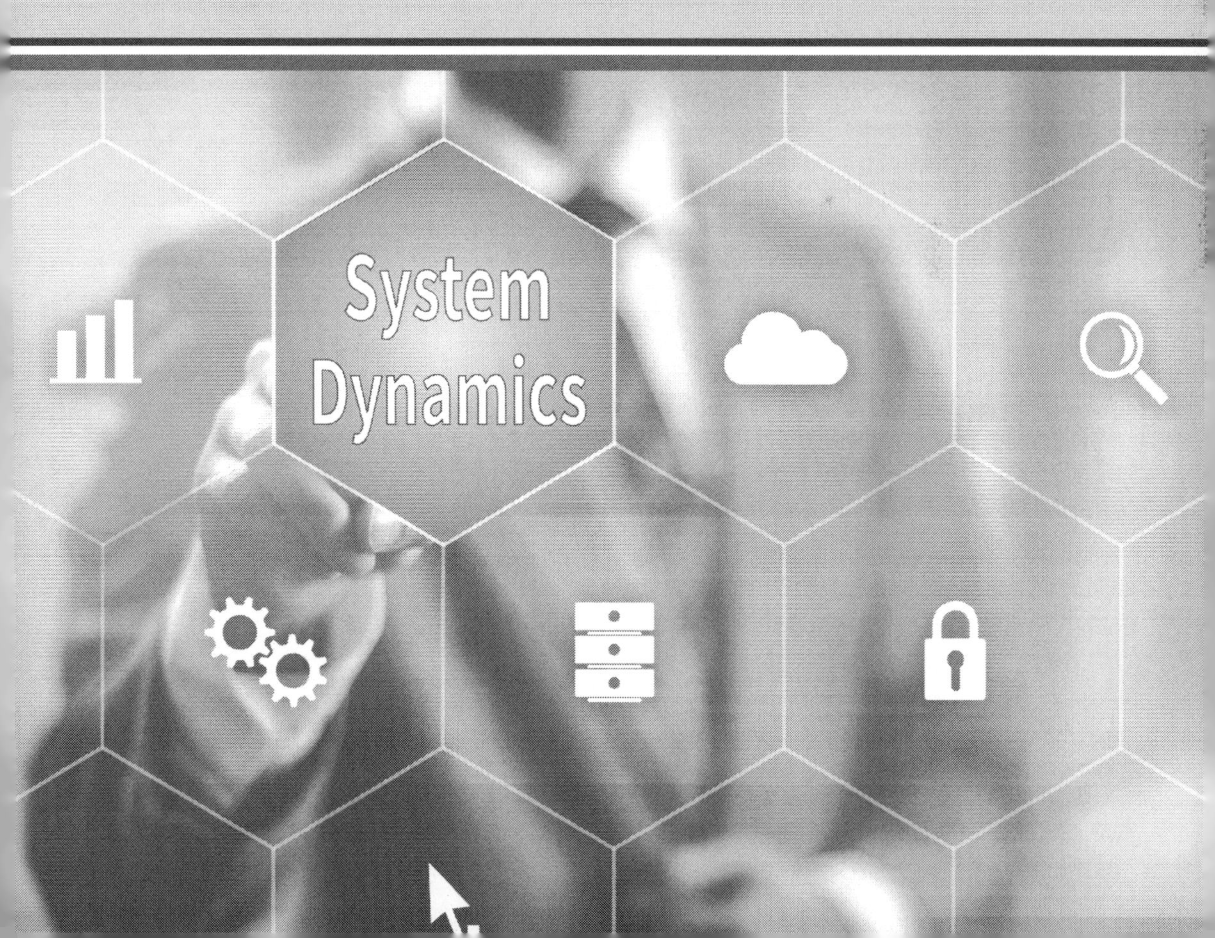

12.1 概述

世界模型是一個家族，最早公開發表的是福雷斯特教授（Jay W. Forrester）1971年完成的《*World Dynamics*》。故事要從義大利的「羅馬俱樂部」說起，這是一個世界著名的智力機構，當時集中了50個國家的100多位優秀學者。據福雷斯特回憶，他與「羅馬俱樂部」的緣分是義大利科莫（Lake Como）湖畔的一次國際城市發展會議，這次會上他認識了「羅馬俱樂部」主席佩切易（Aurelio Peccei），一位傑出的企業家和社會活動家。科莫湖會議後不久的1970年6月，佩切易邀請福雷斯特去瑞士首都伯爾尼參加「羅馬俱樂部」爲期兩周的會議，有50位國際頂尖的學者與會，見諸於世界人口、污染、資源和發展不平衡等形勢，與會專家們試圖規範一套正確的世界發展報告，然後通過不同的方式去影響世界各國的領袖。在此期間，兩件相關的事影響了福雷斯特一生，佩切易問他，可不可以用1000個變量建立一個空前的世界模型模擬世界的大未來。如果福雷斯特的答案肯定，「羅馬俱樂部」執行局董事，德國漢諾威科技大學（TU-Hannover）校長佩斯特爾（Eduard Pestel）自告奮勇願意籌募研究資金，佩斯特爾同時是德國大眾汽車基金會（Volkswagenstiftung）的董事。據福雷斯特回憶，佩斯特爾是一個能力非凡的人，他會6國語言甚至會背「毛澤東語錄」，毛澤東發動的「文化大革命」已經影響到歐洲。福雷斯特教授對建構世界模型十分讚同欣然承擔任務，在他回程美國的飛機上立即勾勒出模型的輪廓，這就是並未公開的《*World Model 1*》。不久，1971年公開出版了《*World Dynamics*》，也就是《*World Model 2*》。又不久，1972年出版了舉世聞名的「增長的極限」（The Limits to Growth），就是《*World Model 3*》的通俗版，不過這是福雷斯特學生們的著作。作者與系統動力學的緣分來自1979年德國的克勞斯塔爾技術大學（TU-Clausthal），在那裡結識了佩斯特爾校長的兒子小佩斯特爾（Robert Pestel），他是克勞斯塔爾技術大學的外事局長，他給我一本書《*Die Grenzendes Wachstums*》（The Limits to Growth的德文版），從此影響了我的後半生。

回到《*World Dynamics*》即《*World Model 2*》，這個學術影響深遠的模型設計了五個存量：人口、資本、農業資本、污染和資源。圖12.1是福雷斯特教授當年繪製的世界模型親筆草圖。

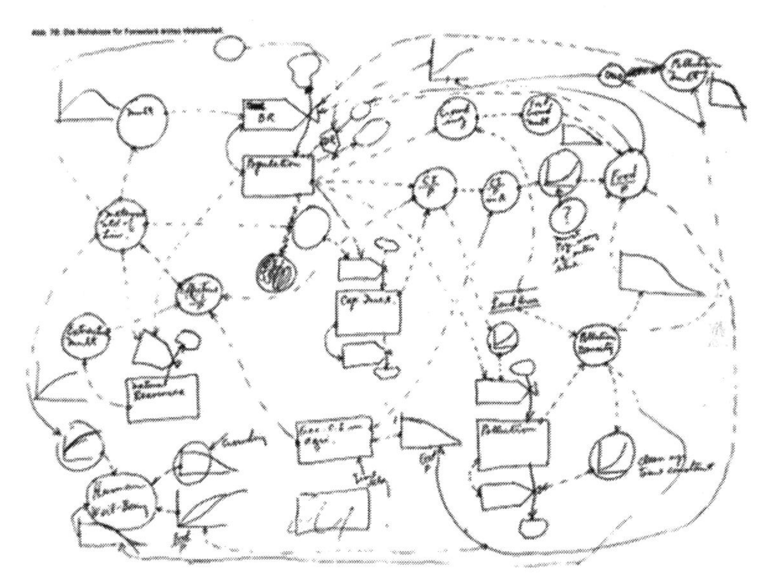

圖12.1　福雷斯特教授世界模型親筆草圖

至今，地球仍舊以人類爲中心，所以人口是世界模型的最主要狀態變量，與人口有關的部門很多，福雷斯特選擇了四個：資源、資本、農業資本和污染。以上諸變量不僅影響到人口的多寡還影響到人口的生活品質。雖然福雷斯特十分強調「生活品質」這個變量，但他沒有當存量處理，而是輔助變量。多一個存量和多一個輔助變量不同，後者的計算複雜性低的多。福雷斯特的模型一共有96個變量，比羅馬俱樂部主席Peccei提出的1,000個變量相差一個數量級。福雷斯特給他的學生和追隨者最好的榜樣就是愛因斯坦的簡單原則，做模型越簡單越好。

模型最核心的部分是流量方程，也就是系統的微分方程，一般模型人把注意力集中在尋找回饋關係，唯恐漏掉什麼因素，結果流量方程越弄越「丈二和尚摸不到頭腦」讓人看不出究竟，大家可以隨時比較，LVR模型其流量

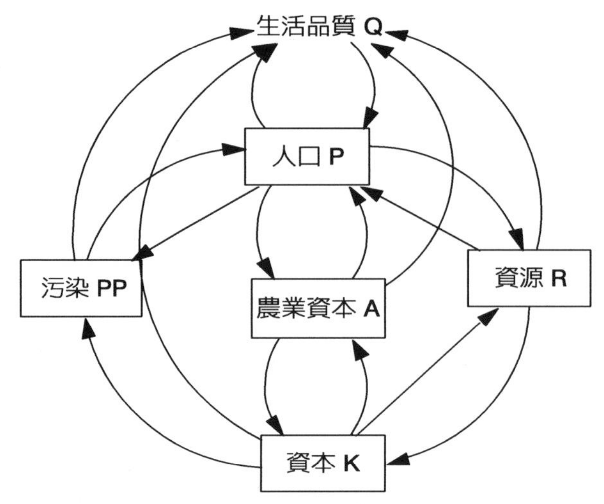

圖12.2 世界模型重要組成部分的相互關係

方程如何簡單明瞭。福雷斯特世界模型的流量方程是另一類簡單明瞭，福雷斯特的「訣竅」有兩樣東西，一個叫「標準」一個叫「修正」。所謂「標準」是指流量方程中的相關參數值以某年數據爲「標準」，各種相關變量的影響用一個接近於1的係數「修正」它，如果影響變量是正的反饋關係就用大於1的修正係數，相反，如果影響變量是負的反饋關係就用小於1的修正係數。所有的修正係數均用表函數表達，福雷斯特的世界模型一共有22個表函數，大約每五個變量中就有一個，這是世界模型的另一個特點。

本章計算數據全部來源於Vensim軟體的附件「World.mdl」，這個檔案下載的路徑如下Vensim\Models\Sample\Other\World.mdl。儘管文件申明模型來源爲Forrester教授的《*World Dynamics*》，可是作者發現World.mdl的模擬結果與原著《*World Dynamics*》有些差異，原因並不清楚，特此提請讀者加以注意。

《*World Model 2*》模型的模擬時間起自1900終於2100年共200年的時程。模擬用Euler算法，dt = 1。

12.2 世界模型的人口子模型

人口子模型是世界模型的核心，其流程如圖12.3。

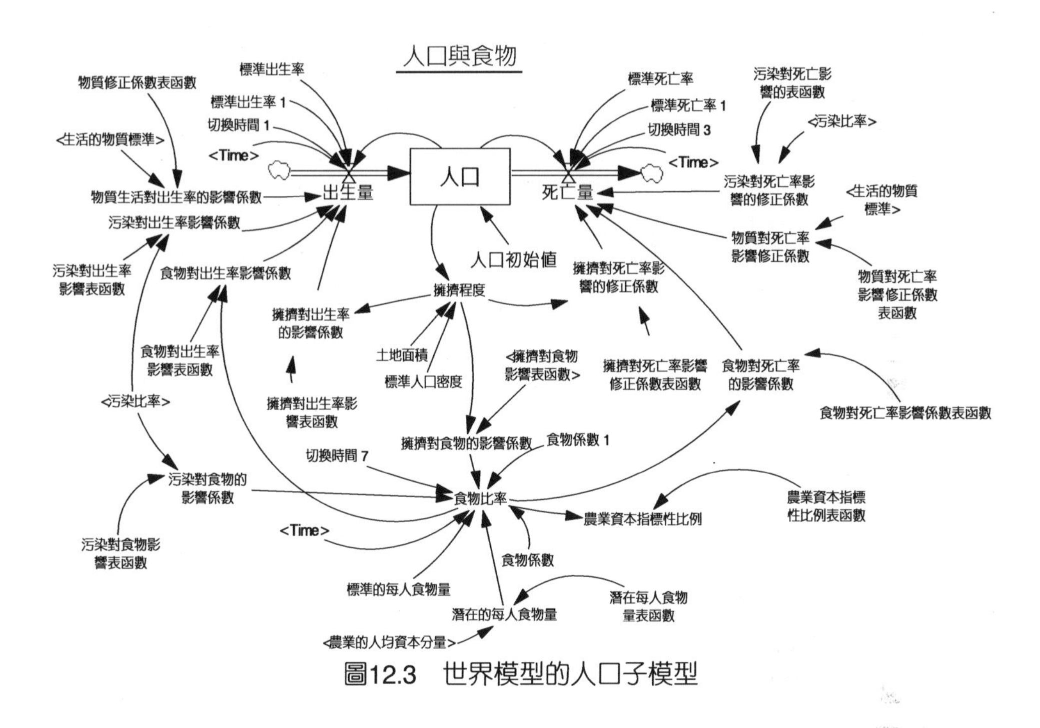

圖12.3 世界模型的人口子模型

請注意，人口的流量公式採用IF函數，並設定時間切換開關，1970年爲切換年，1970年前的數據不乘修正係數。

模型中兩個流量的基本計算模式如下：

出生量＝標準出生率×人口×污染修正×擁擠修正×食物修正×生活標準修正

死亡量＝標準死亡率×人口×污染修正×擁擠修正×食物修正×生活標準修正

人口的初始值（1900年）爲16.5億，1970年的標準出生率爲0.4%，標準死亡率爲0.28%。

人口子模型共40個變量，各變量的數量關係如下。

1. L. 人口 = INTEG（出生量 – 死亡量）
2. N. 初始值1.65e + 009，人
3. R. 出生量 = 人口*IF THEN ELSE（Time > 切換時間1，標準出生率1，標準出生率）*物質生活對出生率的影響係數*擁擠對出生率的影響係數*食物對出生率影響係數*污染對出生率影響係數
4. C. 切換時間1 = 1970
5. C. 標準出生率1 = 0.04 , 1 / 年
6. C. 標準出生率 = 0.04, 1 / 年
7. A. 物質生活對出生率的影響係數 = 物質修正係數表函數（生活的物質標準）
8. T. 物質修正係數表函數（圖12.4）

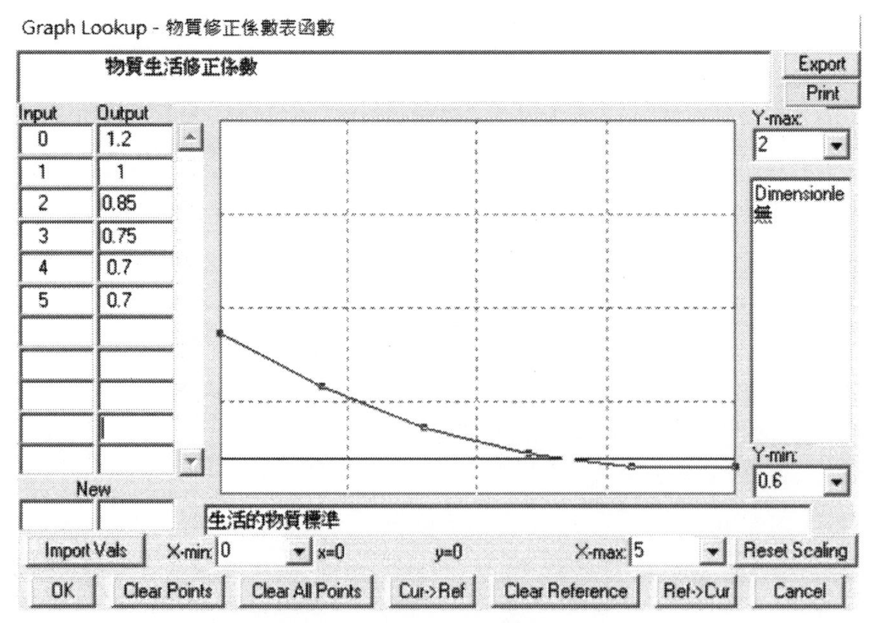

圖12.4 物質修正係數表函數

9. A. 擁擠對出生率的影響係數 = 擁擠對出生率影響表函數（擁擠程度），無單位

10. T. 擁擠對出生率影響表函數（圖12.5），無單位

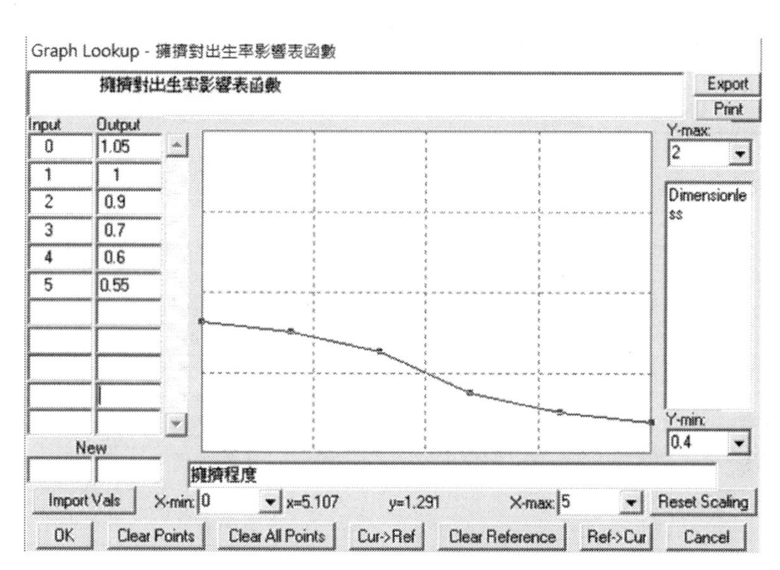

圖12.5　擁擠對出生率影響表函數

11. A. 食物對出生率影響係數 = 食物對出生率影響表函數（食物比率）

12. T. 食物對出生率影響表函數（圖12.6），無單位

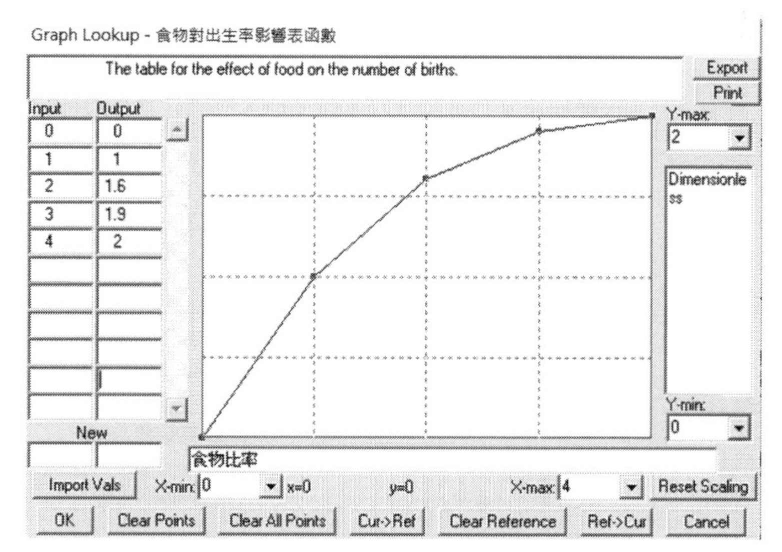

圖12.6　食物對出生率影響表函數

13. A. 污染對出生率影響係數 = 污染對出生率影響表函數（污染比率）
14. T. 污染對出生率影響表函數（圖12.7）

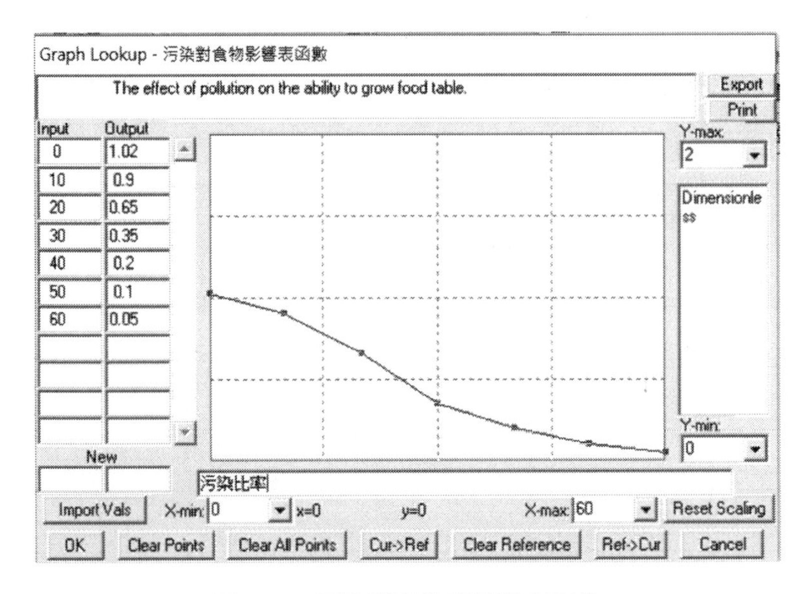

圖12.7　污染對出生率影響表函數

15. A. 擁擠程度 = 人口／（土地面積*標準人口密度），單位人／平方公里
16. C. 土地面積= 1.35e+008，平方公里
17. C. 標準人口密度= 26.5，人／平方公里
18. R. 死亡量= 人口*IF THEN ELSE（Time > 切換時間3，標準死亡率1，標準死亡率）*物質對死亡率影響修正係數*污染對死亡率影響的修正係數*食物對死亡率的影響係數*擁擠對死亡率影響的修正係數，人／年
19. A. 切換時間3 = 1970
20. C. 標準死亡率1 = 0.028, 1／年
21. C. 標準死亡率 = 0.028, 1／年
22. A. 物質對死亡率影響修正係數 = 物質對死亡率影響修正係數表函數（生活的物質標準），無單位

23.T. 物質對死亡率影響修正係數表函數（圖12.8），無單位

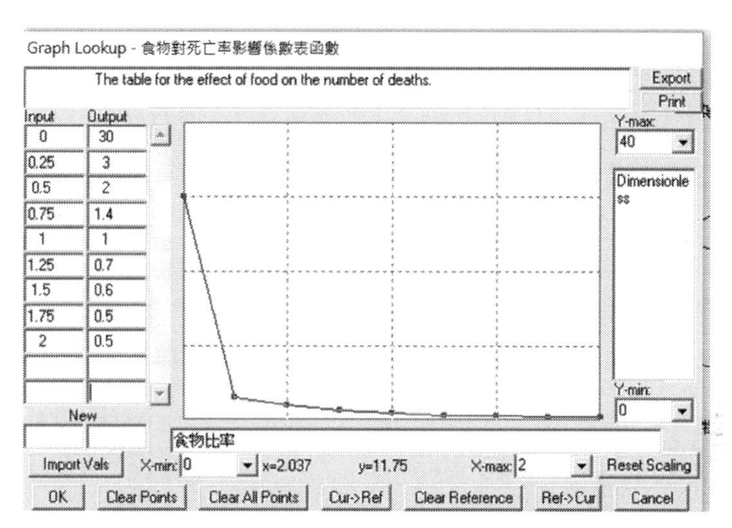

圖12.8　物質對死亡率影響修正係數表函數

24.A. 污染對死亡率影響的修正係數 = 污染對死亡影響的表函數（污染比率），無單位

25.T. 污染對死亡影響的表函數（圖12.9），無單位

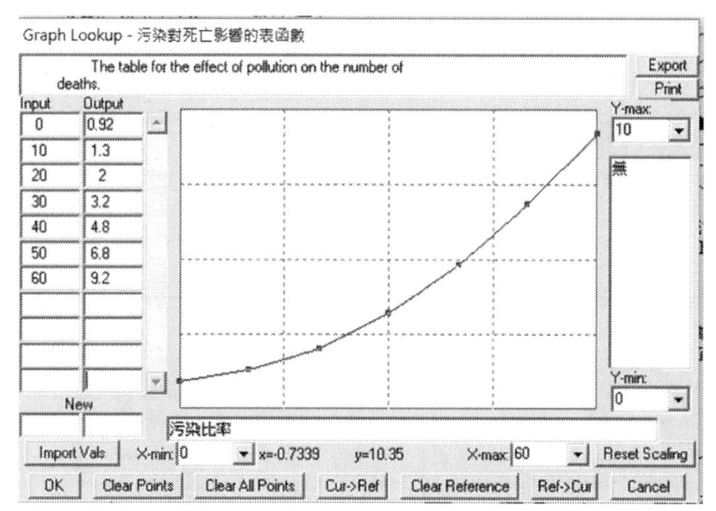

圖12.9　污染對死亡影響的表函數

26. A. 食物對死亡率的影響係數 = 食物對死亡率影響係數表函數（食物比率），無單位

27. T. 食物對死亡率影響係數表函數（圖12.10），無單位

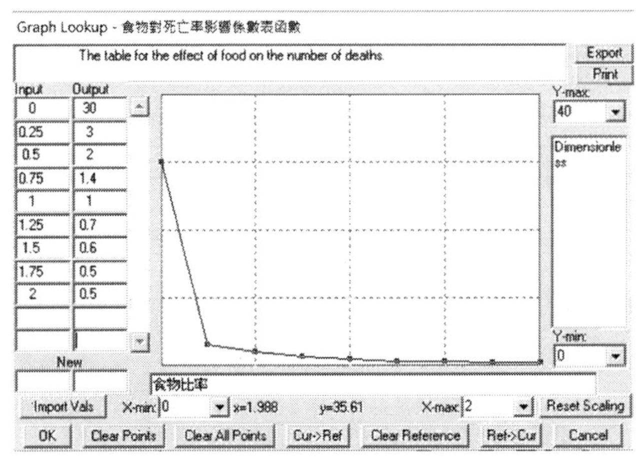

圖12.10　食物對死亡率影響係數表函數

28. A. 擁擠對死亡率影響的修正係數 = 擁擠對死亡率影響修正係數表函數（擁擠程度），無單位

29. T. 擁擠對死亡率影響修正係數表函數（圖12.11）

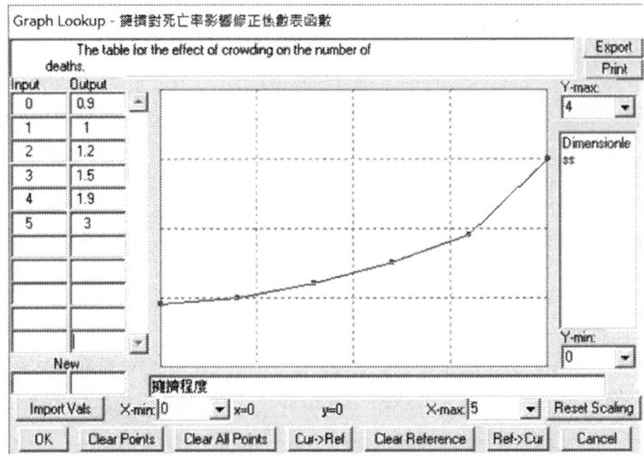

圖12.11　擁擠對死亡率影響修正係數表函數

30. A. 擁擠對食物的影響係數 = 擁擠對食物影響表函數（擁擠程度）

31. T. 擁擠對食物影響表函數（圖12.12），無單位

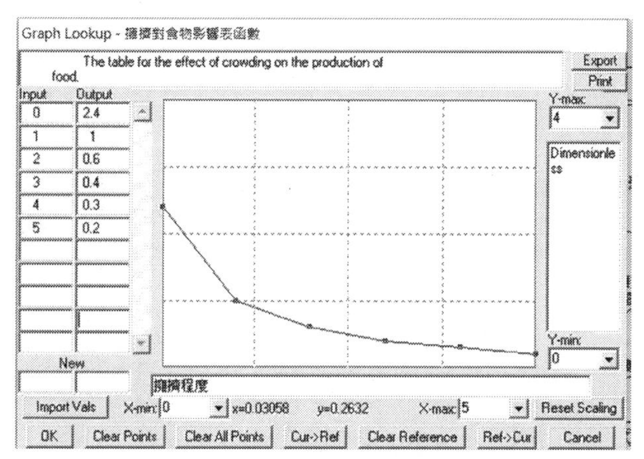

圖12.12　擁擠對食物影響表函數

32. A. 食物比率 = 潛在的每人食物量*擁擠對食物的影響係數*污染對食物的影響係數*IF THEN ELSE（Time > 切換時間7，食物係數1，食物係數）／標準的每人食物量，無單位

33. A. 污染對食物的影響係數 = 污染對食物影響表函數（污染比率），無單位

34. T. 污染對食物影響表函數（圖12.13）

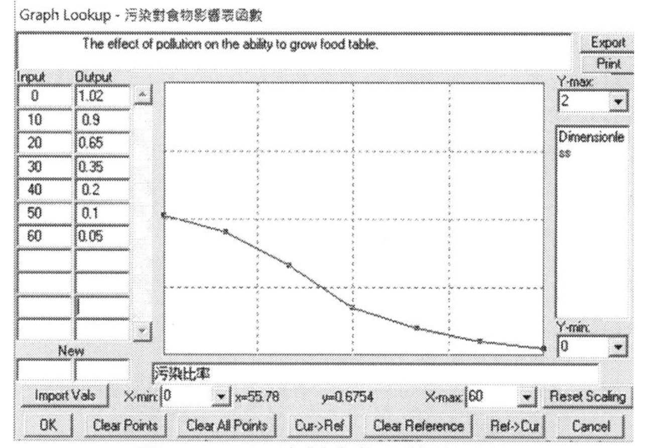

圖12.13　污染對食物影響表函數

35.A. 潛在的每人食物量 = 潛在每人食物量表函數（農業的資本比率）

36.T. 潛在每人食物量表函數（圖12.14）

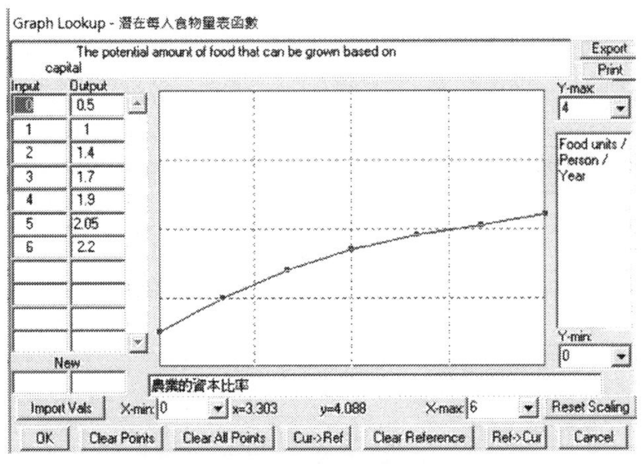

圖12.14　潛在每人食物量表函數

37.C. 標準的每人食物量 = 1，食物單位 / 人 / 年

38.A. 農業資本指標性比例 = 農業資本指標性比例表函數（食物比率），無單位

39.T. 農業資本指標性比例表函數（圖12.15）

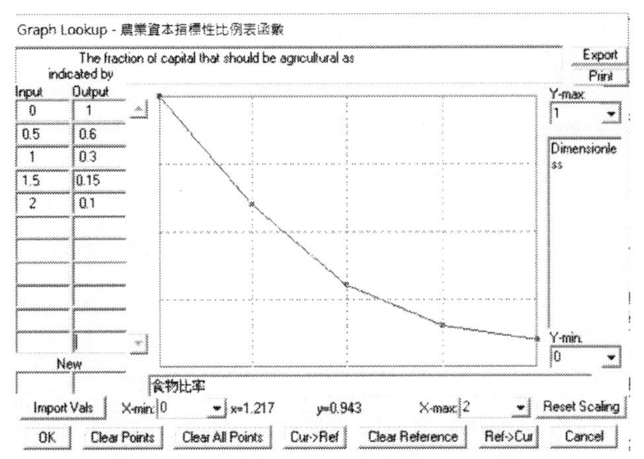

圖12.15　農業資本指標性比例表函數

40.C. 食物係數 = 1

41.C. 切換時間7 = 1970

12.3 世界模型的資本和生活品質子模型

資本和生活品質子模型共有32個變量，其流程設計如圖12.16。

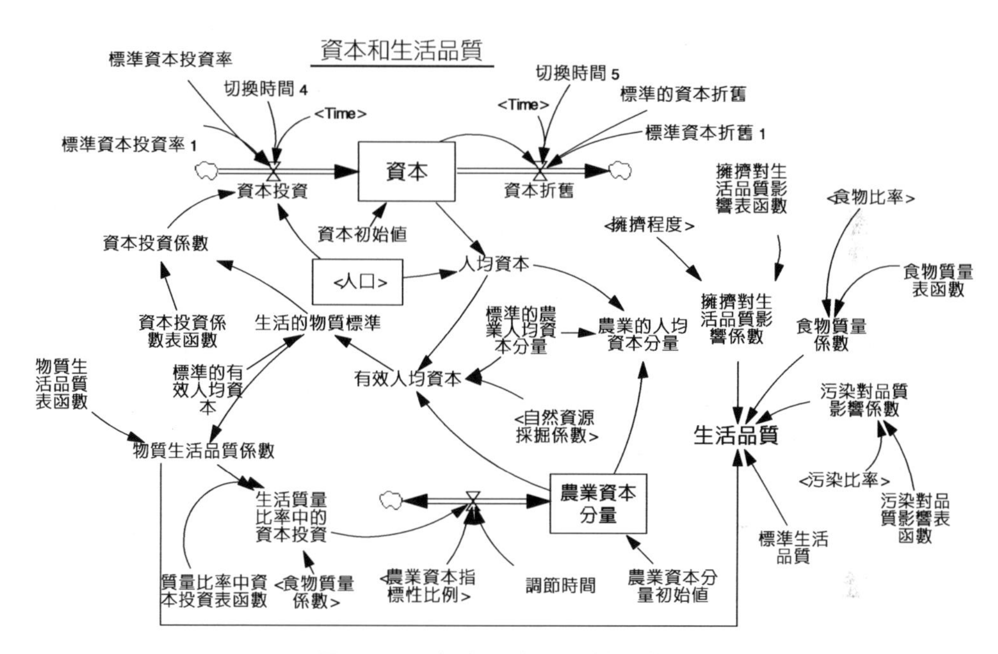

圖12.16　資本和生活品質子模型

各變量的公式如下：

1. L. 資本=INTEG（資本投資 – 資本折舊），資本單位
2. N. 資本初始值 = 4e + 008，資本單位
3. R. 資本投資 = 人口*資本投資係數* IF THEN ELSE（Time > 切換時間4，標準資本投資率1，標準資本投資率），資本單位 / 年
4. C. 標準資本投資率1 = 0.05
5. C. 標準資本投資率 = 0.05

6. C. 切換時間4 = 1970
7. R. 資本折舊 = 資本* IF THEN ELSE（Time > 切換時間5，資本折舊率1，標準的資本折舊率），資本單位 / 年
8. C. 切換時間5 = 1970
9. C. 資本折舊率1 = 0.025
10. C. 資本折舊率 = 0.025
11. A. 資本投資係數 = 資本投資係數表函數（生活的物質標準），無單位
12. T. 資本投資係數表函數（圖12.17）

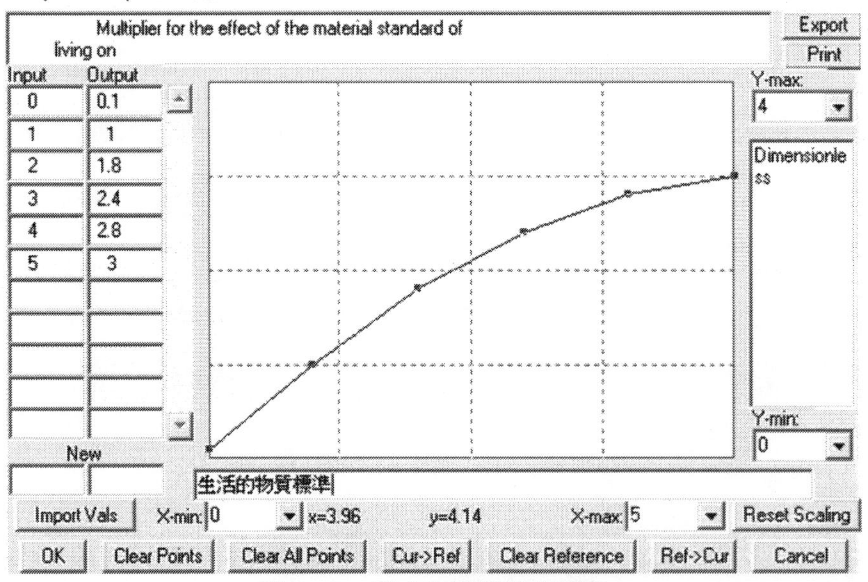

圖12.17　資本投資係數表函數

13. A. 生活的物質標準 = 有效人均資本 / 標準的有效人均資本，無單位
14. A. 有效人均資本 = 人均資本*自然資源採掘係數*（1 – 農業資本分量）/（1 – 標準的農業人均資本分量），資本單位 / 人
15. L. 農業資本分量 = INTEG（農業資本指標性比例*生活質量比率中的資本投資 – 農業資本分量）/ 調節時間，無單位

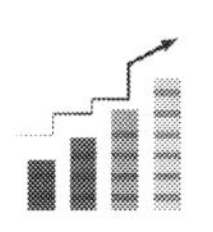

16.N. 農業資本分量初始值 = 0.2，無單位

17.A. 生活質量比率中的資本投資 = 質量比率中資本投資表函數（物質生活品質係數 / 食物質量係數），無單位

18.C. 調節時間 = 15，年

19.T. 質量比率中資本投資表函數（圖12.18）

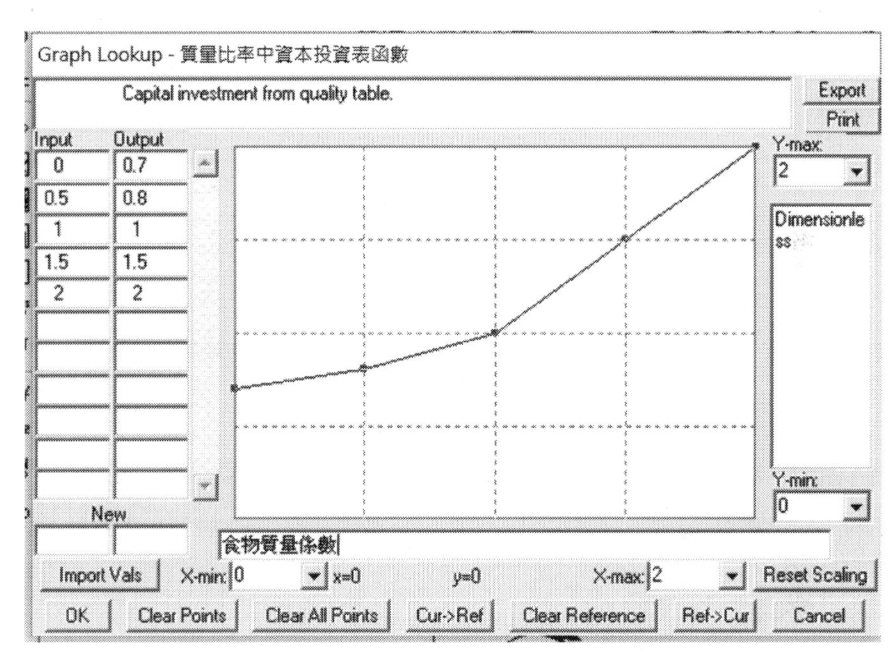

圖12.18　質量比率中資本投資表函數

20.A. 物質生活品質係數 = 物質生活品質表函數（生活的物質標準）

21.T. 物質生活品質表函數（圖12.19）

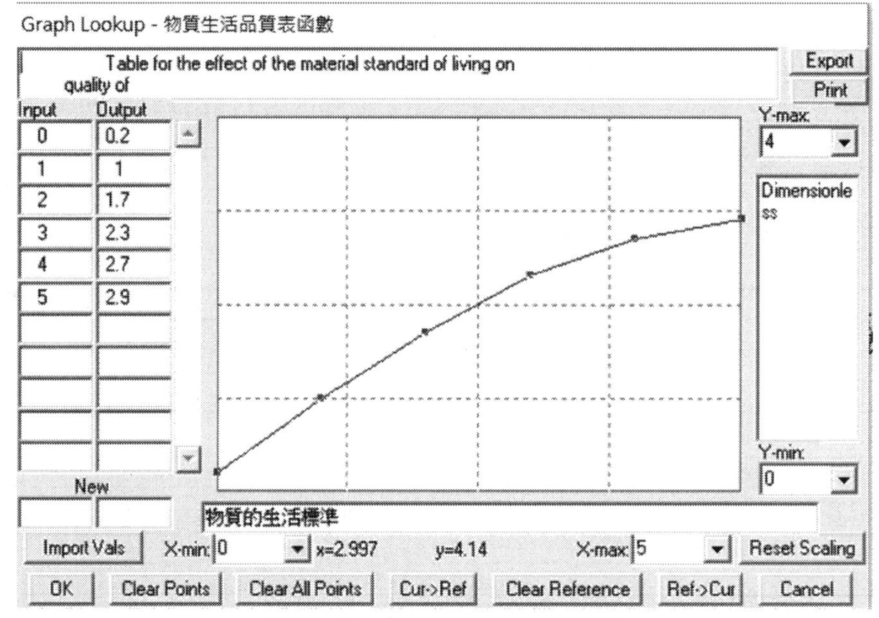

圖12.19 物質生活品質表函數

22. A. 人均資本 = 資本 / 人口，資本單位 / 人

23. A. 農業的人均資本分量 = 人均資本*農業資本分量 / 標準的農業人均資本分量，資本單位 / 人

24. C. 標準的農業人均資本分量 = 0.3，無單位

25. A. 生活品質 = 標準生活品質*物質生活品質係數*擁擠對生活品質影響係數*食物質量係數*污染對品質影響係數，單位：滿足度

26. C. 標準生活品質 = 1，單位：滿足度

27. A. 擁擠對生活品質影響係數 = 擁擠對生活品質影響表函數（擁擠程度）

28. T. 擁擠對生活品質影響表函數（圖12.20），無單位

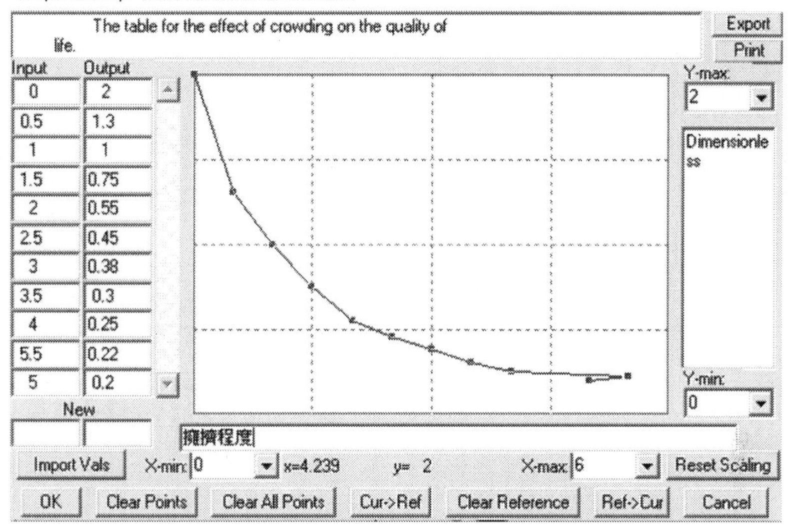

圖12.20　擁擠對生活品質影響表函數

29. A. 食物質量係數 = 食物質量表函數（食物比率）

30. T. 食物質量表函數（圖12.21）

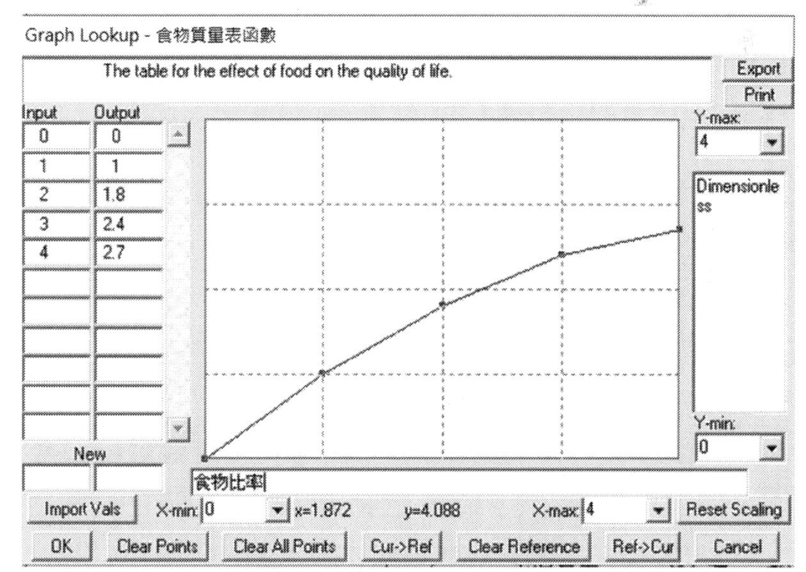

圖12.21　食物質量表函數

31. A. 污染對品質影響係數 = 污染對品質影響表函數（污染比率）

32. T. 污染對品質影響表函數（圖12.22）

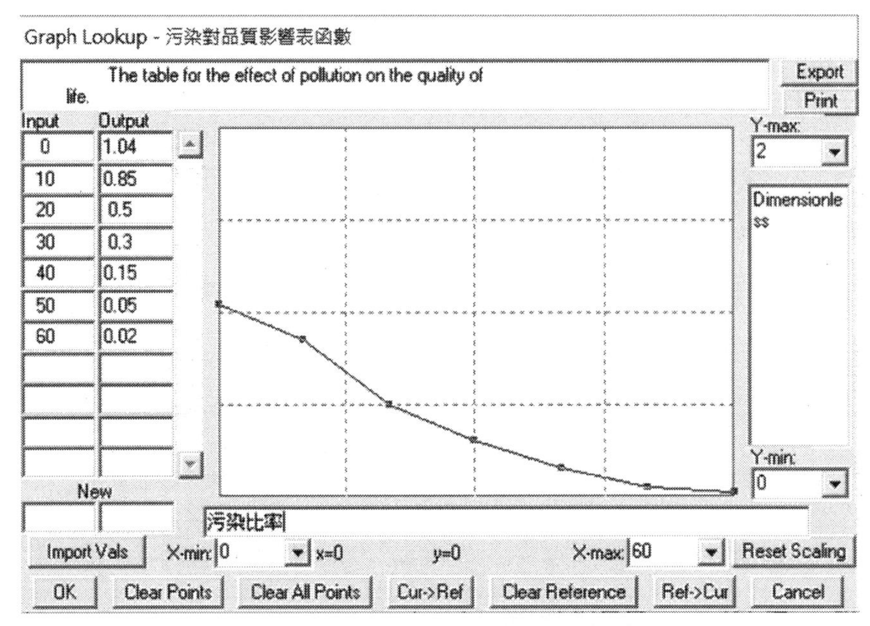

圖12.22 污染對品質影響表函數

12.4 世界模型的污染和自然資源子模型

污染和自然資源子模型共24個變量，流程請見圖12.23。

污染和自然資源子模型的變量和公式如下：

1. L. 污染 = INTERG（污染發生量 – 污染吸收量），污染單位
2. N. 污染初始值 = 2e+008，污染單位
3. R. 污染發生量 = 人口*IF THEN ELSE（Time > 切換時間6，標準的每人污染量，標準的每人污染量1）*資本對污染的影響係數，污染單位／年
4. C. 切換時間6 = 1970

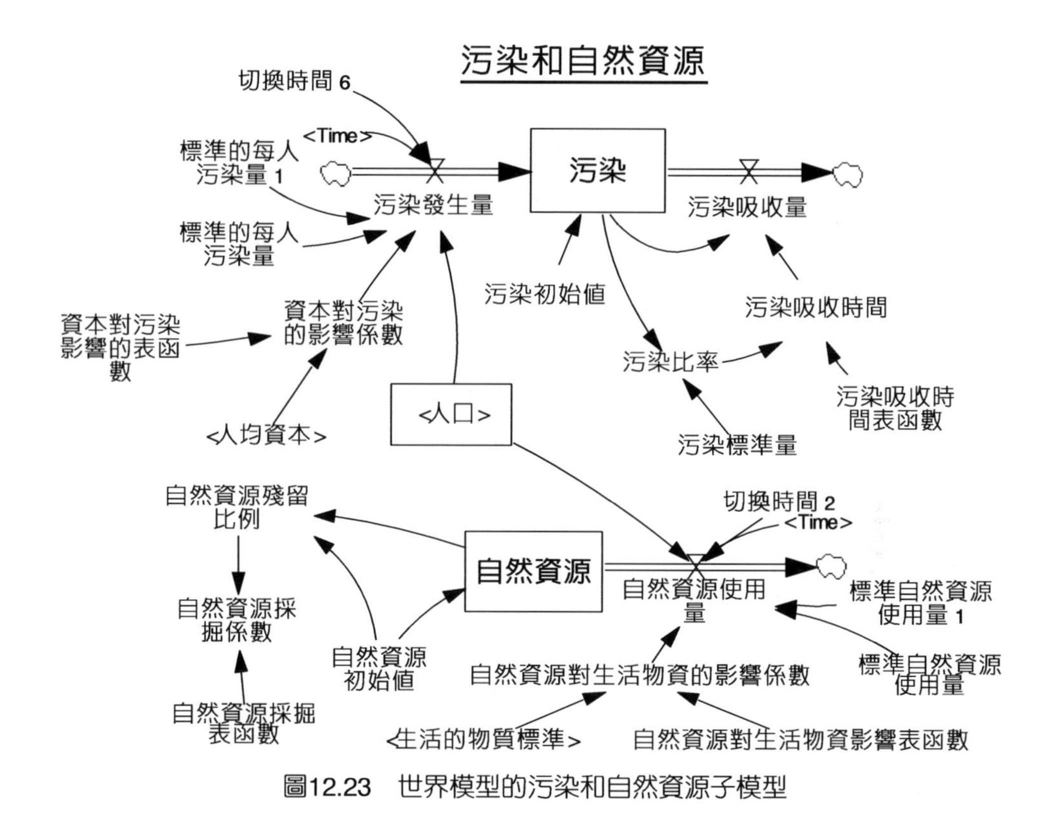

圖12.23 世界模型的污染和自然資源子模型

5. C. 標準的每人污染量 = 1，污染單位 / 人 / 年
6. C. 標準的每人污染量1 = 1，污染單位 / 人 / 年
7. A. 資本對污染的影響係數 = 資本對污染影響的表函數（人均資本）
8. T. 資本對污染影響的表函數（圖12.24），無單位

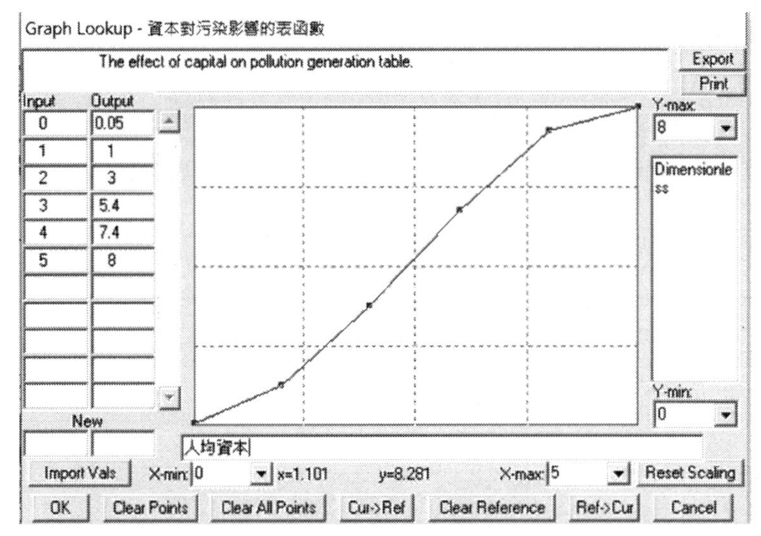

圖12.24　資本對污染影響的表函數

9. R. 污染吸收量＝污染／污染吸收時間，污染單位／年
10. A. 污染吸收時間＝污染吸收時間表函數（污染比率）
11. T. 污染吸收時間表函數（圖12.25），年

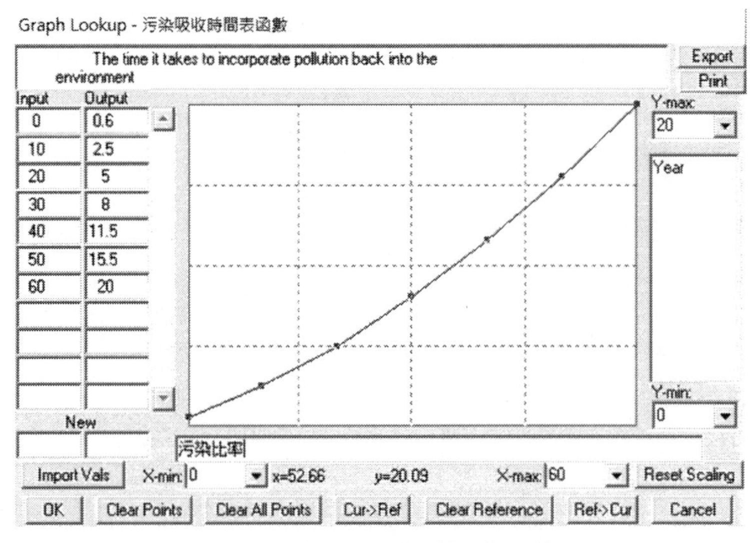

圖12.25　污染吸收時間表函數

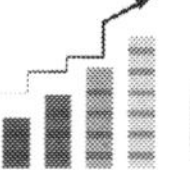

12.A. 污染比率 = 污染 / 污染標準量，無單位

13.C. 污染標準量= 3.6e+009，污染單位

14.L. 自然資源 = INTEG（– 自然資源使用量），資源單位

15.N. 自然資源初始值 = 9e+011，資源單位

16.R. 自然資源使用量 = 人口*IF THEN ELSE（Time > 切換時間2，標準自然資源使用量1，標準自然資源使用量）*自然資源對生活物資的影響係數

17.C. 切換時間2 = 1970

18.C. 標準自然資源使用量1 = 1，資源單位 / 人 / 年

19.C. 標準自然資源使用量 = 1，資源單位 / 人 / 年

20.A. 自然資源對生活物資的影響係數 = 自然資源對生活物資影響表函數（生活的物質標準）

21.T. 自然資源對生活物資影響表函數（圖12.26），無單位

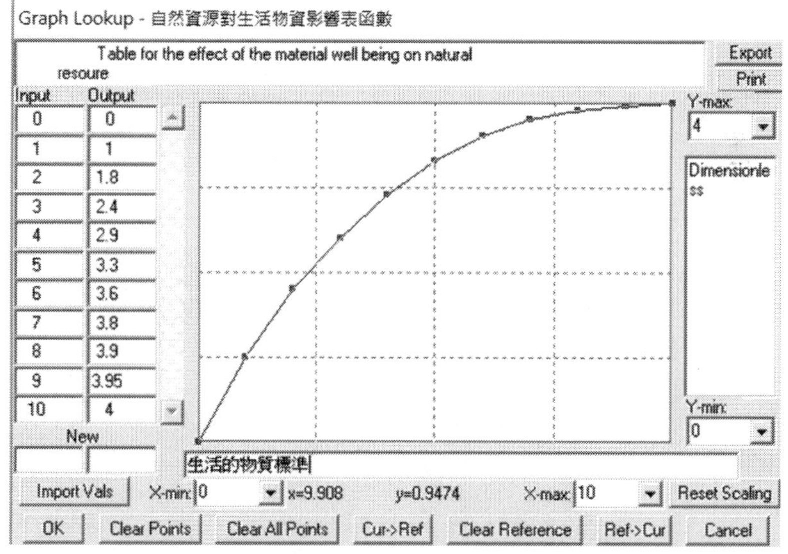

圖12.26 自然資源對生活物資影響表函數

22.A. 自然資源殘留比例 = 自然資源 / 自然資源初始值，無單位

23. A. 自然資源採掘係數 = 自然資源採掘表函數（自然資源殘留比例）

24. T. 自然資源採掘表函數（圖12.27）

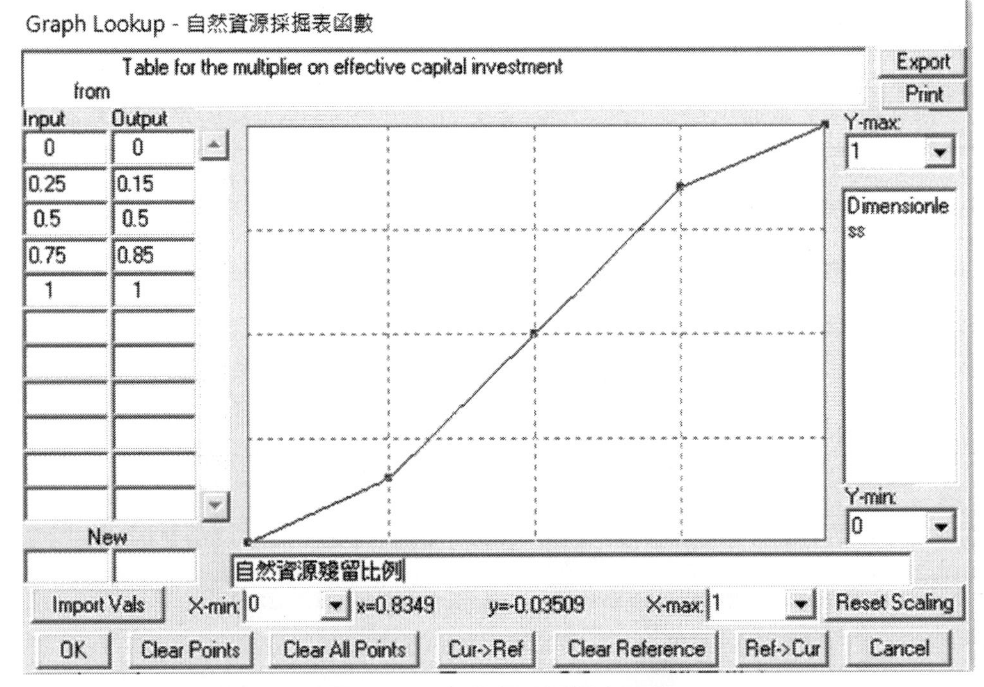

圖12.27　自然資源採掘表函數

12.5 模擬的主要結論

12.5.1 標準運行

根據以上各項標準參數，模擬的主要結果如圖12.28。

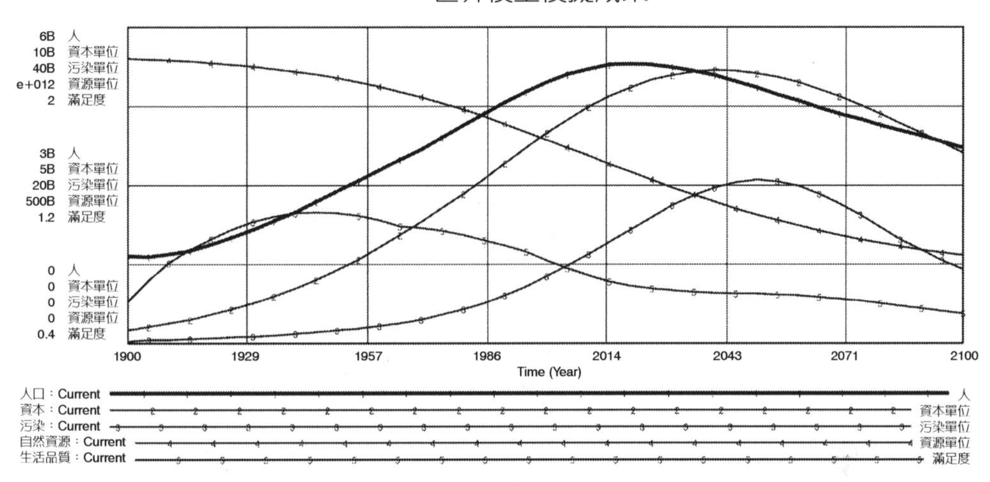

圖12.28　世界模型的主要模擬結果

表12.1　世界模型主要模擬數據

年	人口	污染	生活品質	資本	自然資源
1900	1.65 B	200 M	0.6116	400 M	900 B
1950	2.869 B	1.562 B	1.056	2.310 B	837.05 B
1970	3.677 B	2.909 B	0.9819	3.828 B	776.97 B
2000	4.943 B	8.409 B	0.8166	6.631 B	642.98 B
2010	5.202 B	11.24 B	0.7403	7.460 B	591.16 B
2020	5.297 B	14.34 B	0.6903	8.090 B	539.76 B
2030	5.237 B	17.35 B	0.6664	8.479 B	490.86 B
2040	5.072 B	19.64 B	0.6540	8.621 B	445.84 B
2050	4.842 B	20.59 B	0.6476	8.529 B	405.64 B
2100	3.700 B	9.329 B	0.5494	6.014 B	278.21 B

註：① M：百萬，B：十億；②本表計算結果與原著有出入

在標準條件運行下，五項主要指標在模擬期間內均出現波浪式非線性運動，除自然資源曲線是下行曲線外，其他曲線均有起伏並出現波峰。

➢ 人口高峰出現在2015年爲52.77億人，之後世界人口逐年下降。

- 污染高峰出現在2052年爲210億污染單位，是2000年的2.6倍，高峰過後污染不斷下降，雖然幅度不大。
- 生活品質的高峰出現在1950年滿意度爲1.06，此後不斷下降。
- 資本的高峰出現在2042年爲86.6億資本單位，是2000年的1.3倍，以後再也振作不起來。
- 自然資源一直下降，1900年爲9000億個資源單位，2039年下降了一半，只剩下4500億，2100年自然資源只剩下1900年的三分之一左右。

世界著名的耶魯大學經濟學教授諾德豪斯（William D.Nordhaus）1973年撰文評論福雷斯特的世界模型（Nordhaus, 1973），他認爲福雷斯特的世界模型是沒有數據和不用數據的模型，還說福雷斯特用的名稱和經濟學術語差很大，這兩個評語含蓄，但基本是負面的。他質疑三個問題：第一，人口的淨成長率和GNP的關係；第二，技術的作用；第三，根本就沒有價格因素。他接著舉了兩個例子，一個是人口，世界模型模擬的世界人口和實際數據差很多。另一個是生活品質，爲什麼1950年代是最好的。諾德豪斯擅長數量經濟，尤其是生態經濟，他的氣候變遷模型是IPCC的重要研究成果。

福雷斯特對於諾德豪斯和類似的質疑或批評，解釋相同，他認爲誤會來自不同的方法論，1974年他在回答諾德豪斯的三個問題時，他說答案已經在他的模型之中。對於系統動力學模型預測不準的批評，福雷斯特和他的弟子們經常回答兩點，第一，系統動力學模型的用途不是預測，所以準或不準不應該是評價指標。比方，向天上拋出一個石頭，系統動力學告訴你，它不會像鳥一樣飛走，到了一定高度最後落到地上，計算石頭的拋物線軌跡是物理學的任務。第二，系統動力學模型的功能是揭示表象後面的「反直覺」眞相。前面拋石頭的例子很直觀並不需要系統動力學，但是很多社會現象是反直覺的，你看到的只是表面。比如，城市的住房，不夠了，你就修建，你以爲一勞永逸，沒多久住房的緊張程度甚至超過建新房之前。系統動力學藉助反饋環分析可以知道眞相，住房的緊張可以用建房紓解，這是負反饋，即新建房越多，住房的壓力越小。可是另一方面建房越多，當地的吸引力越大，所以來了更多需要房子的人，這是正反饋。

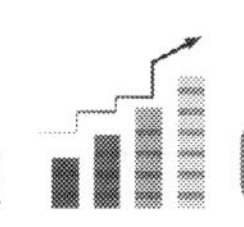

世界模型給世人蓋了一個「政策試驗室」，試驗結果使人震驚，表面上經濟成長推動了人類發展，實際上，所有的指數成長均與有限的地球相矛盾，結果資源耗盡，污染蔓延，人口大崩潰。諾德豪斯和其他學者對世界模型的質疑，其實正是科學哲學大師庫恩（Thomas S. Kuhn）所謂的「典範轉移」困惑。幾百年來大家習慣了經濟發展、世界繁榮的「典範」。

12.5.2 世界模型的政策試驗

福雷斯特說系統動力學模型是政策試驗室，通過參數的改變和設計，可以找到解決問題的政策。

福雷斯特對他的世界模型一共設計了五種政策，試驗參數如表12.2。

表12.2 世界模型政策試驗參數設計

模型運行	標準出生率1	標準資源使用量1	標準資本投資率1	標準的每人污染量1	食物係數1
標準運行	0.04	1.0	0.05	1.0	1.0
節約資源	0.04	**0.25**	0.05	1.0	1.0
節約資源+減少污染	0.04	**0.25**	0.05	**0.7**	1.0
生活品質	0.04	1.0	**0.06**	1.0	1.0
綜合	**0.028**	**0.25**	**0.02**	**0.5**	**0.8**

1. 節約資源使用75%的政策

為了避免資源危機，如果人類可以更多的使用可再生的資源，人類的情況會好一些嗎？我們可以通過政策試驗來檢驗。在第403頁「污染和自然資源子模型」編號16.R.流量方程：

IF THEN ELSE（Time > 切換時間2，標準自然資源使用量1，標準自然資源使用量）

這個公式說，如果模擬時間 > 1970年，那麼就用「標準自然資源使用量1」，第403頁編號18.C.的常數方程。請把「標準自然資源使用量1」原定的數值1，改爲25%。

資源節約75%的政策試驗結果如圖12.29。

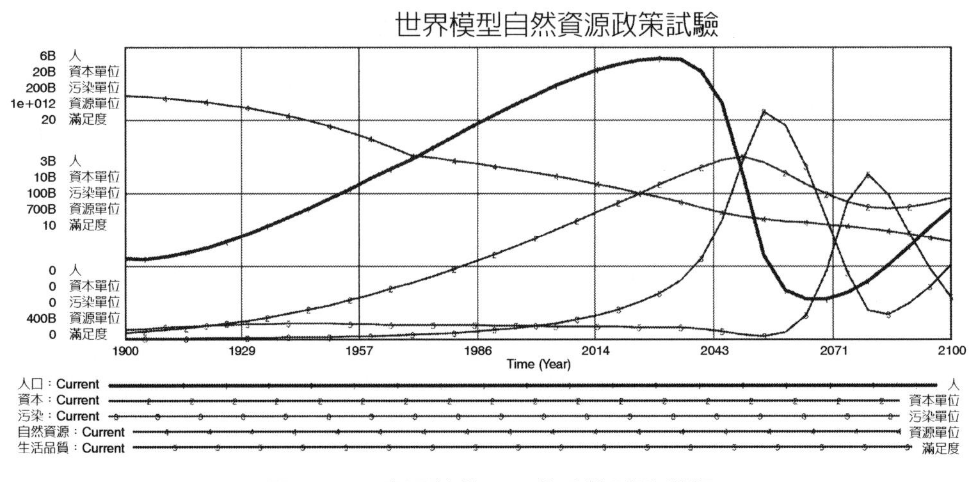

圖12.29　資源節約75%的政策試驗模擬

圖12.29中帶字符1的線條是人口，字符2爲污染，字符3爲生活品質，字符4爲自然資源，字符5爲資本。模擬結果令人吃驚，不但人類的根本情況沒有改善，反而出現新的振盪，例如人口很快出現高峰，人口高峰20年後接著污染高峰，再接著是生活品質高峰。這項試驗說明，減少非再生資源的使用並不會使人類脫離經濟無限增長的尷尬。

必須指出圖12.29所顯示的模擬結果和福雷斯特教授原著（圖12.30）除了波形相同外，模擬的數據有不少出入，因此在正式引用福雷斯特的世界模型時，要根據原著。

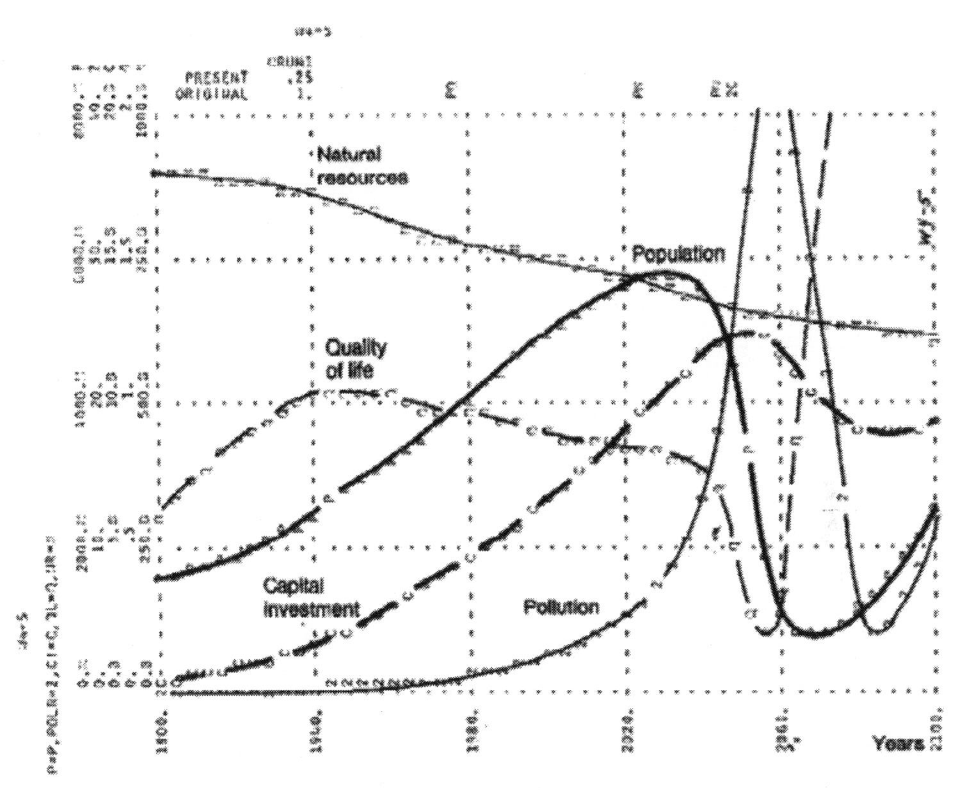

圖12.30　福雷斯特原著的資源政策試驗結果

資料來源：http://ocw.mit.edu/courses/sloan-school-of-management/15-988-system-dynamics-self-study-fall-1998-spring-1999/readings/behavior.pdf

2. 減少資源投入並減少污染的政策試驗

模型運行條件如表12.3，運行結果如圖12.31。

表12.3　減少資源使用並減少污染政策試驗的運行參數

政策試驗運行	標準出生率1	標準資源使用量1	標準資本投資率1	標準的每人污染量1	食物係數1
減少資源+減少污染	0.04	**0.25**	0.05	**0.7**	1.0

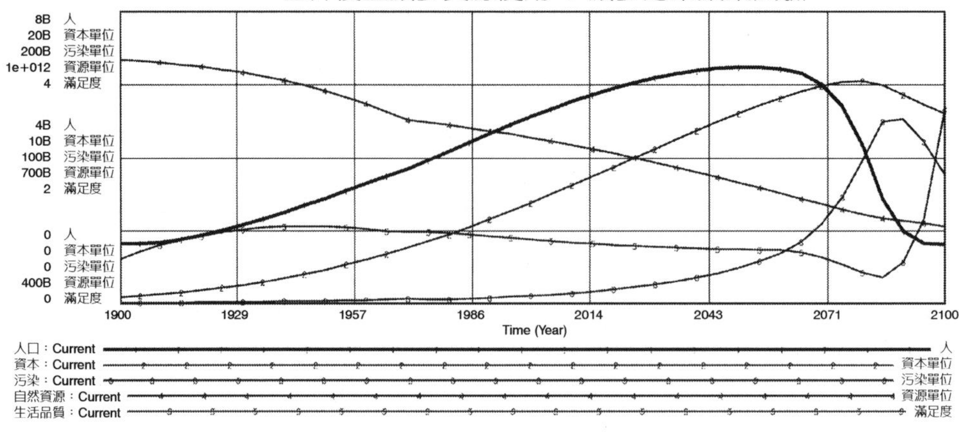

圖12.31　減少資源投入並減少污染的政策試驗

3. 提高投資20%的政策試驗

運行條件如表12.4，模擬結果如圖12.32。

表12.4　提高投資20%政策試驗的運行參數

政策試驗運行	標準出生率1	標準資源使用量1	標準資本投資率1	標準的每人污染量1	食物係數1
生活品質	0.04	1.0	**0.06**	1.0	1.0

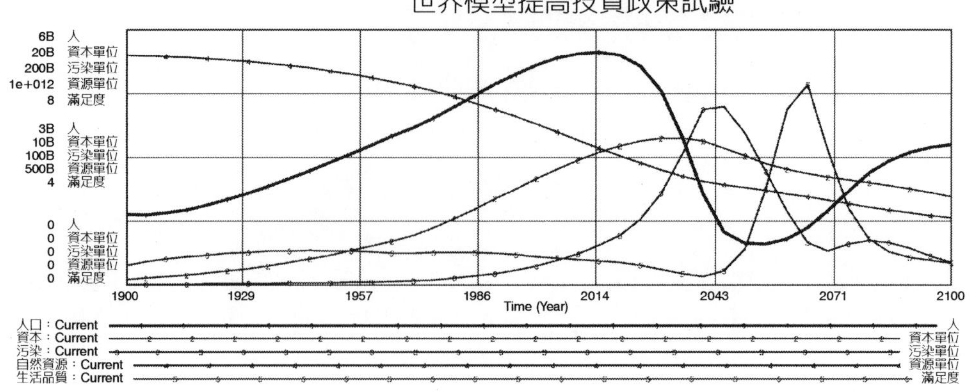

圖12.32　提高投資20%政策試驗

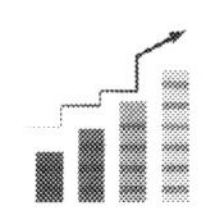

4. 綜合政策試驗

運行條件如表12.5，模擬結果如圖12.33。

表12.5 綜合政策試驗的運行參數

政策試驗運行	標準出生率1	標準資源使用量1	標準資本投資率1	標準的每人污染量1	食物係數1
綜合	*0.028*	*0.25*	*0.02*	*0.5*	*0.8*

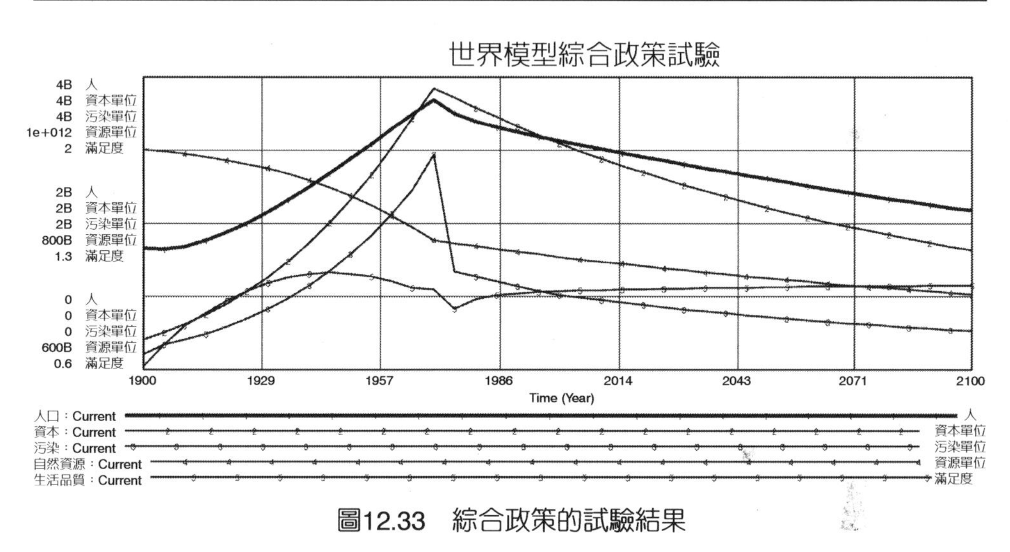

圖12.33 綜合政策的試驗結果

以上各種試驗的結果說明，如不懸崖勒馬，到21世紀的30年代左右人類將遭遇過載（Overshoot）後的崩潰（Collapse），也就是突如其來的「高峰」衝擊，接著是衰退和崩潰。

12.6 世界模型與典範轉移

以系統動力學爲基礎的世界模型（World Model）是專業研究，只有三個序號，World Model1, World Model2和World Model3，前兩個是福雷斯特教授的作品，完成於1971年，序號3的世界模型是團隊研究，共有三代。第一代完成於1972年，大家熟悉的《增長的極限》（*The Limits to Growth*）是World Model3的第一代研究的文宣版。第二代完成於1991年，其文宣版《超越極限》（*Beyond the Limits*）1992年出版，World Model3的第三代作品完成於2004年，文宣版叫《增長的極限30年後的更新》（*Limitstogrowth:the30year update*）。

World Model3第一代研究的作者共四人：Dennis Meadows，Donella Meadows, Jorgen Randers和W.W.Behrens；以後幾代的研究者爲前三人。研究者中只有蘭德思（J.Randers）是挪威人，其餘三人都是美國人。很遺憾第一作者梅多思夫人（Donella Meadows）已經去世，享年60歲。

2012年世界模型研究者之一挪威經濟大學教授蘭德思出版《2052年一四十年後的世界》（2052 – *A Global Forecast for the next Forty Years*），這是他個人的研究，而且使用了綜合方法，已經離開原先系統動力學世界模型的系統。

概括而言系統動力學的世界模型序列以不同的情景警告世人，無限制的經濟增長將導致資源耗竭污染無限制的擴散，正如1972年第一代世界模型3的文宣版《增長的極限》一書中的結論：

「假如現有的世界人口，工業化，污染，食物生產以及資源耗竭的趨勢不做改變，我們這個地球的極限將在未來100年內的某一時刻到來。」

要知道這是40年前的警告，現在流行的「永續發展」一語，最早是由國際自然和自然資源保護聯盟、聯合國環境規劃署及世界野生動物基金會出版的世界自然保育方案報告中提出，時間是1980年，這是《增長的極限》出版後八年。永續發展正式納入聯合國官方語言是1987年布倫蘭特（Brundtland）報告，在時間上比《增長的極限》的警告晚了15年。

許多人，尤其是經濟學者批評《增長的極限》是新馬爾薩斯，是錯誤的悲觀主義；但是《增長的極限》的作者們覺得很委屈，他們都是樂觀派，只是擔憂沒有人反省經濟增長。到底是批評者錯了，還是《增長的極限》的作

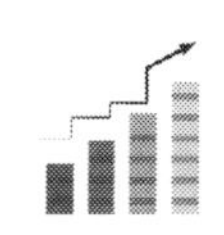

者們不虛心。其實爭論兩造孰是孰非，意義不大，眞正的原因是科學哲學大師庫恩（Kuhn）所謂的典範轉移（Paradigm Shift）。經濟科學正處在由「增長典範」轉移到「極限典範」的新階段。

庫恩說，典範是常態科學時期科學家從事科學活動的「最高權證」。科學家在典範的指導下進行「解謎」活動，沒有人會去質疑典範。可是典範會老化並進入危機。如果一旦「謎題」解決不了，便成爲舊典範下的「異例」（anomaly）。異例多了舊典範動搖，新典範出生。二次大戰後經濟學的新古典增長論成爲解決人類發展的「最高權證」，然而「增長典範」無法解讀環境自淨能力衰退和資源耗竭，CO_2排放指標排斥「庫志耐曲線」（Kuznets Curve），成了最大的「異例」，世界模型所代表的「極限典範」應運而生。

參考工具

一、on line基本學習材料

1. MIT基本教材

學習路圖 Road Maps

http://www.clexchange.org/curriculum/roadmaps/

2. 主要網站

(1) 國際系統動力學學會System Dynamics Society

http://www.systemdynamics.org/

(2) 「系統動力學評論」期刊 System Dynamics Review

http://www.systemdynamics.org/publications/system-dynamics-review/

http://onlinelibrary.wiley.com/journal/10.1002/%28ISSN%291099-1727

(3) 主要研究案例List of All Cases

http://cases.systemdynamics.org/list-of-all-cases/

(4) 歷屆國際會議內容 Past Society Conferences

http://conference.systemdynamics.org/past_conferences/

(5) 模型工作坊Modeling Assistance Workshop (MAW)GENERAL

http://conference.systemdynamics.org/maw/

3. eBook

(1) Juan Martín García, *System Dynamics Exercise*, First edition in English March 2006, ISBN 84-609-9804-5 ,Registro Propiedad Intelectual B-1185-06

(2) Erik Pruyt, *Small System Dynamics Models for Big Issues*, Published by: TU

Delft Library, Delft, The Netherlands, 2013, ISBN/EAN e-book version: 978-94-6186-195-5

二、本書基本紙本文獻

1. 中文部分

小玉陽一(日)：《日本能源模型》，葛春波譯，1983

秋山穰，西川智登：《系統工程》，中譯本，北京機械工程出版社，1983

哈肯：《協同計算機和認知》，中譯本序，北京清華大學出版社，北京，1994

苗東升：《系統科學精要》，北京中國人民大學出版社，1998

楊朝仲 張良正等：《系統動力學》，五南出版圖書公司，台北，2007

屠益民 張良政：《系統動力學 理論與應用》，智勝文化事業，台北，2010

鐘永光 賈曉菁等：《系統動力學》，科學出版社，北京，2009

王其藩：《系統動力學》，清華大學出版社，北京，1995

陶在樸：《系統及系統動態學概論》，成都四川大學出版社，1989

陶在樸：《系統動態學》，台北五南出版圖書公司，1999

2. 西文經典

A.Rapoport; *General System Theory*, Abacus press, 1986

Ashby, W., *Design of a Brain*, Wiley&Sons, 1952

Biermann, A., *Kybernetik und Makrotheorie*, 1976

Bertalanffy,Ludwig von., *General System Theory*, George Braziller, New York, 1968

Frank, H. *Kybernetik und Philosophie*, Berlin, 1966

Frank, Philipp., *Einstein, His Life and Times*,Trans. Georgr Rosen, New York 1965

Duden / Deutsches Universalwörterbuch, Dudenverlag, 1989,

Forrester, J. W. *Principles of System*, MIT Press, 1968

Gorden, G. *System Simulation*, Englewood, 1978

Kade, G. *Writsohaftskybernetik*, Berlin, 1971

Kaldor Nicholas, The Irrelevance of Equilibrium Economics, The Economic Journal 82

Leonhard, W., Einfuehrung die Regelungstechnik, Braunchweig, 1972

Leonhard, W. *Einfuehrung die Regelungstechnik* Braunschweig, 1972

Lerner, J. A. *Grundzuege der Kybernetik*, Berlin, 1971

Martin, Leslie A., Beginner Modeling Exercises, MIT, 1997

Mass, N. J. & Senge, P. M. : Alternative tests for the selection of model variables, IEEE, 1978

Meadows, D. L. Dynamics of growth in a finite world, Cambridge, 1974

Meadows, Dennis L., et al, Towards Global Equilibrium, MIT, 1973

Niemeyer, Gerhard. *Kybernetische System und Modelltheorie*, Verlag Franz Vahlen, 1977

Niemeyer G.; System Simulation, Akademische Verlaggesellschaft, 1973

Pichler, H. J. *Modellanalyse und Modellkritik*, Berlin, 1967

Randers, J. *Elements of the System Dynamics Method*, The MIT Press, 1980.

Rapoport. A., General System Theory, Abacus Press, 1986

Roberts, N. *Introduction to Computer Simulation*, 1983

Rosnay, J. de *Das Makroskop* Hamburg, 1979

Sauga, M., Bevoelkerung und Wirtschaftsentwicklung, Campus, 1998

Schmeck, Harold M., Study Depicts Mayan Decline, New York Times, Oct. 23, 1979

Senge, Peter., The Fifth Discipline: The Art & Practice of The Learning

Organization, Random House Inc. 2006

Sherwood, Dennis.,Seeing the Forest for the Trees:A Manager's Guide to Applying System Thinking ,Nicholas Brealey Publishing in 2003

Sterman, John D., A Skeptic's Guide to Computer Models, MIT, 1991

Sterman, John D., Business Dynamics Systems Thinking and Modeling for a Complex World, The McGraw-Hill Companies,2000

Sullivan, W. *Fundamentals of Forecasting* Reston Publishing Co, 1977

Webster's/New World College Dictionary, Simon & Schuster, Inc 1996

Zwicker, E Simulation und Analyse dynamicscher Systeme in den Wirtschafs und Sozial Wissenschaf, Berlin, 1981

國家圖書館出版品預行編目資料

系統動力學入門／陶在樸著. --二版. --臺北市：五南圖書出版股份有限公司, 2016.07
面； 公分.
ISBN 978-957-11-8681-8（平裝）

1.管理科學

494 105011532

1F87

系統動力學入門

作　　者一 陶在樸
發 行 人一 楊榮川
總 經 理一 楊士清
總 編 輯一 楊秀麗
主　　編一 侯家嵐
責任編輯一 劉祐融
文字校對一 鐘秀雲
封面設計一 陳翰陞
出 版 者一 五南圖書出版股份有限公司
地　　址：106台北市大安區和平東路二段339號4樓
電　　話：(02)2705-5066　　傳　　真：(02)2706-6100
網　　址：https://www.wunan.com.tw
電子郵件：wunan@wunan.com.tw
劃撥帳號：01068953
戶　　名：五南圖書出版股份有限公司

法律顧問　林勝安律師

出版日期　1999年3月初版一刷
　　　　　2011年7月初版四刷
　　　　　2016年7月二版一刷
　　　　　2023年6月二版二刷

定　　價　新臺幣580元